华章科技
HZBOOKS | Science & Technology

Android Application Testing and Debugging

Android应用测试与调试实战

施懿民◎著

机械工业出版社
China Machine Press

图书在版编目（CIP）数据

Android 应用测试与调试实战 / 施懿民著. —北京：机械工业出版社，2014.3（2015.10 重印）
（移动开发）

ISBN 978-7-111-46018-3

I. A… II. 施… III. 移动终端 - 应用程序 - 程序设计 IV. TN929.53

中国版本图书馆 CIP 数据核字（2014）第 041414 号

本书是 Android 应用测试与调试领域最为系统、深入且极具实践指导意义的著作，由拥有近 10 年从业经验的资深软件开发工程师和调试技术专家撰写，旨在为广大程序员开发高质量的 Android 应用提供全方位指导。它从 Android 应用自动化测试工程师和开发工程师的需求出发，从测试和调试两个维度，针对采用 Java、HTML 5、C++&NDK 三种 Android 应用开发方式所需要的测试和调试技术、方法进行了细致而深入的讲解，为 Android 应用的自动化测试和调试提供原理性的解决方案。

全书一共 16 章，分为两大部分：第一部分为自动化测试篇（第 1~11 章），详细讲解了进行 Android 自动化测试需要掌握的各种技术、工具和方法，包括 Android 自动化测试基础、Android 应用的白盒自动化测试和黑盒自动化测试的技术和原理、Android 服务组件和内容组件的测试、HTML 5 应用和 NDK 应用的测试，以及 Android 应用的兼容性测试和持续集成自动化测试；第二部分为调试技术篇（第 12~16 章），详细讲解了 Android 应用调试所需要的各种工具的使用、操作日志的分析、内存日志的分析，以及多线程应用 HTML 5 应用和 NDK 应用的调试方法和技巧。

Android 应用测试与调试实战

施懿民 著

出版发行：机械工业出版社（北京市西城区百万庄大街 22 号　邮政编码：100037）
责任编辑：姜　影
印　　刷：藁城市京瑞印刷有限公司
版　　次：2015 年 10 月第 1 版第 5 次印刷
开　　本：186mm×240mm　1/16
印　　张：27.75
书　　号：ISBN 978-7-111-46018-3
定　　价：79.00 元

凡购本书，如有缺页、倒页、脱页，由本社发行部调换
客服热线：（010）88378991　88361066
投稿热线：（010）88379604
购书热线：（010）68326294　88379649　68995259
读者信箱：hzjsj@hzbook.com

版权所有 • 侵权必究
封底无防伪标均为盗版
本书法律顾问：北京大成律师事务所　韩光 / 邹晓东

前　　言

为什么要写这本书

几年前看过微软工程师 Adam Nathan 写的一本书《 .NET and COM: The Complete Interoperability Guide 》，对作者说过的一句话印象极其深刻：学习一门新技术的最佳方法就是写一本书。对于这个说法，笔者深以为然，在实际工作中，迫于项目交付的压力，很多时候只会使用一门技术中自己熟悉的部分，对于其他部分，甚至自己熟悉的那一部分，也只是知其然而不知其所以然，似懂非懂。而当要写一本书介绍这门技术的时候，就不得不去上下求索，这时不仅要横向了解该门技术的各个细节，还要纵向了解该门技术的发展思路以及各部分的来龙去脉，才能向读者解释它。因此可以说，写作本书的过程也是笔者系统学习 Android 操作系统的过程。

而笔者之所以从测试和调试的角度来介绍 Android 操作系统，是因为从这两个角度入手能够很好地从横向和纵向两个方向学习 Android 系统。从测试的角度来说，由于一般测试人员对 Android 应用进行集成测试和系统测试，开发人员负责单元测试工作，这就要求测试人员，特别是自动化测试人员对 Android 应用所涉及的技术有一个广度的认知，对 Android 的各种技术都要知其然。从调试的角度来说，却又可以从源码级别知各项技术的所以然。比如，要调试应用的功能错误，就必须对应用的源码有一个完整的理解，只有这样才能知道应该在什么地方设置断点，在什么时候让调试器捕捉异常；而要调试应用的内存泄露问题，就必须对 Android 系统采用的垃圾回收机制有一个通透的理解，只有这样才能从根源上发现并解决内存方面的问题。另外，反观市面上的技术书籍，介绍自动化测试和调试技术的书实在少。但在软件开发过程中，不仅测试是必不可少的环节，而且程序员实际上只花 20% 的时间写代码并完成编译过程，剩下 80% 的时间都是花在调试和修改代码上，这种情况也坚定了笔者写作本书的信心。

最后，由于笔者能力有限，同时为了及时出版本书，不得不放弃一些如多核设备上并行程序的调试、NDK 程序的验尸调试等内容，希望感兴趣的读者可以完成这方面的分享。

读者对象

- Android 自动化测试工程师
- Android 开发工程师
- 无编程基础的 Android 测试工程师

如何阅读本书

虽然本书讲解的是自动化测试和程序调试相关技术，但有些测试工程师的行业经验更丰富些，而编程基础则相对薄弱。因此本书分为两大部分：

第一部分为自动化测试篇（第 1～11 章），这一部分列举 Android 自动化测试中可以使用的几种测试技术，尽可能详细地介绍了 Android 白盒、黑盒自动化测试所用到的技术及其原理。由于 Android 应用可以使用 Java 语言配合 SDK，也可以用 HTML 5 技术，还可以用 C/C++ 语言配合 NDK 技术编写，所以这部分尽量涵盖了针对这三种技术编写的应用所采用到的测试技术。这些内容适合 Android 自动化测试工程师和对自动化测试感兴趣的手工测试工程师阅读。这一部分除了第 11 章需要有 C/C++ 编程经验之外，其他章节无需编程基础即可阅读。另外每个章节都是独立的，读者可以根据自己的实际需要分开来阅读。

第二部分为调试技术篇（第 12～16 章），第 12 章讲解的是通用的调试技术，这部分对于 Android 自动化测试工程师和 Android 开发工程师都是必要的知识，这一章节无需编程知识即可掌握。而第 13 章之后，主要涉及的是性能方面的调试技术，其中涉及一些 Android 系统内部的实现细节，这些技术更适合具备一定开发经验的自动化测试和开发工程师阅读。

勘误和支持

由于作者的水平有限，加之编写时间仓促，书中难免会出现一些错误或者不准确的地方，恳请读者批评指正。为此，作者特意在 Google+ 上创建一个在线支持与应急方案的社区 https://plus.google.com/u/0/communities/112928495323595574856。你可以将书中的错误发布在 Bug 勘误表页面中，同时如果你遇到任何问题，也可以访问 Q&A 页面，作者将尽量在线上提供满意的解答。书中的全部源文件除可以从华章网站[⊖]下载外，还可以从这个社区和 github 上 https://github.com/shiyimin/androidtestdebug 下载，作者也会将相应的功能更新及时发布出来。如果你有更多的宝贵意见，也欢迎发送邮件至邮箱 shiyimin.aaron@gmail.com，期待能够得到你们的真挚反馈。

⊖ 参见华章网站 www.hzbook.com。——编辑注

致谢

首先要感谢支付宝的陈晔（新浪微博：@Monkey陳曄曄），在本书写作时，他参与了大部分章节的技术审阅工作，帮助完善了书中的细节。

感谢阿里集团的梁剑钊（新浪微博：@liangjz）推荐的玄黎（新浪微博：@浪头）、李子乐（新浪微博：@子乐_淘宝太禅）参与本书技术审阅工作。

感谢机械工业出版社华章公司的编辑杨福川老师，在这一年多的时间中始终支持我的写作，他的鼓励和帮助引导我顺利完成全部书稿。

谨以此书献给我最亲爱的家人，以及众多热爱Android测试的朋友们！

施懿民

目　　录

前言

第 1 章　Android 自动化测试初探 …… 1
1.1　快速入门 …………………………… 1
1.2　待测示例程序 ……………………… 2
1.3　第一个 Android 应用测试工程 …… 6
1.4　搭建自动化开发环境 …………… 12
  1.4.1　安装 Eclipse 和 ADT
     开发包 ……………………… 12
  1.4.2　创建模拟器 …………………… 13
  1.4.3　启动模拟器 …………………… 21
  1.4.4　连接模拟器 …………………… 23
  1.4.5　连接手机 ……………………… 24
1.5　本章小结 ………………………… 29

第 2 章　Android 自动化测试基础 …… 30
2.1　Java 编程基础 …………………… 30
2.2　JUnit 简介 ………………………… 36
  2.2.1　添加测试异常情况的
     测试用例 …………………… 41
  2.2.2　测试集合 ……………………… 43
  2.2.3　测试准备与扫尾函数 ……… 45
  2.2.4　自动化测试用例编写
     注意事项 …………………… 47
2.3　Android 应用程序基础 ………… 47
  2.3.1　Android 权限系统 ………… 47
  2.3.2　应用的组成与激活 ………… 51
  2.3.3　清单文件 ……………………… 54
  2.3.4　Android 应用程序的单
     UI 线程模型 ……………… 56
2.4　本章小结 ………………………… 57

第 3 章　Android 界面自动化
　　　　白盒测试 ……………………… 58
3.1　Instrumentation 测试框架 ……… 58
  3.1.1　Android 仪表盘测试工程 … 58
  3.1.2　仪表盘技术 …………………… 60
  3.1.3　Instrumentation.
     ActivityMonitor 嵌套类 …… 63
3.2　使用仪表盘技术编写测试用例 … 64
  3.2.1　ActivityInstrumentationTest-
     Case2 测试用例 …………… 66
  3.2.2　sendKeys 和
     sendRepeatedKeys 函数 …… 70
  3.2.3　执行仪表盘测试用例 ……… 72
  3.2.4　仪表盘测试技术的限制 …… 74
3.3　使用 robotium 编写集成测试
  用例 ………………………………… 77
  3.3.1　为待测程序添加
     robotium 用例 ……………… 77

3.3.2 测试第三方应用 …… 80
3.3.3 robotium 关键源码解释 …… 84
3.4 Android 自动化测试在多种屏幕下的注意事项 …… 87
3.5 本章小结 …… 90

第 4 章 Android 界面自动化黑盒测试 …… 91

4.1 monkey 工具 …… 91
    4.1.1 运行 monkey …… 93
    4.1.2 monkey 命令选项参考 …… 97
    4.1.3 monkey 脚本 …… 98
    4.1.4 monkey 服务器 …… 105
4.2 编写 monkeyrunner 用例 …… 109
    4.2.1 为待测程序录制和回放用例 …… 110
    4.2.2 运行 monkeyrunner …… 110
    4.2.3 手工编写 monkeyrunner 代码 …… 111
    4.2.4 编写 monkeyrunner 插件 …… 114
4.3 本章小结 …… 118

第 5 章 测试 Android 服务组件 …… 119

5.1 JUnit 的模拟对象技术 …… 119
5.2 测试服务对象 …… 128
    5.2.1 服务对象简介 …… 128
    5.2.2 在应用中添加服务 …… 130
    5.2.3 测试服务对象 …… 136
5.3 本章小结 …… 140

第 6 章 测试 Android 内容供应组件 …… 142

6.1 控制反转 …… 142
    6.1.1 依赖注入 …… 144
    6.1.2 服务定位器 …… 146
6.2 内容供应组件 …… 147
    6.2.1 统一资源标识符 …… 150
    6.2.2 MIME 类型 …… 152
    6.2.3 内容供应组件的虚拟表视图 …… 152
6.3 内容供应组件示例 …… 154
6.4 测试内容供应组件 …… 159
6.5 本章小结 …… 163

第 7 章 测试 Android HTML 5 应用 …… 164

7.1 构建 Android HTML 5 应用 …… 164
    7.1.1 WebView 应用 …… 164
    7.1.2 使用视口适配 Android 设备的多种分辨率 …… 170
    7.1.3 使用 CSS 适配多种分辨率 …… 175
    7.1.4 使用 Chrome 浏览器模拟移动设备浏览器 …… 176
7.2 使用 QUnit 测试 HTML 5 网页 …… 177
    7.2.1 QUnit 基础 …… 177
    7.2.2 QUnit 中的断言 …… 179
    7.2.3 测试回调函数 …… 181
    7.2.4 测试 WebView 应用 …… 182
7.3 本章小结 …… 185

第 8 章 使用 Selenium 测试 HTML 5 浏览器应用 …… 186

8.1 Selenium 组成部分 …… 186
8.2 安装 Selenium IDE …… 187

8.3 Selenium IDE 界面 …………… 188
　8.3.1 菜单栏 ………………… 188
　8.3.2 工具栏 ………………… 189
8.4 使用 Selenium ………………… 189
　8.4.1 使用 Selenium IDE 录制
　　　 测试用例 ……………… 189
　8.4.2 运行 Selenium 测试用例 … 194
　8.4.3 等待操作完成 ………… 199
　8.4.4 Selenium WebDriver
　　　 命令 …………………… 200
8.5 数据驱动测试 ………………… 206
8.6 Selenium 编程技巧 …………… 208
　8.6.1 在测试代码中硬编码
　　　 测试数据 ……………… 208
　8.6.2 重构 Selenium IDE 生成
　　　 的代码 ………………… 209
8.7 本章小结 ……………………… 212

第 9 章 Android NDK 测试 ………… 213

9.1 安装 NDK …………………… 213
9.2 NDK 的基本用法 …………… 214
9.3 编译和部署 NDK 示例程序 … 214
9.4 Java 与 C/C++ 之间的交互 … 217
　9.4.1 Makefiles ……………… 222
　9.4.2 动态模块和静态模块 … 222
9.5 在 Android 设备上执行 NDK
　　单元测试 ……………………… 223
9.6 unittest++ 使用基础 ………… 228
　9.6.1 添加新测试用例 ……… 228
　9.6.2 测试用例集合 ………… 229
　9.6.3 验证宏 ………………… 229
　9.6.4 数组相关的验证宏 …… 230
　9.6.5 设置超时 ……………… 230
9.7 本章小结 ……………………… 231

第 10 章 Android 其他测试 ………… 232

10.1 Android 兼容性测试 ………… 232
　10.1.1 运行 Android 兼容性
　　　　 测试用例集合 ……… 232
　10.1.2 兼容性测试计划说明 … 237
　10.1.3 添加一个新的测试
　　　　 计划 ………………… 238
　10.1.4 添加一个新的测试
　　　　 用例 ………………… 239
　10.1.5 调查 CTS 测试失败 … 241
10.2 Android 脚本编程环境 ……… 243
　10.2.1 Android 脚本环境简介 … 243
　10.2.2 安装 SL4A ……………… 243
　10.2.3 为 SL4A 安装脚本引擎 … 244
　10.2.4 编写 SL4A 脚本程序 … 246
　10.2.5 在 PC 上调试脚本程序 … 250
10.3 国际化测试 …………………… 251
10.4 模拟来电中断测试 …………… 254
10.5 本章小结 ……………………… 255

第 11 章 持续集成自动化测试 ……… 257

11.1 在 Ant 中集成 Android
　　 自动化测试 …………………… 257
　11.1.1 Ant 使用简介 ………… 257
　11.1.2 Android 应用编译过程 … 262
　11.1.3 使用 Ant 编译 Android
　　　　 工程 ………………… 263
11.2 在 Maven 中集成 Android
　　 自动化测试 …………………… 268
　11.2.1 使用 Android Maven
　　　　 Archetypes 创建新
　　　　 Android 工程 ………… 268
　11.2.2 Android Maven 工程
　　　　 介绍 ………………… 270

11.2.3　与设备交互……………271
11.2.4　与模拟器交互…………272
11.2.5　集成自动化测试………274
11.3　收集代码覆盖率………………276
11.4　本章小结………………………280

第12章　Android 功能调试工具…281

12.1　使用 Eclipse 调试 Android
　　　应用………………………………281
12.1.1　Eclipse 调试技巧…………282
12.1.2　使用 JDB 调试……………294
12.1.3　设置 Java 远程调试………296
12.1.4　调试器原理简介…………301
12.2　查看 Android 的 logcat 日志……302
12.2.1　过滤 logcat 日志…………303
12.2.2　查看其他 logcat
　　　　内存日志………………304
12.3　Android 调试桥接……………304
12.3.1　adb 命令参考……………306
12.3.2　执行 Android shell
　　　　命令……………………309
12.3.3　dumpsys…………………312
12.4　调试 Android 设备上的程序……317
12.4.1　调试命令行程序…………317
12.4.2　调试 Android 应用………318
12.4.3　调试 Maven Android
　　　　插件启动的应用…………321
12.5　本章小结………………………322

第13章　Android 性能测试之
　　　　分析操作日志……………323

13.1　使用 Traceview 分析操作
　　　日志…………………………326
13.1.1　记录应用操作日志………326

13.1.2　Traceview 界面说明……328
13.1.3　使用 Traceview 分析并
　　　　优化性能瓶颈……………329
13.2　使用 DDMS……………………334
13.2.1　使用 DDMS………………335
13.2.2　DDMS 与调试器交互的
　　　　原理………………………336
13.2.3　三种启动操作日志
　　　　记录功能的方法…………338
13.3　使用 dmtracedump 分析函数
　　　调用树………………………339
13.4　本章小结………………………341

第14章　分析 Android 内存问题…343

14.1　Android 内存管理原理…………343
14.1.1　垃圾内存回收算法………343
14.1.2　GC 发现对象引用的
　　　　方法………………………351
14.1.3　Android 内存管理源码
　　　　分析………………………352
14.1.4　Logcat 中的 GC 信息……361
14.2　调查内存泄露工具……………362
14.2.1　Shallow size 和
　　　　Retained size……………362
14.2.2　支配树……………………363
14.3　分析 Android 内存泄露实例……364
14.3.1　在 DDMS 中检查示例
　　　　问题程序的内存情况……366
14.3.2　使用 MAT 分析内存
　　　　泄露………………………368
14.3.3　弱引用……………………372
14.3.4　MAT 的其他界面使用
　　　　方法………………………373

14.3.5　对象查询语言 OQL（Object Query Language）………… 376
　　14.3.6　使用 jHat 分析内存文件 ………… 381
14.4　显示图片 ………… 382
　　14.4.1　Android 应用加载大图片的最佳实践 ………… 386
　　14.4.2　跟踪对象创建 ………… 388
14.5　频繁创建小对象的问题 ………… 390
14.6　Finalizer 的问题 ………… 393
14.7　本章小结 ………… 394

第 15 章　调试多线程和 HTML 5 应用 ………… 395

15.1　调试应用无响应问题 ………… 395
15.2　Android 中的多线程 ………… 397
15.3　调试线程死锁 ………… 400
　　15.3.1　资源争用问题 ………… 400
　　15.3.2　线程同步机制 ………… 405
　　15.3.3　解决线程死锁问题 ………… 406
15.4　StrictMode ………… 410
　　15.4.1　在应用中启用 StrictMode ………… 413
　　15.4.2　暂时禁用 StrictMode ………… 415
15.5　调试 Android 上的浏览器应用 ………… 416
　　15.5.1　在 Android 系统自带的浏览器上调试 ………… 416
　　15.5.2　在 Chrome 浏览器上调试 ………… 418
15.6　本章小结 ………… 422

第 16 章　调试 NDK 程序 ………… 423

16.1　使用 Eclipse 调试 Android NDK 程序 ………… 423
16.2　在命令行中调试 NDK 程序 ………… 426
16.3　Android 的 C/C++ 调试器的工作原理 ………… 431
　　16.3.1　调试符号 ………… 433
　　16.3.2　源码 ………… 433
　　16.3.3　多线程调试的问题 ………… 433
16.4　本章小结 ………… 434

第 1 章
Android 自动化测试初探

本章的目的是让有经验的测试开发工程师迅速上手 Android 自动化测试代码的编写流程。因为大部分 Android 程序都是基于 SDK 开发，所以本章只介绍为基于 Android SDK 的应用编写自动化测试代码，想了解测试 Android NDK 应用的方法可阅读第 9 章。

1.1 快速入门

Android 开发环境的安装，由于种种原因，变得非常难于实现，这在一定程度上给 Android 开发的初学者带来了很大的不便。为了帮助读者将主要精力放在学习 Android 自动化测试的开发技术上，而不是将时间浪费在环境的准备和安装上，本书提供了一个 VirtualBox 虚拟机（下载地址：https://github.com/shiyimin/androidtestdebug），方便读者学习和尝试本书里讲解的各种技术。本书后续章节的示例代码和示例命令，如果没有特殊说明，均使用该虚拟机演示。使用该虚拟机可参照以下步骤：

1）下载并安装最新版本的 VirtualBox：https://www.virtualbox.org/wiki/Downloads。

2）打开 VirtualBox，依次单击菜单栏的"控制"和"注册"菜单项，导入"AndroidBook.vbox"虚拟机。

3）在 VirtualBox 中选择刚刚注册的虚拟机，单击工具栏里的"启动"按钮启动它。

4）在虚拟机上安装的是编写本书时最新的 Ubuntu 12.04 操作系统，超级用户的用户名和密码均为"student"。

5）在虚拟机中已经准备好了 Eclipse、Android 开发环境和使用真机设备的相关配置。在虚拟机中单击"Dash"图标（或者同时按下键盘的 Alt 和 F2），并输入"gnome-terminal"打开终端程序，如图 1-1 所示。

图 1-1　在附带虚拟机中打开终端程序

6）在终端中输入下列命令启动 Eclipse：

```
$ ~/eclipse/eclipse
```

注意

在 Windows 中，如果当前登录用户的用户名是中文，当在资源管理器中双击 VirtualBox 的 .msi 安装包尝试安装时，VirtualBox 安装程序会弹出"系统找不到指定的路径"的错误消息框，如图 1-2 所示。

图 1-2　"系统找不到指定的路径"的错误消息框

这是 VirtualBox 安装程序的一个缺陷，因为 MSI 安装程序运行时会解压一些临时文件到登录用户的临时文件夹中，而 VirtualBox 安装程序对包含中文的路径支持得不是很好，就会弹出这样的对话框，所以这里建议使用英文名的管理员用户安装。

1.2　待测示例程序

本章示例所采用的待测程序是一个简单的 Android 应用，模拟数据库程序的增删改查功能。程序的主界面是一个书籍列表界面，按作者名列出了每个作者的著作书名。在列表中单击书名可以查看书籍的详细信息，在详细信息界面上单击"编辑"按钮可以编辑书籍的信息，完成后单击"保存"按钮即可保存更改并返回到列表界面。列表界面上有"删除"和"添加"按钮，向列表中添加一本新书籍的操作与"编辑"类似；在从列表中删除一本书时，需要先单击"删除"按钮，然后再单击要删除的书籍。待测示例程序的主界面如图 1-3 所示。

待测程序的源代码可以在配套资源（或虚拟机的 /home/student/samplecode 中）的"chapter1\cn.hzbook.android.test.chapter1"文件夹中找到，按照下面的步骤在 Eclipse 中导入该工程：

1）启动 Eclipse。

2）依次单击 Eclipse 菜单栏中的"File"、"Import…"菜单项。

3）在新弹出的"Import"对话框中选择"Existing Projects into Workspace"列表项，然后单击"Next"按钮进入下一步，如图 1-4 所示。

图 1-3　待测示例程序的主界面截图

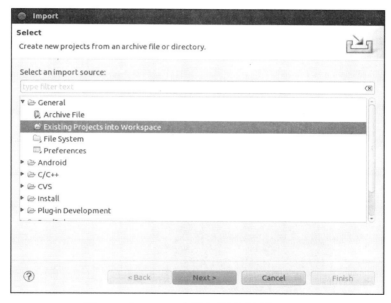

图 1-4　在 Eclipse 中导入待测示例应用工程

4）在"Import Projects"界面中勾选"Select root directory"项,并单击旁边的"Browse…"按钮,填入配套资源中待测应用源文件的根目录。完成后应该可以在"Projects"列表框中看到要导入的工程名:"cn.hzbook.android.test.chapter1"。勾选"Copy projects into workspace"复选框,以便将应用的源代码复制到本地硬盘。最后单击"Finish"完成导入操作。如图 1-5 所示。

5）完成导入后,用右键单击刚导入的工程文件,并依次选择"Run As","Android

Application"运行应用。如图 1-6 所示。

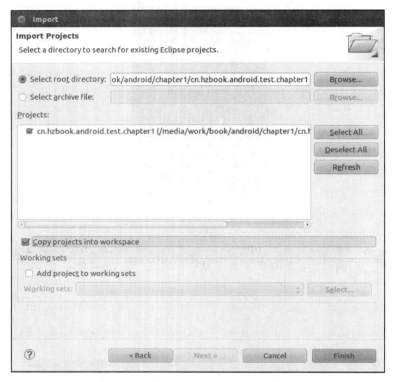

图 1-5　在 Eclipse 中导入工程向导中选择待测示例工程

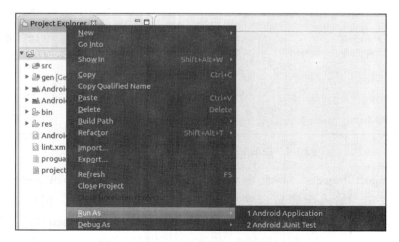

图 1-6　在 Eclipse 中运行示例待测应用

6）这时 Eclipse 会自动启动 Android 模拟器并打开应用。此时打开 Eclipse 下方的 "Console"窗口并选择"Android"下拉框，应该可以看到类似图 1-7 的输出。

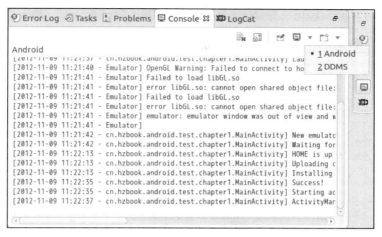

图 1-7 在 Eclipse 中启动应用的过程输出

图 1-7 的输出中详细显示了 Eclipse 从启动模拟器到运行应用的完整过程。在测试过程中，会经常用到输出内容来排查错误，下面结合注释解释输出内容：

在这里 Eclipse 接受到启动 Android 应用的命令
[2012-11-09 11:21:37 - cn.hzbook.android.test.chapter1.MainActivity] Android Launch!
#Eclipse 首先确定用来与模拟器进行通信（调试程序）的 adb 程序是否运行，如果没有运行就会启动它
#adb 程序的用法会在后面调试章节中讲解
[2012-11-09 11:21:37 - cn.hzbook.android.test.chapter1.MainActivity] adb is running normally.
找到应用的主 Activity 并启动它
[2012-11-09 11:21:37 - cn.hzbook.android.test.chapter1.MainActivity] Performing cn.hzbook.android.test.chapter1.MainActivity activity launch
自动选择最合适的模拟器，这里因为示例应用最低要求 Android 2.2 版本，而系统中正好有
Android 2.2 版本的模拟器，所以直接做出最佳选择
[2012-11-09 11:21:37 - cn.hzbook.android.test.chapter1.MainActivity] Automatic Target Mode: launching new emulator with compatible AVD 'Android2'
[2012-11-09 11:21:37 - cn.hzbook.android.test.chapter1.MainActivity] Launching a new emulator with Virtual Device 'Android2'
这些错误与 OpenGL 有关，可以忽略它们
[2012-11-09 11:21:40 - Emulator] OpenGL Warning: Failed to connect to host. Make sure 3D acceleration is enabled for this VM.
[2012-11-09 11:21:41 - Emulator] Failed to load libGL.so
[2012-11-09 11:21:41 - Emulator] error libGL.so: cannot open shared object file: No such file or directory
[2012-11-09 11:21:41 - Emulator] Failed to load libGL.so
[2012-11-09 11:21:41 - Emulator] error libGL.so: cannot open shared object file: No such file or directory
模拟器会自动将自身窗口调整到屏幕的最佳位置
[2012-11-09 11:21:41 - Emulator] emulator: emulator window was out of view and was recentered
[2012-11-09 11:21:41 - Emulator]

在模拟器启动时，Eclipse 会不停扫描系统端口，一旦模拟器启动完毕，Eclipse 就会连接上它
     [2012-11-09 11:21:42 - cn.hzbook.android.test.chapter1.MainActivity] New emulator
found: emulator-5554
     [2012-11-09 11:21:42 - cn.hzbook.android.test.chapter1.MainActivity] Waiting
for HOME ('android.process.acore') to be launched...
     [2012-11-09 11:22:13 - cn.hzbook.android.test.chapter1.MainActivity] HOME is up
on device 'emulator-5554'
#Eclipse 将编译好的应用上传到模拟器
     [2012-11-09 11:22:13 - cn.hzbook.android.test.chapter1.MainActivity] Uploading
cn.hzbook.android.test.chapter1.MainActivity.apk onto device 'emulator-5554'
接着安装应用
     [2012-11-09 11:22:13 - cn.hzbook.android.test.chapter1.MainActivity] Installing
cn.hzbook.android.test.chapter1.MainActivity.apk...
     [2012-11-09 11:22:35 - cn.hzbook.android.test.chapter1.MainActivity] Success!
成功安装后，就直接启动应用
     [2012-11-09 11:22:35 - cn.hzbook.android.test.chapter1.MainActivity] Starting
activity cn.hzbook.android.test.chapter1.MainActivity on device emulator-5554
     [2012-11-09 11:22:37 - cn.hzbook.android.test.chapter1.MainActivity] ActivityManager:
Starting: Intent { act=android.intent.action.MAIN cat=[android.intent.category.
LAUNCHER] cmp=cn.hzbook.android.test.chapter1/.MainActivity }

注意

模拟器启动后，默认处于锁屏状态，需要手动解锁，解锁后就会看到应用已经启动。自动解锁的方式在 10.3 节的代码清单 10-10 中说明。

1.3 第一个 Android 应用测试工程

本章先建立一个简单的 Android 自动化单元测试工程来演示 Android 自动化测试的流程。在 Android 系统中，Android 自动化单元测试也是一个 Android 应用工程，它跟普通 Android 应用工程不同的地方是启动的方式不一样，这在本书第 3 章会讲到。

Android 的 Eclipse ADT 插件提供了 Android 自动化单元测试的模板，方便我们创建自动化测试项目，这里新建一个测试工程：

1）启动 Eclipse，这次可以看到之前在工作空间已被导入的 Android 工程。

2）依次单击 Eclipse 菜单栏里的"File"、"New"、"Project…"菜单项，如图 1-8 所示。

图 1-8 在 Eclipse 中新建工程（1）

3）在弹出的"New Project"对话框中，展开"Android"列表项，并选择"Android Test Project"项来指明要创建一个 Android 自动化测试工程，然后单击"Next"按钮，如

图 1-9 所示。

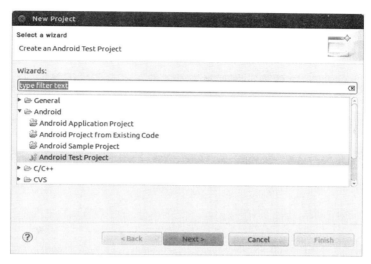

图 1-9　在 Eclipse 中新建 Android 工程（2）

4）在接下来的"Create Android Project"对话框中，在"Project Name"文本框中输入工程名称，一般来说，自动化测试工程的名称是在待测应用的名称后加上 .test 后缀。这里的待测应用是在 1.2 节导入的 cn.hzbook.android.test.chapter1，因此将测试工程命名为"cn.hzbook.android.test.chapter1.test"。单击"Next"按钮进入下一步。如图 1-10 所示。

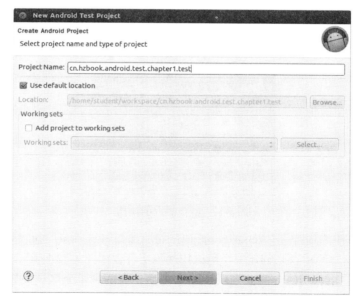

图 1-10　为第一个测试程序命名

5）在"New Android Test Project"对话框中，由于待测应用是另外一个工程，因此一般建议将测试代码和产品代码分离，选中"An existing Android project:"单选框，并在下面的列表框中选择 1.2 节导入的 cn.hzbook.android.test.chapter1，选择"Finish"按钮完成测试工程的创建，如图 1-11 所示。

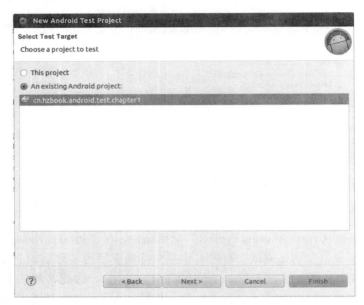

图 1-11　在新建测试工程向导中选择被测应用

6）这时会在 Eclipse 中展开刚刚创建的测试工程，可以看到已经自动创建了一个与工程同名的空的 Java 包，如图 1-12 所示，我们将在这个包中添加测试代码。

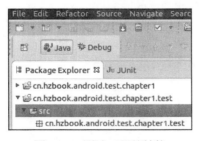

图 1-12　测试工程的结构

7）在 Eclipse 中右键单击"cn.hzbook.android.test.chapter1.test"包，依次选择"New"和"JUnit Test Case"菜单项来创建一个测试用例源文件，如图 1-13 所示。

8）在弹出的"New JUnit Test Case"对话框中，有两种单元测试类型 JUnit 3 和 JUnit 4，分别对应 JUnit 不同版本测试用例的编写方式，这两种编写方式在 2.2 节中讲解，这里我们选择"New JUnit 3 Test"单选框。

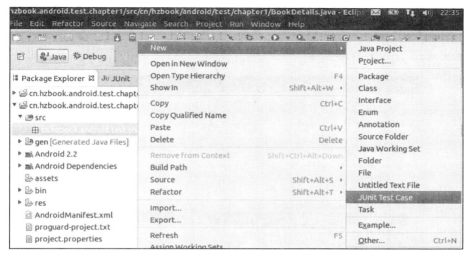

图 1-13　新建测试用例源文件

除了"Name"和"Superclass"文本框以外，其他控件均使用默认值。在"Name"文本框中输入"HelloWorldTest"，单击"Superclass"文本框附近的"Browse…"按钮，如图 1-14 所示。

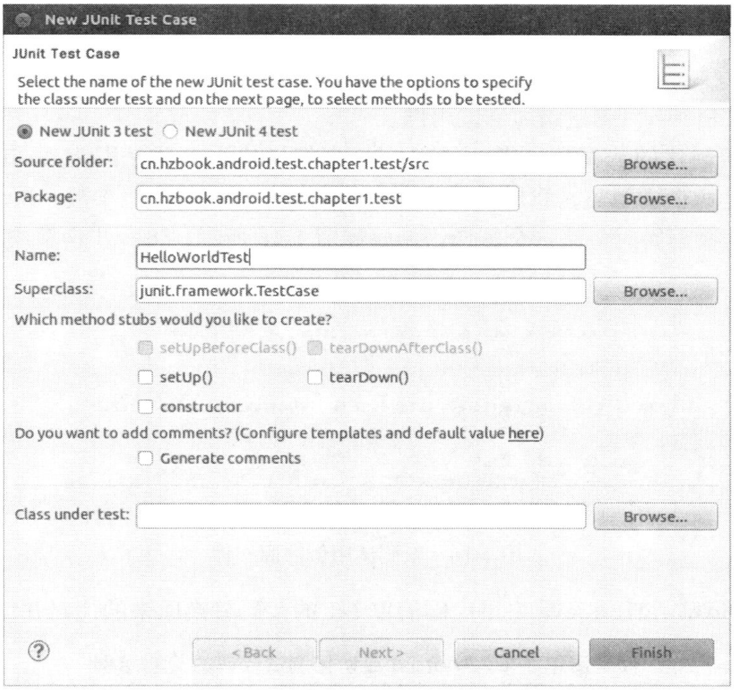

图 1-14　为新测试用例命名

9）在弹出的"Superclass Selection"对话框的"Choose a type"文本框中输入"Activity-InstrumentationTestCase2"，并单击"OK"按钮，指明新单元测试的基类是"ActivityInstrumentationTestCase2"，如图 1-15 所示。

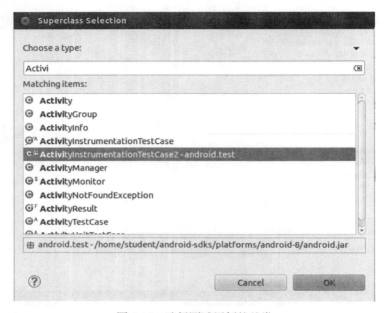

图 1-15　选择测试用例的基类

10）单击"Finish"按钮添加测试用例。

11）这时新创建的测试用例源文件会有一个编译错误，这是因为 ActivityInstrumentationTestCase2 是一个泛型类，我们没有为它指明实例化泛型的类型参数，Java 泛型将在第 2 章中介绍，这里我们暂时忽略这个编译错误，如图 1-16 所示，下一步会解决它。

图 1-16　新测试用例的源文件

12）在 HelloWorldTest.java 中用代码清单 1-1 的代码替换原来的代码并保存。

代码清单 1-1　Android 自动化测试代码的简明示例

```
1.  package cn.hzbook.android.test.chapter1.test;
2.
```

```
3.  import cn.hzbook.android.test.chapter1.MainActivity;
4.  import cn.hzbook.android.test.chapter1.R;
5.  import android.test.ActivityInstrumentationTestCase2;
6.  import android.widget.Button;
7.
8.  public class HelloWorldTest extends
9.  ActivityInstrumentationTestCase2<MainActivity> {
10.
11.     public HelloWorldTest() {
12.         super(MainActivity.class);
13.     }
14.
15.     @Override
16.     protected void setUp() throws Exception {
17.         super.setUp();
18.     }
19.
20.     public void test第一个测试用例() throws Exception {
21.         final MainActivity a = getActivity();
22.         assertNotNull(a);
23.         final Button b =
24.             (Button)a.findViewById(R.id.btnAdd);
25.         getActivity().runOnUiThread(new Runnable() {
26.             public void run() {
27.                 b.performClick();
28.             }
29.         });
30.
31.         Thread.sleep(5000);
32.     }
33. }
```

13）在 Eclipse 中用右键单击"cn.hzbook.android.test.chapter1.test"工程，依次单击"Run As"和"Android JUnit Test"菜单项，如图 1-17 所示。

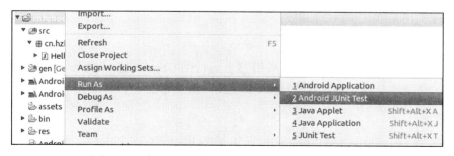

图 1-17 在 Eclipse 中运行 Android 自动化测试用例

14）如果没有连接真机设备，Eclipse 会启动模拟器，并打开"cn.hzbook.android.test.chapter1"应用，单击"添加"按钮，等待 5 秒钟，关闭应用。这时在 Eclipse 中会多出一个

"JUnit"的标签，其中显示了测试结果——执行并通过一个测试用例，如图 1-18 所示。

在代码清单 1-1 中，有 JUnit 使用经验的读者可以发现代码是一个非常标准的 JUnit 单元测试代码，其只有一个测试用例"test 第一个测试用例"，在 JUnit 3 中，以"test"为前缀命名的函数会被当作一个测试用例执行。在代码清单 1-1 的第 23 行，测试用例首先获取对待测应用"添加"按钮的引用，它的标识符是"btnAdd"；第 24 到 28 行针对刚刚抓取到的按钮执行了一个单击操作；因为自动化测试代码执行速度比人工操作要快很多，所以我们在第 31 行加入了一个显式等待 5 秒钟的操作，等待待测应用的界面更新，以便看到自动化的效果。

图 1-18　cn.hzbook.android.test.chapter1.test 的运行结果

1.4　搭建自动化开发环境

在 1.2 和 1.3 节的讲解中我们看到，Eclipse 在调试运行 Android 应用和测试代码时，自动启动 Android 模拟器，在模拟器上部署相关应用和代码并运行，这是因为演示用的虚拟机已经搭建好了 Android 开发环境，如果需要在物理机或其他机器上搭建同样的环境，也可以参照本节的做法。

1.4.1　安装 Eclipse 和 ADT 开发包

因为 Eclipse 和 Android SDK 开发环境均需要 JDK 支持，所以要先下载并安装最新的 JDK。

- 在 Windows 平台下，直接在 Oracle 的官网（http://www.oracle.com/technetwork/java/javase/downloads/index.html）下载最新的 Java SE SDK 并安装即可。
- 在 Linux 平台下，可以安装从 Oracle 官网上下载的 SDK，也可以使用系统自带的软件包管理工具安装其他 JDK 实现，例如在 Ubuntu 12.04 上，可以使用下列命令安装 Java SDK：

```
$ sudo apt-get install openjdk-7-jdk
```

- Android 还在官网上建议，如果机器上运行的 Ubuntu 是 64 位版本，在安装 JDK 之前，需要通过如下命令安装 ia32-libs 包：

```
$ sudo apt-get install ia32-libs
```

接下来安装 Eclipse。Android SDK 仅支持 Eclipse 3.6 以上版本。无论是 Windows 还是 Linux 平台，都推荐从 Eclipse 官网（http://www.eclipse.org/downloads/）下载 SDK，谷歌建议使用 Eclipse Classic 4.2、Eclipse IDE for Java Developers 或 Eclipse for RCP and RAP Developers 版本。

最后安装 Android SDK。Android 为 Eclipse IDE 提供了一个插件，名为 Android

Development Tools（ADT），可以通过 Eclipse 下载并安装 ADT 及 Android SDK。

1）启动 Eclipse，在菜单中选择 Help-> Install New Software。

2）在新打开的对话框中单击右上角的"Add"按钮。

3）在"Add Repository"对话框的"Name"文本框中输入"ADT Plugin"，在"Location"文本框中输入下列网址：

https://dl-ssl.google.com/android/eclipse/

或

http://dl-ssl.google.com/android/eclipse/

4）单击"OK"按钮关闭"Add Repository"对话框，并得到 Eclipse 下载完的安装列表。

5）在"Available Software"对话框中选择"Developer Tools"复选框并单击"Next"按钮，进入如图 1-19 所示的界面。

6）接下来显示的对话框会列出将要下载的工具列表，单击"Next"按钮确认。

7）最后接受授权协议并单击"Finish"按钮开始安装。如果 Eclipse 弹出一个对话框警告无法验证软件的身份和完整性，单击"OK"按钮。

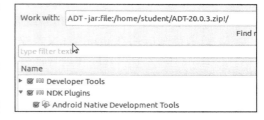

图 1-19 安装 Android 开发工具包（ADT）

8）最后重启 Eclipse 就可以使用 Android 开发环境了。

注意

有时会因为网速慢或网络上有防火墙导致安装失败，这时可以尝试离线安装，在本书配套资源中附有本书写作时最新的 Android 开发插件包 20.0.3 版本，使用方法是在"Add Repository"对话框的"Name"文本框中输入"ADT Plugin"，单击"Archive…"按钮，添加 ADT-20.0.3.zip，单击"OK"按钮完成压缩包安装，如图 1-20 所示。

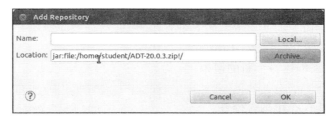

图 1-20 安装 ADT 时指定插件仓库位置

1.4.2 创建模拟器

Android 自动化测试用例可以运行在模拟器和真机上。模拟器的执行效率比真机要低一些，建议在没有真机的情况使用模拟器开发和执行测试用例。使用 Android SDK 的工具 AVD Manager 创建模拟器，它提供了图形界面和命令行支持。

可以使用 AVD Manager 创建任意多个模拟器以便测试时使用。一般建议在要求的最低版本之上的所有 Android 版本将应用都测试一遍，这时创建多个模拟器并在其上执行自动化测试就不失为一个好策略。

在创建模拟器时，选择模拟器的 Android 系统需要注意以下几点：

❑ 模拟器使用的 Android 系统版本应该不低于待测应用要求的版本，待测应用要求的最低版本可以在其工程的 manifest.xml 文件的 minSdkVersion 中找到，否则待测应用无法在模拟器上启动。

❑ 建议在测试待测应用时，除了在其要求的最低版本上执行测试，至少还应该在最新版本的 Android 系统模拟器上测试一遍，以验证待测应用的向后兼容性。向后兼容测试确保在用户升级他的手机系统后，应用还能继续正常工作。

❑ 如果待测应用在 manifest 文件中通过声明 uses-library 元素来指明对外部库的依赖关系，那么应用只能在包含该外部依赖库的 Android 系统上运行，因此一般需要使用包含了附加（Add-on）组件的 Android 系统来创建模拟器。

1. 通过图形界面创建

通过以下方式启动 AVD Manager：

❑ 在 Eclipse 中，要么是依次单击菜单里的"Window" > "AVD Manager"，要么是单击工具栏中的"AVD Manager"图标。

❑ 如果使用的是其他 IDE，可以切换到 Android SDK 的主目录的"tools/"文件夹，双击或在终端上执行"~/android-sdk/tools/android avd"命令。

单击"New"按钮，会弹出"Create New AVD"对话框来创建一个新的模拟器，如图 1-21 所示。

参考表 1-1 在图 1-21 中填入信息。

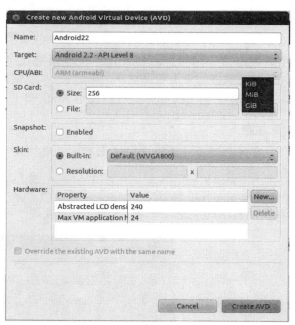

图 1-21 创建模拟器

表 1-1 新模拟器的设置参数

属　性	值	说　　明
Name	Android22	新模拟器的名称，这个名称是系统唯一的，当在命令行中启动模拟器时，使用 Name 属性的值指定模拟器
Target	Android 2.2-API Level 8	模拟器中 Android 系统的版本号

(续)

属　性	值	说　明
SD Card Size	256	虚拟的 SD 卡的空间，默认以 MB 计算，也可以通过旁边的下拉框选择新的计量单位

单击"Create AVD"按钮完成创建模拟器。

在 Android 模拟器管理窗口上，选择刚刚创建好的模拟器，并单击"Start"按钮。

在新弹出的"Launch Options"对话框上单击"Launch"最终启动模拟器。"Launch Options"对话框上的几个选项是用来控制模拟器启动的参数，如表 1-2 所示。

表 1-2　模拟器启动的参数说明

参　数	说　明
Scale display to real size	将模拟器缩放到与真实设备相同的尺寸，由于手机屏幕要比电脑屏幕的像素密度大，因此，对于相同尺寸的屏幕，手机屏幕上显示的像素要比电脑屏幕多，例如同样是 800 × 600 的分辨率，手机屏的物理尺寸看起来要明显比电脑屏的物理尺寸小。 这个选项有三个子选项： Screen size (in)，模拟器屏幕的物理尺寸，单位是英寸。 Monitor dpi，电脑屏幕的每英寸像素点数，默认值是 96，单击问号可以通过指定的电脑尺寸和分辨率大小自动计算出该值。 Scale，表示模拟器屏幕和实际显示屏幕尺寸的比例，1 表示尺寸相同，小于 1 则表示实际显示的模拟器屏幕将被缩小，反之则放大
Wipe user data	清除用户自定义数据，重置虚拟机。建议在大规模自动化测试时启用这个选项，可以规避前面测试用例在模拟器中写入或修改了一些数据，影响到后面测试用例的正常执行
Launch from snapshot	使模拟器从现有的镜像中恢复。如果在创建模拟器时，勾选了"Snapshot Enabled"选项，那么这个选项默认是启用的。 这个选项和后面的"Save to snapshot"选项在下面的"使用镜像功能加快模拟器的启动速度"中会讲到

2. 使用镜像功能加快模拟器的启动速度

在前面的演示中，也许会发现 Android 模拟器重新启动的速度很慢，因此在 ADT r9 版之后，新增了一个保存和恢复模拟器状态的镜像功能，用以加快模拟器重启的速度。镜像功能的原理是将整个模拟器进程中的内存保存到硬盘中，从镜像恢复的过程实际上是将原先保存在硬盘中的内存文件恢复到模拟器进程的内存中。因此在镜像恢复过程中，由于跳过了模拟器启动和初始化的步骤，使启动速度变得很快；然而在关闭模拟器的时候，又因为需要保存内存到硬盘中，关闭模拟器进程的过程会比不使用镜像功能时长一点。Android 官方博客上说，这个功能并没有得到非常完整的测试，之所以会发布，是因为已经足够日常使用了，因此要小心使用该功能。

1）首先需要编辑模拟器配置以启用该功能，启动 AVD Manager，在模拟器列表中选择要设置的模拟器，并单击"Edit"按钮编辑它。

2）在"Edit Android Virtual Device (AVD)"对话框中找到"Snapshot"一栏并勾选"Enabled"复选框，单击"Edit AVD"按钮保存设置，这样就为模拟器启用了镜像功能，如图 1-22 所示。

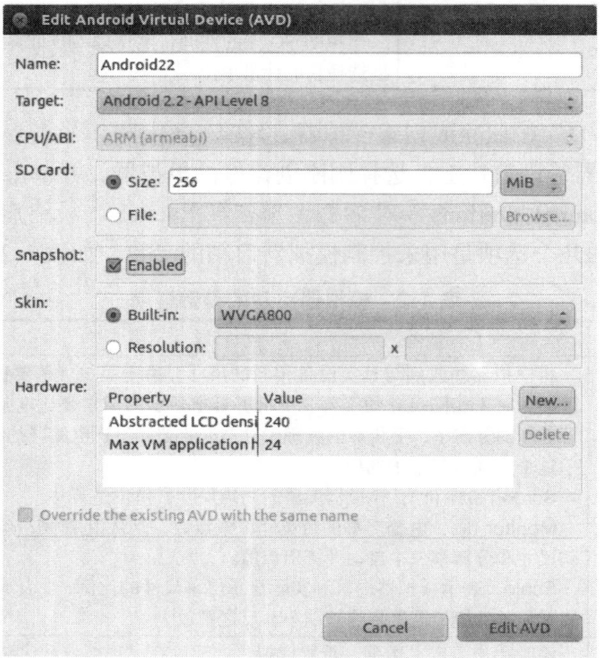

图 1-22　编辑模拟器设置

3）在 AVD Manager 窗口上选择刚刚编辑过的模拟器并单击"Start…"按钮，这时可以看到"Launch from snapshot"和"Save to snapshot"两个选项默认已经勾选，分别代表从镜像中恢复模拟器状态和将模拟器状态保存到镜像中，如图 1-23 所示。

4）这时再启动几次模拟器，就会发现启动速度比原先快了不少，因为已经把启动过程省略了。

在启用镜像功能后，还要注意下面几点。

❑ 如果要重启模拟器，也就是执行模拟器的启动和初始化过程，需要在"Launch Opitons"对话框中勾掉"Launch from snapshot"复选框，这时再单击"Launch"按钮就不是从镜像中恢复模拟器了，而是从头开始启动模拟器。

❑ 从镜像恢复后，模拟器大概需要 8 秒左右的时间，将时间从原来镜像中的时间修正为当前时间。

❑ 有些模拟器可能不会在镜像中保存一些设置，例如信号强度设置，因此在模拟器从镜像中恢复后，信号强度就被设置为默认值了。

图 1-23　使用镜像功能快速启动模拟器

3. 通过命令行创建

在大规模自动化测试中，通过图形界面一个个单独地去创建模拟器显然费时费力，因此 AVD Manager 也提供了命令行界面以便将创建模拟器的过程集成到自动化测试中，这样做的另一个好处是，其他 IDE 也可以通过命令行创建模拟器。

在 Android 中，AVD Manager 的图形界面和命令行界面均由同一个程序 android 创建，所不同的是，如果向 android 传递一个 avd 参数，如下：

```
$ android avd
```

则会启动 AVD Manager 的图形界面，使用其他参数则通过命令行界面。在本节我们通过命令行界面再创建一个与前面相同的模拟器。

1）在虚拟机中按 ALT + F2 组合键，并输入"gnome-terminal"打开命令行。

2）在创建模拟器之前，需要指明模拟器的 Android 系统版本，在 Android SDK 工具包中，每个 Android 系统都被分配了一个标识号，这个标识号可以通过"android list targets"查看。在虚拟机中查看到的输出如代码清单 1-2 所示。

代码清单 1-2　列出机器上安装的可用 Android 系统版本的命令

```
student@android-student:~$ android list targets
Available Android targets:
----------
id: 1 or "android-8"
    Name: Android 2.2
    Type: Platform
    API level: 8
    Revision: 3
    Skins: HVGA, WQVGA432, WQVGA400, WVGA800 (default), QVGA, WVGA854
    ABIs : armeabi
----------
......
----------
id: 4 or "Samsung Electronics Co., Ltd.:GALAXY Tab Addon:8"
    Name: GALAXY Tab Addon
    Type: Add-On
    Vendor: Samsung Electronics Co., Ltd.
    Revision: 1
    Based on Android 2.2 (API level 8)
    Skins: WVGA854, WQVGA400, GALAXY Tab (default), HVGA, WQVGA432, QVGA, WVGA800
    ABIs : armeabi
......
```

在上面输出的第一部分中，id: 1 表示 Android 2.2 这个版本的标识号是 1，后面创建 Android 2.2 的模拟器时，需要用到这个值。Type: Platform 表明这是一个标准的 Android 版本，没有外挂任何其他组件。而在输出的第二部中，Type 的值是 Add-On，表明这是一个其他 Android 设备厂商定制的版本，附有一些额外的组件。

关于 target Id 这个值，需要说明的是，这个值与 Android 系统的版本号没有任何关系，在不同的宿主系统下，相同版本的 Android 系统的 target Id 有可能是不一样的，因此在使用命令行创建模拟器之前，一定要执行上面的命令确认指定的 Android 系统的 target Id。

3）在命令行中创建模拟器的命令格式是：android create avd-n < 模拟器名称 >-t < 目标 Android 系统标识号 >[-< 选项 >< 选项的值 >] …。与前面一样，创建一个 Android 2.2 系统的模拟器，并把模拟器命名为"Android22"，代码如代码清单 1-3 所示。

代码清单 1-3　创建模拟器命令

```
student@android-student:~$ android create avd-n Android22-t 1
Auto-selecting single ABI armeabi
Android 2.2 is a basic Android platform.
Do you wish to create a custom hardware profile [no]
```

4）如果选择的目标 Android 系统是一个标准 Android 系统，即步骤 2）中输出类型为"Type: platform"的系统，那么下一步 Android 工具会询问硬件配置情况。如果需要定制一些硬件配置，那么输入"yes"并设置相应的值，这里使的是用默认的硬件配置，因此直接按回车，默认选择选项"no"。

```
Do you wish to create a custom hardware profile [no]no
Created AVD 'Android22' based on Android 2.2, ARM (armeabi) processor,
with the following hardware config:
hw.lcd.density=240
vm.heapSize=24
```

5）稍等片刻，一个新的模拟器就创建好了，可以用 android 程序列出当前系统中已经创建的模拟器：

```
$ ~/android-sdk/tools/android list avd
```

android 程序会扫描当前登录用户目录的 .android 隐藏文件夹，列出其 avd 目录中的所有现有模拟器，针对每个模拟器打印类似代码清单 1-4 的输出。

代码清单 1-4　打印模拟器列表命令

```
student@android-student:~$ android list avd
Available Android Virtual Devices:
    Name: Android22
    Path: /home/student/.android/avd/Android22.avd
  Target: Android 2.2 (API level 8)
     ABI: armeabi
    Skin: WVGA800
```

上面的输出打印了模拟器的一些基本设置，例如模拟器在宿主机上的文件位置，模拟器使用的 Android 系统版本号，是否启用了镜像功能（没有启用镜像则不会显示镜像的设置）等。

android 命令在宿主机上创建一个专用的文件夹来存放模拟器的信息，包括模拟器的配置文件、用户数据以及虚拟 SD 卡等。这个文件夹并不包含模拟器使用的 Android 系统文件，而是通过在配置文件中指明目标系统标示号，这样模拟器启动时会自动从 Android 开发工具包中加载系统镜像。

android 命令还在目录 .android/avd/ 下为新的模拟器创建以模拟器名称命名的 .ini 文件，在上例中文件名是 Android22.ini，该文件指明了模拟器配置文件的保存地址。

在 Linux 或 Mac 系统中，模拟器的配置文件夹默认放在 ~/.android/avd/ 中，在 Windows XP 系统中，默认存放在 C:\Documents and Settings\<user>\.android\ 中，而在 Windows Vista/7 中放在 C:\Users\<user>\.android\ 下。如果要指定一个不同的路径，可以在创建模拟器的命令后加上 -p <路径> 参数，例如：

```
$ android create avd-n my_android1.5 -t 2 -p 其他路径
```

一个 Android 虚拟设备——AVD（Android Virtual Device）是一个包含了真机设备的硬件和软件配置信息的模拟器，在本书中，简称它为模拟器。既可以通过图形化的 AVD Manager 来创建和启动模拟器，也可以在命令行中创建、管理和启动模拟器。无论是通过图形还是命令行界面，在一台宿主机上可以同时创建和启动任意数量的模拟器。

一个 AVD 由下面这些部分构成：
- 硬件配置，定义了要模拟的硬件功能。例如，可以指定是否配有相机，是否配有物理键盘，多大内存等选项。
- 软件配置，定义了模拟器上运行的 Android 平台的版本，既可以指定标准的 Android 版本，也可以是定制的 Android 系统。
- 外观配置，可以定义模拟器使用的皮肤，通过皮肤控制模拟器的屏幕物理尺寸、外观，还可以指定模拟器使用的虚拟 SD 卡。
- 在宿主机上的存储区域，模拟器上的用户数据（例如已安装的程序，个人设置等数据）和虚拟 SD 卡都存储在这个地方。

以刚刚创建的模拟器"Android22"为例，其在虚拟机中的配置文件路径是：

```
student@student:~$ ls .android/avd/Android2.avd/
cache.img          hardware-qemu.ini        userdata-qemu.img
cache.img.lock     hardware-qemu.ini.lock   userdata-qemu.img.lock
config.ini         userdata.img
```

其中各个文件的作用如表 1-3 所示。

表 1-3 Android 模拟器文件夹中各文件的说明

文 件 名	说　　明
hardware-qemu.ini	硬件配置文件，可以通过下面的命令查看其内容： `$ gedit .android/avd/Android2.avd/hardware-qemu.ini`
userdata-qemu.img	用来存放用户数据，可读写，Android 启动后将其挂载到 /data 文件夹上
userdata.img	一般不使用 userdata.img，只有在使用 -wipe-data 参数启动模拟器的时候才会用 userdata.img 的内容覆盖 userdata-qemu.img

（续）

文 件 名	说 明
cache.img	Android 启动后会将其挂载到 /cache 文件夹上，/cache 文件夹或者说分区是 Android 用来保存经常访问的应用组件和数据的，系统每次重启时都会重建这个分区
*.lock	这些文件都是临时文件，只有当模拟器启动时才会创建，模拟器关闭后就自动删除，它们的目的系统用来防止在模拟器运行时，用户不小心通过模拟器管理器修改模拟器设置的
config.ini	保存软件配置和外观配置文件，可以通过下面的命令查看其内容： `$ gedit .android/avd/Android2.avd/config.ini` 可以手工编辑或通过模拟器管理器来修改模拟器的设置，具体方法在 1.4.3 中讲述

可以将新建好的模拟器移动到其他目录，由 -n 选项指明要移动的模拟器名称，由 -p 选项指定移动后的目录，这个目录事先不能存在，由 android 创建。下面的示例就是将名为 Android22 的模拟器配置文件夹移动到 /tmp/Android22 文件夹中，如代码清单 1-5 所示。

代码清单 1-5　移动模拟器命令

```
student@android-student:~$ android move avd -n Android22 -p/tmp/Android22
AVD 'Android22' moved.
student@android-student:~$ android list avd
Available Android Virtual Devices:
    Name: Android22
    Path: /tmp/Android22
  Target: Android 2.2 (API level 8)
     ABI: armeabi
Skin: WVGA800
```

也可以重命名模拟器，下面的命令将名为 Android22 的模拟器重命名为 Android2，模拟器新的名称由 -r 选项指定，如代码清单 1-6 所示。

代码清单 1-6　重命名模拟器的命令

```
student@android-student:~$ android move avd -n Android22 -r Android2
AVD 'Android22' moved.
student@android-student:~$ android list avd
Available Android Virtual Devices:
    Name: Android2
    Path: /tmp/Android22
  Target: Android 2.2 (API level 8)
     ABI: armeabi
    Skin: WVGA800
```

执行下面的命令删除刚刚创建的模拟器，这样会将模拟器的配置文件、用户数据及虚拟 SD 卡等数据从硬盘上删除，如代码清单 1-7 所示。

代码清单 1-7　删除模拟器的命令

```
student@android-student:~$ android delete avd -n Android2
Deleting file /home/student/.android/avd/Android2.ini
Deleting folder /tmp/Android22

AVD 'Android2' deleted.
student@android-student:~$ android list avd
Available Android Virtual Devices:
```

Android SDK 中的 android 命令有很多用处，本书不能一一介绍，有兴趣的读者可以通过"-h"参数查看其用法和子命令，如代码清单 1-8 所示。

代码清单 1-8　查看 android 命令的用法

```
student@student:~$ android-sdks/tools/android -h

     Usage:
     android [global options] action [action options]
     Global options:
 -h --help       : Help on a specific command.
......
-create avd         : Creates a new Android Virtual Device.
......
```

而使用"android –h <子命令>"可查看各个子命令的使用方法，如代码清单 1-9 所示。

代码清单 1-9　查看 android 子命令的用法

```
student@student:~$ android-sdks/tools/android -h create avd
......
Options:
......
 -n --name     : Name of the new AVD. [required]
......
```

1.4.3　启动模拟器

在创建好模拟器之后，可以使用 Android SDK 中的 emulator 命令启动模拟器。emulator 命令只需要知道模拟器名称，通过"-avd"参数指定要启动的模拟器名称就可以将其启动它。通过下面的命令可以启动上一节创建的模拟器：

```
$ emulator -avd Android2&
```

在默认情况下，分配给模拟器的内存只有 128MB，这个内存在大部分情形下都显得太小了。有几个方法可以修改模拟器的内存大小。

1）通过 emulator 的"-memory"参数指定模拟器内存的大小（按 MB 计算）。这种修改方式只影响本次启动的模拟器，在后续启动时，如果不指定"-memory"参数，还是采用模拟器自身的设置：

```
$ emulator -avd Android2 -memory 512 &
```

在模拟器启动后，用代码清单 1-10 的命令验证内存大小。

代码清单 1-10　查看模拟器内存大小的命令

```
student@student:~$ adb -e shell cat /proc/meminfo
MemTotal:          516452 kB
MemFree:           394312 kB
Buffers:                0 kB
……
VmallocChunk:      432132 kB
```

2）通过模拟器管理器修改"device ram size"参数，如图 1-24 所示。启动模拟器管理器的方法可参看 1.4.2 小节中"通过图形界面创建"的内容，这个做法是修改了模拟器自身的设置，因此以后启动模拟器时都会采用这个内存设置。

3）修改模拟器配置文件夹的 config.ini 文件。在 1.4.2 小节的"通过命令行创建"中提到，android 在创建模拟器时实际上是将模拟器的设置保存在模拟器配置文件夹下，其中有一个 config.ini 文件，在其中添加或修改 hw.ramSize 参数即可改变模拟器的内存大小。这种做法和上一步使用图形界面的方法的效果是相同的，如图 1-25 所示。

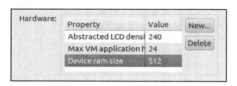

图 1-24　通过模拟器管理器修改模拟器内存大小　　图 1-25　修改 config.ini 文件中内存大小的设置

除了修改内存大小外，还可以指定其他硬件参数，如表 1-4 所示。

表 1-4　创建模拟器可用的硬件参数

参　　数	说　　明
hw.ramSize	模拟器的物理内存大小，按兆字节计算，默认大小是"96"
hw.touchScreen	是否支持触摸屏，默认值是"yes"
hw.trackBall	是否有轨迹球（trackball），默认值是"yes"
hw.keyboard	是否有 QWERTY 柯蒂键盘，默认值是"yes"
hw.dPad	是否有 DPad 键（方向键），默认值是"yes"
hw.gsmModem	是否有 GSM 调制解调器，默认值是"yes"
hw.camera	是否有照相机设备，默认值是"no"
hw.camera.maxHorizontalPixels	照相机的最大水平像素值，默认值是"640"
hw.camera.maxVerticalPixels	照相机的最大垂直像素值，默认值是"480"

（续）

参　　数	说　　明
hw.gps	是否有 GPS 仪，默认值是"yes"
hw.battery	是否需要电池，默认值是"yes"
hw.accelerometer	是否有重力加速仪，默认值是"yes"
hw.audioInput	是否支持录制音频，默认值是"yes"
hw.audioOutput	是否支持播放音频，默认值是"yes"
hw.sdCard	是否支持插入和移出虚拟 SD 卡，默认值是"yes"
disk.cachePartition	模拟器上是否使用 /cache 分区，默认值是"yes"
disk.cachePartition.size	缓存区的大小，默认值是"66MB"
hw.lcd.density	模拟器屏幕的密度，默认值是"160"

注意

在本书配套资源附带的虚拟机中，在模拟器启动后，可能会发生无法关闭模拟器的现象，如果有类似问题，可参照下面的步骤杀死模拟器。

在终端上使用"ps aux | grep emulator"列出模拟器进程，并用"kill-9 <进程 ID>"杀死模拟器进程，例如杀死模拟器进程 ID 是"3333"的模拟器进程的过程如下：

```
student@student:~$ ps aux | grep emulator
student    3333 33.8  9.3 352112 193604 pts/0    Sl+  18:31   2:05 /home/student/android-sdks/tools//emulator-arm-avd Android2
student    3374  0.0  0.0   5808    840 pts/2    S+   18:37   0:00 grep--color=auto emulator
student@student:~$ kill -9 3333
```

1.4.4　连接模拟器

在模拟器启动后，可以随时按需要修改正在运行中的模拟器设置。在模拟器启动之后，打开了一个网络套接字（socket）端口与宿主机通信，一些 Android 开发工具包中的工具就是通过这个端口与模拟器交互的，我们也可以通过 telnet 程序操控模拟器。

在宿主机上可以同时启动多个模拟器，每个模拟器都会新开一个端口来与宿主机上的开发工具通信，这个端口号显示在模拟器进程的标题栏上，如图 1-26 所示，这个模拟器和宿主机通信的端口号是 5554。

在宿主机上打开一个终端窗口，并执行下面命令连接到模拟器的控制端口：

图 1-26　模拟器的端口号

```
$ telnet localhost 5554
```

在连接成功后，模拟器会回显一些信息，用以提示操控命令，如代码清单 1-11 所示。

代码清单 1-11　使用 telnet 连接控制模拟器的命令

```
student@ubuntu:~$ telnet localhost 5554
```

```
Trying 127.0.0.1...
Connected to localhost.
Escape character is '^]'.
Android Console: type 'help' for a list of commands
```

输入"help"命令显示所有可用的命令:

```
help
Android console command help:

    help|h|?         print a list of commands
    event            simulate hardware events
    geo              Geo-location commands
    gsm              GSM related commands
    cdma             CDMA related commands
    kill             kill the emulator instance
    network          manage network settings
    power            power related commands
    quit|exit        quit control session
    redir            manage port redirections
    sms              SMS related commands
    avd              control virtual device execution
    window           manage emulator window
    qemu             QEMU-specific commands
    sensor           manage emulator sensors
```

要查看某个命令的详细帮助,可以执行"help <命令名>"查看。

例如,要动态修改正在运行的模拟器的大小比例,可以执行下面命令将模拟器尺寸缩小到原来的四分之三:

```
window scale 0.75
```

最后输入"quit"或"exit"命令退出模拟器控制台:

```
quit
Connection closed by foreign host.
```

1.4.5　连接手机

开发 Android 应用很重要的一点就是要在真机上实际测试,一方面有些功能在模拟器上是无法测试的,必须在真机上测试,例如重力加速器;另一方面有些多手指手势的测试也很难在模拟器上实施。而且 Android 系统的模拟器与 iOS 系统的模拟器不同,Android 模拟器的运行速度远远慢于真机,因此必须准备一台测试用的真机。在真机上开发和调试 Android 应用的方法和模拟器上是一致的,设置真机开发环境需要执行下面这些步骤:

(1)在应用的 Manifest 文件中声明应用是可调试的

(2)打开应用的调试支持

对于通过 Eclipse 创建的应用，可以省略这一步，在 Eclipse IDE 中启动应用时，会自动打开应用的调试支持。

在 AndroidManifest.xml 文件的 <application> 元素中，添加 android:debuggable="true" 这个属性就为应用打开调试支持。代码清单 1-12 是一个启用调试支持的 AndroidManifest.xml 示例。

代码清单 1-12　在 AndroidManifest.xml 中启用真机调试

```xml
<?xml version="1.0" encoding="utf-8"?>
<manifest xmlns:android="http://schemas.android.com/apk/res/android"
    package="cn.hzbook.android.test.chapter1"
    android:versionCode="1"
    android:versionName="1.0" >

<uses-sdk android:minSdkVersion="8" />
<uses-permission android:name="android.permission.INTERNET"/>
<uses-permission android:name="android.permission.RUN_INSTRUMENTATION" />

<instrumentation
    android:name="android.test.InstrumentationTestRunner"
    android:targetPackage="cc.iqa.demo.multiplatformdemoproject" />

<application
    android:icon="@drawable/ic_launcher"
    android:label="@string/app_name"
    android:debuggable="true">
  <activity
      android:name=".MainActivity"
      android:label="@string/app_name" >
    <intent-filter>
      <action android:name="android.intent.action.MAIN" />

      <category android:name="android.intent.category.LAUNCHER" />
    </intent-filter>
  </activity>
  ......
  <uses-library android:name="android.test.runner" />
</application>

    <uses-permission android:name="android.permission.WRITE_EXTERNAL_STORAGE">
    </uses-permission>
</manifest>
```

注意

在应用开发过程中，要在 manifest 文件中手动启用调试支持，最好在应用发布前关闭调试支持，因为一个已发布的应用是不应该可以被调试的。

(3) 打开手机的"USB 调试"功能

在 Android 4.0 之前的设备上,依次选择"设置"、"应用程序"、"开发",然后勾选"USB 调试";在 Android 4.0 的设备上,"USB 调试"选项位于"设置 -> 开发"子菜单项中,如图 1-27 所示。

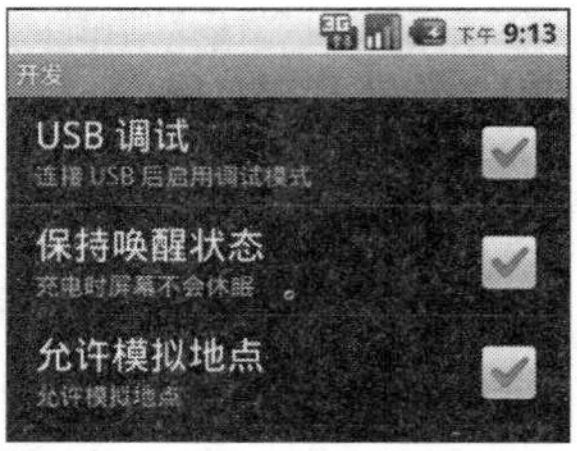

(4) 设置宿主机系统以侦测到开发设备

如果是在 Windows 宿主机上进行 Android 应用开发,需要为 adb 程序安装一个 USB 驱动,具体方法如下:

1) 用 USB 数据线将设备与 Windows 机器连接,第一次连接时提示发现新硬件,这时 Windows 弹出尝试为设备安装驱动程序的对话框,选择"从列表或指定位置安装(高级)"单选框并单击"下一步"按钮,如图 1-28 所示。

图 1-27 启用手机 USB 调试

2) 在接下来的对话框中选择"在这些位置上搜索最佳驱动程序"单选框,勾选"在搜索中包括这个位置"复选框并输入 Android SDK 中的 usb_driver 文件夹的路径,这里输入的是"C:\eclipse-java-juno-win32\android-sdk\extras\google\usb_driver",然后单击"下一步"按钮搜索并安装驱动,如图 1-29 所示。

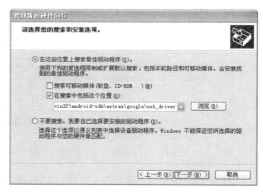

图 1-28 在 Windows 上安装 Android 设备驱动程序　　　图 1-29 选择 Android 驱动文件路径

3) 可能会出现好几个需要安装驱动的地方,要一个不少地全部安装成功。在搜索的时候可能会提示需要某个文件,也不能跳过,一般来说可以在 Windows 安装目录的"system32\drivers"(如"C:\WINDOWS\system32\drivers")文件夹中找到相应的文件。

4) 在驱动安装完毕后,可以使用设备管理器或 adb devices 命令查看系统是否成功识别设备,如图 1-30 所示。

```
C:\Documents and Settings\Xuser>c:\eclipse-java-juno-win32\android-sdk\platform-tools\adb.exe devices
List of devices attached
i50906d210fe0    device
```

图 1-30 在 Windows 上验证 Android 设备驱动正确安装

注意

如果在 Android SDK 的安装目录下没有找到 usb_driver 文件夹，即 android-sdk\extras\google\usb_driver 不存在，这说明在安装 Android SDK 时，没有安装 usb_driver 这个包。需要打开 Android SDK Manager，找到"Extras"并勾选"Google USB Driver"复选框，将其安装，如图 1-31 所示。但是 Google 的驱动包并不支持有些设备，例如，笔者的三星手机，需要下载三星的官方驱动包才能使用 Google 的驱动包。

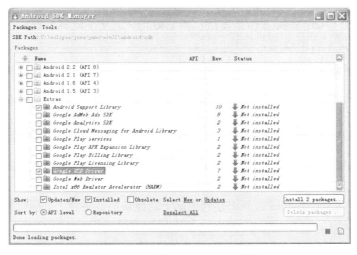

图 1-31　安装 Google USB 驱动

如果是 Mac OS X 宿主机，可以即插即用，省略该步骤。

如果是 Ubuntu Linux 宿主机，需要为开发用的设备类型添加一个包含 USB 设置的 udev 规则文件。每个设备厂商都有一个唯一的供应商 ID（vendor ID）标识，这个标识通过在规则文件中设置 ATTR{idVendor} 属性指定。以三星手机为例，在 Ubuntu Linux（配套资源中的虚拟机）上设置设备即插即用侦测的方法如下：

1) 将手机通过 USB 连接到电脑。

2) 依次单击 VirtualBox 菜单栏中的"设备"、"分配 USB 设备"，并勾选连接到电脑上的手机，如图 1-32 所示。

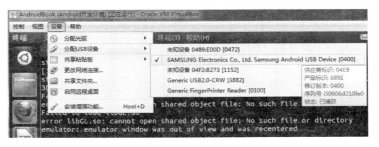

图 1-32　将 Android 设备连接到虚拟机

3）以 root 的身份编辑文件 /etc/udev/rules.d/51-android.rules，在新装系统中，默认是没有这个文件的，需要先创建它。使用下面的命令创建并编辑 51-android.rules 文件。

```
$ sudo gedit /etc/udev/rules.d/51-android.rules
```

4）在 51-android.rules 文件中，为每个厂商的设备添加格式如下的一行规则：

```
SUBSYSTEM=="usb", ATTR{idVendor}=="04e8", MODE="0666", GROUP="plugdev"
```

其中，供应商 ID "04e8" 指明了是三星设备；MODE 的值表明具有读/写权限，MODE 值的设置和 Linux chmod 命令类似；而 GROUP 定义了设备节点的所有人用户组。

5）然后执行命令启用规则：

```
$ sudo chmod a+r /etc/udev/rules.d/51-android.rules
```

6）将手机连接到 PC 的 USB 端口，执行命令 adb devices 验证设置是否正确：

```
student@android-student:~$ adb devices
* daemon not running. starting it now on port 5037 *
* daemon started successfully *
List of devices attached
i50906d210fe0       device
```

如果设置正确，adb devices 会列出连到电脑上的设备的设备号（上面代码中加粗的部分）。

设置好设备以后，在 Eclipse 中使用设备运行和调试应用的方式和模拟器完全一样，如果电脑上同时连接多个设备，或者连接设备的同时还运行有模拟器，Eclipse 会弹出一个"Device Chooser"对话框，其中列出可用的模拟器和设备，选择需要的设备或模拟器来运行和调试应用，如图 1-33 所示。

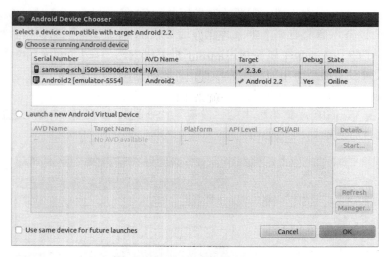

图 1-33　Android 设备选择工具

Android 官方网站（http://developer.android.com/tools/device.html#VendorIds）上有最新

的完整的供应商 ID 列表，在本书写作时，完整列表如表 1-5 所示。

表 1-5 Android 设备的供应商 ID 列表

设备厂商（Company）	USB 供应商 ID（USB Vendor ID）	设备厂商（Company）	USB 供应商 ID（USB Vendor ID）
Acer（宏碁）	502	NEC	409
ASUS（华硕）	0b05	Nook	2080
Dell（戴尔）	413c	Nvidia	955
Foxconn	489	OTGV	2257
Fujitsu	04c5	Pantech	10a9
Fujitsu Toshiba	04c5	Pegatron	1d4d
Garmin-Asus	091e	Philips（飞利浦）	471
Google（谷歌）	18d1	PMC-Sierra	04da
Hisense	109b	Qualcomm	05c6
HTC	0bb4	SK Telesys	1f53
Huawei（华为）	12d1	Samsung（三星）	4E+08
K-Touch	24000	Sharp	04dd
KT Tech	2116	Sony（索尼）	054c
Kyocera	482	Sony Ericsson（索尼爱立信）	0fce
Lenovo（联想）	17ef	Teleepoch	2340
LG	1004	Toshiba（东芝）	930
Motorola（摩托罗拉）	22b8	ZTE（中兴）	19d2

1.5 本章小结

这一章，我们讲解了设置 Android 开发环境、启动模拟器，以及准备开发设备等自动化开发的必要步骤，实际上这些步骤与开发一个正常的 Android 应用的准备步骤是完全一样的。在第 3 章，我们将看到，在 Android 系统上，Android 自动化测试几乎就是一个 Android 应用，因此开发方法也很类似。不过 Android 自动化测试通过复用 JUnit 技术，极大地缩短了测试人员的学习时间。接下来就来了解使用了 JUnit 编写自动化测试。

第 2 章
Android 自动化测试基础

本章将讲解编写 Android 自动化测试用例的基础知识，覆盖了编写测试代码所需的必备 Java 编程知识，Android 系统的基本工作方式，以及使用 JUnit 编写单元测试用例的基本知识。对于具备这些知识的读者，可以跳过本章直接进入第 3 章开始学习。

2.1 Java 编程基础

本书大部分示例代码使用 Java 编程语言编写，因此要求读者具备一些 Java 编程知识，本节简要讲解编写测试代码的一些必要知识。如果读者希望对 Java 编程语言有一个完整的理解，建议参看《Java 语言程序设计：基础篇》（机械工业出版社 2011 年 11 月出版）。

Java 是一门面向对象的编程语言，其设计初衷是同一份代码可以移植并运行在几乎所有硬件平台上。为了达到这个目标，Java 源程序在编译完毕后不像 C/C++ 源程序那样被编译成目标机器上的可执行代码，而是编译成一个中间代码，由 Java 虚拟机在不同的硬件平台上解释执行。

Java 是一门静态强类型语言。强类型是指，当声明一个变量的类型为整型时，在这个变量的整个生命周期里，它都是整型的，不能将一个字符串或布尔值赋值给它，这一点跟 JavaScript、Python、Ruby 等动态语言不同。静态的意思是，当 Java 源程序编译时，Java 编译器会执行代码检查，避免代码有违犯强类型理念的地方。与其他编程语言类似，Java 语言也有字符串（String）、整型（int）、浮点数型（double）、布尔型（boolean）和数组型等数据类型，也支持多种操作符。深入讨论各种类型的使用方法不在本书的范围之内，参考前面推荐的书籍。

Java 程序的内部结构如图 2-1 所示。

通常，一个 Java 程序（包括测试用例程序）都包含零到多个包，每个包中包含许多 Java 类型，每个 Java 类型又有多个函数，而函数中包含实际执行计算操作的语句。虽然在处理器层面执行的都是一条条 Java 语句，但在大多数编程语言中，函数是最小的可执行单位，这主要是为了体现代码复用的思路。比如，在一个外汇交易系统中，与其在系统中到处复制、粘贴类似代码清单 2-1 所示的美元兑换人民币的计算代码：

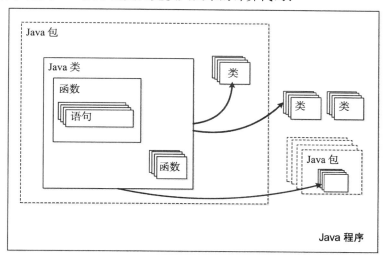

图 2-1　Java 程序结构示意图

代码清单 2-1　没有复用代码的汇率转换函数

```
1. double dollar = ...; // 设置要转换的美元金额
2. double rmb = dollar * 6.25;
3. // 使用转换后的人民币金额 rmb 执行一些计算
```

不如将美元兑人民币的汇率转换代码封装成一个函数，如代码清单 2-2 所示。

代码清单 2-2　将美元兑人民币的汇率封装成函数

```
1. // dollar 的值是要转换的美元金额
2. public double toRmb(double dollar)
3. {
4.     return dollar * 6.25;
5. }
6.
7. double rmb = toRmb(100);// 兑换 100 美元
```

代码封装的好处显而易见。在代码清单 2-1 中第 2 行将汇率固定为 6.25，而实际上汇率是在不停变换的。汇率一旦变化，就需要修改系统中所有类似代码 2-1 中第 2 行的代码。而代码 2-2 中的封装方案使我们只需要改动一个地方就可以适应汇率的变化情况。

代码清单 2-2 还有很多的改进空间，例如在第 4 行硬编码了汇率，每次汇率变化都需要修改代码，重新编译程序，可以将汇率封装成一个函数，从外部服务自动获取最新汇率，如代码清单 2-3 所示。

代码清单 2-3　自动获取汇率的函数

```
1.  // dollar 的值是要转换的美元金额
2.  public double toRmb(double dollar)
3.  {
4.      // fetchDollarExchangeRate 是一个函数
5.      // 自动从某个外部服务抓取最新的汇率
6.      return dollar * fetchDollarExchangeRate();
7.  }
8.
9.  doublermb = toRmb(100);
```

在 Java 这样的面向对象的编程语言中，对代码封装的理念进行了进一步的扩展，使用面向对象的编程理念将相关的函数放在一个类型中。例如前面汇率转换的例子，可以将各国货币兑换的函数都放在一个类型中，方便其他程序员查找和使用。

代码清单 2-4　使用面向对象的理念封装汇率转换代码

```
1.  public class Bank
2.  {
3.      // dollar 的值是要转换的美元金额
4.      public double dollarToRmb(double dollar)
5.      {
6.          // fetchDollarExchangeRate 是一个函数
7.          // 自动从某个外部服务抓取最新的汇率
8.          return dollar * ExternalService.fetchDollarExchangeRate();
9.      }
10.
11.     // dollar 的值是要转换的日元金额
12.     public double YenToRmb(double yen)
13.     {
14.         // fetchDollarExchangeRate 是一个函数
15.         // 自动从某个外部服务抓取最新的汇率
16.         return yen * ExternalService.fetchYenExchangeRate();
17.     }
18.
19.     ...
20. }
21.
22. public class Customer
23. {
24.     public static void main(String[] args)
25.     {
26.         Bank bank = new Bank();
27.         // 兑换 100 美元
28.         doublermb = bank.dollarToRmb(100);
29.         // 兑换 100 日元
30.         rmb += bank.YenToRmb(100);
31.     }
32. }
```

在上面的代码中，将所有货币兑换的函数都统一放在一个名为"Bank"的类型中（第 1 到 20 行），这样调用者（Customer 类型——第 22 行）在兑换货币时，只要访问"Bank"找到对应的兑换函数就可以了（第 27 到 30 行）。这种封装方式与现实生活的场景很像，可以将类想象成一个具体的实体，在此示例中 Bank 就是银行，而每个货币兑换函数就是银行的兑换窗口，例如第 28 行代码的意思是，在兑换美元窗口（dollarToRmb）处，客户"Customer"递给窗口 100 美元，然后得到窗口返回的人民币。

虽然在图 2-1 中显示类型还有可能包含在 Java 包中，但是类型就是代码封装的最高层次了。Java 包的作用是避免类型重名的问题，例如在代码清单 2-4 中定义并使用了名为"Bank"的类型，但是在同一个程序内，可能会同时用到来自两个不同组织创建的同名"Bank"类型，为了防止混淆，就需要使用 Java 包来辅助区分。例如为一个跨国旅游团服务的货币兑换系统的编码可能如代码清单 2-5 所示。

代码清单 2-5　使用包区分来自不同组织的类名重复问题

`China/Bank.java`
```
1.  package China;
2.
3.  public class Bank {
4.      public double dollarToRmb(double dollar) {
5.          return dollar * 6.25;
6.      }
7.
8.      public double rmbToDollar(double rmb) {
9.          return rmb / 6.25;
10.     }
11.
12.     public double borrow(double someMoney) {
13.         return someMoney * 0.9;
14.     }
15. }
```

`USA/Bank.java`
```
1.  package USA;
2.
3.  public class Bank {
4.      public double dollarToRmb(double dollar) {
5.          return dollar * 6.25;
6.      }
7.
8.      public double rmbToDollar(double rmb) {
9.          returnrmb / 6.25;
10.     }
11.
12.     public double borrow(double someMoney) throws FinancialCrisisException {
13.         throw new FinancialCrisisException("没钱啦!");
14.     }
15. }
```

```
Customer.java
1.  import USA.FinancialCrisisException;
2.
3.  public class Customer extends Exception {
4.      public static void main(String[] args) throws FinancialCrisisException {
5.          arriveChina();
6.          China.Bank chinaBank = new China.Bank();
7.          double rmb = chinaBank.dollarToRmb(100);
8.          // 省略无关代码
9.          rmb = rmb + chinaBank.borrow(100);
10.         leaveChina();
11.
12.         arriveUSA();
13.         USA.Bank usaBank = new USA.Bank();
14.         double dollar = usaBank.rmbToDollar(rmb);
15.         // 省略无关代码
16.         dollar = dollar + usaBank.borrow(100);
17.         leaveUSA();
18.     }
19.
20.     private static void leaveUSA() {
21.         System.out.println("Left USA!");
22.     }
23.
24.     private static void arriveUSA() {
25.         System.out.println("Hello, USA!");
26.     }
27.
28.     private static void leaveChina() {
29.         System.out.println("Left China!");
30.     }
31.
32.     private static void arriveChina() {
33.         System.out.println("Hello, China!");
34.     }
35. }
```

代码清单2-5中的程序由3个源文件组成，在Customer.java中模拟了一位游客游览中国和美国的货币兑换情形，其中引用了两个同名类：Bank。为了区分中国的银行和美国的银行，将它们分别放在China和USA这两个Java包中，在使用时，在Customer.java文件的第6和13行用包名加类名的方式限定使用的类型名，避免混淆。

另外，在USA/Bank.java文件的第13行，演示了Java报告错误的方式，通过抛出一个异常中断正常的程序执行顺序，因此在Customer.java文件的第16行调用了usaBank.borrow函数时程序就会退出，并且不会执行第17行的语句，如下面是运行结果——注意没有打印出"Left USA!"这条消息。

```
Hello, China!
Left China!
Hello, USA!
Exception in thread "main" USA.FinancialCrisisException: 没钱啦！
    at USA.Bank.borrow(Bank.java:13)
    at Customer.main(Customer.java:16)
```

总结前面的示例程序，Java 由以下几个编程元素组成。

（1）包

包名由英文字母、数字、下划线和点号组成。一般来说，Java 中每个包在文件系统中都有一个文件夹与其对应，如果包名包含点号，则会创建层级文件夹对应包名。

例如在 Eclipse 中创建一个名为 China 的包，则会同时在文件系统中创建一个名为 China 的文件夹，而包名 China.Beijing 则对应 Windows 文件系统中的 China\Beijing，Linux 文件系统中的 China/Beijing。

当要在程序里使用一个包中的类型时，可以先用 import 子句导入包，再使用其中的类型。如下语句导入了 USA 包中的所有类型。

```
import USA.*;
```

（2）类

类这个概念是面向对象编程的核心理念，基本上，在 Java 源程序中，所有代码都被封装在一个类中。如果一个类被标示为 public，那么它必须保存在与它同名的 .java 文件中，而没有被标示为 public 的类可以保存在任意的 java 源文件中。例如一个标示为 public 的名为 Bank 的类，一定要保存在 Bank.java 文件中——由于在 Linux/UNIX 文件系统中，文件名是大小写敏感的，因此文件名的大小写也应与类名完全一致。

（3）函数

几乎所有编程语言都提供了函数的概念。函数是一个由多行代码组成，可以被程序其他部分调用的代码块，用以提供良好的代码封装和复用的功能。代码清单 2-6 是 Java 语言中函数的一个示例。

代码清单 2-6　Java 函数定义示例

```
1. public  int Add(int left, int right)
2. {
3.     return left + right;
4. }
```

（4）语句

Java 语言跟其他编程语言一样，都有条件判断和循环语句。代码清单 2-7 是一个典型的 if... else if... else 语句。

代码清单 2-7　Java 条件判断语句示例

```
1. if (1 == 1)
2. {
3.     System.out.println("1和1是相等的!");
4. }
5. else if ( 1 > 1 )
6. {
7.     System.out.println("1大于1!");
8. }
9. else
10. {
11.     System.out.println("1小于1!");
12. }
```

Java 语言中也有经典的 for 循环语句，代码清单 2-8 中第 2 行的第一个分号的子句定义循环控制变量 i 及其初始值；第二个分号的子句指明循环终止条件，即 i 的值小于 names 数组里的元素个数时执行循环，否则退出循环；第三个分号的子句指明每次循环对 i 值的处理方式。

代码清单 2-8　Java 循环语句示例

```
1. String[] names = { "Android", "Test", "Debug" };
2. for (int i = 0; i <names.length; ++i)
3. {
4.     System.out.println(names[i]);
5. }
```

注意

Java 语言源文件支持 Unicode，即可以在程序中使用中文为变量和函数命名，使用中文变量命名的好处就是代码可读性和可维护性都比较高。

2.2　JUnit 简介

Android 自动化测试在很多地方都复用 JUnit 测试框架，因此在讲解 Android 自动化测试之前，有必要讲一下 JUnit 测试框架的使用方法。JUnit 遵循四步测试法则来编写自动化测试用例：一是准备测试环境，二是执行测试步骤，三是验证结果，四是销毁测试环境。其中验证结果这一步是通过抛出 Java 异常和断言来实现的。我们用一个例子来演示 JUnit 的使用，以及它是如何体现四步测试法则的。

首先我们创建一个待测程序。

1）打开终端，并在其中输入下面命令：

```
$ ~/eclipse/eclipse
```

2）如果是第一次打开 Eclipse，会弹出一个对话框询问默认的工作空间，这里我们单击"OK"按钮来使用默认设置。

3）在显示 Eclipse 主界面后，依次单击菜单栏中的"New"->"Java Project"项，如图 2-2 所示。

图 2-2　在 Eclipse 中创建新测试工程

4）在新弹出的"New Java Project"对话框中，在"Project name："文本框中输入新 Java 工程名称"chapter1.java"，单击"Finish"按钮创建工程。

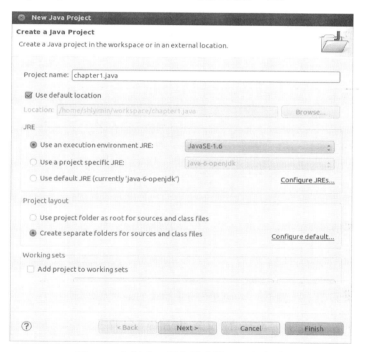

图 2-3　在创建工程向导中输入工程名称

5）在 Eclipse 中右键单击新创建的工程，依次选择"New"、"Class"菜单项，如图 2-4 所示。

6）在随后弹出的"New Java Class"对话框中，在"Name:"文本框中输入"Sample1"，然后单击"Finish"按钮创建一个 Java 类，如图 2-5 所示。

7）在上一步新建的 Java 文件中输入如代码清单 2-9 所示的代码。

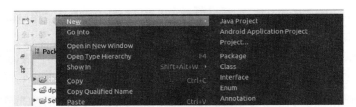

图 2-4　在 Eclipse 中添加一个新 Java 类型

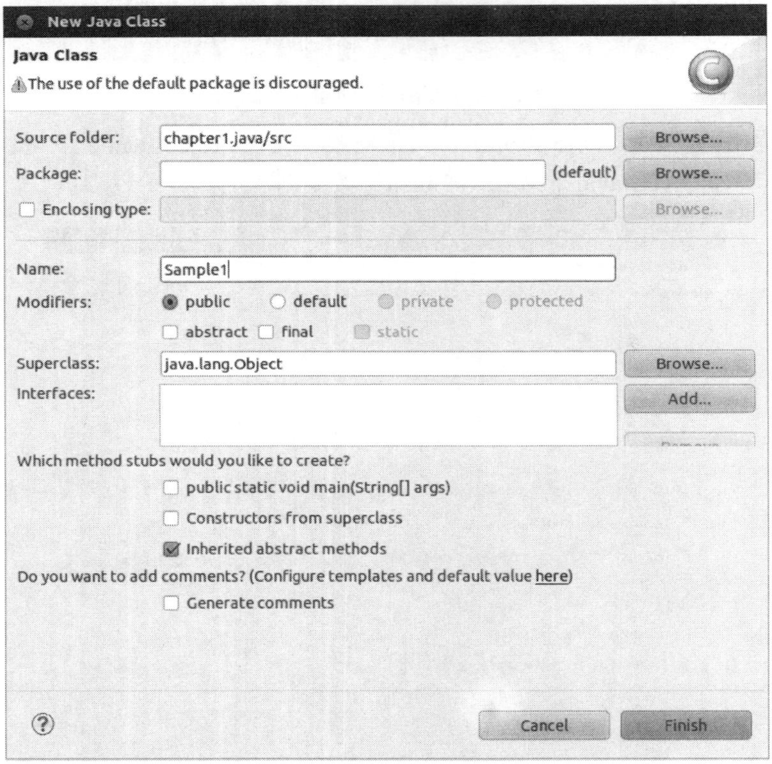

图 2-5　在创建向导中输入 Java 类型名称

代码清单 2-9　待测的 add 程序

```
public class Sample1
{
    public int add(int left, int right)
    {
        return left + right;
    }
}
```

8）代码清单 2-9 中，待测程序是一个非常简单的 Java 函数，它实现了一个加法操作，接受两个参数 left 和 right，并将两个参数的和返回给调用者。现在对这个函数编写一些

JUnit 测试用例，在 Eclipse 中用右键单击刚创建的工程"chapter1.java"，依次选择菜单项里的"New"、"JUnit Test Case"，如图 2-6 所示。

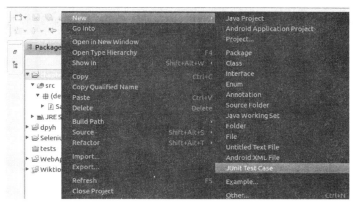

图 2-6　在 Eclipse 中新建单元测试用例

9）在新弹出的"New JUnit Test Case"对话框中选择"New JUnit 3 test"单选框，并在"Name:"文本框中输入新 JUnit 测试用例名称"Sample1Test"，然后单击"Finish"按钮创建测试用例，如图 2-7 所示。

图 2-7　在新建测试用例向导中输入用例名称

10）这时 Eclipse 会弹出一个对话框，询问是否要将 JUnit 3 类库添加到编译路径中，单击"OK"按钮选择默认设置，如图 2-8 所示。

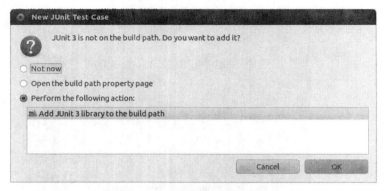

图 2-8　处理添加 JUnit 引用对话框

11）在文件"Sample1Test.java"中输入代码清单 2-10 的代码。

代码清单 2-10　add 程序的普通单元测试用例

```
import junit.framework.TestCase;

public class Sample1Test extends TestCase {
    public void testAdd() {

        assertEquals(3, new Sample1().add(1, 2));
    }
}
```

12）在 Eclipse 中单击工程，并依次选择菜单项"Run As"、"JUnit Test"运行创建的单元测试用例，如图 2-9 所示。

图 2-9　执行 JUnit 单元测试用例

13）如果机器上已经安装了 Android 开发环境，Eclipse 可能会弹出对话框询问我们是使用显示的 JUnit 执行环境还是使用 Eclipse 自带的 JUnit 执行测试用例，这里我们勾选"Use configuration specific settings"复选框，并在"Launchers"列表中选择"Eclipse JUnit Launcher"，如图 2-10 所示。

14）执行完毕后就可以看到测试用例的执行结果，如图 2-11 所示。

在代码清单 2-10 中演示了 JUnit 测试用例的两个要求：

图 2-10　选择测试用例执行程序

- 测试用例所在的类必须从 TestCase 类型中继承，这是因为在一个 JUnit 测试工程中，并不是所有的 Java 类型都包含测试用例，有些 Java 类型可能是包含一些封装好的测试辅助函数 Java 类型（是为测试用例服务的）。所以通过从 TestCase 类型继承一个新类的方式告知 JUnit Launcher 类型是一个测试用例类。
- 每个测试函数的名字都以"test"为前缀，没有参数，返回值必须是"void"型，并且声明为公开，这样 JUnit Launcher 才能将真正的测试用例函数和辅助测试的函数区分开来。

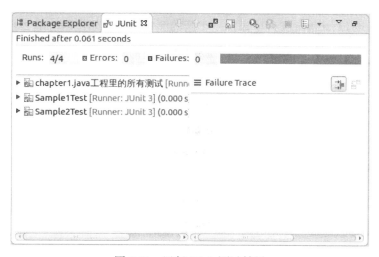

图 2-11　运行 JUnit 测试结果

2.2.1　添加测试异常情况的测试用例

在代码清单 2-10 中，只是测试了加法运算的最正常的情形。但我们知道，在编程语言中,整型是有范围限制的,一般在进行单元测试时,需要考虑正常值、最大值、最小值、最大值加一、最小值加一、最大值减一和最小值减一这七种情形。例如针对代码清单 2-9 中的函数,尝试下面这两个值就会导致测试失败。

```
int a = new Sample1().add(2147483640, 8);
assertTrue(a > 0);
```

这是因为整型 int 的最大值是 2147483647,2147483640 + 8 的结果 2147483648 已经超出了整型的范围,从而导致溢出错误,而这个错误必须要报告给上层调用函数,以免上层函数使用错误的值进行计算而得出错误的结果,从而导致难以追溯问题根源。在 Java 语言中,一般通过异常来报告错误,这里我们修改代码清单 2-9 中的代码如代码清单 2-11 所示。

代码清单 2-11　导致整数溢出的加法运算

```
1.  public class Sample2
2.  {
3.      public int add(int left, int right)
4.      {
5.          if (Integer.MAX_VALUE - left < right ||
6.              Integer.MAX_VALUE - right < left)
7.              throw new ArithmeticException(String.format(
8.                  "%d 和 %d 相加会导致整数溢出!", left, right));
9.
10.         return left + right;
11.     }
12. }
```

并且在 Sample1Test.java 文件中添加一个新的测试用例,如代码清单 2-12 所示。

代码清单 2-12　加法整数溢出的测试用例

```
1.  public void test 相加后整数溢出 () {
2.      try {
3.          new Sample2().add(2147483640, 8);
4.          fail("2147483640 和 8 相加后,会导致整数溢出, " +
5.              " 函数应该检测到这个问题并抛出异常通知!");
6.      } catch (ArithmeticException e) {
7.      }
8.  }
```

在上面的代码中,由于 JUnit 3 中没有类似 JUnit 4 的 ExpectedException 机制,所以在测试用例中显式地将测试代码用 try... catch... 块包括起来了。在第 4、5 行中,我们用一个显式的 fail 函数来测试异常没有抛出的情况,这是因为,如果在第 3 行 add 函数没有抛出异常,那么程序就会执行第 4 行。

如果将代码清单 2-11 的第 6 行到第 8 行的参数检查代码删掉,再次运行代码清单 2-12 中的测试用例,可以敏锐地捕捉到这个错误,如图 2-12 所示。

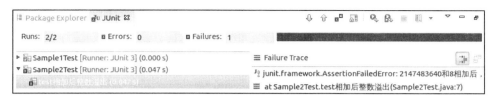

图 2-12 捕捉到错误的效果

在代码清单 2-12 中，笔者还用了一个小技巧，即将测试用例的函数名用中文命名，在 Java 语言中，是允许使用中文给函数和变量命名的。用中文为测试用例命名的好处就是直观，而且还省掉了一些说明测试用例目的的注释。

2.2.2 测试集合

通常一个大的项目中会有很多测试用例。有时在对工程的某个模块做一些小改动时，由于时间的关系，不能等到所有的测试用例都执行一遍，而是希望执行一些优先级高的测试用例。除了将测试用例归到不同的工程这种分类手段以外，JUnit 还提供了一个测试集合（Test Suite）的概念来帮助分类测试用例。

接下来创建一个测试集合。

1）在 Eclipse 中新建一个 Java 类，并输入如代码清单 2-13 所示的代码。

代码清单 2-13　在 JUnit 中建立测试集合

```
1.  import junit.framework.Test;
2.  import junit.framework.TestSuite;
3.
4.  public class SampleSuite extends TestSuite {
5.      public static Test suite() {
6.          TestSuite suite = new TestSuite("chapter1.java 工程里的所有测试 ");
7.          suite.addTestSuite(Sample1Test.class);
8.          suite.addTest(TestSuite.createTest(Sample2Test.class,
9.                  "test 相加后整数溢出 "));
10.         return suite;
11.     }
12. }
```

2）需要在 Eclipse 中修改 JUnit 的执行方式显式指定要运行的测试集合，用右键单击工程并依次选择"Run As"、"Run Configuraitons..."。

图 2-13 修改 JUnit 的执行方式

3）在"Run Configurations"对话框中，选择"Test"页签，选中"Run a single test"

单选框，并单击"Search..."按钮找到在代码清单 2-13 中创建的测试集合"SampleSuite"，如图 2-14 所示。

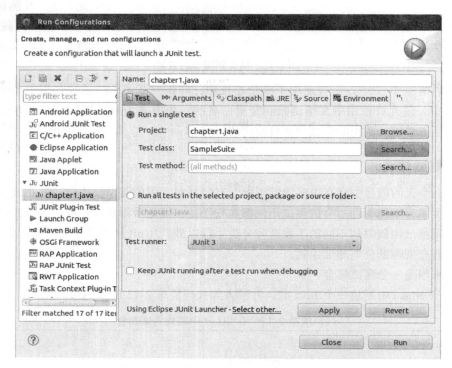

图 2-14　指定要执行的 JUnit 的测试集合

4）最后单击"Run"按钮就会只执行"SampleSuite"中的测试用例了，如图 2-15 所示。

在代码清单 2-13 中，注意第 4 行，"SampleSuite"类是从"TestSuite"中继承下来的，而不是之前的"TestCase"类；第 5 行定义了一个名为"suite"的静态函数，这是 JUnit 要求的做法，JUnit 通过这种方式才能发现测试集合的实际定义；第 6 行定义了这个测试集合的名称，这个名称在 JUnit 的测试结果中会显示，见图 2-15；第 7 行通过调用 addTestSuite 函数添加测试集合中的测试用例，这里 addTestSuite 的参数是测试类型，也就是说这个测试类型中的所有测试用例都会被添加进测试集合中，如果要添加的测试类型中有些测试用例不想被加进测试集合中，则需要把这些测试用例放在另外的测试类型中，或者就像第 8 行一样，单独将测试用例一个个添加进测试集合。

图 2-15　测试集合的运行结果

2.2.3 测试准备与扫尾函数

在实际测试中，经常有这样的情况：在测试之前需要做一些准备工作，在测试之后又要执行一些扫尾的操作。比如，为博客网站上的用于增、删、改博客的 API 编写测试用例，都需要在调用 API 之前使用某个测试用户身份登录网站，在执行完测试之后，又需要注销测试用户，以免影响后面的测试用例。为了满足这样的测试需求，JUnit 提供了测试用例级别的准备与扫尾函数，也提供了测试集合级别的准备与扫尾函数，它们的名称都分别是 setUp 和 tearDown。

因为每个测试用例都需要登录和注销操作，所以可以在 setUp 函数中执行登录操作，并在 tearDown 中执行注销操作。在执行测试用例时，JUnit 会保证在每个测试用例函数执行之前，setUp 都会被调用；而无论测试用例是否是正常退出，tearDown 也都会被调用。代码清单 2-14 演示的博客网站的增删改等测试用例的框架体现了这个方法：

代码清单 2-14　测试用例的准备和扫尾函数

```
1.   import junit.framework.TestCase;
2.
3.   public class 博客测试 extends TestCase {
4.       public void setUp() {
5.           System.out.println("用户登录");
6.       }
7.
8.       public void tearDown() {
9.           System.out.println("用户注销");
10.      }
11.
12.      public void test新增博客文章() {
13.          System.out.println("博客文章已添加！");
14.      }
15.
16.      public void test修改博客() {
17.          System.out.println("博客文章已被修改！");
18.      }
19.
20.      public void test删除博客() {
21.          System.out.println("查询要删除的博客文章！");
22.          fail("找不到博客文章！");
23.          System.out.println("博客文章已删除！");
24.      }
25.  }
```

运行结果如图 2-16 所示。

可以看到，虽然在代码清单 2-14 中，测试用例"test删除博客"在运行过程中会失败（第 22 行），导致后面第 23 行的代码没有被执行，但是用户注销这一步还是被稳定地执行了。

在代码清单 2-14 中，每个测试用例运行时都要执行登录和注销操作，因此还有优化的空间。我们可以只登录注销一次，批量测试博客的增、删、改工作，这就需要用到测试集合，并且在测试集合运行前登录网站，测试集合运行完毕后注销用户，下面的代码清单 2-15 就演示了这个方法。

图 2-16　setUp 和 tearDown 函数的效果

代码清单 2-15　测试集合的准备和扫尾函数的使用示例

```
import junit.extensions.TestSetup;
import junit.framework.Test;
import junit.framework.TestSuite;

public class 测试博客增删改用例集合 extends TestSuite {

    public static Test suite() {
        return new TestSetup(new TestSuite(博客测试2.class)) {
            protected void setUp() {
                System.out.println("用户登录");
            }

            protected void tearDown() {
                System.out.println("用户注销");
            }
        };
    }
}
```

2.2.4 自动化测试用例编写注意事项

测试代码的稳定性高于一切。测试代码的编程与产品代码的编程有很大的不同，测试代码的目的是测试代测产品是否实现了指定的功能需求。测试代码也有可能存在编程错误，因此我们应该尽量避免测试用例本身错误导致的测试失败，否则就需要花较多时间去判断失败是由用例引起的，还是由产品缺陷引起的。一般来说，自动化测试都是在晚上员工下班后执行的，而且当前也有很多工具支持在多台机器上执行测试，因此测试代码的运行速度慢一点关系不大，重要的是要保证稳定。

测试用例之间不能相互依赖。一般来说，JUnit 会按照测试用例函数在测试类型中的顺序依次执行，代码清单 2-15 中用例的执行顺序是 "test 新增博客文章"、"test 修改博客"、"test 删除博客"。但不能为了偷懒就在用例 "test 修改博客" 中修改由用例 "test 新增博客文章" 创建的博客，并在用例 "test 删除博客" 中删除它。这种做法的问题在于，如果新建了一个测试集合，只添加了用例 "test 修改博客"，那么这个测试集合在执行的时候就会失败，因为没有可供用例 "test 修改博客" 修改的博客。

测试用例之间不能相互影响。前面讲到的 JUnit 遵循测试四步法则的意义就在于此，由于用例可以加入多个测试集合，在每个集合中用例放置的顺序是随机，对于测试用例来说，并不知道在其之前和之后将运行哪个用例，所以一个好的测试用例应该尽量消除和恢复测试过程中对测试环境的修改。比如代码清单 2-15 中的 "test 删除博客" 这个用例，应该在执行用例之前事先准备一个新的测试用博客，而不能删除一个固定的测试用博客，因为可能有很多有关浏览博客的用例都依赖于它。

2.3 Android 应用程序基础

Android 应用大部分是使用 Java 语言编写的，Android SDK 工具包将源代码以及相关的数据和资源文件全部打包到 Android 包中，这是一个后缀名为 .apk 的压缩文件，可以用解压缩工具（例如 7-zip 等）解压 .apk 并查看其中的内容。一个 .apk 文件可以看成一个应用并可以安装在 Android 设备上。

2.3.1 Android 权限系统

所有 Android 应用都运行在自己的安全沙盒里。
- ❏ Android 操作系统是一个多用户的 Linux 操作系统，每个应用都是不同的用户。
- ❏ 在默认情况下，系统为每个应用分配一个用户——这个用户只被系统使用，对应用是透明的。系统为应用的所有文件设置权限，这样一来只有同一个用户的应用可以访问它们。
- ❏ 每个应用都有自己单独的虚拟机，这样应用的代码在运行时是隔离的，即一个应用的代码不能访问或意外修改其他应用的内部数据。
- ❏ 在默认情况下，每个应用都运行在单独的 Linux 进程中，当应用的任意一部分要被执行时（由用户显式启动或由其他应用发送的 Intent 启动），Android 都会为其启动一个 Java 虚拟机，即一个新的进程，因此不同的应用运行在相互隔离的环境中。当应用退出或系统在内存不足要回收内存时，才会将这个进程关闭。

通过这种方式，Android 系统采用最小权限原则确保系统的安全性。也就是说，每个应用默认只能访问满足其工作所需的功能，这样就创建了一个非常安全的运行环境，因为应用不能访问其无权使用的功能，如图 2-17 所示。

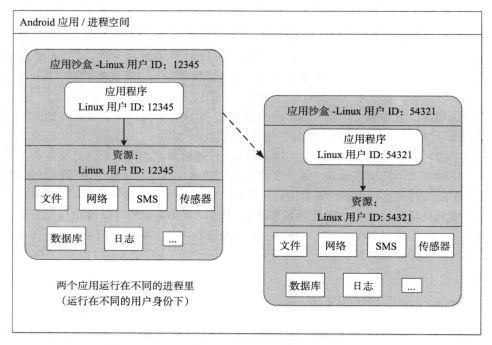

图 2-17　不同签名的 Android 应用运行在不同进程中

在 Android 系统中，可以用 ps 命令来查看系统为每个应用分配的用户 ID，如代码清单 2-16 所示。

代码清单 2-16　查看 Android 系统应用的用户 ID 的命令

```
student@student:~$ adb shell ps
USER     PID   PPID  VSIZE    RSS    WCHAN     PC       NAME
root     1     0     296      204    c009b74c  0000ca4c S /init
......
radio    31    1     5392     704    ffffffff  afd0e1bc S /system/bin/rild
root     32    1     102056   25864  c009b74c  afd0dc74 S zygote
root     36    1     740      328    c003da38  afd0e7bc S /system/bin/sh
......
root     39    1     3400     192    ffffffff  0000ecc4 S /sbin/adbd
app_3    118   32    137656   20824  ffffffff  afd0eb08 S com.android.inputmethod.latin
```

```
radio      122  32   146648 22864 ffffffff afd0eb08 S com.android.phone
app_25     123  32   146184 24216 ffffffff afd0eb08 S com.android.launcher
system     129  32   137096 19312 ffffffff afd0eb08 S com.android.settings
……
app_22     185  32   132052 18472 ffffffff afd0eb08 S com.android.music
……
app_15     231  32   144660 19812 ffffffff afd0eb08 S com.android.mms
app_30     248  32   135192 20256 ffffffff afd0eb08 S com.android.email
app_28     262  32   130696 17516 ffffffff afd0eb08 S com.svox.pico
app_36     279  32   135252 20176 ffffffff afd0eb08 S cn.hzbook.android.test.chapter1
……
```

从代码清单 2-16 中可以看到，最左边的一列是应用的用户 ID，第二列是应用的进程 ID，可以看到前 39 个进程大部分都运行在 root 权限下，因此这些进程对整个系统拥有绝对的访问权；而从进程 ID 为 118 的应用开始，基本上每个应用都分配了一个独立的用户名（用户名以 app 开头）。而在 Android 系统中，/data/data 文件夹用于存放所有应用（包括在 /system/app、/data/app 和 /mnt/asec 等文件夹中安装的软件）的数据信息。在 /data/data 文件夹中，每个应用都有自己的文件夹存取数据，文件夹默认以应用的包名命名，而文件夹的所有者就是系统分配给应用的用户，可以用 "ls-l" 命令列出这些文件夹的详细信息，如代码清单 2-17 所示。

代码清单 2-17　查看 Android 系统应用数据的所有者用户

```
student@student:~$ adb shell ls-l /data/data
drwxr-x--x app_36   app_36   2012-11-09 11:22 cn.hzbook.android.test.
chapter1
drwxr-x--x app_5    app_5    2012-11-03 18:04 com.android.cardock
drwxr-x--x system   system   2012-11-03 18:04 com.android.server.vpn
……
drwxr-x--x app_16   app_16   2012-11-03 18:05 com.android.fallback
drwxr-x--x app_2    app_2    2012-11-03 18:05 com.android.gallery
drwxr-x--x app_17   app_17   2012-11-03 18:05 com.android.carhome
drwxr-x--x app_0    app_0    2012-11-09 11:25 com.android.contacts
drwxr-x--x app_18   app_18   2012-11-03 18:05 com.android.htmlviewer
……
drwxr-x--x system   system   2012-11-03 18:10 com.android.settings
……
```

在代码清单 2-17 的输出中，第一列是用户权限设置，第二列是文件夹的所有者，第三列是文件夹所有者所在的用户组，输出的第一行表示应用 "cn.hzbook.android.test.chapter1" 的数据只有用户 "app_36" 才能访问，而 "app_36" 恰好是在代码清单 2-16 查看 Android 系统应用的用户 ID 的命令的输出中系统分配给应用的用户名。通过限定应用数据的所有者是分配给应用的用户的方式，Android 系统有效地防范了其他应用非法读写应用私有的数据。

但是不同的应用程序也可以运行在相同的进程中，要实现这个功能，首先必须使用相同的密钥签名这些应用程序，然后必须在 AndroidManifest.xml 文件中为这些应用分配相同的 Linux 用户 ID，这要通过用相同的值/名定义 AndroidManifest.xml 属性 android:sharedUserId 才能做到。

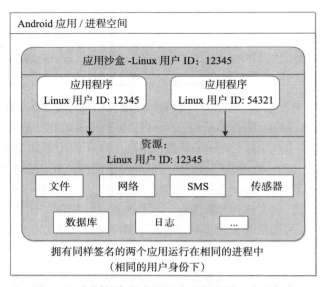

图 2-18　相同签名的应用可以运行在同一个进程中

由于 Android 系统提供多种多样的 API 来允许应用访问设备硬件（例如拍照应用）、WIFI、用户数据和设备设置等，有些 API 需要进行特别处理才能防止应用被滥用，例如，没人希望一个应用在后台运行时仍然通过网络 API 访问 3G 网络浪费流量。Android 采用在应用安装时执行权限检查的策略来控制应用访问与用户隐私相关的数据和执行不安全的操作。每个应用都必须显式声明所需要的权限，在安装应用时 Android 系统会提示用户每个应用需要哪些权限并要求用户同意才能继续安装。这种在安装时进行权限控制策略有效地帮助最终用户保护自己的隐私并避免受到恶意攻击。因为 Android 用户通过多种 Android 应用市场来安装应用，这些应用的质量和可信任度的差别非常大，所以 Android 系统默认将所有应用都当作不稳定和邪恶的。Android 2.2 定义 134 种权限，分成三类。

- 用以控制调用一些无害但是会让人烦躁的 API 的普通权限。比如权限 SET_WALLPAPER 用来控制修改用户背景图片的能力。
- 用以控制支付和收集隐私等危险 API 调用的高危权限。比如发短信和读取联系人列表这些功能就要求高危权限。
- 用以控制运行后台程序或删除应用等危险操作的系统权限。获取这些权限非常难：只有使用设备生产商密钥签名的程序才有 Signature 权限，而只有安装在特定的系统文件夹的应用才有 SignatureOrSystem 权限。这些限制确保了只有设备厂商预装的应用才有能力获取这些权限，而所有其他应用试图获取这些权限的要求都会被系统忽略。
当应用需要与其他应用共享数据，或者应用需要访问系统服务时：
- 可以为两个应用分配相同的 Linux 用户 ID，这样一来两个应用可以互相访问对方的文件。为了节省系统资源，同一个用户 ID 的应用也可能会运行在同一个 Linux 进程中并共享同一个虚拟机。为了让多个应用分配有相同的用户 ID，这些应用必须使用同一个数据签名。
- 一个应用可以申请访问敏感数据的权限，但是必须在安装应用的时候由用户显式同意才会被授权。这些敏感数据包括用户的联系人信息、短消息、SD 卡存储、相机、蓝牙服务等。

2.3.2 应用的组成与激活

1. 应用组件

在 Android 系统中，一共有四种应用组件，每个组件都有不同的目的和生命周期。

（1）活动（Activity）

用户界面上每个屏幕就是一个活动，例如，一个邮件应用会有一个活动用于展示邮件列表界面，一个活动用于写邮件，还有一个活动用于读邮件。虽然这些活动组成了一个完整的邮件应用，但是它们相互是独立的。也就是说，另一个应用可以随时启动它们中的任意一个。比如为了发送用户的照片，一个照片应用就可以直接启动邮件应用的写邮件的活动。

（2）后台服务（Service）

后台服务是在后台运行，用于处理长时间任务而不影响前台用户体验的组件。后台服务没有用户界面。比如，用户正在前台使用一个应用时，一个后台服务同时在后台播放音乐。再比如，当应用在通过网络下载大量数据时，为了避免影响前台与用户的交互，也会通过后台服务下载数据。Android 的其他组件，例如一个活动，可以启动后台服务，也可以绑定到一个后台服务上与它交互。

（3）内容供应组件（Content Provider）

内容供应组件用来管理应用的可共享部分的数据。例如应用可以将数据存储在文件系统、SQLite 数据库、网络或任何一个应用可以访问的永久存储设备。通过内容供应组件，其他应用可以查询、设置和修改应用的数据。例如 Android 系统提供了一个内容供应组件来管理用户的联系人信息，其他应用只要有相应的权限都可以通过查询内容供应组件（例如 ContactsContract.Data）来读取和修改某个联系人的信息。

即使应用不需要共享数据，也可以通过内容供应组件来读取和修改应用的私有数据，比如 Android 示例程序 NotePad 就使用内容供应组件来保存笔记。

（4）广播接收组件（Broadcast Receivers）

广播接收组件是用来响应系统层面的广播通知的组件。系统会产生很多广播，比如通知关闭屏幕的广播和电池电量低的广播。应用本身也可以广播通知，例如告诉其他应用有些数据已经下载完毕需进行处理的广播。虽然接收广播并不要求有用户界面，但是一般会显示状态栏消息通知用户有个广播事件发生了。

Android 系统的特别之处是它将任意一个应用可以复用其他应用的部分组件作为设计时的关键考量。比如，我们开发的应用 A 允许用户通过相机设备抓取一张照片，而用户的手机上可能已经安装有拍照应用 B 了，与其在应用 A 中重复编写代码从相机上拍取一张照片，不如通过复用现有拍照应用 B 的组件得到照片。在 Android 系统中，应用 A 甚至不需要链接应用 B 的任何代码，只需要简简单单地在应用 A 中启动应用 B 拍摄一张照片，在完成拍照后，应用 B 会将拍摄的照片返回给应用 A，由应用 A 使用。对最终用户来说，看起来拍照应用 B 好像就是应用 A 的一部分。

系统在启动一个组件时实际上会为组件所属的应用启动一个进程，并且初始化组件用到的所有类型。例如，当应用启动了照相应用并用于拍照活动时，活动实际上是运行在照相应用自己的进程中的。因此，与其他大部分操作系统不同的是，Android 应用是没有单一的入口点（类似其他操作系统中程序的 main 函数）的。

因为系统将不同应用运行在自己单独的进程中，而这个进程又拥有自己的文件系统访问权限以限制其他进程的访问，所以一个应用是无法直接激活其他应用的某个组件的，必须通过 Android 系统本身来激活。为了激活其他应用的组件，必须通过向系统传递消息指明要激活的组件，由系统来激活它。

2．组件的激活

前面说 4 个组件，其中活动、后台服务和广播接收这 3 种组件都可以通过一个叫做意图（Intent）的异步消息激活。可以将意图想象成一个要求其他组件执行某个操作的信使，它附带有协同两个组件工作方式的消息，而不管这两个组件是包含在同一个应用还是两个应用中。

在图 2-19 中，用户首先打开 Gmail 应用查看邮件列表。在用户从列表中选择一封邮件后，邮件列表活动会发送一个"查看消息"的意图，这个意图由 Android 系统（而不是由应用本身）处理。Android 系统发现 Gmail 本身的"查看邮件具体信息"活动可以满足这个意图，因此在 Gmail 进程内启动它。要阅读的邮件中有一个外部网页链接，当用户单击这个链接时，由于 Gmail 本身并没有查看处理网页浏览的能力，因此 Android 系统启动浏览器，另外一个进程打开网页。而当浏览的网页要打开一个视频时，浏览器又通过发送一个"观看视频"的意图向 Android 系统请求外部进程打开视频。虽然在这个过程中实际上启动了 3 个进程，但是用户感觉浏览器和用于观看视频的 YouTube 程序都是 Gmail 应用的一部分。由于匹配意图和活动的过程是 Android 系统的工作，Gmail 应用在向系统发出"打开网站"意图的时候，甚至都不需要去了解哪个应用会去处理这个意图，Android 系统就巧妙地解决了应用层面上的代码复用问题。

对于活动和后台服务，一个意图对象定义了要执行的操作（例如"查看"或"发送"什么东西），或许还会指定要处理的数据的 URI 地址及启动组件所需要的其他数据。比如，一个意图在请求活动显示图片或打开网页时，会包含要显示的图片地址或网页地址，有的时候，被请求的活动在处理完请求后，会将结果放到意图中返回给发出请求的组件，例如，发送邮件的组件 A 发出一个意图请求组件 B 显示联系人列表供用户选择，用户在组件 B 上选择了邮件收件人后，可以将所选的联系人信息放回意图中返回给组件 A。

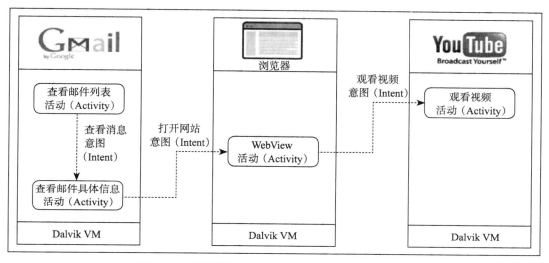

图 2-19　使用意图（Intent）打开多个活动（Activity）

而对于广播组件，意图中可能就只定义需要广播的数据，例如在系统电量很低的时候，广播的意图就只包含了一个已知的动作用于指明"电池没电了"，由系统将其广播到正在运行的各个活动上，每个活动根据需要决定是否处理意图。如图 2-20 所示。

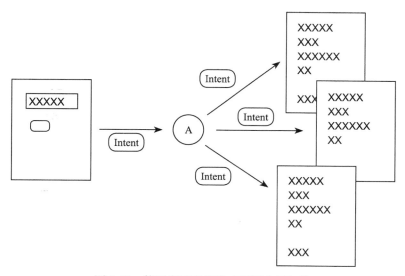

图 2-20　使用意图广播隐式激活应用组件

但内容供应组件不是通过意图来激活的,而是通过响应一个内容解析(ContentResolver)请求被激活的,详细方式不属于本书要讲解的内容,不再多述。

2.3.3 清单文件

在 Android 系统启动应用的一个组件之前,需要读取应用的 AndroidManifest.xml 文件也叫清单文件来获知应用中是否包含该组件。AndroidManifest.xml 文件在应用工程的根目录下,必须将应用中的所有组件在该清单文件里声明。

除了列出应用中包含的所有组件列表,清单文件中还包含下面这些信息:
- 应用需要申请的权限,比如访问网络或读取用户的联系人列表。
- 应用要求的最低的 Android 系统版本。
- 应用将会用到的硬件或软件功能,比如是不是要用到相机、蓝牙设备和触摸屏等。
- 应用要用到的非 Android 标准开发库,例如 Google 地图 API。

1. 声明组件列表

清单文件的主要工作是列明应用所包含的组件列表,例如代码清单 2-18 的清单文件表明应用包含一个 Activity。

代码清单 2-18　在清单文件中指明应用包含的活动

```
1. <?xml version="1.0" encoding="utf-8"?>
2. <manifest ...="" >
3.   <application android:icon="@drawable/app_icon.png" ...="" >
4.     <activity android:name="com.example.project.ExampleActivity"
5.               android:label="@string/example_label" ...="" >
6.     </activity>
7.     ...
8.   </application>
9. </manifest>
```

在 <application> 节点,android:icon 属性指向应用图标在资源文件中的位置。在 <activity> 节点,android:name 属性说明了应用所包含的 Activity 的全名,而 android:label 属性则声明了在 Activity 运行时 Android 系统显示该 Activity 的标题。

应用中所有组件应该以下面的方式声明:
- <activity> 节点声明了应用中的活动。
- <service> 节点声明了后台服务。
- <receiver> 节点声明了接收广播的组件。
- <provider> 节点声明了内容供应组件。

如果活动、后台服务、内容供应这些组件没有在清单中声明,即使它们在源代码中已经实现了,对于系统来说也是不可见的,因此也没有办法运行它们。但是一个广播的接收器除了可以在清单文件中声明以外,还可以在应用运行时动态创建并通过调用 registerReceiver

系统 API 来注册。

2. 声明组件的能力

在前面说过，可以显式在意图中指明目标组件的名称来启动活动、后台服务和广播接收等组件。但是，意图真正强大的地方是意图动作（Intent Action）。通过意图动作，只需要在意图中指明动作的类型和执行动作所要求的数据，系统自己会找到可以执行该动作的组件并启动它。如果有系统中有多个组件可以执行该动作，那么系统会让用户选择一个组件。

Android 系统是通过对比组件清单文件里的意图漏斗（Intent Filter）和请求的意图动作来找到可以满足要求的组件。可以在清单文件中为组件元素添加一个 <intent-filter> 节点来声明一个意图漏斗。例如，一个邮件程序中包含了写邮件的活动，可以通过在清单文件中加上其可响应"send"的意图漏斗，另外一个应用可以创建一个意图对象，并且标注意图动作是"send"，在将意图对象传递给 startActivity 函数时，系统看到邮件程序的写邮件的活动的意图漏斗并满足该意图，然后启动它。

3. 声明应用的必备条件

Android 系统可支持多种设备。不同的设备所具备的功能是不一致的。为了避免用户将应用安装在其不支持的设备上，比如缺少应用所必需的功能，需要在清单文件中详细列出应用所要求的硬件和软件功能。一般来说这些都是资讯类的信息，Android 系统不会去读取它。而 Android 应用商店（例如 Google Play）会根据清单文件列明的硬件要求，在用户搜索应用时过滤应用，或者在用户尝试安装应用时提示用户。

如果应用需要使用相机，那么必须在清单文件中声明了这项要求，这样一来，在 Google Play 等应用商店中，针对没有相机的设备，就不会显示这个应用。当然了，即使应用要求使用相机，也可以不在清单文件中列明该项要求，因此应用商店不会限制用户在没有相机的设备中安装应用，但应用应该在运行时动态检测设备是否配备相机，没有则禁用掉相应的功能。

在开发 Android 应用时需要考虑的以下重要的设备特性。

❑ **屏幕大小和像素密度**。为了根据设备使用的屏幕对其归类，Android 系统采用两个归类维度：屏幕的物理尺寸和像素密度，即一英寸屏幕可以显示多少个像素。为简单起见，Android 系统对屏幕的分类方法是：
  ○ 按屏幕尺寸分为小屏、中屏、大屏和超大屏。
  ○ 按像素密度分为低、中、高和极高密度。

Android 系统会根据设备屏幕调整应用的界面布局和图片，因此在默认情况下应用应该兼容所有的屏幕尺寸和密度。但是为了提供更良好的用户体验，应该为不同的屏幕尺寸制定特定的界面布局，针对不同的屏幕像素密度显示特定的图像。

❑ **设备特性**。不同的设备会采用不同的硬件配置，比如相机、蓝牙设备、特定版本的 OpenGL 和光敏感元件并不是在每台设备上都有的。因此在应用的清单文件中必须使用 <uses-feature> 节点指明应用需要用到的设备特性。

❑ **平台版本**。每个 Android 版本都会增添一些新的功能，如果应用使用的功能是新版本 Android 系统才提供的，那么在应用的清单文件中，也应该用 <uses-sdk> 节点指明应用要求 Android 系统的最低版本。

2.3.4　Android 应用程序的单 UI 线程模型

虽然 Android 支持多线程编程，但只有 UI 线程也就是主线程才可以操作控件，如果在非 UI 线程中直接操作 UI 控件，会抛出 andorid.view.ViewRoot$CalledFromWrongThreadException: Only the original thread that created a view hierarchy can touch its views。这是因为 UI 操作不是线程安全的，如果允许多线程同时操作 UI 控件，可能会发生灾难性结果。假设线程 A 和 B 均可直接操作文本框 T，A 希望将 T 显示的文本更新为 "iphone5 很烂！"，B 则希望将 T 的文本更新为 "android 很不错！"，当 A 将 T 的文本更新到 "iphone5 很烂"（感叹号还没有绘制）时，线程调度程序将 A 暂停，转入执行线程 B 的代码，线程 B 则从头开始更新 T 要显示的文本，比如更新到 "android" 又被调度程序暂停，切换到 A，线程 A 恢复代码执行后补全尚未绘制的感叹号，这样一来，T 的文本实际上就变成了 "android 很烂！"。虽然可以通过线程同步的方式规定线程 A 和 B 操作控件 T 的顺序，但是由于这种编程方式不容易掌握，因此 Android 系统索性限制只有 UI 线程才能操作控件。

但是有的时候后台线程需要更新控件显示信息，例如一个在后台下载图片的程序在完成下载后，需要更新 UI 提醒用户。Android 采用消息队列的机制来满足这个要求，如图 2-21 所示。

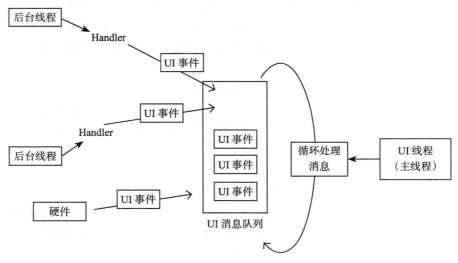

图 2-21　Android 的单 UI 线程模型

在消息队列机制中，不管是硬件（如触摸屏）还是后台线程，都可以向消息队列中放入 UI 消息，UI 线程循环处理消息队列的消息，按消息的语义更新控件状态。

由于 UI 线程负责事件的监听和绘图，因此，必须保证 UI 线程能够随时响应用户的需求，UI 线程中的操作应该向中断事件那样短小，费时的操作（如网络连接）需要另开线程，否则，如果 UI 线程超过 5 秒没有响应用户请求，会弹出对话框提醒用户终止应用程序。

2.4 本章小结

本章摘要讲解了 Java 编程语言、JUnit 用法和 Android 系统实现方式等知识，这些知识是编写 Android 自动化测试用例必须要了解的。建议编程初学者在编程过程中采用类似 2.1 节的代码封装方式，即自下而上的封装方式，不要在编写代码的初期去考虑今后代码是否会复用，先将代码用最简单、稳定的方式掌握住，当发现代码会在其他地方重复两次以上时，再将代码封装成一个函数，进而再封装成类，逐步提炼代码。如果一开始就考虑代码的复用性，会导致函数过于复杂，这不光影响开发进度，还可能因为使用场景考虑得不全面，导致封装的函数适用性不高。

第 3 章
Android 界面自动化白盒测试

本章讲解在对待测应用源码有一定了解的基础上进行 Android UI 自动化白盒测试的方法。

3.1 Instrumentation 测试框架

Android 系统的 Instrumentation 测试框架和工具允许我们在各种层面上测试应用的方方面面。该测试框架有以下几个核心特点：

- 测试集合是基于 JUnit 的。既可以直接使用 JUnit，不调用任何 Android API 来测试一个类型，也可以使用 Android JUnit 扩展来测试 Android 组件。
- Android JUnit 扩展为应用的每种组件提供了针对性的测试基类。
- Android 开发工具包（SDK）既通过 Eclipse 的 ADT 插件提供了图形化的工具来创建和执行测试用例，也提供了命令行的工具，以便与其他 IDEs 集成，这些命令行工具甚至可以创建 ant 编译脚本。这些工具从待测应用的工程文件中读取信息，并根据这些信息自动创建编译脚本、清单文件和源代码目录结构。

3.1.1 Android 仪表盘测试工程

与 Android 应用类似，Android 测试用例也是以工程的形式组织。一般推荐使用 Android 自带的工具来创建测试工程，这是因为：

- 自动为测试包设置使用 InstrumentationTestRunner 作为测试用例执行工具，在 Android 中必须使用 InstrumentationTestRunner（或其子类）来执行 JUnit 测试用例。
- 为测试包创建一个合适的名称。如果待测应用的包名是 com.mydomain.myapp，那么工具会将测试用例的包名设为 com.mydomain.myapp.test。这样可以帮助我们识别用例与待测应用之间的联系，并且规避类名冲突。
- 会创建好必要的源码目录结构、清单文件和编译脚本，帮助我们修改编译脚本和清单文件以建立测试用例与待测应用之间的联系。

虽然可以将测试用例工程保存在文件系统的任意位置，但一般的做法是将测试用例工程的根目录"tests/"放在待测应用工程的根目录下，与其源文件目录"src/"并列放置。比如说，如果待测应用工程的根目录是"MyProject"，那么按照编程规范，应该采用下面的目录结构：

```
MyProject/
    AndroidManifest.xml
    res/
        ……（主应用中的资源文件）
    src/
        ……（主应用的源代码）
    tests/
        AndroidManifest.xml
        res/
            ……（测试用例的资源文件）
        src/
            ……（测试用例的源代码）
```

在 1.3 节已经讲过使用 Eclipse 图形化工具创建 Android 测试工程的方法，这里讲解使用命令行工具创建测试工程的方法。在随书配套资源中附带的虚拟机中，home 目录下有个名为"practice"的文件夹，读者可以在其中尝试书中的例子，如果操作有误需要恢复原始练习，可以从"practice-backup"中还原。

1）这里复用第 1 章演示的工程"cn.hzbook.android.test.chapter1"，首先进入工程的主目录：

```
student@student:~$ cd
practice/chapter3/cn.hzbook.android.test.chapter1/
```

2）使用"android"命令创建测试工程：

```
$ android create test-project -m ..-p tests
```

"android"命令是一个命令集合，其很多功能都是通过子命令，甚至是二级子命令完成的。在上例中，"create"就是一级子命令，而"test-project"就是二级子命令。"test-project"接受表 3-1 中的几个参数。

> 注意
>
> 在本书配套资源的虚拟机中，已经将 Android SDK 的目录添加进程序搜索路径环境变量 PATH 中，如果读者没有使用虚拟机，请自行设置。

表 3-1　android create test-project 命令参数清单

参　数　名	说　　明
-m	这是一个必填选项，待测应用工程的主目录，该路径是其相对于测试工程的相对路径。在上例中，".."表明待测应用工程的主目录。"cn.hzbook.android.test.chapter1"是新的测试工程的上级目录，也就是说测试工程放在"cn.hzbook.android.test.chapter1"目录中

(续)

参　数　名	说　明
-n	测试工程的名称，这是一个可选项
-p	必填项，测试工程的主目录名。上例中指定测试工程应该保存在文件夹"cn.hzbook.android.test.chapter1"中一个叫"tests"的目录里。如果文件夹不存在，"android"命令会创建它

3）在正常情况下，前面的命令应该会显示如下输出，笔者采用类似 bash 注释的方式批注说明其意义：

```
# 首先 "android" 工具确认待测应用的包名，以便修改测试工程里的 AndroidManifest.xml
# 文件的 "targetPackage" 属性
Found main project package: cn.hzbook.android.test.chapter1
Found main project activity: .MainActivity
# 确认待测应用要求的最低 Android 版本，以便在执行测试用例时，知道启动哪个版本的模拟器
# 或者设备

Found main project target: Android 2.2
# 创建测试工程的主目录
Created project directory: tests
# 创建测试工程的源码目录树结构
Created directory /home/student/practice/chapter3/cn.hzbook.android.test.chapter1/tests/src/cn/hzbook/android/test/chapter1
# 针对待测应用的每个活动，根据测试用例模板分别创建一个测试用例源文件
Added file tests/src/cn/hzbook/android/test/chapter1/MainActivityTest.java
# 创建保存测试用例可能会用到的资源文件的目录
Created directory /home/student/practice/chapter3/cn.hzbook.android.test.chapter1/tests/res
# 创建测试用例的编译输出文件夹
Created directory /home/student/practice/chapter3/cn.hzbook.android.test.chapter1/tests/bin
# 创建保存测试用例可能会引用到的 jar 包的目录，在编译打包测试用例工程时，Android 系统
# 会自动将 libs 文件夹中的 jar 包打包到最终的测试用例应用中

Created directory /home/student/practice/chapter3/cn.hzbook.android.test.chapter1/tests/libs
# 创建清单文件和编译脚本等文件
Added file tests/AndroidManifest.xml
Added file tests/build.xml
Added file tests/proguard-project.txt
```

4）测试工程创建好以后，就可以向其中添加测试代码了。

Android 仪表盘测试框架是属于白盒测试范畴，一般来说需要有待测应用的源代码级别的知识才能开展测试，在后文我们也将看到如何在脱离源码的情况下编写仪表盘测试用例。这种测试技术依赖 Android 系统的仪表盘技术，在编写测试代码之前，先来看看仪表盘技术。

3.1.2　仪表盘技术

在应用启动之前，系统会创建一个叫做仪表盘的对象，用来监视应用和 Android 系统之

间的交互。仪表盘对象通过向应用动态插入跟踪代码、调试技术、性能计数器和事件日志的方式，来操控应用。

Android 仪表盘对象是 Android 系统中的一些控制函数或者说是钩子（hook），这些钩子独立控制 Android 组件的生命周期并控制 Android 加载应用的方法。通常一个 Android 组件的生命周期由系统决定。例如一个活动对象的生命周期始于响应意图而被激活，先是调用活动的 onCreate() 函数，接着调用 onResume()。当用户启动其他应用时，onPause() 函数就会被调用。而如果活动中的代码调用了 finish() 函数，那么就会触发 onDestroy() 函数。Android 系统并没有提供直接的 API 允许我们调用这些回调函数，但可以通过仪表盘对象在测试代码中调用到它们，这样一来允许我们监视组件生命周期的各个阶段。代码清单 3-1 演示了测试活动保存和恢复状态的方法，其首先设置下拉框到一个指定的状态（分别是"TEST_STATE_DESTROY_POSITION"和"TEST_STATE_DESTROY_SELECTION"），接着通过重启活动来验证活动是否正确保存和恢复重启前下拉框的状态。

代码清单 3-1　调用 Activity 类的 API 来测试活动回调函数

```
1.  public void testStateDestroy() {
2.      /*
3.       * 指定活动里下拉框的值和位置，以便后续验证中使用。
4.       * 测试执行的时候系统会将测试用例应用和待测应用放在同一个进程中
5.       */
6.      mActivity.setSpinnerPosition(TEST_STATE_DESTROY_POSITION);
7.      mActivity.setSpinnerSelection(TEST_STATE_DESTROY_SELECTION);
8.
9.      // 通过调用 Activity.finish() 关闭活动
10.     mActivity.finish();
11.     // 调用 ActivityInstrumentationTestCase2.getActivity() 来重启活动
12.     mActivity = this.getActivity();
13.
14.     /*
15.      * 再次获取活动中下拉框的值和位置
16.      */
17.     int currentPosition = mActivity.getSpinnerPosition();
18.     String currentSelection = mActivity.getSpinnerSelection();
19.     // 测试重启前后的值是相同的
20.     assertEquals(TEST_STATE_DESTROY_POSITION, currentPosition);
21.     assertEquals(TEST_STATE_DESTROY_SELECTION, currentSelection);
22. }
```

注意

在随书配套资源的虚拟机上，创建 Android 示例代码的方式是在 Eclipse 的新建工程对话框中选择"Android"、"Android Sample Project"项，并使用"Android 4.1"作为"Build Target"，最后选择里面的示例工程即可阅读和学习示例代码。

这里面的关键函数是仪表盘对象里的 API getActivity()，只有调用了这个函数，待测活动才会启动。在测试用例里,可以在测试准备函数中做好初始化操作,然后再在用例中调用它启动活动。

在前面的代码中,我们也看到仪表盘技术可以将测试用例程序和待测应用放在同一个进程中,通过这种方式,测试用例可以随意调用组件的函数,查看和修改组件内部的数据。

与 Android 应用其他组件一样,也需要在 AndroidManifest.xml 文件中通过 <instrumentation> 标签声明仪表盘对象,例如代码清单 3-2 就是上例仪表盘的声明。

代码清单 3-2　仪表盘在清单文件里的声明

```
<instrumentation android:name="android.test.InstrumentationTestRunner"
                 android:targetPackage="com.android.example.spinner"
                 android:label="Tests for com.android.example.spinner"/>
```

"targetPackage"属性指明了要监视的应用,"name"属性是执行测试用例的类名,而"label"则是测试用例的显示名称。

代码清单 3-1 还是通过调用 Activity 类公开的函数控制活动(Activity)等 Android 应用组件的生命周期,也可以用 Instrument 类型提供的辅助 API 调用到活动的 onPause 和 onResume 等回调函数,比如代码清单 3-3 同是"SpinnerTest"中的示例代码,演示了调用回调函数的操作方法:

代码清单 3-3　调用仪表盘 API 来测试活动回调函数

```
1.  /*
2.   * 验证待测活动在中断并恢复执行后依然能恢复下拉框的状态
3.   *
4.   * 首先调用活动的 onResume() 函数,接着通过改变活动的视图
5.   * 来修改下拉框的状态。这种做法要求整个测试用例必须运行在 UI
6.   * 线程中,因此与其在 runOnUiThread() 函数中执行测试代码,
7.   * 本例直接在测试用例函数上加 @UiThreadTest 属性
8.   */
9.  @UiThreadTest
10. public void testStatePause() {
11.     // 获取进程中的仪表盘对象
12.     Instrumentation instr = this.getInstrumentation();
13.
14.     // 设置活动中下拉框的位置和值
15.     mActivity.setSpinnerPosition(TEST_STATE_PAUSE_POSITION);
16.     mActivity.setSpinnerSelection(TEST_STATE_PAUSE_SELECTION);
17.
18.     // 通过仪表盘对象调用正在运行的待测活动的 onPause() 函数。它的
19.     // 作用跟 testStateDestroy() 里的 finish() 函数调用是完全一样的
20.     instr.callActivityOnPause(mActivity);
21.
22.     // 设置下拉框的状态
23.     mActivity.setSpinnerPosition(0);
24.     mActivity.setSpinnerSelection("");
25.
```

```
26.     // 调用活动的onResume函数，这样强制活动恢复其前面的状态
27.     instr.callActivityOnResume(mActivity);
28.
29.     // 获取恢复的状态并执行验证
30.     int currentPosition = mActivity.getSpinnerPosition();
31.     String currentSelection = mActivity.getSpinnerSelection();
32.     assertEquals(TEST_STATE_PAUSE_POSITION,currentPosition);
33.     assertEquals(TEST_STATE_PAUSE_SELECTION,currentSelection);
34. }
```

在第 20 行，通过 Instrumentation.callActivityOnPause 函数调用了待测活动的 onPause() 函数，这是因为 Android 系统中的 Activity.onPause 函数是被保护的（protected），也就是说除了 Activity 类自己和其子类的代码，其他代码都无法调用到这个函数。onPause() 这个回调函数只有在系统将活动置于后台，并没有将其杀掉之前调用。比如当前有活动 A 运行在系统中，当用户启动活动 B（其将运行在活动 A 之上），Android 会调用活动 A 的 onPause() 函数，而系统需要等到这个函数调用完毕之后才会创建活动 B，因此不能在这个函数里执行一个长时间的操作。一般来说 onPause() 函数用来保存活动在编辑时的中间状态，以便在活动置于后台时，万一系统资源不够时将活动杀掉，当用户再次重启活动时，不会丢失之前编辑的数据。这个函数也经常会用来停止一些消耗资源的操作（例如动画），以及释放独占性的资源（例如相机的访问）。可以看到这个函数和 Activity.onResume() 函数对用户体验来说都是很关键的函数，而 Android 的 API 并没有提供一个直接的调用方式，因此只能通过仪表盘 API 来触发并测试它们。

3.1.3　Instrumentation.ActivityMonitor 嵌套类

仪表盘对象是用来监视整个应用或者所有待测活动（Activities）与 Android 系统交互的所有过程，而 ActivityMonitor 嵌套类则是用来监视应用中单个活动的，它可以用来监视一些指定的意图。创建好 ActivityMonitor 的实例后，通过调用 Instrumentation.addMonitor 函数来添加这个实例。当活动启动后，系统会匹配 Instrumentation 中的 ActivityMonitory 实例列表，如果匹配，就会累加计数器。

本书的示例工程"chapter3/cn.hzbook.android.test.chapter3.activitymonitor"和它的测试工程"chapter3/cn.hzbook.android.test.chapter3.activitymonitory.test"就演示了 ActivityMonitor 的用法。应用"activitymonitor"中就只有一个超链接，单击它会打开谷歌的首页，如代码清单 3-4 所示。

代码清单 3-4　Instrumentation.ActivityMonitor 使用示例

```
1. public void test单击链接() {
2.     final Instrumentation inst = getInstrumentation();
3.     IntentFilter intentFilter = new IntentFilter(Intent.ACTION_VIEW);
4.     intentFilter.addDataScheme("http");
5.     intentFilter.addCategory(Intent.CATEGORY_BROWSABLE);
6.     View link = this.getActivity().findViewById(R.id.link);
```

```
7.      ActivityMonitor monitor = inst.addMonitor(intentFilter, null, false);
8.      try {
9.          assertEquals(0, monitor.getHits());
10.         TouchUtils.clickView(this, link);
11.         monitor.waitForActivityWithTimeout(5000);
12.         assertEquals(1, monitor.getHits());
13.     } finally {
14.         inst.removeMonitor(monitor);
15.     }
16. }
```

在代码清单 3-4 里，测试用例的第 2 行首先获取当前待测应用的仪表盘对象。接着在第 3～5 行创建了一个意图过滤器（Intent Filter），指明测试用例中感兴趣的意图，即要监听的意图。并且在第 7 行将我们的监听器添加到仪表盘对象的监听列表中。由于没有人单击待测应用上的超链接，因此在测试代码第 9 行验证监听器不应该监听到任何对打开浏览器的请求。但是在第 10 行，测试代码显式单击了超链接，打开浏览器访问谷歌的首页，第 12 行的验证代码断言监听程序应该监听到一次网页浏览的请求。由于启动浏览器打开网页是一个相对较长的过程，因此在第 11 行告诉监听程序等待满足要求的活动创建成功，最多等待 5 秒钟。第 14 行执行清理操作，注意这里的清理操作是放在 finally 块中执行的，而代码清单 3-4 的测试步骤都被包含在 try... finally 块中，这样做的目的是即使测试过程当中有任何错误，也可以执行清理操作，避免影响后续的测试用例。

3.2　使用仪表盘技术编写测试用例

在 2.3 节中提到，在 Android 一个应用的每个界面都是单独的活动，这样一来 Android 应用可以看成一个由活动（Activity）组成的堆栈，每个活动自身由一系列的 UI 元素组成，并且具有独立的生命周期，因此应用中的每个活动都可以被单独拿来测试。而 ActivityInstrumentationTestCase2 就是用来做这种测试的，它提供了活动级别的操控和获取 GUI 资源的能力。仪表盘测试用例的流程如图 3-1 所示。

当用户在命令行或者从 Eclipse 中运行测试用例时，首先要把测试用例程序和待测应用部署到测试设备或模拟器上，再通过 InstrumentationTestRunner 这个对象依次执行测试用例程序中的测试用例，InstrumentationTestRunner 支持很多参数，用来执行一部分的测试用例，每个测试用例都是通过仪表盘技术来操控待测应用的各个组件实现测试目的。而测试用例和待测应用是运行在同一个进程的不同线程上。

Android 仪表盘框架是基于 JUnit 的，ActivityInstrumentationTestCase2 是从 JUnit 的核心类 TestCase 中继承下来的，这样做的好处就是可以复用 JUnit 的 assert 功能来验证由用户交互和事件引发的 GUI 行为，而且也让有多年 JUnit 编程经验的程序员容易上手。仪表盘测试框架的各个测试类型与 JUnit 核心类 TestCase 之间的继承结构如图 3-2 所示。

3.2 使用仪表盘技术编写测试用例 ◆ 65

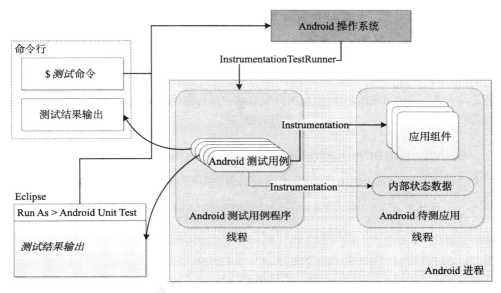

图 3-1　Android 仪表盘测试用例流程

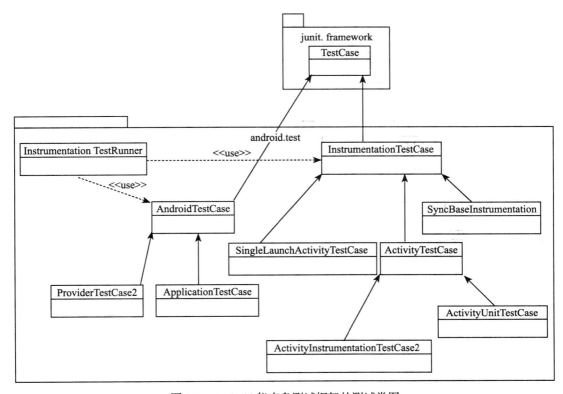

图 3-2　Android 仪表盘测试框架的测试类图

从图 3-2 中可以看到，基本所有的测试用例都是通过 InstrumenationTestRunner 执行的，而各个测试类型被设计来执行特定的测试，在本章中，主要讲解 ActivityInstrumentationTestCase2 的用法，其他的类型将放在后续章节里讲解。ActivityInstrumentationTestCase2 这个类型是用来针对单个活动执行功能测试。它通过 InstrumentationTestCase.launchActivity 函数使用系统 API 来创建待测活动，可以在这个测试用例里直接操控活动，在待测应用的 UI 线程上执行测试函数，也允许我们向待测应用注入一个自定义的意图对象。

3.2.1 ActivityInstrumentationTestCase2 测试用例

一个 ActivityInstrumentationTestCase2 的测试用例源码框架一般如代码清单 3-5 所示。

代码清单 3-5　ActivityInstrumentationTestCase2 测试用例的源码框架

```
1. public class SpinnerActivityTest extends
2. ActivityInstrumentationTestCase2<SpinnerActivity>{
3.      publicSpinnerActivityTest() {
4.      super(SpinnerActivity.class);
5.      }
6.
7.      @Override
8.      protected void setUp() throws Exception {
9.          super.setUp();
10.            // 添加自定义的初始化逻辑
11.     }
12.
13.     @Override
14.     protected void tearDown() throws Exception {
15.            super.tearDown();
16.     }
17.
18.     public void test测试用例 () throws Exception {
19.            // ...
20.     }
21. }
```

ActivityInstrumentationTestCase2 泛型类的参数类型是 MainActivity，这样就指定了测试用例的待测活动，而且它只有一个构造函数——需要一个待测活动类型才能创建测试用例，其函数声明如下：

```
ActivityInstrumentationTestCase2(Class<T> activityClass)
```

传递的活动类型应该跟泛型类参数保持一致，代码清单 3-5 的第 1～5 行就演示了这个要求。

在 Android SDK 的示例工程 "SpinnerTest" 中，有一个很完整的 ActivityInstrumentationTestCase2 测试用例的示例，演示了 Android 仪表盘测试用例的一些最佳实践，如代码清单 3-6 所示。为了方便读者阅读，笔者将其中的注释用中文翻译过来。

❏ 在启动待测活动之前，先将触控模式禁用，以便控件能接收到键盘消息，如代码清单 3-6 的第 54 行。这是因为在 Android 系统里，如果打开触控模式，有些控件是不能通过代码的方式设置输入焦点的，手指戳到一个控件后该控件自然而然就获取到输入焦点了，例如戳一个按钮除了导致其获取输入焦点以外，还触发了其单击事件。而如果设备不支持触摸屏，例如老式的手机，需要先用方向键导航到按钮控件使其高亮显示，然后再按主键来触发单击事件。在 Android 系统中，出于多种因素的考虑，在触控模式下，除了文本编辑框等特殊的控件，可触控的控件如按钮、下拉框等无法设置其具有输入焦点。这样在自动化测试时，就会导致一个严重的问题，因为无法设置输入焦点，在发送按键消息时，就没办法知道哪个控件最终会接收到这些按键消息，一个简单的方案就是，在测试执行之前，强制待测应用退出触控模式。这样在 93 行，我们才能在代码中设置具有输入焦点的控件。

❏ 在测试集合中，应该有一个测试用例验证待测活动是否正常初始化，如 69 ~ 78 行之间的 testPreconditions 函数。

❏ 对界面元素的操作必须放在 UI 线程中执行，如 90 ~ 97 行的代码块。

代码清单 3-6 Android 示例工程 SpinnerTest 里的最佳实践

```
1.  package com.android.example.spinner.test;
2.
3.  import com.android.example.spinner.SpinnerActivity;
4.
5.  import android.test.ActivityInstrumentationTestCase2;
6.  import android.view.KeyEvent;
7.  import android.widget.Spinner;
8.  import android.widget.SpinnerAdapter;
9.  import android.widget.TextView;
10.
11. public class SpinnerActivityTest
12.     extends ActivityInstrumentationTestCase2<SpinnerActivity> {
13.     // 下拉框选项数组 mLocalAdapter 中的元素个数
14.     public static final int ADAPTER_COUNT = 9;
15.
16.     // Saturn 这个字符串在下拉框选项数组 mLocalAdapter 的位置（从 0 开始计算）
17.     public static final int TEST_POSITION = 5;
18.
19.     // 下拉框的初始位置应该是 0
20.     public static final int INITIAL_POSITION = 0;
21.
22.     // 待测活动的引用
23.     private SpinnerActivity mActivity;
24.
25.     // 待测活动上下拉当前显示的文本
26.     private String mSelection;
27.
28.     // 下拉框当前的选择的位置
```

```
29.     private int mPos;
30.
31.     // 待测活动里的下拉框对象的引用,通过仪表盘 API 来操作
32.     private Spinner mSpinner;
33.
34.     // 待测活动里下拉框的数据来源对象
35.     private SpinnerAdapter mPlanetData;
36.
37.     /*
38.      * 创建测试用例对象的构造函数,必须在构造函数里调用基类
39.      * ActivityInstrumentationTestCase2 的构造函数,传入
40.      * 待测活动的类型以便系统到时可以启动活动
41.      */
42.     public SpinnerActivityTest() {
43.         super(SpinnerActivity.class);
44.     }
45.
46.     @Override
47.     protected void setUp() throws Exception {
48.         // JUnit 要求 TestCase 子类的 setUp 函数必须
49.         // 调用基类的 setUp 函数
50.         super.setUp();
51.
52.         // 关闭待测应用的触控模式,以便向下拉框发送按键消息
53.         // 这个操作必须在 getActivity() 之前调用
54.         setActivityInitialTouchMode(false);
55.
56.         // 启动待测应用并打开待测活动。
57.         mActivity = getActivity();
58.
59.         // 获取待测活动里的下拉框对象,这样也可以确保待测活动
60.         // 正确初始化
61.         mSpinner = (Spinner)mActivity.findViewById(
62.             com.android.example.spinner.R.id.Spinner01);
63.         mPlanetData = mSpinner.getAdapter();
64.     }
65.
66.     // 测试待测应用的一些关键对象的初始值,以此确保待测应用
67.     // 的状态在测试过程中是有意义的,如果这个测试用例(函数)
68.     // 失败了,基本上可以忽略其他测试用例的测试结果
69.     public void testPreconditions() {
70.         // 确保待测下拉框的选择元素的回调函数被正确设置
71.         assertTrue(mSpinner.getOnItemSelectedListener() != null);
72.
73.         // 验证下拉框的选项数据初始化正常
74.         assertTrue(mPlanetData != null);
75.
76.         // 并验证下拉框的选项数据的元素个数是正确的
77.         assertEquals(mPlanetData.getCount(), ADAPTER_COUNT);
78.     }
```

```
79.
80.        // 通过向待测活动的界面发送按键消息，在验证下拉框的状态
81.        // 是否与期望的一致
82.        public void testSpinnerUI() {
83.            // 设置待测下拉框控件具有输入焦点，并设置它的初始位置。
84.            // 因为这段代码需要操作界面上的控件，因此需要运行在
85.            // 待测应用的线程中，而不是测试用例线程中
86.            //
87.            // 只需要将要在 UI 线程上执行的代码作为参数传入 runOnUiThread
88.            // 函数里就可以了，代码块是放在 Runnable 匿名对象
89.            // 的 run() 函数里
90.            mActivity.runOnUiThread(
91.                new Runnable() {
92.                    public void run() {
93.                        mSpinner.requestFocus();
94.                        mSpinner.setSelection(INITIAL_POSITION);
95.                    }
96.                }
97.            );
98.
99.            // 使用手机物理键盘上方向键的主键激活下拉框
100.           this.sendKeys(KeyEvent.KEYCODE_DPAD_CENTER);
101.
102.           // 向下拉框发送 5 次向 "下" 按键消息
103.           // 即高亮显示下拉框的第 5 个元素
104.           for (int i = 1; i <= TEST_POSITION; i++) {
105.               this.sendKeys(KeyEvent.KEYCODE_DPAD_DOWN);
106.           }
107.
108.           // 选择下拉框当前高亮的元素
109.           this.sendKeys(KeyEvent.KEYCODE_DPAD_CENTER);
110.
111.           // 获取被选元素的位置
112.           mPos = mSpinner.getSelectedItemPosition();
113.
114.           // 从下拉框的选项数组 mLocalAdapter 中获取被选元素的数据
115.           // (是一个字符串对象)
116.           mSelection = (String)mSpinner.getItemAtPosition(mPos);
117.
118.           // 获取界面上显示下拉框被选元素的文本框对象
119.           TextView resultView = (TextView) mActivity.findViewById(
120.               com.android.example.spinner.R.id.SpinnerResult);
121.
122.           // 获取文本框的当前文本
123.           String resultText = (String) resultView.getText();
124.
125.           // 验证下拉框显示的值的确是被选的元素
126.           assertEquals(resultText,mSelection);
127.       }
128.   }
```

3.2.2　sendKeys 和 sendRepeatedKeys 函数

在 Android UI 自动化测试当中，经常需要向界面发送键盘消息模拟用户输入文本，高亮选择控件之类的交互操作，因此 Android 在 InstrumentationTestCase 类里提供了两个辅助函数（包括重载）sendKeys 和 sendRepeatedKeys 来发送键盘消息。在发送消息之前，一般需要保证接收键盘消息的控件具有输入焦点，这可以在获取控件的引用之后，调用 requestFocus 函数实现，如代码清单 3-6 的第 93 行。

sendKeys 的一个重载函数接受整型的按键值作为参数，这些按键值的整数定义在 KeyEvent 类里定义，在测试用例里可以用它向具有输入焦点的控件输入单个按键消息，它的用法可参考代码清单 3-6 里的第 100 和 105 行。

但 sendKeys 也有一个接受字符串参数的重载函数，它只需要一行代码就可以输入完整的字符串，字符串里的每个字符以空格分隔，每一个按键都对应 KeyEvent 中的定义，只不过需要去掉前缀。代码清单 3-7 就演示了两个函数的区别：

代码清单 3-7　sendKeys 和 sendRepeatedKeys 的用法

```
1.   private BookEditor _activity;
2.   public void test编辑书籍信息() throws Throwable {
3.          // 在标题文本框里输入 Moonlight!
4.          // 找到"标题"文本框
5.          final EditText txtTitle = (EditText) _activity.findViewById(
6.                   R.id.title);
7.          this.runTestOnUiThread(new Runnable() {
8.                public void run() {
9.                       // 通过 AndroidAPI 调用将"标题"文本框
10.                      // 的文本清空
11.                      txtTitle.setText("");
12.                      // 设置"标题"文本框具有输入焦点
13.                      txtTitle.requestFocus();
14.                }
15.          });
16.
17.          // 依次输入"Moonlight!"的各个按键
18.          // 输入一个大写的 "M"
19.          sendKeys(KeyEvent.KEYCODE_SHIFT_LEFT);
20.          sendKeys(KeyEvent.KEYCODE_M);
21.          // 再输入其他小写的字符
22.          sendKeys(KeyEvent.KEYCODE_O);
23.          sendKeys(KeyEvent.KEYCODE_O);
24.          sendKeys(KeyEvent.KEYCODE_N);
25.          sendKeys(KeyEvent.KEYCODE_L);
26.          sendKeys(KeyEvent.KEYCODE_I);
27.          sendKeys(KeyEvent.KEYCODE_G);
28.          sendKeys(KeyEvent.KEYCODE_H);
29.          sendKeys(KeyEvent.KEYCODE_T);
30.          // "!"需要使用虚拟键盘上类似 shift 的按键转义
31.          sendKeys(KeyEvent.KEYCODE_ALT_LEFT);
```

```
32.        sendKeys(KeyEvent.KEYCODE_1);
33.        // 关闭虚拟键盘
34.        sendKeys(KeyEvent.KEYCODE_DPAD_DOWN);
35.
36.        // 验证"标题"文本框里的内容是期望值
37.        String expected = "Moonlight!";
38.        // 因为只是获取控件上的信息，而不是修改，可以直接
39.        // 从测试用例线程访问，无需放到 UI 线程中执行
40.        String actual = txtTitle.getText().toString();
41.        assertEquals(expected, actual);
42.
43.        // 找到"作者"文本框
44.        final EditText txtAuthor = (EditText) _activity.findViewById(
45.                R.id.author);
46.        // 设置"作者"文本框具有输入焦点
47.        this.runTestOnUiThread(new Runnable() {
48.            public void run() {
49.                txtAuthor.requestFocus();
50.            }
51.        });
52.        // 向当前具有输入焦点的控件 - "作者"文本框
53.        // 发送 20 个 backspace 按键消息，以便清除
54.        // "作者"文本框原有的文本
55.        sendRepeatedKeys(20, KeyEvent.KEYCODE_DEL);
56.        // 用 sendKeys 字符串重载函数输入"Moonlight!"
57.        sendKeys("SHIFT_LEFT M 2*O N L I G H T ALT_LEFT 1 DPAD_DOWN");
58.        assertEquals(expected, txtAuthor.getText().toString());
59.
60.        // 再演示使用 sendRepeatedKeys 将"作者"文本框
61.        // 清空，并输入"Moonlight!"
62.        sendRepeatedKeys(20, KeyEvent.KEYCODE_DEL,
63.                    1, KeyEvent.KEYCODE_SHIFT_LEFT,
64.                    1, KeyEvent.KEYCODE_M,
65.                    2, KeyEvent.KEYCODE_O,
66.                    1, KeyEvent.KEYCODE_N,
67.                    1, KeyEvent.KEYCODE_L,
68.                    1, KeyEvent.KEYCODE_I,
69.                    1, KeyEvent.KEYCODE_G,
70.                    1, KeyEvent.KEYCODE_H,
71.                    1, KeyEvent.KEYCODE_T,
72.                    1, KeyEvent.KEYCODE_ALT_LEFT,
73.                    1, KeyEvent.KEYCODE_1,
74.                    1, KeyEvent.KEYCODE_DPAD_DOWN);
75.        assertEquals(expected, txtAuthor.getText().toString());
76.
77.        // 下面这段代码是不需要的，只是为了暂停
78.        // 用例以便观察自动化测试效果所用
79.        Thread.sleep(5000);
80.    }
```

同样是输入一个"Moonlight!"这个字符串,使用字符串参数的重载版本代码(第57行)要比 sendKeys 整型参数的函数版本(第 19 ~ 34 行)简洁很多。第 57 行演示了 sendKeys 的一个技巧,如果要输入重复的字母,只需要在输入的字母前加上要重复的次数即可。第 55 行和第 62 行演示了 sendKeys 兄弟函数 sendRepeatedKeys 的用法,sendRepeatedKeys 接受一个不定长度的参数列表,其参数两两配对,每对参数的第一个指明字母重复的次数,第二个就是要输入的字母。第 55 行代码通过发送 20 个回退字符清空文本框,如果文本框里的字符串长度大于 20 个字符,那么就很有可能导致测试失败,因此在第 11 行笔者又演示了另一种方法清空文本框——直接通过 Android API 显式设置文本框里的文本。

3.2.3 执行仪表盘测试用例

除了通过 Eclipse,还可以在命令行用 Android 系统自带工具 am 执行仪表盘测试用例,如果不带参数调用,则会执行除性能测试以外的所有测试用例。

```
$ adb shell am instrument -w <测试用例信息>
```

<测试用例信息> 的格式一般是 "测试用例包名 /android.test.InstrumentationTestRunner",例如要执行本章的示例来测试用例,首先需要将其和待测应用安装到设备或模拟器上,在虚拟机的命令行中输入下面的命令即可执行所有的测试用例:

```
$ adb shell am instrument -w
cn.hzbook.android.test.chapter3.test/android.test.InstrumentationTestRunner
```

测试用例的执行结果直接输出在终端里,如上面命令执行完毕后测试用例的输出结果如下:

```
# 测试应用中的第一个测试类型
cn.hzbook.android.test.chapter3.test.InstrumentationLimitSampleTest:
# 有一个测试用例执行失败,同时输出其堆栈信息
Error in test 添加书籍 :
java.lang.NullPointerException
    at
cn.hzbook.android.test.chapter3.test.InstrumentationLimitSampleTest$2.run(Instr
umentationLimitSampleTest.java:49)
    at
android.test.InstrumentationTestCase$1.run(InstrumentationTestCase.java:138)
        at android.app.Instrumentation$SyncRunnable.run(Instrumentation.
java:1465)
        at android.os.Handler.handleCallback(Handler.java:587)
        at android.os.Handler.dispatchMessage(Handler.java:92)
        at android.os.Looper.loop(Looper.java:123)
        at android.app.ActivityThread.main(ActivityThread.java:4627)
        at java.lang.reflect.Method.invokeNative(Native Method)
        at
com.android.internal.os.ZygoteInit$MethodAndArgsCaller.run(ZygoteInit.java:868)
        at com.android.internal.os.ZygoteInit.main(ZygoteInit.java:626)
```

```
            at dalvik.system.NativeStart.main(Native Method)

    # 测试应用中的第二个测试类型
    cn.hzbook.android.test.chapter3.test.InstrumentationSampleTest:.
    # 所有的测试用例都正常运行，没有结果就是好结果
    Test results for InstrumentationTestRunner=.E.
    Time: 11.564

    # 总结测试结果，总共运行了两个用例，失败了一个
    FAILURES!!!
        Tests run: 2,   Failures: 0,   Errors: 1
```

如果给 InstrumentRunner 指定 "-e func true" 这些参数，则会运行所有的功能测试用例，功能测试用例都是从基类 InstrumentationTestCase 继承而来的。

```
$ adb shell am instrument -w -e func true< 测试用例信息 >
```

如果为 InstrumentRunner 指定 "-e unit true" 这些参数，则会运行所有的单元测试用例，所有不是从 InstrumentationTestCase 继承的非性能测试用例都是单元测试用例。

```
$ adb shell am instrument -w -e unit true< 测试用例信息 >
```

如果为 InstrumentRunner 指定 "-e class < 类名 >" 这些参数，则会运行指定测试类型里的所有测试用例。如下面的代码就会运行所有的测试用例：

```
$ adb shell am instrument-w
com.android.foo/android.test.InstrumentationTestRunner
```

执行所有的小型测试，小型测试用例是指那些在测试函数上标有 SmallTest 标签（annotation）的测试用例：

```
$ adb shell am instrument -w -e size small
com.android.foo/android.test.InstrumentationTestRunner
```

执行所有的中型测试，中型测试用例是那些标有 MediumTest 标签的测试用例：

```
$ adb shell am instrument -w -e size medium
com.android.foo/android.test.InstrumentationTestRunner
```

执行所有的大型测试，大型测试用例是那些标有 LargeTest 标签的测试用例：

```
$ adb shell am instrument -w -e size large
com.android.foo/android.test.InstrumentationTestRunner
```

也可只执行具有指定属性的测试用例，下面是只执行标识有 "com.android.foo.MyAnnotation" 的测试用例：

```
$adb shell am instrument-w-e annotation
com.android.foo.MyAnnotation
com.android.foo/android.test.InstrumentationTestRunner
```

指定"-e notAnnotation"参数来执行所有没有标识有"com.android.foo.MyAnnotation"的测试用例：

```
$adb shell am instrument -w -e notAnnotation
com.android.foo.MyAnnotation
com.android.foo/android.test.InstrumentationTestRunner
```

如果同时指定了多个选项，那么instrumentationTestRunner会执行两个选项指定的测试集合的并集，例如指定参数 ""-e size large-e annotation com.android.foo.MyAnnotation""会同时执行大型测试用例和标识有"com.android.foo.MyAnnotation"的测试用例。

下面的命令执行单个测试用例 testFoo：

```
$ adb shell am instrument-w-e class com.android.foo.FooTest#testFoo
com.android.foo/android.test.InstrumentationTestRunner
```

执行多个测试用例（下例中指定了com.android.foo.FooTest 和 com.android.foo.TooTest类型里面的所有测试用例）：

```
$ adb shell am instrument-w-e class
com.android.foo.FooTest,com.android.foo.TooTest
com.android.foo/android.test.InstrumentationTestRunner
```

只执行一个 Java 包里的测试用例：

```
$ adb shell am instrument-w-e package com.android.foo.subpkg
com.android.foo/android.test.InstrumentationTestRunner
```

执行性能测试：

```
$ adb shell am instrument-w-e perf true
com.android.foo/android.test.InstrumentationTestRunner
```

如果需要调试测试用例，先在代码中设置好断点，然后传入参数"-e debug true"，调试测试用例的方法会在本书的第二部分讲解。

参数"-e log true"指明在"日志模式"下执行所有的测试用例，这个选项会加载并遍历其他选项指明的所有测试类型和函数，但并不实际执行它们。它在评估一个 Instrumentation 命令将要执行的测试用例列表时很有用。

如果要获取 EMMA 代码覆盖率，则可以指定"-e coverage true"参数。

提示

这个选项要求应用是一个 emma instrumented 版本，代码覆盖率在后面的章节中会讲到。

3.2.4 仪表盘测试技术的限制

我们知道 Android 应用的每个界面都是一个独立的活动，任意一个活动（界面）都可以因响应一个意图而创建。而 ActivityInstrumentationTestCase2 原来只是设计用来测试单个活动的，这在功能测试里往往有很多限制。例如本章示例的待测应用"cn.hzbook.android.test.chapter3"是一个书籍管理程序，其由 3 个界面组成，要完成一个编辑操作，需要在界面"MainActivity"上选择并单击一本书，进入书籍的详细信息界面"BookDetails"，再单击"BookDetails"这个活动或者说界面上的"编辑"按钮进入书籍的编辑界面"BookEditor"。在功能测试领域，这是一个非常正常的测试场景，对于信息管理类的应用，这也是一个必须要测试到的场景，如果使用仪表盘技术，从 ActivityInstrumentationTestCase2 中继承一个新的测试用例，我们可能会编写类似代码清单 3-8 的用例：

代码清单 3-8　演示 ActivityInstrumentationTestCase2 的限制

```
1. package cn.hzbook.android.test.chapter3.test;
2.
3. import cn.hzbook.android.test.chapter3.MainActivity;
4. import cn.hzbook.android.test.chapter3.R;
5. import android.test.ActivityInstrumentationTestCase2;
6. import android.widget.Button;
7.
8. public class InstrumentationLimitSampleTest extends
9.         ActivityInstrumentationTestCase2<MainActivity>{
10.
11.     public InstrumentationLimitSampleTest() throws Exception {
12.         super(MainActivity.class);
13.     }
14.
15.     public void setUp() throws Exception {
16.         super.setUp();
17.         setActivityInitialTouchMode(false);
18.     }
19.
20.     public void tearDown() throws Exception {
21.         super.tearDown();
22.     }
23.
24.     public void test添加书籍() throws Throwable {
25.         // 找到"添加"按钮，根据按钮在源码分配的 id 来查找
26.         final Button btnAdd = (Button) getActivity().findViewById(R.id.btnAdd);
27.         // 单击按钮需要向控件发送单击消息，
28.         // 是需要在 UI 线程上执行的操作
29.         this.runTestOnUiThread(new Runnable() {
30.             public void run() {
31.                 btnAdd.performClick();
32.             }
33.         });
34.         // 因为测试代码运行速度要比 UI 刷新速度快很多
35.         // 需要显示暂停测试代码 500 毫秒等待界面刷新完毕
36.         Thread.sleep(500);
37.
```

```
38.            // 尝试寻找"编辑"按钮
39.            final Button btnEdit = (Button) getActivity()
40.                        .findViewById(R.id.btnEdit);
41.            this.runTestOnUiThread(new Runnable() {
42.                public void run() {
43.                    // 测试用例会在此失败
44.                    // 这是因为"编辑"按钮是BookDetails这个活动
45.                    // 上的控件,而当前用例只能测试MainActivity
46.                    // 即getActivty()返回的永远都是MainActivity,
47.                    // 不可能在其上找到"编辑"按钮,因此上面的
48.                    // findViewById函数返回的是空引用
49.                    btnEdit.performClick();
50.                }
51.            });
52.
53.            fail("不应该通过测试!");
54.    }
55. }
```

在上面的代码中,在第31行单击了"MainActivity"上的"添加"按钮,这个时候应用切换到"BookDetails"界面,而由于ActivityInstrumentationTestCase2及其基类没有提供获取系统当前最上层的活动(即"BookDetails")的方法,而getActivity()函数永远只返回传入测试用例构造函数的活动,也就是"MainActivity",这样测试用例在第39行上尝试在"MainActivity"上查找"编辑"按钮时就会失败,进而导致第49行因为btnEdit是一个空引用而失败。

如果要对书籍编辑界面"BookEditor"用仪表盘技术执行功能测试,需要在测试用例执行之前设置启动"BookEditor"的意图对象,如代码清单3-9第19～26行所示,这些代码明确设置了启动"BookEditor"所必需的数据,然后调用setActivityIntent函数将意图传给系统,而且必须在getActivity()函数调用之前设置。这样的设计只满足了针对单个活动的功能测试,但不能支持多活动的集成测试,在下一节,将介绍一个支持集成测试的开源库robotium的用法。

代码清单3-9 在测试用例中使用意图创建待测活动

```
1. package cn.hzbook.android.test.chapter3.test;
2.
3. import cn.hzbook.android.test.chapter3.BookEditor;
4. import cn.hzbook.android.test.chapter3.R;
5. import android.content.Intent;
6. import android.test.ActivityInstrumentationTestCase2;
7.
8. public class InstrumentationSampleTest extends
9.            ActivityInstrumentationTestCase2<BookEditor>{
10.    private BookEditor _activity;
11.
12.    public InstrumentationSampleTest() throws Exception {
```

```
13.            super(BookEditor.class);
14.        }
15.
16.    public void setUp() throws Exception {
17.            super.setUp();
18.            setActivityInitialTouchMode(false);
19.            Intent i = new Intent();
20.            i.setClass(this.getInstrumentation().getContext(), BookEditor.class);
21.            i.setAction(Intent.ACTION_EDIT);
22.            i.putExtra("title", "标题应该被更新");
23.            i.putExtra("author", "作者应该被更新");
24.            i.putExtra("copyright", "版权所有");
25.            i.putExtra("indics", 0);
26.            setActivityIntent(i);
27.            _activity = getActivity();
28.        }
29.
30.    public void tearDown() throws Exception {
31.            super.tearDown();
32.        }
33.
34.    public void test编辑书籍信息() throws Throwable {
35.            // ...
36.        }
37. }
```

3.3 使用 robotium 编写集成测试用例

开源库 robotium 就是为了弥补 ActivityInstrumenationTestCase2 对集成测试支持的不足而编写的，其项目主页是：http://code.google.com/p/robotium/，源码已经迁移到 github 上：https://github.com/jayway/robotium，可以从链接 http://code.google.com/p/robotium/downloads/list 处下载最新的 robotium 预编译版本。它除了在仪表盘 API 的基础上提供了更多的操控控件的函数以外，还通过反射等手段，通过调用系统隐藏的功能，实现仪表盘不能支持的功能。

3.3.1 为待测程序添加 robotium 用例

要在测试用例里使用 robotium 的 API，首先需要把 robotium-solo-x.x.jar 加入测试用例工程的引用路径（Build Path）中。

1）将最新下载的 robotium-solo-x.x.jar 保存到测试用例工程根目录的"libs"文件夹中，如图 3-3 所示。

2）在 Eclipse 中右键单击测试工程，并依次选择"Build Path"、"Configure Build Path"，如图 3-4 所示。

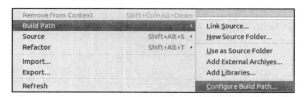

图 3-3　Android 测试用例应用所依赖的 jar 文件的保存位置

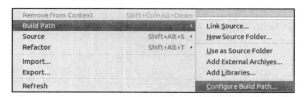

图 3-4　打开测试应用的引用路径编辑对话框

3）在弹出的"Java Build Path"对话框中，选择"Libraries"标签并单击上面的"Add External JARs..."按钮，如图 3-5 所示。

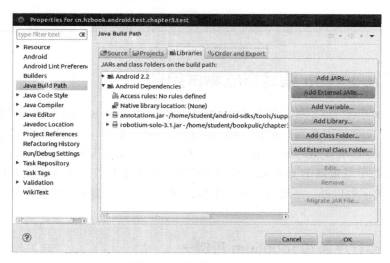

图 3-5　添加外部 jar 引用

4）单击"OK"确定后，就把对 robotium 的引用添加好了。

使用 robotium 的测试用例代码框架与前文仪表盘用例类似，如代码清单 3-10 所示。

代码清单 3-10　robotium 编写的集成测试用例框架

```
1. package cn.hzbook.android.test.chapter3.test;
```

```
2.
3. import com.jayway.android.robotium.solo.Solo;
4. import android.test.ActivityInstrumentationTestCase2;
5.
6. @SuppressWarnings("rawtypes")
7. public class DemoUnitTest extends ActivityInstrumentationTestCase2 {
8.     // 待测试应用的启动主界面类型全名
9.     private static String LAUNCHER_ACTIVITY_FULL_CLASSNAME
10.        = "cn.hzbook.android.test.chapter3.MainActivity";
11.    // robotium api 主对象
12.    private Solo _solo;
13.
14. @SuppressWarnings("unchecked")
15.    public DemoUnitTest() throws Exception {
16.        super(Class.forName(LAUNCHER_ACTIVITY_FULL_CLASSNAME));
17.    }
18.
19.    public void setUp() throws Exception {
20.        _solo = new Solo(getInstrumentation(), getActivity());
21.    }
22.
23.    public void tearDown() throws Exception {
24.        _solo.finishOpenedActivities();
25.    }
26.
27.    public void test测试用例() throws Exception {
28.        // ...
29.    }
30. }
```

但此测试用例框架与仪表盘测试用例框架（参照代码清单 3-5）有几点不同。

1）robotium 测试用例虽然也是从 ActivityInstrumentationTestCase2 基类继承下来，但一般不会使用一个活动类型实例化 ActivityInstrumentationTestCase2 泛型类，如第 7 行。这是因为 robotium 一般用作集成测试，在一个测试过程中会同时测试到多个活动，只指定一个活动类型在逻辑上不成立，有时可以用待测应用的主界面来实例化它，但在没有应用源码时就无法在编译期引入活动类型了。Java 语言建议给泛型类指定一个类型进行实例化，为了规避这个编译警告，需要在测试类型加上 SuppressWarnings（"rawtypes"）标签。

2）由于测试类型没有指定待测活动类型，因此在类型的构造函数里，采用反射机制通过应用主界面的类型名称获取其类型构造测试用例，如代码的第 16 行。

3）在测试的准备函数 setUp 中，一般会通过调用 getInstrumentation() 和 getActivity() 函数获取当前测试的仪表盘对象和待测应用启动的活动对象，并创建 robotium 自动化测试机器人 solo。跟仪表盘测试用例中的 setUp 函数一样，禁用触控模式、创建启动活动的意图对象这些操作都应该在 getActivity() 函数之前调用，如第 20 行。

4）因为 robotium 进行的是集成测试，在测试过程中可能会打开多个活动，所以在测试结束后的扫尾函数 tearDown 中，会调用 robotium API 关闭所有的已打开活动，为后面执行的测试用例恢复测试环境。

robotium 的 API 设计类似后文将要讲解的 selenium 的机器人测试方式,可以将 solo 对象看成一个机器人,它的每个 API 可以看成机器人可以执行的一个动作,如 waitForView、searchButton 等,robotium 的 API 名称都采用谓语 + 宾语的方式命名,而且每个 API 都有完整的注释说明,本书就不再详述各 API 的使用方法。代码清单 3-11 就是针对 3.2.4 小节中的待测应用执行集成测试的一个示例。

代码清单 3-11　使用 robotium 编写集成测试用例

```
1.  public void test添加书籍() throws Exception {
2.      _solo.clickOnText("添加");
3.      _solo.sleep(500);
4.      _solo.clickOnText("编辑");
5.
6.      //
7.      // 在 robotium 中,getEditText 会过滤出所有 EditText 类型的控件
8.      // 而 getEditText 函数参数是过滤后 EditText 控件的索引号
9.      //
10.
11.     // 在标题文本框中输入 Moonlight
12.     EditText text = _solo.getEditText(0);
13.     _solo.clearEditText(text);
14.     _solo.enterText(text, "Moonlight");
15.
16.     // 在作者文本框中输入 David
17.     text = _solo.getEditText(1);
18.     _solo.clearEditText(text);
19.     _solo.enterText(text, "David");
20.
21.     // 在版权文本框中输入出版日期
22.     text = _solo.getEditText(2);
23.     _solo.clearEditText(text);
24.     _solo.enterText(text, "Feb 21, 2011");
25.
26.     _solo.clickOnText("保存");
27.     _solo.clickOnText("保存");
28. }
```

从上面的代码可以看到,测试源码类似于手工测试用例的白描,robotium 几乎隐藏了在测试过程中待测应用各个活动切换的细节。如第 2 和 4 行,给我们的感觉就好像一个机器人先单击"添加"按钮,等待 0.5 秒,再单击"编辑"按钮,完全不用像代码清单 3-8 里那样考虑由于不同活动导致查找控件困难的限制。

3.3.2　测试第三方应用

前面的讲解都是基于完全具备源码的前提下进行的测试编码,在很多时候测试团队可能要在没有待测应用源码的前提下编写自动化测试用例。虽然 Android 提供了另一个工具

monkeyrunner（在第 4 章讲解）来支持黑盒测试 UI 自动化的要求，但相对来说，基于仪表盘技术的测试用例由于跟待测应用运行在同一个进程里，从效率、准确性以及适应性方面来说都要比 monkeyrunner 好，所以建议读者尽可能选择仪表盘技术编写测试代码。

要针对第三方应用编写基于仪表盘技术的测试，第一步需要将测试用例注入到待测应用的进程里，因此要么应用厂商提供调试版本的应用（与测试用例一样使用调试版密钥签名），要么将应用厂商的发布版本的应用重新打包签名。将应用重新打包签名的一般步骤如下：

1）由于 Android 应用的 apk 安装文件实际上是一个压缩包，可以用解压缩软件将其解压。

2）对于解压后的文件夹下的 META-INF 文件夹，因为其里面包含签名信息，删除它之后就相当于去掉原有的数字签名。

3）再压缩文件夹并将结果文件的后缀名改为 .apk，重新打包并签名。

在本书配套资源的示例代码中，提供了一个脚本程序 resign.sh 方便重新打包，要重新打包的 Android 应该需要与该脚本程序放在同一个目录下，它接受一个参数，即要重新打包的 Android 应用的 apk 文件名（不包括 .apk 后缀），运行完毕后，会在当前的工作目录下生成一个名为 < 应用名 >-resigned.apk 文件，是重新签名的应用。例如示例代码里有一个来自于网络的应用 demo.apk，执行下面的命令给其重新签名：

```
$ ./resign.sh demo
```

注意

resign.sh 假设已经将 Android SDK 根目录添加到程序搜索路径环境变量 PATH 中，如果没有这么做，执行 resign.sh 程序时可能会报告 "zipalign: command not found" 的错误。

在命令执行完毕后，就可以看到当前工作目录下有一个名为 demo-resigned.apk 的文件。代码清单 3-12 解释了这个脚本中的各步操作：

代码清单 3-12　重新签名应用的脚本程序

```
echo 重新打包 $1.apk
# 重新给 product 签名，确保其使用的签名与测试用例的签名一致
# 第一步是删除产品中已有的签名
unzip -o $1.apk -d product
cd product
# 删除应用已有的签名
rm -r -f META-INF/
# 重新打包应用里的文件
zip -r product.apk *
mv product.apk ..
cd ..
# 删除原来解压用于删除密钥的文件夹——扫尾工作
rm -f -r product
# 使用调试用签名重新签名
jarsigner -keystore ~/.android/debug.keystore -storepass android -keypass android product.apk androiddebugkey
zipalign 4 product.apk $1-resigned.apk
```

在为待测应用重新签名并将其安装到设备或者模拟器上之后,如果运行应用没有发生崩溃闪退的现象,那么说明重新签名应用已经成功,剩下的就是要找到应用启动的主活动名,以便传给 ActivitiyInstrumentationTestCase2 的构造函数并启动应用,可以使用 Android SDK 包的 logcat 命令找到这些信息。以刚才重新签名的应用为例:

1)将应用部署到设备或者模拟器上。

2)先启动一次将应用的使用导航和选择城市这些需要第一次设置的信息配置好,按两次回退键关闭应用。

3)再次启动应用后,在 PC 上执行如代码清单 3-13 所示的这个命令:

代码清单 3-13　通过 logcat 命令找到待测应用的启动界面

```
$ adb logcat
……
I/ActivityManager(   58): Start proc com.moji.mjweather for activity com.moji.mjweather/.CSplashScreen: pid=962 uid=10046 gids={3003, 1015}
D/dalvikvm(  962): GC_FOR_MALLOC freed 3043 objects / 167728 bytes in 97ms
I/ActivityManager(   58): Displayed activity com.moji.mjweather/.CSplashScreen: 2288 ms (total 2288 ms)
I/ActivityManager(   58): Starting activity: Intent { cmp=com.moji.mjweather/.activity.TabSelectorActivity (has extras) }
……
I/ActivityManager(   58): Displayed activity com.moji.mjweather/.activity.TabSelectorActivity: 3745 ms (total 3745 ms)
……
```

注意代码中加粗的部分,其显示了当前应用正在启动"com.moji.mjweather/.CSplashScreen"这个界面,即应用的初始欢迎界面,反斜杆前面的是应用的包名,后面的是应用当前启动的活动类名。另外,logcat 输出中的 Displayed activity 后面跟有一个时间,如"2288ms",这是创建并显示活动的所消耗的时间,在编写测试用例的时候,可以使用这个信息设置测试代码等待活动绘制完毕的时间。

4)在 Eclipse 中新建一个 Android 测试工程,并在新建工程向导的选择被测应用界面上,单击"This project"单选框。

5)然后修改新建测试工程的 AndroidManifest.xml 文件,设置其 instrumentation 节点的 targetPackage 属性值为"com.moji.mjweather",告诉 Android 系统要测试的应用。如代码清单 3-14 所示。

代码清单 3-14　测试第三方应用的 AndroidManifest.xml 示例

```
<?xml version="1.0" encoding="utf-8"?>
<manifest xmlns:android="http://schemas.android.com/apk/res/android"
    package="cn.hzbook.android.test.chapter3.test"
    android:versionCode="1"
    android:versionName="1.0" >
```

```xml
<uses-sdk android:minSdkVersion="8" />

<instrumentation
    android:name="android.test.InstrumentationTestRunner"
    android:targetPackage="com.moji.mjweather" />

<application
    android:icon="@drawable/ic_launcher"
    android:label="@string/app_name" >
    <uses-library android:name="android.test.runner" />
</application>

</manifest>
```

6）在新建的测试用例中，就可以使用在代码清单 3-13 获取的活动类名进行测试工作了，如代码清单 3-15 的操作就是等待待测应用的主界面显示之后，单击上面的"趋势"标签：

代码清单 3-15　测试第三方应用的 robotium 测试示例代码

```
1.  package cn.hzbook.android.test.chapter3.test;
2.
3.  import com.jayway.android.robotium.solo.Solo;
4.
5.  import android.test.ActivityInstrumentationTestCase2;
6.
7.  @SuppressWarnings("rawtypes")
8.  public class SampleTest extends ActivityInstrumentationTestCase2 {
9.      private static String LAUNCHER_ACTIVITY_FULL_CLASSNAME
10.         = "com.moji.mjweather.CSplashScreen";
11.     private Solo _solo;
12.
13.     @SuppressWarnings("unchecked")
14.     public SampleTest() throws Exception {
15.         super(Class.forName(LAUNCHER_ACTIVITY_FULL_CLASSNAME));
16.     }
17.
18.     public void setUp() throws Exception
19.     {
20.         _solo = new Solo(this.getInstrumentation(), this.getActivity());
21.     }
22.
23.     public void tearDown() throws Exception
24.     {
25.         _solo.finishOpenedActivities();
26.     }
27.
28.     public void test打开主页() throws InterruptedException {
29.         Thread.sleep(3000);
30.         _solo.clickOnText("趋势");
31.         Thread.sleep(10 * 1000);
32.     }
33. }
```

3.3.3 robotium 关键源码解释

为了支持跨活动的集成测试，robotium 在待测应用启动后，使用 ActiveMonitor 每 50 毫秒监听系统中最新创建的活动，并将其放在内部保留的活动堆栈（模拟 Android 系统里的活动堆栈）内。因为创建活动的时间比较长，而且一般来说待测应用也不会经常性的创建和销毁活动（界面），所以 50 毫秒检查一次就足够了。由于 robotium 保存有当前系统内所有的界面，而且它与待测应用运行在同一个进程里，因此它可以随意查看和在界面里搜索需要的控件。其关键代码摘抄和批注如代码清单 3-16 所示。

代码清单 3-16 robotium 获取待测应用打开的所有活动的源码批注

```
1. // 在测试用例的 setUp 函数中，一般是调用 Solo 的这个构造函数实例化 Solo,
2. // 其源码保存在 Solo.java 里
3. public Solo(Instrumentation instrumentation, Activity activity) {
4.     this.sleeper = new Sleeper();
5.     // ActivityUtils 负责监听和管理活动创建和销毁的消息
6.     this.activityUtils = new ActivityUtils(instrumentation, activity, sleeper);
7.     this.viewFetcher = new ViewFetcher(activityUtils);
8.     // ......
9.     this.clicker = new Clicker(activityUtils, viewFetcher,
10.                      scroller,robotiumUtils,
11.                                          instrumentation, sleeper,
                                             waiter);
12.    // ......
13. }
14. // 下面的源码都保存在 ActivityUtils.java 里
15. public ActivityUtils(Instrumentation inst, Activity activity, Sleeper sleeper) {
16.      // ......
17.
18.      // 定时器，每个 50 毫秒触发一次，判断是否有新活动创建，还是
19.      // 有老活动销毁
20.      activitySyncTimer = new Timer();
21.      // 保存当前监听到的待测应用的活动堆栈
22.      activitiesStoredInActivityStack = new Stack<String>();
23.      // 通过 ActivityMonitor 来监听和管理活动
24.      setupActivityMonitor();
25.      setupActivityStackListener();
26. }
27.
28. /**
29.  * This is were the activityMonitor is set up. The monitor will keep check
30.  * for the currently active activity.
31.  */
32. private void setupActivityMonitor() {
33.     try {
34.         // 通过设置 ActivityMonitor 的 IntentFilter 为空
35.         // 告诉系统，这个 ActivityMonitor 对所有新创建的
36.         // 活动都感兴趣
37.         IntentFilter filter = null;
```

```
38.            activityMonitor = inst.addMonitor(filter, null, false);
39.        } catch (Exception e) {
40.            e.printStackTrace();
41.        }
42. }
43.
44. /**
45.  * This is were the activityStack listener is set up. The listener will keep track of the
46.  * opened activities and their positions.
47.  */
48. private void setupActivityStackListener() {
49.     // 设置定时器的回调函数,每隔50毫秒调用一次
50.     // 通过判断监视待测应用的ActivityMonitor获取的最新活动的状态,
51.     // 来决定是否新增或删除活动
52.     TimerTask activitySyncTimerTask = new TimerTask() {
53.         @Override
54.         public void run() {
55.             if (activityMonitor != null){
56.                 Activity activity = activityMonitor.getLastActivity();
57.                 if (activity != null){
58.                     if(!activitiesStoredInActivityStack.isEmpty() &&
59.                         activitiesStoredInActivityStack.peek().equals(
60.                                          activity.toString()))
61.                         return;
62.
63.                     if(!activity.isFinishing()){
64.                         if(activitiesStoredInActivityStack.remove(activity.toString()))
65.                             removeActivityFromStack(activity);
66.
67.                         addActivityToStack(activity);
68.                     }
69.                 }
70.             }
71.         }
72.     };
73.     activitySyncTimer.schedule(activitySyncTimerTask, 0, ACTIVITYSYNCTIME);
74. }
```

而robotium在单击一个控件时,首先会从当前最上层的活动界面取出所有视图,并根据API的要求过滤视图,再获取过滤出来的视图的大小和位置,计算出控件的中点坐标,最后向Android系统注入单击消息(需要包含单击的坐标)来实现单击控件的功能。以本书经常用到的clickOnText函数为例,在代码清单3-17中摘抄和批注其关键代码:

代码清单3-17 robotium clickOnText 的源码批注

```
1. // Solo.clickOnText
2. // 仅仅是简单地将调用转发到clicker对象的clickOnText
3. // 源码位置: Solo.java
```

```
4.  public void clickOnText(String text) {
5.      clicker.clickOnText(text, false, 1, true, 0);
6.  }
7.
8.      // clicker.clickOnText 函数
9.      // 可以看到，clickOnText 的第一个参数名，也就是根据文本单击控件的文本参数
10.     // 名为 regex，隐含的意思是接受正则表达式
11.     //
12.     // 源码位置：Clicker.java
13. public void clickOnText(String regex, boolean longClick, int match, boolean scroll, int time) {
14.     waiter.waitForText(regex, 0, TIMEOUT, scroll, true);
15.     TextView textToClick = null;
16.     // 获取待测应用当前活动上所有的视图，或者说控件，因为
17.     // Android 里，大部分控件都是从 View 继承下来的
18.     ArrayList <TextView> allTextViews = viewFetcher.getCurrentViews(TextView.class);
19.     // 移掉一些不可见的控件，因为不可见的控件是无法单击的，
20.     // 这样可以避免一个活动界面上有两个控件具有相同的文本，
21.     // 其中一个不可见，导致将单击消息发送到错误的控件上
22.     allTextViews = RobotiumUtils.removeInvisibleViews(allTextViews);
23.     if (match == 0) {
24.         match = 1;
25.     }
26.     for (TextView textView : allTextViews){
27.         // 针对每个可见的控件，判断其显示的文本与正则表达式相匹配
28.         if (RobotiumUtils.checkAndGetMatches(
29.             regex, textView, uniqueTextViews) == match) {
30.             uniqueTextViews.clear();
31.             textToClick = textView;
32.             break;
33.         }
34.     }
35.     // 如果有相匹配的控件，则试图根据控件的大小和位置，计算
36.     // 控件的中点坐标，发送单击消息
37.     if (textToClick != null) {
38.         clickOnScreen(textToClick, longClick, time);
39.     // 如果当前的界面是一个列表，而且有滚动条，那么一次向下
40.     // 滚动一次，再次查找是否有匹配输入正则表达式的控件。
41.     // 这是因为 Android 系统不会为尚未显示的控件分配任何内存
42.     // 注意，里面的调用是 clickOnText 函数自己，也就是说这是一个
43.     // 递归调用
44.     } else if (scroll && scroller.scroll(Scroller.DOWN)) {
45.         clickOnText(regex, longClick, match, scroll, time);
46.     // 否则没有任何控件上的文本匹配输入的正则表达式，
47.     // 只好报错了
48.     } else {
49.         int sizeOfUniqueTextViews = uniqueTextViews.size();
50.         uniqueTextViews.clear();
51.         if (sizeOfUniqueTextViews > 0) {
52.             Assert.assertTrue("There are only " + sizeOfUniqueTextViews +
```

```
53.                                      " matches of " + regex, false);
54.                  else {
55.                      for (TextView textView : allTextViews) {
56.                          Log.d(LOG_TAG, regex + " not found. Have found: " +
57.                              textView.getText());
58.                      }
59.                      Assert.assertTrue("The text: " + regex + " is not found!",
60.                              false);
61.                  }
62.             }
63. }
64.
65. // 这个函数，根据传入控件的大小和位置，计算要单击的中点，
66. // 并向 Android 系统对控件发送单击消息
67. public void clickOnScreen(View view, boolean longClick, int time) {
68.     if(view == null)
69.         Assert.assertTrue("View is null and can therefore not be clicked!",
70.                 false);
71.     int[] xy = new int[2];
72.
73.     view.getLocationOnScreen(xy);
74.
75.     final int viewWidth = view.getWidth();
76.     final int viewHeight = view.getHeight();
77.     final float x = xy[0] + (viewWidth / 2.0f);
78.     float y = xy[1] + (viewHeight / 2.0f);
79.
80.     if (longClick)
81.         clickLongOnScreen(x, y, time);
82.     else
83.         clickOnScreen(x, y);
84. }
```

3.4　Android 自动化测试在多种屏幕下的注意事项

在编写 Android 自动化测试用例的时候，可能会碰到这样的情况，在一个 Android 版本的模拟器上运行得好好的测试用例，在另一个版本的 Android 模拟器上就运行不正常了。基本症状是，在测试代码中获取一个 View 的实例，然后通过 robotium 的 click 函数单击它：

View view = ... // 在代码中获取要单击的 View 的实例

solo.click(view); // 然后单击它

如果是在模拟器上执行，因为创建模拟器的时候可以指定皮肤，模拟器也有不同的版本，可能会发现在一个皮肤（或者模拟器版本）上运行的好好的，在另一个皮肤（或版本）上就会发生点不到控件的问题。

发生这种情况，主要是由于 Android 支持多种屏幕造成的，不同屏幕的像素密度可能不

一样，这就会导致同样（像素）大小的控件，在低密度屏上看起来要大一些，而在高密度屏上看起来要小一些，如图 3-6 所示。

图 3-6　不能适应不同像素密度屏幕的控件在各种屏幕上的显示效果

而有些程序，为了避免发生类似上面的情况，会采用密度无关像素的方式指定控件的大小，即使用 dp 单位。因为 dp 单位采用中等密度屏幕的每英寸的像素个数作为基线，当程序在高密度或低密度屏上运行时，android 系统会自动据基线来计算并缩放控件，以便相同的控件在不同密度的屏幕上显示的物理大小是一致的，如图 3-7 所示。

图 3-7　可以适应不同像素密度屏幕的控件在各种屏幕上的显示效果

这样其实就给自动化测试带来了一些问题，在 Android 官方文档中举了一个例子，当然是开发方面的例子：假如一个程序设置了手指在屏幕上至少移动了 16 个像素才算是滑动，那么在基准屏上，手指需要移动 16 像素 / 160 dpi，也就是十分之一英寸（或 2.5 毫米）；而如果在高密度屏上面，用户只需要移动 16 像素 / 240 dpi，也就是十五分之一英寸（或 1.7 毫米）。高密度屏上需要移动的距离远比低密度屏短，给用户的感觉是高密度屏上对手势更敏感些。

在自动化测试的单击上面，针对使用 DPI 指定大小的控件，由于在显示的时候会根据屏幕的密度来缩放控件，在模拟单击操作的时候，因为 robotium 是复用 instrumentation 类来向 Android 系统发送单击操作这个消息，消息里面自带了单击位置的 x, y 坐标。在 robotium 中单击控件的逻辑是这样的：

1）首先获取要单击的控件 View 的实例。

2）通过 View. getLocationOnScreen 函数获取控件左上角在屏幕上的坐标，坐标的单位是像素。

3）通过 View.getWidth 和 View.getHeight 函数获取控件的大小。

4）一般来说是单击控件的中间位置，这个位置由控件的左上角的坐标和控件大小计算得出，这个单位也是像素。

5）原来 robotium 得到单击位置的 x,y 坐标之后，就直接发送 android 消息了，如代码清单 3-18 所示。

代码清单 3-18　robotium 单击屏幕坐标位置的代码

```
1.  public void clickOnScreen(float x, float y) {
2.      long downTime = SystemClock.uptimeMillis();
3.      long eventTime = SystemClock.uptimeMillis();
4.      MotionEvent event = MotionEvent.obtain(downTime, eventTime,
5.              MotionEvent.ACTION_DOWN, x, y, 0);
6.      MotionEvent event2 = MotionEvent.obtain(downTime, eventTime,
7.              MotionEvent.ACTION_UP, x, y, 0);
8.      try{
9.          inst.sendPointerSync(event);
10.         inst.sendPointerSync(event2);
11.         sleeper.sleep(MINISLEEP);
12.     }catch(SecurityException e){
13.         Assert.assertTrue("Click can not be completed!", false);
14.     }
15. }
```

由于所有的坐标位置都是以像素计算的，没有考虑到缩放的情形，所以在不同密度的屏幕上就会发生单击错位的情况。

为了修复这个问题，需要修改 robotium 的源代码更新 Clicker.java 文件中的 clickOnScreen 函数。修改方案是先获取当前屏幕的密度和对 dpi 计算大小的控件的缩放比例，然后恢复原始的比例再发送单击消息，如代码清单 3-19 所示。

代码清单 3-19　修复 robotium 中的 Clicker.clickOnScreen 函数

```
1.  // 需要传递要单击的控件 View 的实例
2.  public void clickOnScreen(View view, boolean longClick, int time) {
3.      if(view == null)
4.          Assert.assertTrue("View is null and can therefore not be
                clicked!", false);
5.      int[] xy = new int[2];
6.
7.      // 获取控件在屏幕上的位置，如果是 dpi 计算大小的控件，这个位置是缩放后的位置
8.      view.getLocationOnScreen(xy);
9.
10.     // 获取控件的大小，并且计算出单击的控件中点位置
11.     final int top = view.getTop();
12.     final int viewWidth = view.getWidth();
13.     final int viewHeight = view.getHeight();
14.     float x = xy[0] + (viewWidth / 2.0f);
15.     float y = xy[1] + (viewHeight / 2.0f);
16.
17.     // 计算缩放比例，将要单击的 x，y 坐标恢复到缩放前的情况
18.     Activity activity = activityUtils.getCurrentActivity();
19.     DisplayMetrics rdm = activity.getResources().getDisplayMetrics();
20.     DisplayMetrics wdm = new DisplayMetrics();
21.     activity.getWindowManager().getDefaultDisplay().getMetrics(wdm);
```

```
22.         x *= wdm.scaledDensity / rdm.scaledDensity;
23.         y *= wdm.scaledDensity / rdm.scaledDensity;
24.
25.         // 最后再发送 Android 单击消息
26.         if (longClick)
27.             clickLongOnScreen(x, y, time);
28.         else
29.             clickOnScreen(x, y);
30. }
```

最新的 robotium 源码可以从网址 https://github.com/jayway/robotium 下载，代码修改完成后，在根目录下执行命令"mvn package"就可以编译并打包修改后的代码。

3.5　本章小结

本章主要讲解了使用仪表盘技术和 robotium 开源测试代码针对 Android 应用开展白盒测试的方法，一般步骤是：

- ❏ 确保测试用例应用和被测应用的签名是一致的，以便 Android 系统将其加载到同一个进程中运行。因此要么使用调试版本的应用，要么对应用进行重新签名。
- ❏ 修改测试用例的 AndroidManifest.xml 文件，在其中添加 Instrumentation 节，并将其 targetPackage 属性设置为待测应用的包名。
- ❏ 在测试用例中，传入要启动的待测活动的完整类名，开展测试。

虽然在中间讲解了使用 robotium 在没有源码的情况下测试第三方应用，但其还是需要根据 logcat 的输出猜测被测应用的一些内部信息，可以将其看成一个灰盒测试。在下一章，我们将讲解使用 Android 自带的 monkeyrunner 开展黑盒自动化测试的方法。

第 4 章
Android 界面自动化黑盒测试

本章讲解使用两个名字很相近的工具——monkey 和 monkeyrunner 在没有源代码的情况下对应用执行黑盒测试的方法。

4.1 monkey 工具

在本章之前讲解的 UI 自动化测试技术都是白盒测试，都需要对待测应用有一定的了解才能执行。这在很多黑盒的 UI 自动化测试中是不可行的，一方面测试团队可能并没有源码访问权限；另一方面，即使可以通过 Java 反射技术或者反编译手段分析到待测应用的一些内部逻辑，也可能因为待测应用使用了签名保护，使用前面介绍的方法将待测应用重新签名后，发现待测应用无法启动。例如对于腾讯公司的 Android 版 QQ，在使用前文介绍的方法去掉签名并安装后，启动时程序就崩溃了，如图 4-1 所示。

在 logcat 中会打印类似下面的异常信息，从加粗的错误消息来看，QQ 是因为无法正常加载其所需要的资源文件而崩溃的，这有可能是因为其将一些资源（例如图片）用打包密钥加了密，在应用启动时，由于原来的密钥已经被删除，无法正常解密资源，如代码清单 4-1 所示。

图 4-1　手机 QQ 重新签名后启动时崩溃

代码清单 4-1　QQ 重新签名后启动时 logcat 的输出

```
I/ActivityManager(   59): Start proc com.tencent.mobileqq for activity
com.tencent.mobileqq/.activity.SplashActivity: pid=287 uid=10034 gids={3003, 1006, 1015}
...
D/AndroidRuntime(  287): Shutting down VM
W/dalvikvm(   287): threadid=1: thread exiting with uncaught exception
(group=0x4001d800)
```

```
E/AndroidRuntime( 287): FATAL EXCEPTION: main
E/AndroidRuntime( 287): java.lang.RuntimeException: Unable to create
application
com.tencent.mobileqq.app.QQApplication:
android.content.res.Resources$NotFoundException: File res/raw/msg.mp3 from
drawable resource ID #0x7f060001
E/AndroidRuntime( 287):     at
android.app.ActivityThread.handleBindApplication(ActivityThread.java:4247)
E/AndroidRuntime( 287):     at
android.app.ActivityThread.access$3000(ActivityThread.java:125)
E/AndroidRuntime( 287):     at
android.app.ActivityThread$H.handleMessage(ActivityThread.java:2071)
E/AndroidRuntime( 287):     at android.os.Handler.dispatchMessage(Handler.
java:99)
E/AndroidRuntime( 287):     at android.os.Looper.loop(Looper.java:123)
E/AndroidRuntime( 287):     at android.app.ActivityThread.main(ActivityThread.
java:4627)
E/AndroidRuntime( 287):     at java.lang.reflect.Method.invokeNative(Native
Method)
E/AndroidRuntime( 287):     at java.lang.reflect.Method.invoke(Method.
java:521)
E/AndroidRuntime( 287):     at
com.android.internal.os.ZygoteInit$MethodAndArgsCaller.run(ZygoteInit.java:868)
E/AndroidRuntime( 287):     at
com.android.internal.os.ZygoteInit.main(ZygoteInit.java:626)
E/AndroidRuntime( 287):     at dalvik.system.NativeStart.main(Native Method)
E/AndroidRuntime( 287): Caused by: android.content.res.Resources$NotFoundException:
File res/raw/msg.mp3 from drawable resource ID #0x7f060001
E/AndroidRuntime( 287):     at
android.content.res.Resources.openRawResourceFd(Resources.java:860)
E/AndroidRuntime( 287):     at android.media.MediaPlayer.create(MediaPlayer.
java:641)
E/AndroidRuntime( 287):     at
com.tencent.mobileqq.app.QQApplication.onCreate(ProGuard:228)
E/AndroidRuntime( 287):     at
android.app.Instrumentation.callApplicationOnCreate(Instrumentation.java:969)
E/AndroidRuntime( 287):     at
android.app.ActivityThread.handleBindApplication(ActivityThread.java:4244)
E/AndroidRuntime( 287):     ... 10 more
E/AndroidRuntime( 287): Caused by: java.io.FileNotFoundException: This file
can not be opened as a file descriptor; it is probably compressed
E/AndroidRuntime( 287):     at
android.content.res.AssetManager.openNonAssetFdNative(Native Method)
E/AndroidRuntime( 287):     at
android.content.res.AssetManager.openNonAssetFd(AssetManager.java:426)
E/AndroidRuntime( 287):     at
android.content.res.Resources.openRawResourceFd(Resources.java:857)
E/AndroidRuntime( 287):     ... 14 more
W/ActivityManager( 59):   Force finishing activity
com.tencent.mobileqq/.activity.SplashActivity
```

为了支持黑盒自动化测试的场景，Android SDK 提供了 monkey 和 monkeyrunner 两个测试工具，这两个工具除了名字类似外，还都可以向待测应用发送按键等消息，因此往往让很多初学者产生混淆。下面介绍一下它们之间的不同点。

- monkey 运行在设备或模拟器上面，可以脱离 PC 运行，其运行时如图 4-2 所示。而 monkeyrunner 运行在 PC 上，需要通过服务器/客户端的模式向设备或模拟器上的 Android 应用发送指令来执行测试，其运行时如图 4-3 所示。
- 普遍的做法是将 monkey 作为一个向待测应用发送随机按键消息的测试工具，验证待测应用在这些随机性的输入面前是否会闪退或崩溃。而 monkeyrunner 则接受一个明确的测试脚本（使用 Python 语言编写的）。
- 虽然 monkey 也可以根据一个指定的命令脚本发送按键消息，但其不支持条件判断，也不支持读取待测界面的信息来执行验证操作。而 monkeyrunner 的测试脚本中有明确的条件判断等语句，可用来做功能测试。

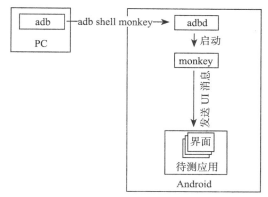

图 4-2　从 PC 上启动 monkey 的执行示意图

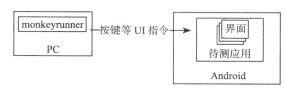

图 4-3　执行 monkeyrunner 的示意图

4.1.1　运行 monkey

monkey 的命令列表和参数都比较多，但可以将这些选项归类成以下几大类：

- 基本参数设置，例如设定要发送的消息个数。
- 测试的约束条件，比如限定要测试的应用。
- 发送的事件类型和频率。
- 调试选项。

当 monkey 运行时，它随机生成并向系统发送各种事件，并监视待测应用是否会碰到如下三种情况：

- 如果限定了 monkey 只测试一个或几个特定包，monkey 会阻止待测应用跳转到其他包的任何尝试。
- 如果待测应用闪退或收到任何未处理的异常，monkey 就会终止并报告这个错误。
- 如果待测应用出现停止相应的错误，monkey 也会终止并报告这个错误。

Monkey 命令的基本形式是：

```
$ monkey [选项] <要生成的消息个数>
```

既可以从 PC 上通过 adb 启动 monkey——其还是在设备或模拟器上运行，也可以直接从设备或模拟器上启动它。如果没有指定命令选项，则 monkey 会运行在安静模式下，也就是不向控制台输出任何文本，随机启动系统中安装的任意应用并向其发送随机按键消息。执行 monkey 命令更普遍的做法是指明要测试的应用包名，以及随机生成的按键次数。比如下面的命令在 PC 上用 monkey 测试应用 QQ，并向其发送 100 次随机按键消息。

```
$ adb shell monkey -p com.tencent.mobileqq 100
```

执行完命令后，可能会发现 QQ 很快就闪退了，难道这是因为 QQ 不稳定？由于前面的命令并没有指定日志相关的选项，因此 monkey 就采取默认的日志输出详细级别，也就是除了最终测试结果以外什么都不输出。加上"-v -v"选项再运行一次，结果如代码清单 4-2 所示。

代码清单 4-2　用 monkey 向 QQ 发送 100 次随机按键消息并输出详细信息

```
$ adb shell monkey -p com.tencent.mobileqq -v -v 100
# monkey 在使用伪随机数产生器生成事件序列时，使用的种子是 0，产生 100 个事件
:Monkey: seed=0 count=100
# 指明只启动在 "com.tencent.mobileqq" 包中的活动（界面）
:AllowPackage: com.tencent.mobileqq
# 指明只启动意图种类为 "LAUNCHER 和 MONKEY" 的活动
:IncludeCategory: android.intent.category.LAUNCHER
:IncludeCategory: android.intent.category.MONKEY
# monkey 找到 "com.tencent.mobileqq" 包中的 "LAUNCHER" 活动，也就是 "SplashActivity"。
# 其对应的就是 QQ 启动时显示的欢迎界面
// Selecting main activities from category android.intent.category.LAUNCHER
//   + Using main activity com.tencent.mobileqq.activity.SplashActivity (from
     package com.tencent.mobileqq)
// Selecting main activities from category android.intent.category.MONKEY
// Seeded: 0
# 显示将要产生的各种随机事件的比例，这个比例可以自定义，详情可参考 4.1.2 节
// Event percentages:
//    0: 15.0%
//    1: 10.0%
//    ...
//    9: 1.0%
//   10: 13.0%
# 下面就是各种随机事件的日志输出了，启动活动也是其中一种事件。这里首先启动主界面并发送一些
# 随机消息
:Switch:
#Intent;action=android.intent.action.MAIN;category=android.intent.category.
LAUNCHER;launchFlags=0x10200000;component=com.tencent.mobileqq/.activity.
SplashActivity;end
    // Allowing start of Intent { act=android.intent.action.MAIN
cat=[android.intent.category.LAUNCHER] cmp=com.tencent.mobileqq/.activity.
SplashActivity } in package com.tencent.mobileqq
# monkey 支持在发送各种消息之间有一个延迟，由于命令里没有设置这个延迟事件，因此其尽快发送消息
Sleeping for 0 milliseconds
:Sending Key (ACTION_DOWN): 22    // KEYCODE_DPAD_RIGHT
```

```
:Sending Key (ACTION_UP): 22    // KEYCODE_DPAD_RIGHT
......
Sleeping for 0 milliseconds
:Sending Key (ACTION_DOWN): 21    // KEYCODE_DPAD_LEFT
# 这里启动了另外一个界面——QQSettingActivity，从名字可以看出来是QQ的设置界面
    // Allowing start of Intent { cmp=com.tencent.mobileqq/.activity.
QQSettingActivity } in package com.tencent.mobileqq
# QQ崩溃了，monkey会捕获到这个消息并打印出详细的堆栈信息
// CRASH: com.tencent.mobileqq (pid 710)
// Short Msg: android.util.AndroidRuntimeException
// Long Msg: android.util.AndroidRuntimeException: requestFeature() must be
called before adding content
// Build Label: generic/sdk/generic:4.1.1/JRO03E/403059:eng/test-keys
// Build Changelist: 403059
// Build Time: 1342212496000
// java.lang.RuntimeException: Unable to start activity
ComponentInfo{com.tencent.mobileqq/com.tencent.mobileqq.activity.
QQSettingActivity}:
# 从堆栈和异常信息中可以看出，这个崩溃是可以理解的，因为还没有登录QQ，无法进行任何设置
# 这样启动设置界面也就没有任何意义
android.util.AndroidRuntimeException: requestFeature() must be called before
adding content
//    at android.app.ActivityThread.performLaunchActivity(ActivityThread.
    java:2059)
//    at android.app.ActivityThread.handleLaunchActivity(ActivityThread.
    java:2084)
//    at android.app.ActivityThread.access$600(ActivityThread.java:130)
//    at android.app.ActivityThread$H.handleMessage(ActivityThread.java:1195)
//    at android.os.Handler.dispatchMessage(Handler.java:99)
//    at android.os.Looper.loop(Looper.java:137)
//    at android.app.ActivityThread.main(ActivityThread.java:4745)
//    at java.lang.reflect.Method.invokeNative(Native Method)
//    at java.lang.reflect.Method.invoke(Method.java:511)
//    at com.android.internal.os.ZygoteInit$MethodAndArgsCaller.run(ZygoteInit.
    java:786)
//    at com.android.internal.os.ZygoteInit.main(ZygoteInit.java:553)
//    at dalvik.system.NativeStart.main(Native Method)
// Caused by: android.util.AndroidRuntimeException: requestFeature() must be
called before adding content
//    at com.android.internal.policy.impl.PhoneWindow.requestFeature(PhoneWindow.
    java:215)
//    at android.app.Activity.requestWindowFeature(Activity.java:3225)
//    at com.tencent.mobileqq.activity.QQSettingActivity.setContentView(ProGuard:206)
//    at android.preference.PreferenceActivity.onCreate(PreferenceActivity.
    java:585)
//    at com.tencent.mobileqq.activity.QQSettingActivity.onCreate(ProGuard:53)
//    at android.app.Activity.performCreate(Activity.java:5008)
//    at android.app.Instrumentation.callActivityOnCreate(Instrumentation.
    java:1079)
//    at android.app.ActivityThread.performLaunchActivity(ActivityThread.
```

```
              java:2023)
//        ... 11 more
//
# 由于待测应用已经崩溃，没有继续测试的必要，monkey 终止运行。可以通过向 monkey 指定
#--ignore-crashes 参数来修改这个行为，详情可参考 4.1.2 节
** Monkey aborted due to error.
# 下面就是一些统计信息和最终测试报告了
Events injected: 33
:Sending rotation degree=0, persist=false
:Dropped: keys=0 pointers=0 trackballs=0 flips=0 rotations=0
## Network stats: elapsed time=7718ms (7718ms mobile, 0ms wifi, 0ms not connected)
** System appears to have crashed at event 33 of 100 using seed 0
```

前面都是从 PC 上通过 adb 启动 monkey 命令，也可以在设备上直接启动 monkey。由于 monkey 命令需要向系统的 UI 消息队列中插入随机按键消息，因此这个操作需要 root 用户权限。当通过 adb 执行时 monkey 自动获取这个权限，然而要在设备上运行，就只能在 root 过的设备上执行，否则 monkey 会悄悄退出，并留下如图 4-4 所示的消息。

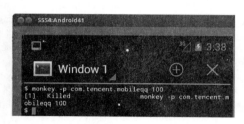

图 4-4　在没有 root 过的设备上执行 monkey

在 logcat 中就会显示类似代码清单 4-3 所示的错误消息。

代码清单 4-3　logcat 中显示的错误消息

```
D/AndroidRuntime( 808): Calling main entry com.android.commands.monkey.Monkey
W/ActivityManager( 148): Permission Denial: setActivityController() from
pid=808, uid=10049 requires android.permission.SET_ACTIVITY_WATCHER
D/AndroidRuntime( 808): Shutting down VM
W/dalvikvm( 808): threadid=1: thread exiting with uncaught exception
(group=0x40a13300)
E/AndroidRuntime( 808): *** FATAL EXCEPTION IN SYSTEM PROCESS: main
E/AndroidRuntime( 808): java.lang.SecurityException: Permission Denial:
setActivityController() from pid=808, uid=10049 requires
android.permission.SET_ACTIVITY_WATCHER
E/AndroidRuntime( 808):     at android.os.Parcel.readException(Parcel.java:1425)
E/AndroidRuntime( 808):     at android.os.Parcel.readException(Parcel.java:1379)
E/AndroidRuntime( 808):     at
android.app.ActivityManagerProxy.setActivityController(ActivityManagerNative.
java:3049)
......
java.lang.ThreadGroup.uncaughtException(ThreadGroup.java:690)
E/AndroidRuntime( 808):     at dalvik.system.NativeStart.main(Native Method)
I/Process ( 808): Sending signal. PID: 808 SIG: 9
```

4.1.2 monkey 命令选项参考

表 4-1 是从 Android 官网上翻译来的 monkey 命令所有可用的选项参考及其解释。

表 4-1 monkey 命令的选项说明

种类	选项	说明
基本参数	--help	打印帮助消息
	-v	可以在命令行中出现多次，每一个 -v 选项都会增加 monkey 向命令行打印输出的详细级别。默认的级别 0 只会打印启动信息、测试完成信息和最终结果信息等。级别 1 会打印测试执行时的一些信息，例如发送给待测活动的事件。而级别 2 则打印最详细的信息。 如果在命令行中不指定"-v"选项，采用默认的级别 0 输出设置，指定一个"-v"选项设定级别 1，而采用两个"-v"选项就是设定级别 2
事件相关	-s <随机数种子>	给 monkey 内部使用的伪随机数生成器的种子，如果用相同的随机数种子重新执行 monkey，则会生成相同的事件序列
	--throttle <毫秒>	在发送的两个事件之间添加一个延迟时间，如果不指定这个参数，monkey 会尽可能快地生成和发送消息
	--pct-touch <百分比>	设置触控事件生成的比例。触控是指在一点上先后有手指按下和抬起的事件
	--pct-motion <百分比>	设置滑动事件生成的比例。滑动是指先按下一个位置，滑动一段距离然后再抬起手指的手势
	--pct-trackball <百分比>	设置跟踪球事件生成的比例。跟踪球事件包括一系列的随机移动和单击操作
	--pct-nav <百分比>	设置"基本"的导航事件的生成比例。导航事件是指模拟方向性设备输入向上/下/左/右导航操作
	--pct-majornav <百分比>	设置"主要"导航事件的生成比例。这种导航是指会导致 UI 产生回馈的事件，例如单击 5 个方向键中的中间按钮，单击后退（Back）键或者菜单键
	--pct-syskeys <百分比>	设置系统按键消息的比例，即系统保留的按键消息，如首页（Home）、后退（Back）、拨号、挂断，以及音量控制键
	--pct-appswitch <百分比>	设置启动活动的事件比例。每隔一段随机时间，monkey 就会调用 startActivity() 函数来尽可能地覆盖待测应用里的界面
	--pct-anyevent <百分比>	设置其他事件的比例，包括普通的按键消息，设备上一些不常用的按钮事件等
约束条件	-p <允许的包名列表>	如果使用这个参数指定了一个或几个包名，monkey 就只会测试这些包中的活动（界面）。如果待测应用会访问到其他包的活动（比如打开联系人列表活动），那也需要在此参数中设置这些包名，否则 monkey 会阻止待测应用打开这些活动。 要同时设置多个包名，每个包都需要用"-p"参数指定
	-c <意图的种类>	指定意图种类，这样 monkey 只会启动可以处理这些种类的意图的活动。如果没有设置这个选项，monkey 只会启动列有 Intent.CATEGORY_LAUNCHER 和 Intent.CATEGORY_MONKEY 的活动。 与 -p 选项类似，可以使用多个"-c"选项设置多个意图种类，每个意图种类对应一个"-c"选项
调试选项	--dbg-no-events	如果指定了这个选项，那么 monkey 会启动待测应用，但是不发送任何消息。最好将其与"-v"、"-p"、和"--throttle"等选项一起使用，并让 monkey 运行 30 秒以上，这样可以让我们观测到待测应用在多个包的切换过程

（续）

种类	选项	说明
调试选项	--hprof	如果指定了这个选项，monkey 会在发送事件的前后生成性能报告，一般会在设备的 /data/misc 目录下生成一个 5MB 左右的文件。性能报告的解读将在第 14 章中说明
	--ignore-crashes	一般情况下，monkey 会在待测应用崩溃或者发生未处理异常后停止运行。如果指定了这个选项，会继续向系统发送消息，直到指定个数的消息全部发送完毕
	--ignore-timeouts	一般情况下，monkey 会在待测应用停止响应（如弹出"应用无响应"对话框）时停止运行。如果指定了这个选项，会继续向系统发送消息，直到指定个数的消息全部发送完毕
	--ignore-security-exceptions	一般情况下，monkey 会在待测应用碰到权限方面的错误时停止运行。如果指定了这个选项，会继续向系统发送消息，直到指定个数的消息全部发送完毕
	--kill-process-after-error	一般情况下，当 monkey 因为某个错误指定运行时，出问题的应用会留在系统上继续执行。这个选项通知系统当错误发生时杀掉进程。 注意，当 monkey 正常执行完毕后，它不会关闭所启动的应用，设备依然保留其最后接受到消息的状态
	--monitor-native-crashes	监视由 Android C/C++ 代码部分引起的崩溃，如果设置了"--kill-process-after-error"，整个系统会关机
	--wait-dbg	启动 monkey 后，先中断其运行，等待调试器附加上来。 调试的方法将在本书的第二部分讲解

4.1.3 monkey 脚本

除了生成随机的事件序列，monkey 也支持接受一个脚本解释执行命令，而且既可以直接为 monkey 命令指定脚本文件路径来执行（通过"-f"选项指定），也可以以客户端 / 服务器的方式执行（"--port"选项）。这两种方式所使用的参数都没有出现在 Android 的官网文档上，但在用"--help"选项查看 monkey 的帮助时，又可以看到它们，不知道谷歌是出于何种考虑雪藏了这两个选项。

先来看看"-f"选项，其后面需要跟一个脚本文件在设备上的路径，因此在执行之前需要先将脚本文件上传到设备上。而 monkey 脚本的格式如代码清单 4-4 所示。

代码清单 4-4　monkey 脚本格式

```
# 控制 monkey 发送消息的一些参数
count=10
speed=1.0
start data>>
# monkey 命令
# ...
```

在脚本中，以"start data >>"这一个特殊行作为分隔行，将控制 monkey 的一些参数设置和具体的 monkey 命令分隔开来了，而所有以"#"开头的行都被当做注释处理，与大部分脚本语言不同的是，注释不能和命令放在同一行。代码清单 4-5 就演示了如何使用

monkey 在 QQ 的登录界面中输入用户名和密码。

1)首先将脚本(本书配套资料上的 qqtest.mks)上传到 Android 设备的 "sdcard"目录上:

```
$ adb push ./qqtest.mks /sdcard/
```

2)再执行 monkey 命令,由于脚本中已经有启动待测应用的命令,因此不需要向 monkey 命令传入 -p 参数:

```
$ adb shell monkey -f /sdcard/qqtest.mks
```

代码清单 4-5　操控 QQ 的 monkey 脚本

```
# 下面这个 count 选项,monkey 并没有用到,可以忽略它
count = 1
# speed 选项是用来调整两次按键的发送频率的
speed = 1.0
# "start data >>" 是大小写敏感的,而且单词间的间隔只能有一个空格!
start data >>

LaunchActivity(com.tencent.mobileqq, com.tencent.mobileqq.activity.
SplashActivity)
UserWait(10000)

# 输入 QQ 号:"2319251313"
# 命令中的 KEYCODE 可以在下面的链接找到
# http://developer.android.com/reference/android/view/KeyEvent.html
DispatchPress(KEYCODE_2)
UserWait(200)
DispatchPress(KEYCODE_3)
UserWait(200)
DispatchPress(KEYCODE_1)
UserWait(200)
DispatchPress(KEYCODE_9)
UserWait(200)
DispatchPress(KEYCODE_2)
UserWait(200)
DispatchPress(KEYCODE_5)
UserWait(200)
DispatchPress(KEYCODE_1)
UserWait(200)
DispatchPress(KEYCODE_3)
UserWait(200)
DispatchPress(KEYCODE_1)
UserWait(200)
DispatchPress(KEYCODE_3)
UserWait(200)

# 单击"密码"文本框
DispatchPointer(5109520,5109520, 0, 128, 235, 0, 0, 0, 0, 0, 0, 0)
DispatchPointer(5109521,5109521, 1, 128, 235, 0, 0, 0, 0, 0, 0, 0)
```

```
UserWait(200)

# 输入密码："515508"
DispatchPress(KEYCODE_5)
UserWait(200)
DispatchPress(KEYCODE_L)
UserWait(200)
DispatchPress(KEYCODE_5)
UserWait(200)
DispatchPress(KEYCODE_5)
UserWait(200)
DispatchPress(KEYCODE_0)
UserWait(200)
DispatchPress(KEYCODE_8)
UserWait(200)

# 单击"登录"按钮
DispatchPointer(5109520,5109520, 0, 353, 325, 0, 0, 0, 0, 0, 0, 0)
DispatchPointer(5109521,5109521, 1, 353, 325, 0, 0, 0, 0, 0, 0, 0)
UserWait(200)

WriteLog()
```

在 Android 官网上是找不到 monkey 所支持的命令列表的，只能通过阅读 monkey 的源码才能获取。在写作本书时，最新的 Android 4.2 的 monkey 支持如下的命令，有些命令是在后来版本里添加的，如果要在 Android 2.2 中使用 monkey 脚本，需要查阅 Android 2.2 的源代码——源码的位置在 "/development/cmds/monkey/src/com/android/commands/monkey/MonkeySourceScript.java"。

（1）DispatchPointer

DispatchPointer 命令用于向一个指定位置发送单个手势消息。

命令形式如下，共 12 个参数：

```
DispatchPointer(downTime, eventTime, action, x, y, pressure, size, metaState, xPrecision, yPrecision, device, edgeFlags)
```

关键参数是下面 5 个：

❑ downTime，发送消息的时间，只要是合法的长整型数字即可。
❑ eventTime ，主要是用在指定发送两个事件之间的停顿。
❑ action，消息是按下还是抬起，0 表示按下，1 表示抬起。
❑ x，x 坐标。
❑ y，y 坐标。

其余 7 个参数均可以设置为 0。

例如，要发送一个单击消息，需要调用两次这个函数，分别模拟手指按下和抬起两个事件：

```
# 发送按下事件，downTime 和 eventTime 是一样的，0 代表按下事件
```

```
DispatchPointer(5109520,5109520, 0, 353, 325,0,0,0,0,0,0,0)
# 发送抬起事件，downTime 和 eventTime 一样，但是比前个事件的值多了点时间
# 表示手指在这个位置上的停顿
DispatchPointer(5109521,5109521, 1, 353, 325,0,0,0,0,0,0,0)
```

（2）DispatchTrackball

DispatchTrackball 命令用于向一个指定位置发送单个跟踪球消息。其使用方式和 DispatchPointer 完全相同。

（3）RotateScreen

RotateScreen 命令用于发送屏幕旋转事件。

命令形式如下，共两个参数：

```
RotateScreen(rotationDegree, persist)
```

❏ rotationDegree，旋转的角度，参考 android.view.Surface 里的常量。
❏ persist，是否保持旋转后的状态，0 为不保持，非 0 值为保持。

（4）DispatchKey

DispatchKey 命令用于发送按键消息。

命令形式如下，共 8 个参数：

```
DispatchPointer(downTime, eventTime, action, code, repeat, metaState, device, scancode)
```

关键参数是下面 5 个：

❏ downTime，发送消息的时间，只要是合法的长整型数字即可。
❏ eventTime，主要是用在指定发送两个事件之间的停顿。
❏ action，消息是按下还是抬起，0 表示按下，1 表示抬起。
❏ code，按键的值，参见 KeyEvent 类。
❏ repeat，按键重复的次数。

其他参数均可以设置为 0。

（5）DispatchFlip

DispatchFlip 命令用于打开或关闭软键盘。

命令形式如下：

```
DispatchFlip(keyboardOpen)
```

keyboardOpen，该参数为 true 表示打开，为 false 表示关闭键盘。

（6）DispatchPress

DispatchPress 命令用于模拟敲击键盘事件。

命令形式如下：

```
DispatchPress(keyName)
```

keyName，要敲击的按键，具体的值参见 KeyEvent。

（7）LaunchActivity

LaunchActivity 命令用于启用任意应用的一个活动（界面）。

命令形式如下：

```
LaunchActivity(pkg_name, cl_name)
```

- pkg_name，要启动的应用包名。
- cl_name，要打开的活动的类名。

（8）LaunchInstrumentation

LaunchInstrumentation 命令用于运行一个仪表盘测试用例。

命令形式如下：

```
LaunchInstrumentation(test_name, runner_name)
```

- test_name，要运行的测试用例名。
- runner_name，运行测试用例的类名。

（9）UserWait

UserWait 命令用于让脚本中断一段时间。

命令形式如下：

```
UserWait(sleepTime)
```

sleepTime，要休眠的时间，以毫秒为单位。

（10）LongPress

LongPress 命令用于模拟长按事件，长按两秒。

命令形式如下：

```
LongPress()
```

（11）PowerLog

PowerLog 命令用于模拟电池电量信息。

命令形式如下：

```
PowerLog(power_log_type, test_case_status)
```

- Power_log_type，可选值有 AUTOTEST_SEQUENCE_BEGIN、AUTOTEST_TEST_BEGIN、AUTOTEST_TEST_BEGIN_DELAY、AUTOTEST_TEST_SUCCESS、AUTOTEST_IDLE_SUCCESS。
- test_case_status，不明。

从源码的注释里，这个命令主要是发送给电量自动管理框架使用的，具体用法不是很清楚。

（12）WriteLog

WriteLog 命令用于将电池电量信息写入 SD 卡。

命令形式如下：

```
WriteLog()
```

（13）RunCmd

RunCmd 命令用于在设备上运行 shell 命令。

命令形式如下：

```
RunCmd(cmd)
```

cmd，要执行的 shell 命令。

由于 monkey 在运行时具有超级用户 root 权限，其可以启动任意的命令，包括 Android 系统底层使用的 Linux 命令。

（14）Tap

Tap 命令用于模拟一次手指单击事件。

命令形式如下：

```
Tap(x, y, tapDuration)
```

❏ x，x 坐标。
❏ y，y 坐标。
❏ tapDuration，可选，单击的持续时间。

（15）ProfileWait

ProfileWait 命令用于等待 5 秒。

命令形式如下：

```
ProfileWait()
```

（16）DeviceWakeUp

DeviceWakeUp 命令用于唤醒设备并解锁。

命令形式如下：

```
DeviceWakeUp()
```

（17）DispatchString

DispatchString 命令用于向 shell 输入一个字符串。

命令形式如下：

```
DispatchString(input)
```

（18）PressAndHold

PressAndHold 命令用于模拟一个长按事件，持续时间可指定。

命令形式如下：

```
PressAndHold(x, y, pressDuration)
```

- x,x 坐标。
- y,y 坐标。
- pressDuration，持续的时间，以毫秒为单位计时。

（19）Drag

Drag 命令用于模拟一个拖拽操作。

命令形式如下：

```
Drag(xStart, yStart, xEnd, yEdn, stepCount)
```

- xStart，拖拽起始的 x 坐标。
- yStart，拖拽起始的 y 坐标。
- xEnd，拖拽终止的 x 坐标。
- yEnd，拖拽终止的 y 坐标。
- stepCount，拖拽实际上是一个连续的事件，这个参数指定由多少个连续的小事件组成一个完整的拖拽事件。

（20）PinchZoom

PinchZoom 命令用于模拟缩放手势。

命令形式如下：

```
PinchZoom(pt1xStart, pt1yStart, pt1xEnd, pt1yEnd, Pt2xStart, pt2yStart,
pt2xEnd, pt2yEnd, stepCount)
```

- pt1xStart，第一个手指的起始 x 位置。
- pt1yStart，第一个手指的起始 y 位置。
- pt1xEnd，第一个手指的结束 x 位置。
- pt1yEnd，第一个手指的结束 y 位置。
- pt2xStart，第二个手指的起始 x 位置。
- pt2yStart，第二个手指的起始 y 位置。
- pt2xEnd，第二个手指的结束 x 位置。
- pt2yEnd，第二个手指的结束 y 位置。
- stepCount，细分为多少步完成缩放操作。

（21）StartCaptureFramerate

StartCaptureFramerate 获取帧率，在执行这个命令之前，需要设置系统变量 viewancestor.profile_rendering 的值为 true，以便强制当前窗口的刷新频率保持在 60 Hz。

命令形式如下：

```
StartCaptureFramerate()
```

（22）EndCaptureFramerate

EndCaptureFramerate 结束获取帧率，将结果保存在 /sdcard/avgFrameRateOut.txt 文件里。

命令形式如下:

```
EndCaptureFramerate(input)
```

input,测试用例名。调用结束后,会在 avgFrameRateOut.txt 中加上格式为 "<input>: <捕获的帧率>"的一行新日志。

(23) StartCaptureAppFramerate

StartCaptureAppFramerate 命令用于获取指定应用的帧率,在执行这个命令之前,需要设置系统变量 viewancestor.profile_rendering 的值为 true,以便强制当前窗口的刷新频率保持在 60 Hz。

命令形式如下:

```
StartCaptureAppFramerate(app)
```

app,要测试的应用名。

(24) EndCaptureAppFramerate

EndCaptureAppFramerate 命令用于结束获取帧率,将结果保存在 /sdcard/avgAppFrameRateOut.txt 文件中。

命令形式如下:

```
EndCaptureAppFramerate(app, input)
```

❑ app,正在测试的应用名。
❑ input,测试用例名。

4.1.4 monkey 服务器

除了支持解释脚本,monkey 还支持在设备上启动一个在线服务,可以通过 telnet 的方式从 PC 远程登录到设备上以交互的方式执行 monkey 命令,这需要用到 monkey 的 "--port"参数。一般的习惯是将 1080 端口分配给 monkey 服务,不过也可以根据读者自己的喜好和实际情况使用其他端口:

```
$ adb -e shell monkey-p com.tencent.mobileqq --port 1080 &
```

接着再把模拟器上的端口重新映射到 PC 宿主机的端口:

```
$ adb -e forward tcp:1080 tcp:1080
```

之后就可以使用 telnet 连接到 monkey 服务器上执行命令了,很遗憾,monkey 服务器理解的命令格式和 monkey 脚本的命令格式完全不一样,而且支持的命令集合也不一样。完整的命令读者可自行参阅 Android monkey 关于服务器处理的源代码:/development/cmds/monkey/src/com/android/commands/monkey/MonkeySourceNetwork.java。

而且与可以在 monkey 脚本中启动应用不同的是,monkey 服务器没有办法启动应用。

因此在通过服务器执行命令时，需要事先手动启动待测应用，或者使用 am 命令启动（am 命令的用法将在本书第二部分讲解）。如代码清单 4-6 就是启动腾讯 QQ 应用后，通过 monkey 服务器执行命令的例子（其中以字符"#"开头的行是本书添加的注释，不是 telnet 或 monkey 服务器的输出）。

代码清单 4-6　在 monkey 服务器模式下操作腾讯 QQ

```
# 使用服务器方式交互的时候，可以不指定待测的应用包
student@student:~/d$ adb -e shell monkey --port 1080 &
#
# 将模拟器的 1080 端口映射到主机的 1080 端口，这样就可以通过连接主机的 1080 端口
# 连到模拟器的 1080 端口了
student@student:~/d$ adb forward tcp:1080 tcp:1080
# 启动待测应用，这里启动的是腾讯的 QQ
student@student:~/bookpulic/chapter4$ adb shell am start -n
com.tencent.mobileqq/com.tencent.mobileqq.activity.SplashActivity &
Starting: Intent { cmp=com.tencent.mobileqq/.activity.SplashActivity }
# 通过 telnet 连接到 monkey 服务器
student@student:~/d$ telnet localhost 1080
Trying 127.0.0.1...
Connected to localhost.
Escape character is '^]'.

# 输入一个字符串"1234"
type 1234
# monkey 服务器返回状态消息
OK
# 单击位置"128, 235"，其中 128 是 x 坐标，235 是 y 坐标
tap 128 235
OK
# 单击键盘的 DEL 键
press DEL
OK
# 按"ctrl+]"键退出这次会话
^]
# 再按"ctrl+d"退出 telnet
```

注意

在本书配套资料中已经包含了腾讯 QQ 的 Android 安装包，位于 chapter4\mobileqq_2.2_android_build0109.apk。

下面是最新的 Android 4.2 版本中 monkey 服务器支持的命令。

（1）flip

flip 命令用于打开或关闭键盘。

例如：

❏ m flip open，打开键盘。
❏ m flip closed，关闭键盘。

（2）touch

touch 用于模拟手指按下界面的操作。

```
touch [down|up|move] [x] [y]
```

例如，命令"touch down 120 120"的意思发送手指按下位置"120，120"的事件。注意，手指单击事件包括两个：先是按下（down）事件，再接着一个抬起（up）事件。而手指移动事件包括至少三个：先是按下（down）事件，接着一系列的移动（move）事件，最后才是抬起（up）事件。

（3）trackball

trackball 命令用于发送一个跟踪球操作事件。

```
trackball [dx] [dy]
```

例如：

❏ m trackball 1 0，右移动。
❏ m trackball-1 0，向左移动。

（4）key

key 命令用于发送一个按键事件，一个单击按键事件包括两个事件：先是按下（down）事件，再接着一个放松（up）事件。

```
key [down|up] [keycode]
```

例如：

❏ m key down 82，按下 ascii 码值为 82 的按键。
❏ m key up 82，放松 ascii 码值为 82 的按键。

（5）sleep

sleep 命令用于让 monkey 服务器暂停两秒。

```
sleep 2000
```

（6）type

type 命令用于向当前 Android 应用发送一个字符串。

```
type [字符串]
```

（7）wake

wake 命令用于唤醒设备，给设备解锁。

（8）tap

tap 命令用于发送一个单击坐标位置是"x, y"的事件。

```
tap [x] [y]
```

（9）press

press 命令用于按下一个按键。

```
press [keycode]
```

（10）deferreturn

deferreturn 命令用于执行一个"command"命令，在指定"timeout"的超时时间之内，等待一个"event"事件。例如，"deferreturn screenchange 1000 press KEYCODE_HOME"的意思是，单击"HOME"键，并在 1 秒内等待"screenchange"这个事件。

```
deferreturn [event] [timeout (ms)] [command]
```

（11）listvar

listvar 命令用于列出在 Android 系统中可以查看的系统变量，这些系统变量的值可以从 Android 的文档中找到说明。listvar 和后面的命令 getvar 的源码均可从 /development/cmds/monkey/src/com/android/commands/monkey/MonkeySourceNetworkVars.java 找到。

调用示例：

```
listvar
OK:am.current.action am.current.categories am.current.comp.class am.current.
comp.package am.current.data am.current.package build.board build.brand build.cpu_
abi build.device build.display build.fingerprint build.host build.id build.manufacturer
build.model build.product build.tags build.type build.user build.version.codename
build.version.incremental build.version.release build.version.sdk clock.millis clock.
realtime clock.uptime display.density display.height display.width
```

（12）getvar

getvar 命令用于获取一个 Android 系统变量的值，可选的变量由"listvar"命令列出。

```
getvar [variable name]
```

调用示例：

```
getvar build.brand
OK:1277931480000
```

（13）listviews

listviews 命令用于列出待测应用里所有视图的 id，不管这个视图当前是否可见。注意，不是所有 Android 都支持这个命令，例如 Android 2.2 就不支持它。

listviews 及下面的 getrootview 和 getview 等命令的源码均可从 /development/cmds/monkey/src/com/android/commands/monkey/MonkeySourceNetworkViews.java 中找到。

（14）getrootview

getrootview 命令用于获取待测应用的最上层控件的 id。

（15）getviewswithtext

getviewswithtext 命令用于返回所有包含指定文本的控件的 id，如果有多个控件包含指定的文本，则这些控件的 id 使用空格分隔并返回。

```
getviewswithtext [text]
```

（16）queryview

queryview命令用于根据指定的id类型以及id来查找控件，id类型只能是"viewid"或"accessibilityids"，如果id类型是"viewid"，则id是在源码中对控件的命名，如"queryview viewid button1 gettext"；如果id类型是"accessibilityids"，则需要两个id，而且只能是数字，如"queryview accessibilityids 12 5 getparent"。

```
queryview viewid [id] [command]
queryview accessibilityids [id1] [id2] [command]
```

可使用的"command"如下：

- m getlocation，获取控件的x、y、宽度和高度信息，以空格分隔，如queryview viewid button1 getlocation。
- m gettext，获取控件上的文本，如queryview viewid button1 gettext。
- m getclass，获取控件的类名，如queryview viewid button1 getclass。
- m getchecked，获取控件选中的状态，如queryview viewid button1 getchecked。
- m getenabled，获取控件的可用状态，如queryview viewid button1 getenabled。
- m getselected，获取控件的被选择状态，如queryview viewid button1 getselected。
- m setselected，设置控件的被选择状态，接受一个布尔值的参数，命令形式是queryview [id type] [id] setselected [boolean]，如queryview viewid button1 setselected true。
- m getfocused，设置控件的输入焦点状态，如queryview viewid button1 getfocused。
- m setfocused，设置控件的输入焦点状态，接受一个布尔值的参数，命令形式是queryview [id type] [id] setfocused [boolean]，如queryview viewid button1 setfocused false。
- m getaccessibilityids，获取一个控件的辅助访问id，如queryview viewid button1 getaccessibilityids。
- m getparent，获取一个控件的父级节点，如queryview viewid button1 getparent。
- m getchildren，获取一个控件的子孙控件，如queryview viewid button1 getchildren。

虽然monkey命令都是通过telnet与monkey服务器交互的，但是在Linux机器上，可以将要执行的命令保存到一个文本文件中，使用nc命令逐行向monkey服务器发送，如：

```
$ nc localhost 1080 < monkey.txt
```

4.2 编写monkeyrunner用例

monkeyrunner允许我们在测试用例中通过坐标位置、控件ID和控件上的文字操作应用的界面元素，其测试用例是用Python语言编写的，这样就弥补了monkey脚本只有简单命令，无法执行复杂测试验证逻辑的缺陷。如图4-3所示，monkeyrunner采用的是客户端/服务器的架构，运行在PC上，逐行解释Python代码，将命令发送到Android设备或模拟器上执行。我们既可以手工编写，也可以使用录制/回放的方式编写monkeyrunner的测试代码，先来看看录制的方式。

4.2.1 为待测程序录制和回放用例

不知道出于什么目的，谷歌将monkeyrunner的脚本录制能力雪藏了，需要从Android源代码里才能将其发掘出来，为了方便读者使用，在本书的配套资料中的chapter4文件夹也附带了它们。monkey_recorder.py是用来录制在设备上的操作并生成测试脚本，而monkey_playback.py则用来回放测试脚本。

首先用monkey_recorder.py录制一个脚本，在录制之前要确保模拟器已经启动或设备已经连接到PC上，然后执行以下命令：

```
$ monkeyrunner monkey_recorder.py
```

命令执行完毕后，monkeyrunner会打开一个窗口，如图4-5所示，它会不停地从设备上抓取最新界面截图，直接在左边的屏幕截图上单击图标来模拟触控操作方式，在操作的同时，右边就会实时显示录制的脚本。如果要输入一些文本，可以单击"Type Something"按钮，弹出一个对话框用来输入向设备发送的字符串。而"Fling"按钮则会模拟一个滑动手势。当操作录制完毕之后，单击"Export Actions"按钮，将脚本保存到指定的文件中，比如test.mr。

只要将录制好的脚本文件传给monkey_playback.py文件就可以回放了，例如：

```
$ monkeyrunner monkey_playback.py test.mr
```

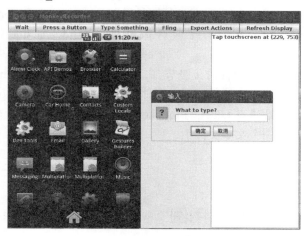

图4-5　monkey_recorder程序截图

4.2.2 运行monkeyrunner

monkeyrunner实际上是一个Python解释器，它的使用形式与Python命令类似，只不过它在启动时事先设置好了一些 Android 类库的路径。如果启动 monkeyrunner 时指定了要运行的 Python 脚本，则会逐行解释这个脚本；如果只执行 monkeyrunner 命令，就会显示一个交互的解释器，在开发测试脚本的时候，可以先在里面试试一些 API 的使用。例如，在启动模拟器之后，可以尝试代码清单 4-7 所示的脚本（其中以字符"#"开头的行都是笔者的注释）：

代码清单 4-7　运行 monkeyrunner

```
student@student:~/d$ monkeyrunner
# 如果在启动 monkeyrunner 时不指定要执行的脚本，直接进入交互式模式，
# 可以从下面的输出看到使用的是 Jython
Jython 2.5.0 (Release_2_5_0:6476, Jun 16 2009, 13:33:26)
[OpenJDK Server VM (Sun Microsystems Inc.)] on java1.6.0_24
>>> from com.android.monkeyrunner import MonkeyRunner, MonkeyDevice
>>> device = MonkeyRunner.waitForConnection()
>>> runComponent = 'com.tencent.mobileqq/com.tencent.mobileqq.activity.SplashActivity'
# 启动 QQ 应用
>>> device.startActivity(component=runComponent)
# 向 QQ 直接输入字符串 "1234567"
>>> device.type("1234567")
# 按 CTRL+D 退出
>>>
```

4.2.3　手工编写 monkeyrunner 代码

虽然 monkeyrunner 脚本使用 Python 语法编写，但它实际上是通过 Jython 来解释执行的。Jython 是 Python 的 Java 实现，它将 Python 代码解释成 Java 虚拟机上的字节码并执行，这种做法允许在 Python 中继承一个 Java 类型，可以调用任意的 Java API，也可以复用 Java 虚拟机自带的垃圾回收等机制。由于大部分 Android API 都是使用 Java 语言编写的，因此使用 jython 为调用这些 API 提供了极大的便利。一般来说，一个 monkeyrunner 脚本格式的如代码清单 4-8 所示。

代码清单 4-8　monkeyrunner 脚本一般格式

```
# 在程序中引入 mokeyrunner 模块
from com.android.monkeyrunner import MonkeyRunner, MonkeyDevice

# 连接到正在运行的设备或者模拟器上，返回一个 MonkeyDevice 对象
device = MonkeyRunner.waitForConnection()

# 安装待测应用，应用包的路径是 PC 上的文件夹路径
# installPackage 函数返回一个布尔值，以说明应用是否成功安装
device.installPackage('myproject/bin/MyApplication.apk')

package = 'com.example.android.myapplication'
```

```
activity = 'com.example.android.myapplication.MainActivity'

# 设置要启动的活动类名,由包名和活动类型全名组成
# 可以使用 3.3.2 节里的方法通过 logcat 获取应用主界面的类型全名
runComponent = package + '/' + activity

# 启动活动组件
device.startActivity(component=runComponent)

# 单击菜单按钮
device.press('KEYCODE_MENU', MonkeyDevice.DOWN_AND_UP)

# 给设备截图
result = device.takeSnapshot()

# 将截图保存下来。
result.writeToFile('myproject/shot1.png','png')
```

Monkeyrunner 的 API 由 com.android.monkeyrunner 命名空间中的三个类 MonkeyRunner、MonkeyDevice 和 MonkeyImage 组成。

1. MonkeyRunner

提供将 monkeyrunner 连接到设备和模拟器上的方法,也提供了为 monkeyrunner 脚本创建 UI 界面的一些函数。最常用函数是 waitForConnection:

```
MonkeyDevice waitForConnection(float timeout, string deviceId)
```

测试用例通过此函数来连接设备和运行中的模拟器。

waitForConnection 函数的参数说明如表 4-2 所示。

表 4-2 waitForConnection 函数的参数说明

参数	说明
timeout	连接设备的超时时间,默认是一直等下去
deviceId	要连接的设备或模拟器的序列号,可以使用正则表达式匹配
返回值	返回一个代表连接上了的设备和模拟器的 MonkeyDevice 对象,通过它来操控设备

2. MonkeyDevice

代表一个设备或者模拟器,主要封装如安装/卸载应用、启动一个活动、向应用发送按键或触摸消息等操作,这个类中比较常用的 API 有以下几种。

(1) void installPackage(string path)

从宿主机的一个 apk 文件安装应用,path 是在宿主 PC 机上的路径。

(2) void press(string name, dictionary type)

敲击一个按键。其参数说明如表 4-3 所示。

表 4-3　press 函数的参数说明

参　　数	说　　明
name	要发送的按键名，具体的名称参考 KeyEvent 类，输入按键名，而不是整数的按键值
type	要发送的按键事件类型，只能是 DOWN、UP 或 DOWN_AND_UP

（3）void removePackage(string package)

从设备上卸载一个应用。其参数说明如表 4-4 所示。

表 4-4　removePackage 函数的参数说明

参　　数	说　　明
package	这个参数 Android 官网上的说明有误，它应该是应用的包名，而不是应用的文件名。以上一章演示用的墨迹天气应用为例，如果是从配套资源文件中安装，apk 的文件名是 com.moji.mjweather_143059-resigned.apk，应用的包名是 com.moji.mjweather。虽然使用两个名称作为参数来调用 removePackage，都会返回 True，但只有使用包名的方法才能正确删除应用，如代码清单 4-9 所示。

代码清单 4-9　monkeyrunner removePackage 函数

```
>>>device = MonkeyRunner.waitForConnection()
>>>device.removePackage('com.moji.mjweather_143059-resigned')
True
>>>device.removePackage('com.moji.mjweather')
True
```

（4）void startActivity (string uri, string action, string data, string mimetype, iterable categories dictionary extras, component component, iterable flags)

启动一个活动，注意不是启动一个应用，因为 Android 里的活动都是可以单独启动的。其参数说明如表 4-5 所示。

最常用的参数是 component 参数，因为 Python 并不要求在调用函数时传入所有参数，因此可以使用类似代码清单里的方式，使用"startActivity(component='')"的方式启动活动。startActivity 其他参数的使用方式需要意图的一些高级用法，读者可以阅读其他 Android 编程书籍来了解，本书不再详述。

表 4-5　startActivity 函数的参数说明

参　　数	说　　明
uri	启动活动的意图对象的 URI，详情参看 Intent.setData() 函数
action	启动活动的意图对象的动作，详情参看 Intent.setAction() 函数
data	启动活动的意图对象的数据 URI，详情参看 Intent.setData() 函数
mimetype	启动活动的意图对象的 MIME 类型，详情参看 Intent.setType() 函数
categories	意图对象种类集合，详情参看 Intent.addCategory() 函数
extras	根据启动的活动的要求，意图对象所需携带的额外数据，详情参看 Intent.putExtra() 函数
component	要启动的组件的全名，组件全名由应用的包名和组件的类名组成
flags	意图对象的标志集合，详情参看 Intent.setFlags() 函数

（5）MonkeyImage takeSnapshot()

为设备截图，返回一个 MonkeyImage 对象。

（6）void touch(integer x, integer y, string type)

发送触摸消息。其参数说明如表 4-6 所示。

表 4-6　touch 函数的参数说明

参　　数	说　　明
x	要触摸的位置的 x 坐标
y	要触摸的位置的 y 坐标
type	要发送的触摸事件类型，只能是 DOWN、UP 或 DOWN_AND_UP

（7）void type(string message)

输入一个字符串。

（8）void wake()

唤醒设备。

3. MonkeyImage

这个类型主要封装屏幕抓图，将图片在不同格式间转换，对比两个图片等操作。

4.2.4　编写 monkeyrunner 插件

monkeyrunner 自带的 API 功能不是非常强大，所幸的是，它提供了扩展机制允许我们通过插件的方式丰富其 API。实际上，因为 monkeyrunner 是基于 Jython 的，而 Jython 又为 Python 和 Java 语言之间提供了互操作的桥梁，所以只要遵循 Jython 中对用在 Python 里的 Java 类型的要求就可以了。monkeyrunner 插件就是可以通过 -plugin 参数传入的一个普通的 jar 包：

```
$ monkeyrunner -plugin plugin.jar script.py
```

Android 开发环境没有对 monkeyrunner 插件开发提供任何支持，只能手工创建这个 jar 包：

1）先在 Eclipse 中创建一个普通的 Java 工程。

2）至少需要在工程中引入 Jython 和谷歌的 guava 库。

3）如果你的插件里需要跟设备进行交互，还需要引入 monkeyrunner 和 ddmlib 等库。

虽然上面提到的几个 jar 包都可以从网上免费下载，但最好使用跟 Android SDK 自带的版本，可以在 ANDROID_HOME/tools/lib 文件夹里找到它们。在创建好工程创之后，就可以开始编码了，下面的代码清单 4-10 演示如何将笔者的开源库 iquery 支持添加到 monkeyrunner 中。

代码清单 4-10　monkeyrunner iquery 插件源代码

```
1. package cc.iqa.iquery.mr;
2.
3. // 省略诸多的 import 语句
4.
5. // 使用 MonkeyRunnerExported 属性，可以让 monkeyrunner 发现插件中存在的可在 Python 中使
     用的
```

```
6.   // 类型，其中 doc 属性的文本可以在 Python 中查询类型的说明。
7.   @MonkeyRunnerExported(doc = "QueryableDevice 是一个支持使用 iQuery 语句查找和单击控
     件的 Device")
8.   public class QueryableDevice extends PyObject implements ClassDictInit {
9.       private static final Set<String> EXPORTED_METHODS = JythonUtils
10.              .getMethodNames(QueryableDevice.class);
11.
12.      private MonkeyDevice _device;
13.      private String _viewServerHost;
14.      private int _viewServerPort;
15.
16.      // Jython 通过下面这个函数获取类型中导出到 Python 的 Java 函数列表
17.      public static void classDictInit(PyObject dict) {
18.              JythonUtils.convertDocAnnotationsForClass(QueryableDevice.class,
                    dict);
19.      }
20.
21.      // 使用 MonkeyRunnerExported 标注出可在 Python 中使用的函数。
22.      // 其中 args 属性标明了函数的参数列表，
23.      // 而 argDocs 则是参数的说明性文字，可以在 Python 中使用 docstring 的方式查看
24.      //
25.      // 这是构造函数，在 Python 中，可以用下面的方式调用并创建一个 QueryableDevice 对象
26.      // device = MonkeyRunner.waitForConnection()
27.      // qdevice = QueryableDevice(device)
28.      //
29.      @MonkeyRunnerExported(doc = " 根据一个 MonkeyDevice 实例创建 QueryableDevice.",
30.                    args = { "device" },
31.                    argDocs = { " 要扩展的 MonkeyDevice 实例." })
32.      public QueryableDevice(MonkeyDevice device) {
33.              // 在获取 HierarchyViewer 引用的时候，会启动手机上的 ViewServer。
34.              // 因为 HierarchyViewer 这个类型提供的函数实在是太少，基本上就抛弃这个类了。
35.              // 我们自己通过 socket 与 view server 通信，因此简单丢弃 hierarchyviewer 的实例
36.              device.getImpl().getHierarchyViewer();
37.
38.              _device = device;
39.      }
40.
41.      //
42.      // 另一个导出到 Python 中的函数，调用形式:
43.      // qdevice.connectViewServer(host='127.0.0.1', port=4939)
44.      //
45.      @MonkeyRunnerExported(doc = " 连接到 ViewServer",
46.                    args = { "host", "port" },
47.                    argDocs = {" 要链接的 View server 的地址 ",
48.                              " 要连接的 View server 的端口号!" })
49.      public void connectViewServer(PyObject[] args, String[] kws)
50.              throws IOException {
51.              ArgParser ap = createArgParser(args, kws, QueryableDevice.class,
52.                      "connectViewServer");
53.              int port = 4939;
54.              String host = "127.0.0.1";
```

```
55.
56.            if (ap != null) {
57.                    host = ap.getString(0);
58.                    port = ap.getInt(1);
59.            }
60.
61.            _viewServerHost = host;
62.            _viewServerPort = port;
63.    }
64. }
```

> **注意**
>
> iQuery 是笔者开发的一个用于移动 UI 测试的开源库，其主要目的是使用类似 jQuery 的语法以多种方式在应用的控件树上查找控件，比如可以根据控件之间父子关系，控件的文本，控件的坐标等属性查询控件。
>
> 其使用方式和实现原理请参照如下 iQuery 文档：
>
> 1）http://www.cnblogs.com/vowei/archive/2012/09/07/2674889.html
>
> 2）http://www.cnblogs.com/vowei/archive/2012/09/12/2682168.html
>
> 3）http://www.cnblogs.com/vowei/archive/2012/09/19/2693838.html

写完代码之后，还需要一个插件主类型，它什么都不用做，只是为了遵循谷歌对 monkeyrunner 插件的开发规范。每个插件的主类型都必须实现 Predicate<PythonInterpreter> 这个接口。Predicate 范型接口在 guava 库中定义，由谷歌开发。插件主类型需要实现 apply 函数，它是 monkeyrunner 插件的入口函数。而 PythonInterpreter 是由 Jython 传入的接口，插件可以通过它读取 Python 变量和定义新 Python 变量，详细的使用方法可参照 Jython 文档。

代码清单 4-11　monkeyrunner 插件主类型源代码

```
1. public class Plugin implements Predicate<PythonInterpreter> {
2.     @Override
3.     public boolean apply(PythonInterpreter python) {
4.            return true;
5.     }
6. }
```

上面这些就是插件的所有源代码了，但还需要添加一个 jar 清单文件 manifest.txt，以便 monkeyrunner 找到插件主类型。monkeyrunner 在加载插件时，会查询插件 jar 包的清单文件，并读取里面的 MonkeyRunnerStartupRunner 属性，它的值是插件主类型的全名，如代码清单 4-12 所示。

代码清单 4-12　monkeyrunner 插件清单文件 manifest.txt 源代码

```
1. MonkeyRunnerStartupRunner: cc.iqa.iquery.mr.Plugin
2.
```

> **注意**
> 当创建清单文件时，必须以一个空白行结尾。

然后再通过下面的命令将 manifest.txt 和编译好的 java class 文件合并到一个 jar 文件中，命令在 bin 目录中创建了一个名为 iquery-mr.jar 的文件，如代码清单 4-13 所示。

代码清单 4-13　将清单文件合并到 monkeyrunner 插件的 jar 包

```
student@student:~/workspace/iquery-mr$ jar cvfm bin/iquery-mr .jar manifest.txt -C bin .
标明清单 (manifest)
增加：cc/(读入 = 0) (写出 = 0)(存储了 0%)
增加：cc/iqa/(读入 = 0) (写出 = 0)(存储了 0%)
增加：cc/iqa/iquery/(读入 = 0) (写出 = 0)(存储了 0%)
增加：cc/iqa/iquery/mr/(读入 = 0) (写出 = 0)(存储了 0%)
增加：cc/iqa/iquery/mr/Plugin.class(读入 = 721) (写出 = 386)(压缩了 46%)
增加：cc/iqa/iquery/mr/ControlHierarchy.class(读入 = 2008) (写出 = 1021)(压缩了 49%)
增加：cc/iqa/iquery/mr/By.class(读入 = 2498) (写出 = 1146)(压缩了 54%)
增加：cc/iqa/iquery/mr/QueryableDevice.class(读入 = 10917) (写出 = 5134)(压缩了 52%)
增加：iquery-mr.jar(读入 = 7865) (写出 = 7598)(压缩了 3%)
```

现在插件就可以使用了，在正常情况下，可以通过"monkeyrunner-plugin xxx.jar"的方式执行插件，但遗憾的是，monkeyrunner 默认情况下只会加载 ANDROID_HOME/tools/lib 里的 jar 包，如果插件中引用了其他包，比如我们的例子里用到的 antlr.jar 文件就不是 Android 自带的 jar 包，monkeyrunner 就无法正常使用插件。其实 monkeyrunner 只是一个 shell 脚本，在背后其实际还是设置好 java 虚拟机在运行时解析 class 依赖路径的 CLASS_PATH，设置成 Android SDK 自带 jar 包的文件夹，再调用 java 这个程序运行 monkeyrunner.jar 文件。由于本节的例子程序用到了非 Android SDK 的 jar 包，要么将所有依赖包打包进插件的 jar 包，要么使用自定义的脚本，如（其中 ANDROID_HOME 是一个自定义的 shell 变量，指向 Android SDK 的根目录）：

代码清单 4-14　将非 Android SDK 依赖包添加到搜索路径并运行 monkeyrunner

```
# 设置 ANDROID_HOME 环境变量，设置为 Android SDK 的根目录
student@student:~$ export ANDROID_HOME=~/android-sdks/
# 下面这个命令就是 monkeyrunner 脚本实际要执行的命令，这里为了引入非 Android SDK 自带的 jar 包
# 只能将命令从脚本中提取出来，显式将依赖包（这里是 antlr-runtime.jar）所在的文件夹加入进来
# 注意下面的参数 "Djava.ext.dirs=$ANDROID_HOME/tools/lib:$ANDROID_HOME/tools/lib/x86:."
# 中的字符"."，表示将当前执行命令的目录也添加进 monkeyrunner 搜寻扩展及依赖 jar 包的搜索路径中
student@student:~$ exec java -Xmx128M -
Djava.ext.dirs=$ANDROID_HOME/tools/lib:$ANDROID_HOME/tools/lib/x86:.-
Djava.library.path=$ANDROID_HOME/tools/lib-
Dcom.android.monkeyrunner.bindir=$ANDROID_HOME/tools-jar
$ANDROID_HOME/tools/lib/monkeyrunner.jar-plugin iquery-mr.jar
#
```

```
# monkeyrunner 启动了，可以在其中使用刚刚开发的插件里的类型
#
Jython 2.5.0 (Release_2_5_0:6476, Jun 16 2009, 13:33:26)
[OpenJDK Server VM (Sun Microsystems Inc.)] on java1.6.0_24
>>> from com.android.monkeyrunner import MonkeyRunner, MonkeyDevice
>>> from cc.iqa.iquery.mr import QueryableDevice, By
>>> dir(By)
['__class__', '__delattr__', '__doc__', '__getattribute__', '__hash__', '__init__', '__new__', '__reduce__', '__reduce_ex__', '__repr__', '__setattr__', '__str__', 'iquery']
#
# 查询类型 QueryableDevice 的可用函数列表
#
>>> dir(QueryableDevice)
['__class__', '__delattr__', '__doc__', '__getattribute__', '__hash__', '__init__', '__new__', '__reduce__', '__reduce_ex__', '__repr__', '__setattr__', '__str__', 'connectViewServer', 'getActivityId', 'getLayout', 'touch']
#
# 打印类型 QueryableDevice 的帮助文档，这个帮助文档就是在 QueryableDevice 上 MonkeyRunnerExported
# 标注中定义的说明文字
#
>>> print QueryableDevice.__doc__
QueryableDevice 是一个支持使用 iQuery 语句查找和单击控件的 Device
>>>
```

对于国内读者来说，还需要注意，在编写 monkeyrunner 脚本时，如果在脚本中会用到中文，要在脚本源文件中指明编码方式，一般采用 UTF-8 编码。另外必须使用 u" 来包括中文的字符串，否则即使在 Python 中用 print 命令打印字符串可以看到字符显示正常，但在 jython 里还是会得到乱码！

4.3 本章小结

在实际操作中，monkey 由于其缺少必要的条件判断等命令，难以在功能测试上有所作为，因此只能将其作为生成一些随机事件的工具，测试应用的健壮程度，待测应用崩溃后，可以根据 monkey 打印的日志，再用 monkey 脚本创建一个重现步骤，供开发团队调研分析。而 monkey 服务器模式更适合在开发黑盒测试用例时，用来调试脚本中的命令，而不建议在实际测试过程中使用这种模式进行自动化测试。

而 monkeyrunner 虽然有 Python 以及 Java 类库的强大支持，但其自身提供的 API 很有限，需要通过插件来扩展其功能。

除了界面操作的自动化测试，Android 还有其他两个组件需要测试，在下一章将介绍测试它们的方法。

第 5 章
测试 Android 服务组件

在 Android 系统中，经常使用服务组件在后台执行长时间任务，本章将介绍使用 Android 提供的 ServiceTestCase，通过创建测试环境将服务组件与应用其他组件隔离开来，独立测试服务组件。

5.1　JUnit 的模拟对象技术

在 2.2 节讲解了 JUnit 的基本用法，但有些时候，测试用例可能无法整合一些依赖组件。比如，要测试一个闹钟程序是否会在一个预定的时刻打开闹铃，只能让测试用例一直等到闹铃时间再进行验证，虽然在测试的时候，可以通过设置一个离当前测试时间较短的预定闹铃时间来缩短测试周期，但这个测试方法还有一个很明显的缺陷——无法测试重复闹铃设置。

代码清单 5-1 的 Alarm 类是一个闹钟程序的简单实现，它在内部使用一个定时器对象 _timer 来实现定时提醒的功能。其公开了两个函数：start 和 stop，其中 start 函数用来启动闹铃功能，而 stop 则取消所有的闹铃设置。在 start 函数中，第 25 行判断闹铃是否有重复设置，如果不重复（NoRepeat），则直接向 Timer.schedule 函数传递唤醒时间 _option.alarmTime，定时器会在这个时间执行第 15 ～ 23 行定义的操作；而如果闹铃有重复选项（第 27 行），则创建一个可重复使用的定时器，重复执行的间隔时间就由闹铃的重复选项 _option.repeatSetting 属性指明。而在每次定时器唤醒后，执行的操作仅仅打印一行消息，参见第 15 ～ 23 行。

代码清单 5-1　闹钟程序的简单实现

```
1. package cn.hzbook.android.test.chapter5.alarm;
2.
3. import java.util.*;
4.
5. public class Alarm {
6.     Timer _timer;
```

```
7.      Option _option;
8.
9.      public Alarm(Option option) {
10.         _timer = new Timer();
11.         _option = option;
12.     }
13.
14.     public void start() {
15.         TimerTask task = new TimerTask() {
16.             public void run() {
17.                 System.out.println(String.format(
18.                     "闹铃时间: %1$s, 重复设置: %2$s, 当前时间: %3$s",
19.                     _option.alarmTime.toString(),
20.                     _option.repeatSetting,
21.                     new Date()));
22.             }
23.         };
24.
25.         if ( _option.repeatSetting == RepeatSetting.NoRepeat ) {
26.             _timer.schedule(task, _option.alarmTime);
27.         } else {
28.             _timer.schedule(task, _option.alarmTime,
29.                 _option.repeatSetting.milliseconds());
30.         }
31.     }
32.
33.     public void stop() {
34.         _timer.cancel();
35.     }
36. }
```

要创建一个闹铃，调用者可通过向 Alarm 类的构造函数传入一个闹铃设置 option 对象来指明闹铃时间和闹铃的重复选项，再调用其 start 函数，接着就一直等下去，直到用户终止程序，如代码清单 5-2 所示。

代码清单 5-2　解释命令行参数并启动闹钟

```
1. package cn.hzbook.android.test.chapter5.alarm;
2.
3. import java.io.IOException;
4. import java.text.*;
5. import gnu.getopt.Getopt;
6.
7. public class Program {
8.     private static void printHelp() {
9.         System.out.println("使用方法: ");
10.        System.out.println("alarm -a <闹铃时间> -r <D|W|M>");
11.    }
12.
13.    public static void main(String[] args) throws ParseException, IOException {
```

```java
14.         // 运行程序需要指定参数，否则就打印帮助信息
15.         if ( args.length == 0 ) {
16.             printHelp();
17.             return;
18.         }
19.
20.         // 创建一个闹铃设置对象
21.         Option option = new Option();
22.         // 在默认情况下闹铃不重复
23.         option.repeatSetting = RepeatSetting.NoRepeat;
24.         // 创建一个将字符串格式的日期解析成Java日期实例的对象
25.         DateFormat format = new SimpleDateFormat("yyyy-MM-dd hh:mm:ss");
26.         // Getopt是用来解析命令行参数的
27.         // 其具体用法请参见：
28.         // www.urbanophile.com/arenn/hacking/getopt/gnu.getopt.Getopt.html
29.         Getopt g = new Getopt("alarm", args, "a:r:");
30.         int c;
31.         String arg;
32.         // 通过循环解析命令行传入的每一个参数并填充闹铃设置
33.         while ((c = g.getopt()) !=-1) {
34.             switch (c) {
35.             //-a 表示闹铃时间设置
36.             case 'a':
37.                 // 其后需要跟一个格式为"yyyy-MM-dd hh:mm:ss"的日期字符串
38.                 // 如：-a "2012-12-15 16:15:00"
39.                 arg = g.getOptarg();
40.                 // 将字符串格式的日期解析成一个Java可理解的对象
41.                 option.alarmTime = format.parse(arg);
42.                 break;
43.
44.                 //-r 表示闹铃重复设置
45.             case 'r':
46.                 // 其后只能跟有字符 "D"、"W"、"M"
47.                 arg = g.getOptarg();
48.                 // 字符 "D" 表示每日重复
49.                 if ( "D".compareToIgnoreCase(arg) == 0 ) {
50.                     option.repeatSetting = RepeatSetting.EveryDay;
51.                 } else if ( "W".compareToIgnoreCase(arg) == 0 ) {
52.                     // 字符 "W" 表示每周重复
53.                     option.repeatSetting = RepeatSetting.EveryWeek;
54.                 } else if ( "M".compareToIgnoreCase(arg) == 0 ) {
55.                     // 字符 "M" 表示每月重复
56.                     option.repeatSetting = RepeatSetting.EveryMonth;
57.                 }
58.                 break;
59.
60.             default:
61.                 printHelp();
62.             }
63.         }
```

```
64.
65.         // 去掉下面一行注释，并将 TestableAlarm 注释去掉，就可以看使用
66.         // Timer 自身提供的功能实现的闹钟效果
67.         // 使用闹铃设置对象创建闹铃
68.         Alarm alarm = new Alarm(option);
69.         // TestableAlarm alarm = new TestableAlarm(option, new
               SimpleGetDate());
70.         // 启动闹铃
71.         alarm.start();
72.
73.         // 一直运行直到用户关闭程序
74.         System.out.println(" 按任意键退出程序！");
75.         System.in.read();
76.         // 用户打算关闭程序，执行清理操作
77.         alarm.stop();
78.     }
79. }
```

在 Eclipse 中将程序编译完毕之后，在 bin 目录中执行下面的命令来做一个简单的测试：

代码清单 5-3　手工测试闹钟程序

```
$ java -cp ../libs/java-getopt-1.0.14.jar:.
cn.hzbook.android.test.chapter5.alarm.Program-a "2012-12-15 17:50:00"
按任意键退出程序！
闹铃时间：Sat Dec 15 17:50:00 CST 2012，重复设置：NoRepeat，当前时间：Sat Dec 15 17:50:00 CST 2012
```

但要测试闹铃重复设置就不那么容易了，例如在前面的命令上再添加一个"-r D"参数，表明闹铃是每日重复的。要想手工完成这个测试，要么通过修改系统的时间，要么就只能一天以后再来验证测试结果了，具体如代码清单 5-4 所示。

代码清单 5-4　手工测试闹钟程序的重复设置

```
$ java -cp ../libs/java-getopt-1.0.14.jar:.
cn.hzbook.android.test.chapter5.alarm.Program-a "2012-12-15 17:56:00"-r D
按任意键退出程序！
闹铃时间：Sat Dec 15 17:56:00 CST 2012，重复设置：EveryDay，当前时间：Sat Dec 15 17:56:00 CST 2012
```

分析代码清单 5-1 中的代码可以发现，之所以出现难以测试的情况，是因为将获取时间和唤醒定时器的实现全部交给 Java 标准库去实现了，而 Java 标准库对于我们的代码来说，是一个黑盒子，无法修改其内部的状态，甚至连读取其内部状态都无法做到。为了增强代码的自动化可测性，可以将获取时间的方法从代码清单 5-1 中提取出来用一个接口代替——虽然在代码清单 5-1 里没有显式获取时间的代码，但可以猜测 Java 标准库内部必然采用了类似的方法，如代码清单 5-5 所示。

代码清单 5-5　将获取时间的方法从闹钟程序中提取成一个接口

```
1. package cn.hzbook.android.test.chapter5.alarm;
2.
3. import java.util.Date;
4.
5. public interface IGetDate {
6.     // 获取现在的时间
7.     // 通过提取接口的方式，便于在测试时返回任意的时间
8.     Date Now();
9. }
```

而接口 IGetDate 的默认实现就是返回当前时间，如代码清单 5-6 所示。

代码清单 5-6　接口 IGetDate 的生产实现

```
1. package cn.hzbook.android.test.chapter5.alarm;
2.
3. import java.util.Date;
4.
5. public class SimpleGetDate implements IGetDate {
6.     public Date Now() {
7.         return new Date();
8.     }
9. }
10.
```

而使用接口来获取时间的闹钟程序就变成如代码清单 5-7 所示的样子，其与代码清单 5-1 的区别主要在于：

1) TestableAlarm 的构造函数多了一个 IGetDate 类型的参数，闹钟程序将通过它获取时间。

2) 在 TestableAlarm 的 start 函数中，并不是启动一个定时器并在 option 里指定的时间唤醒，而是每一秒就唤醒一次定时器（第 51 行）。每次定时器唤醒后，就对比当前时间与预定的闹铃时间，如果两者时间在一秒之内，就启动闹铃（第 28 行）。实际上，为了获取较佳的可测性，start 函数在第 20 ~ 39 行之间用自己的实现方式替换了 Java 标准库中定时器的一部分工作。

代码清单 5-7　通过接口获取当前时间的闹钟程序

```
1. package cn.hzbook.android.test.chapter5.alarm;
2.
3. import java.util.*;
4.
5. public class TestableAlarm {
6.     Timer _timer;
7.     Option _option;
8.     IGetDate _getDate;
9.
```

```
10.     public TestableAlarm(Option option, IGetDate getdate) {
11.         _timer = new Timer();
12.         _option = option;
13.         _getDate = getdate;
14.     }
15.
16.     public void start() {
17.         TimerTask task = new TimerTask() {
18.             private boolean _firstTime = true;
19.
20.             public void run() {
21.                 // 通过接口获取当前时间,这样就留了一个口子,允许传入任意的
                    时间
22.                 Date now = _getDate.Now();
23.                 // 获取当前时间和闹铃开始时间的差值
24.                 long diff = _option.alarmTime.getTime()-now.
                    getTime();
25.                 // 距离闹铃时间在一秒之内
26.                 // 如果闹铃设置时间早于当前时间,就会立即执行
27.                 // 然而为了避免重复执行,需要全局变量 _firstTime 来记录执行
                    次数
28.                 if ( diff < 1000 && _firstTime) {
29.                     printAlarm(now);
30.                     _firstTime = false;
31.                 } else if (
32.                     // 如果有重复设置,而且当前时间和闹铃时间的毫秒差值
33.                     // 与重复设置的间隔毫秒时间的余数小于 1 秒,触发闹铃
34.                     _option.repeatSetting != RepeatSetting.
                    NoRepeat &&
35.                     diff > _option.repeatSetting.milliseconds() &&
36.                     diff % _option.repeatSetting.milliseconds()
                    < 1000) {
37.                     printAlarm(now);
38.                 }
39.             }
40.
41.             private void printAlarm(Date now) {
42.                 System.out.println(String.format(
43.                     "闹铃时间:%1$s,重复设置:%2$s,当前时间:%3$s",
44.                     _option.alarmTime.toString(),
45.                     _option.repeatSetting,
46.                     now));
47.             }
48.         };
49.
50.         // 每一秒启动一次,看看预订的时间以便启动闹铃
51.         _timer.schedule(task, 0, 1000);
52.     }
53.
54.     public void stop() {
```

```
55.            _timer.cancel();
56.        }
57. }
58.
```

新的 TestableAlarm 从构造函数中拿到获取当前时间的实现方式，如代码清单 5-2 所示的第 69 行（试验时可以将第 69 行的注释去掉，同时注释掉第 68 行）。而在自动化测试代码中，我们可以给 TestableAlarm 传递一个特殊的 IGetDate 实现 TestGetDate，如代码清单 5-8 所示。

代码清单 5-8　测试用 IGetDate 实现

```
1. package cn.hzbook.android.test.chapter5.alarm.test;
2.
3. import java.util.Date;
4. import cn.hzbook.android.test.chapter5.alarm.IGetDate;
5.
6. public class TestGetDate implements IGetDate {
7.     private Date _fake;
8.
9.     public TestGetDate(Date fake) {
10.         _fake = fake;
11.     }
12.
13.     @Override
14.     public Date Now() {
15.         return _fake;
16.     }
17. }
```

TestGetDate 在构造新实例时，接受一个时间，然后在别的代码调用它的 Now() 函数时，返回这个时间，这样一来，我们就可以在测试代码中向 TestableAlarm 传递一个由我们指定的假的当前时间，从而达到测试目的。如代码清单 5-9 所示，在第 4 行设定闹铃时间为 1902-1-15 16:15:00，在第 5 行，通过时间"1902-1-15 16:15:00"创建 TestGetDate 对象，并将它传递给 TestableAlarm，下一次定时器被唤醒后，在获取时间时就可以拿到这个时间，这样一来就可以验证闹钟程序了。

代码清单 5-9　使用自定义的 IGetDate 对象测试闹钟程序

```
1. @Test
2. public void 使用自定义的IGetDate对象测试() throws InterruptedException {
3.     Option option = new Option();
4.     option.alarmTime = new Date(1, 12, 15, 16, 15, 0);
5.     TestableAlarm alarm = new TestableAlarm(option,
6.             new TestGetDate(new Date(1, 12, 15, 16, 15, 0)));
7.     alarm.start();
8.     // 休眠2秒，确保计时器顺利执行
```

```
9.        Thread.sleep(2000);
10.       alarm.stop();
11.       assertEquals(1, alarm.trigerTimes);
12.   }
```

要测试闹钟是否支持重复闹铃,只要用将来的时间实例化一个 TestGetDate 对象就可以做到了,如代码清单 5-10 所示。

代码清单 5-10   使用自定义的 IGetDate 对象测试闹钟是否支持重复闹铃

```
1. @Test
2. public void 使用自定义的IGetDate对象测试重复设置() throws InterruptedException {
3.        Option option = new Option();
4.        option.alarmTime = new Date(1, 12, 15, 16, 15, 0);
5.        option.repeatSetting = RepeatSetting.EveryDay;
6.        // 通过设置时间为 1902-1-16 日,来判断是否遵循每日重复的设置
7.        TestableAlarm alarm = new TestableAlarm(option,
8.                new TestGetDate(new Date(1, 12, 16, 16, 15, 0)));
9.        alarm.start();
10.       // 休眠 2 秒,确保计时器顺利执行
11.       Thread.sleep(2000);
12.       alarm.stop();
13.       assertEquals(1, alarm.trigerTimes);
14.   }
```

虽然前面两个测试用例已经能很好地满足我们的测试要求,但其中还是有一个问题:如果 TestableAlarm 中用到的不止是一个接口,而是多个接口,那用前面的方法,就意味着对每个接口,我们都需要创建一个类似 TestGetDate 的测试用实现,可以想象它需要一些繁琐的编码工作,更不要说,接口之间还可能相互使用,每个测试用例对接口实现的要求不同等诸多需求。为了解决实现测试用接口需要繁琐的编码工作这一状况,人们提出了通过动态创建模拟对象(Mock Object)的方式来简化测试工作。代码清单 5-11 就是使用模拟对象技术重写代码清单 5-9 的用例(代码清单 5-11 使用的模拟对象类库是 jMock,详细文档请访问 www.jmock.org)。

代码清单 5-11   使用模拟 IGetDate 对象测试闹钟程序

```
1. @Test
2. public void 使用模拟IGetDate对象测试() throws InterruptedException {
3.        Option option = new Option();
4.        option.alarmTime = new Date(1, 12, 15, 16, 15, 0);
5.        option.repeatSetting = RepeatSetting.EveryDay;
6.
7.        Mockery context = new Mockery();
8.        final IGetDate gd = context.mock(IGetDate.class);
9.        context.checking(new Expectations() {{
10.           atLeast(1).of(gd).Now(); will(returnValue(new Date(1, 12, 15, 16,
              15, 0)));
```

```
11.        }});
12.
13.        TestableAlarm alarm = new TestableAlarm(option, gd);
14.        alarm.start();
15.        // 休眠 2 秒，确保计时器顺利执行
16.        Thread.sleep(2000);
17.        alarm.stop();
18.        assertEquals(1, alarm.trigerTimes);
19.        context.assertIsSatisfied();
20.    }
```

代码清单 5-9 的用例和代码清单 5-11 的用例有下面几个不同点：

1) 后者不需要在源代码中添加 IGetDate 的实现，即前者的 TestGetDate 类，后者在第 7 行和第 8 行中，只需要指定要模拟的接口类型（IGetDate.class），就可以获得一个模拟对象，这个对象也实现了 IGetDate 接口，因此对于 TestableAlarm 来说，跟前面的 SimpleGetDate 类和 TestGetDate 类没有任何区别。

2) 前者由 TestGetDate 类来管理返回给 TestableAlarm 的时间数据，而后者则直接在测试用例中指明要返回的数据（第 9 ～ 12 行）。这种测试数据和验证结果在同一个地方出现的紧耦合编码方式，使得测试代码的可维护性和阅读性均比前者要好很多。

3) 而后者相对于前者来说还有一个优点，即后者可以检查 TestableAlarm 是否真的通过 IGetDate 接口获取当前日期，例如，将代码清单 5-7 第 22 行的 "Date now = _getDate. Now()" 这句代码替换成 "Date now = new Date();"，前者通过两个用例都无法监测出这个错误，但是在执行后者的代码时，第 19 行就会捕捉到这个错误：

```
not all expectations were satisfied
expectations:
  expected at least 1 time, never invoked: iGetDate.Now(); returns <Wed Jan 15 16:15:00 CST 1902>
        at org.jmock.Mockery.assertIsSatisfied(Mockery.java:196)
        at cn.hzbook.android.test.chapter5.alarm.test.AlarmMockTest.使用模拟 IGetDate 对象测试(AlarmMockTest.java:36)
```

一般来说，模拟对象在下面这些场景中非常有用：
1) 提供测试时无法确切知道的值，例如当前时间或者当前温度。
2) 难以创建或者重现的状态，例如网络错误。
3) 速度很慢，比如，需要在执行测试之前准备一个完整的数据库。
4) 具体的实现还不存在，在测试驱动开发中经常会碰到这种情况。关于这种用法，感兴趣的读者参考专注于测试驱动的书籍来了解。

注意

在测试工程中使用 jMock，并引入其两个依赖包 hamcrest-library-1.1.jar 和 hamcrest-core-1.1.jar 之后运行单元测试用例时，可能会碰到类似下面的错误：

java.lang.SecurityException: class "org.hamcrest.TypeSafeMatcher"'s signer information does not match signer information of other classes in the same package

这是因为在 Eclipse 的编译路径（Build Path）里，JUnit 包在 hamcrest 包之后。此时需要修改编译路径并将 hamcrest 包放在 JUnit 包之上就可以解决前面的 SecurityException 错误，如图 5-1 所示。

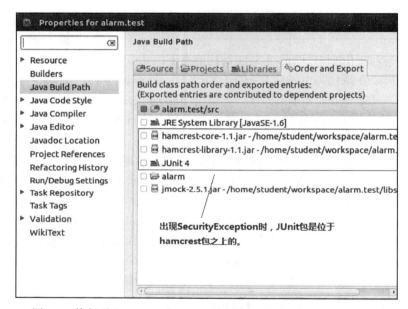

图 5-1　修复引入 jMock 后 JUnit 用例出现 SecurityException 的问题

很多现有的模拟对象框架允许我们指定模拟对象的函数调用顺序，指定调用函数的参数和函数的返回值。这样一来它们可以模拟如网络套接字这样很复杂的对象，将待测类型和函数与测试环境中其他对象隔离开来，单独测试它们的行为。

5.2　测试服务对象

5.2.1　服务对象简介

服务组件通常用在应用需要执行长时间任务或者为其他应用提供某些功能的场景中，应用的其他组件可以启动服务，即使用户切换到其他应用还可以让其一直在后台运行。服务的典型应用场景如在后台处理网络事务、播放音乐、执行 I/O 操作或跟一个内容供应组件交互。服务组件一般通过 Context.startService() 和 Context.bindService() 启动，跟其他组件一样，服务也是通过意图对象启动的。

基本上服务有两种状态。

（1）启动（Started）

某个组件通过 startService() 启动服务后，其就处于"启动"状态。一经启动，它就会在后台一直运行下去，即使原来启动它的组件都销毁了。通常这种状态的服务都是执行一个单一操作，而且不需要向调用者返回任何结果，例如，通过网络上传和下载文件。在操作执行完毕后，服务应该自行停止。

（2）绑定（Bound）

某个组件调用 bindService() 绑定到一个服务时，其就处于"绑定"状态。这时服务提供一个客户端/服务器（C/S）形式的接口，接受客户请求，返回结果，甚至是执行跨进程的进程间通信操作。只要有客户端绑定，服务就会持续运行，多个组件可以同时绑定到服务，在它们都与服务断开链接后，才会销毁服务。

注意

服务组件是运行在宿主进程的主线程中的，系统不会自动将服务运行在一个独立的线程或进程中。如果服务需要执行长时间的阻塞工作，为了避免 Android 系统的应用无响应错误，最好将这种工作放在单独的线程里执行。

1. 服务对象的生命周期

当服务组件启动时，系统所会做得仅仅是初始化组件，调用它的 onCreate() 函数和各种回调函数。由服务组件本身决定自己的工作方式，如创建单独的线程执行工作等。图 5-2 所示的服务的生命周期是两种状态的服务的生命周期。

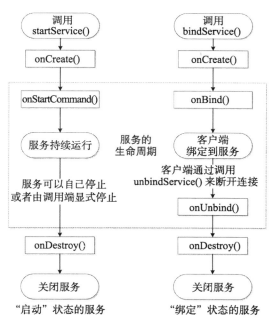

图 5-2　服务的生命周期

当调用 Context.startService() 启动服务时，如果服务尚未启动，系统会调用其 onCreate 函数启动它，接着调用其 onStartCommand(Intent, int, int) 函数，传入客户端调用时提供的参数。然后服务就会一直运行，直到有人调用了 Context.stopService() 或 stopSelf() 停止它。

> **注意**
> 多次调用 Context.startService 函数不会嵌套，无论调用几次 Context.startService 函数，只要调用一次 Context.stopService 或 stopService 就会停止服务。

如果客户端使用 Context.bindService 函数获取一个到服务的有效链接时，如果服务尚未启动，它也会启动服务（并调用其 onCreate），但不会调用 onStartCommand() 函数。客户端会获取一个 IBinder 对象，其由服务组件通过 onBind(Intent) 函数返回，这样客户端就可以通过返回的 IBinder 对象与服务交互。此后只要尚有连接，服务就会一直运行下去。

调用服务组件的 onDestroy() 函数可以终止服务，在 onDestroy() 函数返回之前应该执行完毕所有的清理操作（如停止线程、注销接收器等）。

2. 运行有服务组件的进程的生命周期

如果一个进程中运行有服务组件，Android 系统会保证进程在服务停止之前一直运行下去。当系统内存不够或需要杀掉现有进程时，运行有服务的进程的优先级可能会因下面的原因而提升：

❑ 如果服务正在运行 onCreate()、onStartCommand()、onDestroy() 中的代码，那么宿主进程将会是一个前台进程，以保证代码继续执行而不会被干掉。

❑ 如果服务已经启动了，那么系统将宿主进程的重要程度设置在前台可见进程和后台不可见进程之间，比前者的重要程度低，但比后者的高。因为一般只有几个很少的进程对用户可见，因此除非是极端内存不足的条件下，服务的宿主进程一般不会被杀死。

❑ 如果有客户端绑定到服务上，那么服务的宿主进程的重要程度不会比任何一个客户进程的重要程度低。

❑ 服务可以调用 startForeground(int, Notification) 这个 API 函数将服务置于前台，这样系统就会将其当作用户可以注意到它，从而避免被停止。

如果服务被停止，稍后系统还会重启它。其后果是，如果在 onStartCommand() 里启动了其他线程异步执行工作，需要使用 START_FLAG_REDELIVERY 标志来确保系统重新发送一个意图对象避免服务对象重启后丢掉数据。

5.2.2　在应用中添加服务

我们将 5.1 节中的闹钟程序扩展成一个 Android 应用，闹钟应用与其他 Android 应用相比有点特别——即使用户退出闹铃应用时，闹铃也要正常工作。虽然如 5.2.1 节中讲到的那样，服务在内存不够时还是有可能被系统停止，但对于精密度和稳定性要求不是很高的闹钟提醒应用，使用服务就够了。首先绘制一个简单的主界面，有两个按钮用于启动和停止服务，一个日期控件和一个时间控件用于设定闹钟时间。为了保证示例的简洁，主界面没有提供设置重复闹铃的控件，有兴趣的读者可以自行尝试实现它，最终应用的主界面如图 5-3 所示。

图 5-3 闹钟应用主界面

1）首先添加单击"启动服务"和"停止服务"按钮的事件处理程序，这两个按钮分别启动和停止在后台运行的闹铃服务，如代码清单 5-12 所示。

代码清单 5-12　启动和停止闹钟服务的代码

```
1. public class MainActivity extends Activity {
2.     // 处理单击"启动服务"按钮的事件处理程序
3.     private OnClickListener mStartListener = new OnClickListener() {
4.         public void onClick(View v) {
5.             // 创建启动服务的意图对象，
6.             // 第二个参数指定了要启动的服务类名：AlarmService
7.             Intent intent =
8.                 new Intent(MainActivity.this, AlarmService.class);
9.             // 启动服务
10.            startService(intent);
11.        }
12.    };
13.
14.    // 处理单击"停止服务"按钮的事件处理程序
15.    private OnClickListener mStopListener = new OnClickListener() {
16.        public void onClick(View v) {
17.            // 停止服务
18.            stopService(new Intent(MainActivity.this, AlarmService.class));
19.        }
20.    };
```

```
21.
22.     @Override
23.     public void onCreate(Bundle savedInstanceState) {
24.         super.onCreate(savedInstanceState);
25.         // 主界面的布局代码
26.         setContentView(R.layout.activity_main);
27.
28.         // 设置"启动服务"和"停止服务"按钮的事件处理函数
29.         Button button = (Button) findViewById(R.id.btnStart);
30.         button.setOnClickListener(mStartListener);
31.         button = (Button) findViewById(R.id.btnStop);
32.         button.setOnClickListener(mStopListener);
33.     }
34. }
```

2）接着加入实现 Android 服务最基本的代码，如代码清单 5-13 所示。

代码清单 5-13　Android 服务的最基本代码

```
1.  // Android 服务都应该从 Service 类中继承
2.  public class AlarmService extends Service {
3.      // 保存 Android 系统的通知区域的引用
4.      private NotificationManager _mNM;
5.
6.      // 无论服务是通过 startService 还是 bindService 启动
7.      // 都会调用 onCreate 函数启动服务
8.      @Override public void onCreate() {
9.          // 获取 Android 系统通知区域的引用
10.         _mNM = (NotificationManager) getSystemService(NOTIFICATION_
        SERVICE);
11.         // 在通知区域打印消息提示服务启动状态
12.         showNotification();
13.     }
14.
15.     @Override public int onStartCommand(Intent intent, int flags, int startId) {
16.         // 当运行服务的进程因为系统内存不够被停止时，
17.         // *START_STICKY* 告诉系统内存足够的时候重启服务，
18.         // 并且传入一个空的意图对象（null intent）重新调用 onStartCommand。
19.         // *START_NOT_STICKY* 告诉系统在服务被停止后，没必要再重启服务。
20.         // *START_REDELIVER_INTENT*，跟 START_STICKY 类似，但是
21.         // 在调用 onStartCommand 时重新传递原来的意图对象
22.         return START_NOT_STICKY;
23.     }
24.
25.     // 处理停止服务的销毁资源的函数
26.     @Override public void onDestroy() {
27.         // 删除通知区域的服务启动状态提示消息
28.         _mNM.cancel(R.string.local_service_started);
```

```
29.         // 弹出一个提示框提示用户服务已经停止
30.         Toast.makeText(this, R.string.local_service_stopped,
31.                 Toast.LENGTH_SHORT).show();
32.     }
33.
34.     // 这里服务不支持 bindService 的方式启动
35.     @Override public IBinder onBind(Intent intent) {
36.         return null;
37.     }
38.
39.     private void showNotification() {
40.         // 获取在 Android 通知区域打印服务状态消息的文本
41.         CharSequence text = getText(R.string.local_service_started);
42.         Notification notification = new Notification(
43.                 R.drawable.ic_action_search, text,
                    System.currentTimeMillis());
44.         // 设置当用户单击通知区域服务状态提示消息时要显示的活动
45.         // 这里是显示 MainActivity 的界面
46.         PendingIntent contentIntent = PendingIntent.getActivity(this, 0,
47.                 new Intent(this, MainActivity.class), 0);
48.         notification.setLatestEventInfo(this,
49.                 getText(R.string.local_service_label), text,
                    contentIntent);
50.         // 在通知栏显示消息
51.         _mNM.notify(R.string.local_service_started, notification);
52.     }
53. }
```

在服务的 onCreate 函数的第 8 ～ 13 行，为了向用户显示闹钟服务的状态，服务启动后会在系统通知区域添加一条提示信息，闹钟服务启动后在系统通知区域显示状态如图 5-4 所示。退出应用，在设备上下拉通知区域，并单击服务状态提示消息，Android 会打开 MainActivity 这个活动，如图 5-5 所示。这是因为在第 46 ～ 49 行，代码在向通知区域添加消息时，注册了一个 PendingIntent 意图对象，当用户单击通知消息时，Android 系统就会使用 PendingIntent 中的意图对象激活我们指定的活动或其他 Android 组件。

图 5-4　闹钟服务启动后在系统通知区域显示状态

图 5-5　通知区域的闹钟服务

到这里，一个最基本的服务就已经写好了，接下来添加设置闹钟时间、采用定时器定期检查时间显示提醒的代码。定时器相关的代码与 5.1 节的代码几乎相同，仅把显示提醒由向控制台打印一条消息更换成弹出一个对话框提醒的代码,这里我们着重看看闹钟设置界面是如何向服务传递闹铃时间的。从代码清单 5-12 的第 7 ～ 10 行可以看出,闹钟界面是通过意图对象启动服务的,而我们可以在这个意图对象上附带一些应用自定义的额外数据,以实现在 Android 系统不同组件之间相互通信的目的——甚至是跨进程间的组件通信,如图 5-6 所示。

图 5-6　应用界面通过意图对象与服务通信

3)要将用户设置的闹钟时间传递给服务,只需要修改代码清单 5-12 中第 3 ～ 12 行的处理单击"启动服务"按钮的函数,添加在意图对象上附加额外数据的代码即可,如代码清单 5-14 所示,第 5 ～ 11 行从界面上的日期和时间控件上获取用户设置的闹钟时间,接着在第 21 行将这个时间作为启动服务意图对象的附加数据传递给服务。

代码清单 5-14　在活动里向服务传递数据

```
1.  // 处理单击 "启动服务" 按钮的事件处理程序
2.  private OnClickListener mStartListener = new OnClickListener() {
3.      public void onClick(View v) {
4.          // 利用界面上的日期选择控件和时间选择控件的值创建一个 Date 实例
5.          DatePicker dp = (DatePicker)findViewById(R.id.datePicker);
6.          TimePicker tp = (TimePicker)findViewById(R.id.timePicker);
7.          // 创建设置闹铃时间所需要的 Date 实例
8.          Calendar calendar = Calendar.getInstance();
9.          calendar.set(dp.getYear(), dp.getMonth(), dp.getDayOfMonth(),
10.                  tp.getCurrentHour(), tp.getCurrentMinute());
11.
12.         // 创建启动服务的意图对象, 第二个参数指定了要启动的服务类名——AlarmService
13.         Intent intent =
14.                 new Intent(MainActivity.this, AlarmService.class);
15.         // 将闹铃时间附在启动服务的意图对象上, 因为它是一个额外的数据,
16.         // 所以使用 putExtra 来设置, 启动的服务可以通过键值 "TIME" 来获取闹铃时间。
17.         // calendar.getTime() 返回一个 Date 实例, 因为意图对象有可能会跨进程传递,
18.         // 所以要求附带在意图对象上的数据都应该是可序列化的, 而 Date 并不能直接被序列化。
19.         // 这里使用 Date.getTime() 函数获取日期对象对应的 Long 型的数值
20.         // 来达到支持序列化的效果
21.         intent.putExtra("TIME", calendar.getTime().getTime());
22.         // 启动服务
23.         startService(intent);
24.     }
25. };
```

4)Android 系统会直接把启动服务的意图对象传递给服务的 onStartCommand 或 onBind

函数——根据其他组件是通过 startService 还是 bindService 启动服务来定。这里我们修改代码清单 5-13 的 onStartCommand 函数在服务中获取设置的闹钟时间并启动定时器。正如代码清单 5-15 中注释说明的那样，为了将时间附在意图对象上，在活动中首先将时间转换成相应的长整型数字，再在服务中将其转换回时间。在第 28 行服务的 onDestory() 函数中，在服务停止时销毁定时器，这是由于服务不会因应用被放置在后台而停止运行，如图 5-7 所示。

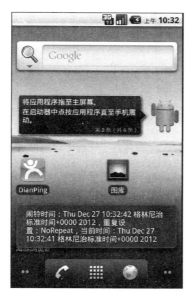

图 5-7 闹铃服务在后台运行

代码清单 5-15　在服务里获取闹钟时间设置

```
1.  // 闹铃服务内部默认还是使用 TestableAlarm 来执行闹铃操作
2.  private TestableAlarm _alarm;
3.
4.  public TestableAlarm getAlarm() { return _alarm; }
5.
6.  @Override
7.  public int onStartCommand(Intent intent, int flags, int startId) {
8.      Log.i("DEBUG", " 调用 onStartCommand!");
9.      Option option = new Option();
10.     // 因为 Activity 是通过 startService 启动服务的，
11.     // Android 系统会调用服务的 onStartCommand，这里可以获取 MainActivity 启动服务时
12.     // 使用的意图对象，进而可以拿到附在意图对象的闹铃时间信息，为了支持跨进程的传递，
13.     // 意图对象上是闹铃时间对应的 Long 型整数，需要使用 new Date(Long l) 构造函数
14.     // 重建闹铃时间
15.     option.alarmTime = new Date((intent.getLongExtra("TIME", 0)));
16.
17.     // 创建并启动闹铃定时器
18.     _alarm = new TestableAlarm(option, new SimpleGetDate(),
```

```
19.                                      this.getApplicationContext());
20.         _alarm.start();
21.         Log.i("DEBUG", "onStartCommand 已经被调用！");
22.
23.         return START_STICKY;
24.     }
25.
26.     // 处理停止服务的销毁资源的函数
27.     @Override
28.     public void onDestroy() {
29.         Log.i("DEBUG", " 调用 onDestroy!");
30.         // 首先停止闹铃定时器
31.         _alarm.stop();
32.         // 删除通知区域的服务启动状态提示消息
33.         _mNM.cancel(R.string.local_service_started);
34.         // 弹出一个提示框提示用户服务已经停止
35.         Toast.makeText(this, R.string.local_service_stopped,
36.                 Toast.LENGTH_SHORT).show();
37.     }
```

> **说明**
>
> 序列化是指将一个对象的状态转换成可传输或可保存格式的编码过程。以前面的 Date 类型为例，假设其内部有六个整型变量分别保存 Date 对象的年、月、日、小时、分钟和秒的值。在程序运行时，这六个整型变量值在内存中保存，当一个进程 A 要将 Date 对象通过网络传递给另外一台机器上进程 B。虽然进程 A 可以直接将 6 个整型变量值作为一个字节数组直接发送给进程 B，但进程 B 需要类型信息——Date 类型，才能正确地根据接收到的字节数组创建 Date 实例并填充年、月、日、小时、分钟和秒属性。一般在序列化时除了需要保存对象的数据外，还要保存对象类型信息等额外信息，而有的对象可能并不希望将内部的私有变量数据序列化，因此 Java 等编程语言一般要求对象显式声明自己支持序列化。

5.2.3 测试服务对象

Android 提供了针对 Service 对象的测试框架，通过提供模拟对象的方式创建一个隔离环境运行这些对象。测试 Service 对象的测试用例类是 ServiceTestCase。在 5.2.2 节也看到，因为可以假定 Service 对象与其调用者是分开的，所以可以不使用仪表盘技术测试 Service 对象。代码清单 5-16 是一个最简单的服务测试用例代码。

代码清单 5-16 本地服务的最简单元测试用例

```
1. public class LocalServiceTest extends ServiceTestCase<LocalService> {
2.     public LocalServiceTest() {
3.         super(LocalService.class);
4.     }
5.
```

```
6.      @Override
7.      protected void setUp() throws Exception {
8.          super.setUp();
9.      }
10.
11.     // 测试启动和关闭服务
12.     @SmallTest
13.     public void testStartable() {
14.         Intent startIntent = new Intent();
15.         startIntent.setClass(getContext(), LocalService.class);
16.         startService(startIntent);
17.     }
18. }
```

测试类型从 ServiceTestCase 继承时，需要指明其要测试的服务类型，并在构造函数中使用待测服务的类型来创建测试实例，如第 1 行和第 3 行。ServiceTestCase 提供了测试服务的一些辅助函数，如其提供的默认 tearDown 函数会自动关闭测试用例启动的服务，这也是为什么第 11 行的注释是"测试服务的启动与关闭"。与 tearDown 函数不同的是，ServiceTestCase 并不会在 setUp 函数中自动启动待测服务，这是因为通常在启动服务之前，测试用例都需要做一些额外的准备工作，如上一节的闹钟服务在启动时，要求意图对象附带有设置的闹钟时间。在第 7～9 行，重载的 setUp 代码不做任何事情，显式贴出它以强调测试用例在启动服务之前要做的准备工作。另外第 16 行测试用例启动服务时调用的 startService 函数是 ServiceTestCase 自己定义的，而不是 Android 系统的同名函数。ServiceTestCase 假定我们会在测试环境中提供一个模拟环境或模拟应用，这些模拟对象将测试环境和系统其他部分隔离开来，如果在启动服务对象之前没有提供这些对象的实例。那么 ServiceTestCase 会自己创建一个实例并将它们注入到服务对象中，因此其通过提供自己的 startService 函数来达到这个目的。

注意

ServiceTestCase 并没有提供无参构造函数，因此当测试用例从其继承下来时，必须提供一个无参构造函数，以便测试框架在执行测试用例时能够通过反射技术正确构造实例，如代码清单 5-16 的第 2-4 行所示。在 Eclipse 中编写测试代码时，IDE 有时会自动为测试类型添加默认的构造函数，如代码清单 5-17。

代码清单 5-17　IDE 自动生成的服务测试用例构造函数

```
public LocalServiceTest(Class<LocalService> serviceClass) {
        super(serviceClass);
}
```

如果测试类型没有无参构造函数，将无法执行其里面的所有用例，而且在 Android 的 LogCat 里将会看到类似下面的警告输出：

```
W/TestGrouping(871): Invalid Package: '' could not be found or has no tests
```

虽然 Android 官方的文档建议针对服务的单元测试用例都应从 ServiceTestCase 中继承下来，但很遗憾，ServiceTestCase 有一个很严重的兼容性错误。代码清单 5-18 就是测试 5.2.2 节用例服务的测试用例代码。

代码清单 5-18　闹钟服务的单元测试用例

```
1.    public void testStartable() throws InterruptedException {
2.        Intent startIntent = new Intent(getContext(),AlarmService.class);
3.        startIntent.putExtra("TIME", new Date());
4.        startService(startIntent);
5.    }
```

虽然测试用例正确地设置了启动服务的意图对象，但是在老版本（Android 2.2 API 8 及以下）的 Android 设备上执行测试用例时会发现测试失败，失败原因是在 tearDown 函数自动关闭启动的服务时，出现了一个 NullReferenceException 异常，如图 5-8 所示。

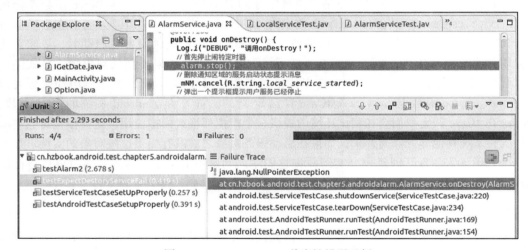

图 5-8　ServiceTestCase 兼容性错误示例

出现这个问题的原因是，在 Android 1.5 至 Android 2.2 版本中，当启动服务时，系统在调用服务的 onCreate 函数之后，是调用 onStart() 函数来启动服务的，而这个函数在 Android 2.2 之后就过时了，换成了 onStartCommand 这个函数。然而在 Android 2.2 及以下版本的 ServiceTestCase 的 startService 实现中，调用的是老的 onStart 函数，如代码清单 5-19。而本章用例用的闹钟服务在 onStartCommand 中需要根据其他组件传递过来的闹钟时间来初始化定时器，并在 onDestroy 函数中销毁这个定时器（参见代码清单 5-15 的第 31 行），在老版本的 Android 系统中执行测试用例时，onStartCommand 这个函数根本没有机会得到执行，进而无法初始化定时器 _alarm 对象，最终导致在测试用例结束时，tearDown 停止服务时触发 NullReferenceException 异常。

代码清单 5-19　ServiceTestCase 的 startService 实现源码

```
// 源码路径：/frameworks/base/test-runner/src/android/test/ServiceTestCase.java
1.  protected void startService(Intent intent) {
2.      assertFalse(mServiceStarted);
3.      assertFalse(mServiceBound);
4.
5.      if (!mServiceAttached) {
6.          setupService();
7.      }
8.      assertNotNull(mService);
9.
10.     if (!mServiceCreated) {
11.         mService.onCreate();
12.         mServiceCreated = true;
13.     }
14.     mService.onStart(intent, mServiceId);
15.     mServiceStarted = true;
16. }
```

这个错误已经在 Android2.3 以上版本得到了修复，但是为了让测试用例可以在以前的老版本上执行，建议在待测服务的源码中添加 onStart 函数的重载，使其调用 onStartCommand 函数以正确初始化相关变量，如代码清单 5-20 所示。

代码清单 5-20　重载 Service 的 onStart 函数以规避 Android2.2 中 ServiceTestCase 的兼容性错误

```
1. @Override
2. public void onStart(Intent intent, int startId) {
3.     onStartCommand(intent, 0, startId);
4. }
```

在设计一个服务时，需要考虑如何才能让测试用例检查到服务对象生命周期中的不同状态。如果 onCreate 和 onStartCommand 等函数启动了服务对象，没有设置一个全局变量来保存服务启动成功的状态，那么需要提供一个这样的变量以便测试使用。例如在代码清单 5-9 的第 11 行中，为了验证程序是否正确执行了提醒操作，代码中提供了一个辅助变量来供测试用例获取程序的内部信息。依照这个思路，代码清单 5-21 演示了测试闹钟应用后台服务的方法。

代码清单 5-21　闹钟应用的后台服务测试用例源码

```
1. public void testAlarmService() throws InterruptedException {
2.     Intent startIntent = new Intent(getContext(),AlarmService.class);
3.     startIntent.putExtra("TIME",
4.             new Date(2111, 12, 15, 16, 15, 0).getTime());
5.     startService(startIntent);
6.
7.     AlarmService service = (AlarmService)getService();
8.     Mockery context = new Mockery();
```

```
9.      final IGetDate gd = context.mock(IGetDate.class);
10.     context.checking(new Expectations() {{
11.         atLeast(1).of(gd).Now(); will(returnValue(
12.             new Date(2111, 12, 15, 16, 15, 0)));
13.     }});
14.
15.     service.getAlarm().setIGetDate(gd);
16.     Thread.sleep(2000);
17.     assertEquals(1, service.getAlarm().trigerTimes);
18.     context.assertIsSatisfied();
19. }
```

在第 2～5 行启动闹钟服务，之后闹钟服务就已经在运行了，因此用例可以在第 7 行使用 ServiceTestCase 所提供的 getService 辅助函数获取待测服务的引用。与代码清单 5-11 中的测试代码类似，第 8 行之后向闹钟服务的获取时间的接口提供了一个模拟对象，该对象针对每次 Now() 调用，总是返回一个未来时间 2112 年 1 月 15 日，进而强制闹钟可以立即触发，因为当闹钟发现闹铃时间早于当前时间时，就会立即启动闹钟，达到测试目的。

☞ 注意

在 Android 测试工程中添加 jmock 以及其依赖库引用后，执行测试用例时会出现如下错误：

Error generating final archive: duplicate entry: LICENSE.txt

这是因为 Android 开发工具包会将应用及其所有依赖的库统统打包进一个大的 APK 文件中，而 jmock 所依赖的两个包 hamcrest-core 和 hamcrest-library 中都有一个 LICENSE.TXT 文件，解决这个打包问题的方法是将两个 jar 文件中的 LICENSE.TXT 文件删掉一个。

5.3 本章小结

服务对象一般都通过额外的后台线程来执行长时间的操作，本章的用例服务用的定时器也是运行在一个定时器线程中的，因此可以将服务放在一个独立的环境中进行测试。虽然本章是以 jMock 为例介绍模拟对象的使用方法，Android 还有一个用的比较多的对象模拟函数库 EasyMock，其使用流程与 jMock 差不多。表 5-1 列出了两个函数库之间在使用流程上的差异，在本书附带的示例代码 AndroidAlarm.easymock.test 中演示了 EasyMock 的具体用法。

表 5-1 jMock 和 EasyMock 在使用流程上的差异

使用 jMock	使用 EasyMock
1）创建 Mockery 实例，其可以看成一个包含模拟对象的容器。 `Mockery context = new Mockery();`	1）直接根据接口或者抽象类创建模拟对象。 `IGetDate gd = EasyMock.createMock(IGetDate.class);`

（续）

使用 jMock	使用 EasyMock

2）根据接口或者抽象类创建模拟对象。
`IGetDate gd = context.mock(IGetDate.class);`
3）选择模拟对象的函数，并指定这些函数的期望调用次数，以便在后面验证。
`atLeast(1).of(gd).Now();`
4）设置选定函数的返回值。
`will(returnValue(new Date(.. .. ..)));`
5）在合适的地方传入模拟对象，并执行测试。
`TestableAlarm alarm = .. .. ..;`
6）验证测试结果，并验证模拟对象的函数是否被正确调用了。
`context.assertIsSatisfied();`
	2）选择模拟对象的函数并设置其返回值。
	`EasyMock.expect(gd.Now()).andReturn(new Date(.. .. ..))`
	3）调用 EasyMock.replay 开始模拟过程：
	`EasyMock.replay(gd);`
	4）使用模拟对象并执行测试：
	`TestableAlarm alarm = .. .. ..;`
	5）最后验证模拟对象的函数是否被正确调用了：
	`EasyMock.verify(gd);`

第 6 章
测试 Android 内容供应组件

在 Android 里，内容供应组件（Content Provider）向外部组件提供类似数据表的操作 API，而隐藏其内部实现细节。测试的最佳方法是从 ProviderTestCase2 继承测试类型，它可以模拟一些核心 Android 对象，如 Context、ContentResolver 等，以便在一个完全隔离的环境中测试内容供应组件。

6.1 控制反转

在面向对象的软件开发过程中，控制反转（Inversion of Control）是一种设计模式以移除硬编码在各组件之间的依赖关系，这样组件之间是在运行时绑定在一起的，而在编译期无法通过静态分析的方式获知。

在传统的编程手段中，一般组件是在编译期静态分配到其所要使用的组件，但这个做法的问题是，很难在运行时动态替换这些组件（依赖），比如依赖的组件是其他团队在负责开发，还没有一个可用版本。比如代码清单 6-1，它要做的事情很简单，在第 5 行创建一个书店对象 _store，初始化后加载所有书籍列表（第 11 行），依次对比书籍的作者找到要查询的作者并打印。

代码清单 6-1　用传统方式创建 BookStore 实例

```
1.  public class App {
2.      private static BookStore _store;
3.
4.      private static void 传统新建实例的方式(String author) throws
        DataInitException {
5.          _store = new BookStore();
6.          _store.init();
7.          authorBy(author);
8.      }
9.
10.     private static void authorBy(String author) {
```

```
11.            Book[] books = _store.loadAll();
12.            for (int i = 0; i < books.length; ++i ) {
13.                if ( books[i].author.equals(author) ) {
14.                    print(books[i]);
15.                }
16.            }
17.        }
18.
19.        // ...
20. }
```

然而这样的代码在后续升级的时候就比较麻烦，也许针对某个客户，BookStore 的实现是从一个文本文件中加载数据，而针对另一个客户，却要求数据从数据库中加载。更坏的情况是客户是一个连锁书店，需要根据分店的规模在运行时确定加载方式，为了适应弹性更换 BookStore 的实现方式，首先需要将 BookStore 的实现与它的使用者 App 分离开来，即通过接口抽象数据加载的过程，如代码清单 6-2 所示。

代码清单 6-2　用接口抽象 BookStore 数据加载的过程

```
1. public interface IStore {
2.     void init() throws DataInitException;
3.
4.     Book[] loadAll();
5. }
```

然后可以通过工厂模式根据分店规模来创建不同的 IStore 实现方式的对象实例，如代码清单 6-3 所示，而 App 在运行时只是通过传入分店名给 StoreFactory.createStore 函数就可以得到正确的数据加载实现方式。

代码清单 6-3　使用工厂模式创建 IStore 的实现对象

```
1. public class StoreFactory
2. {
3.     public IStore createStore(String name)
4.     {
5.         Size size = storeSize(name);
6.
7.         switch (size)
8.         {
9.             case Size.SMALL:
10.                return new TxtBookStore();
11.            case Size.LARGE:
12.                return new DbBookStore();
13.            default:
14.                throw new UnsupportedOperationException();
15.        }
16.    }
17. }
```

但工厂模式也不是没有缺点：它无法在其他程序内复用，所有的可创建对象及其创建方式都是硬编码在工厂模式的实现代码中的，而且客户端程序也常常需要知道使用工厂的哪个函数才能创建其要用的实例。比如说，另一个程序员小李要在他的程序中创建一个 IStore 对象的话，他不仅需要知道 StoreFactory.createStore 函数是用来做这个事情的，而且要明白 createStore 函数里已经将所有的创建逻辑固定下来了，即它只能用来创建 TxtBookStore 和 DbBookStore 对象。小李如果想创建一个新的采用网络加载数据的方式实现 IStore 接口的 NetBookStore 类型，他除了使用 new 关键字直接创建这个对象以外，根本没有办法通过 StoreFactory.createStore 来创建自己的采用网络加载数据的类型的对象。

在控制反转技术里，为了解决上面的问题，组件之间的依赖通过抽象的接口定义，在运行时再由装配器（assembler）绑定具体的实现对象。绑定一般通过依赖注入（dependency injection）技术及相关类库完成，而也有通过服务定位器（service locator）实现的。

6.1.1 依赖注入

依赖注入（Dependency Injection）一般是将所有对象放置在一个容器里，由容器来绑定对象之间依赖关系，如容器创建对象后，自动给新对象的属性赋值。主要有三种注入方式：构造函数注入（Constructor Injection）、属性注入（Setter Injection）和接口注入（Interface Injection）。本节介绍使用构造函数注入技术的容器 PicoContainer，其他注入方式请读者自行参考文献。

PicoContainer 通过类型的构造函数来注入依赖，因此容器中的每个类型都需要在构造函数的参数列表中表明其所需要的外部依赖。代码清单 6-4 使用依赖注入技术重写了代码清单 6-1，在第 5 行调用"初始化容器"函数创建并初始化依赖注入容器，这个函数通常会读取配置文件把程序将要用到的所有类型都添加到容器中，如第 14、15 行分别添加了程序要用到的 IocBookStore 类型，以及其所依赖的从 CSV 文件里读取书籍信息的类型 BookReader 类，一般来说"初始化容器"这样的函数都会在程序刚刚启动的时候调用。完成容器初始化后，要创建一个指定类型或者接口的实例，就是简简单单地向容器发一个请求，告诉容器需要什么类型的实例，然后就会得到一个这样的实例，而且实例的所有必需的依赖都由容器为我们绑定好了，如第 7 行，之后就可以正常使用这个对象了。

代码清单 6-4　使用依赖注入技术创建 BookStore 实例

```
1. private static IStore _store;
2.
3. private static void 使用容器的方式(String author)
4.     throws DataInitException {
5.     MutablePicoContainer 容器 = 初始化容器();
6.
7.     _store = 容器.getComponent(IStore.class);
8.     _store.init();
9.     authorBy(author);
10. }
```

```
11.
12.    private static MutablePicoContainer 初始化容器() {
13.        MutablePicoContainer pico = new DefaultPicoContainer();
14.        pico.addComponent(IocBookStore.class);
15.        pico.addComponent(BookReader.class);
16.
17.        return pico;
18.    }
19.
20.    private static void authorBy(String author) {
21.        Book[] books = _store.loadAll();
22.        for (int i = 0; i < books.length; ++i ) {
23.            if ( books[i].author.equals(author) ) {
24.                print(books[i]);
25.            }
26.        }
27.    }
```

而对于要放入容器的每个类型，只需要在构造函数上以参数的形式注明其所依赖的接口或者类型就可以了，参见代码清单 6-5 的第 10 行。正如注释中说的那样，容器之所以能够创建实现 IBookReader 接口的实例，是因为在代码清单 6-4 的第 15 行，已经事先将一个实现了 IBookReader 的类型 BookReader 添加到容器中了，图 6-1 演示了这个过程。

代码清单 6-5　IocBookStore 在构造函数列表上列出所有依赖

```
1. public class IocBookStore implements IStore {
2.     // IocBookStore 依赖 IBookReader 来创建书籍 Book 实例，
3.     // 负责将从 CSV 文件读取的每一行的数据列转换成书籍的属性数据
4.     private IBookReader _bookReader;
5.
6.     // 容器会自动通过反射技术找到 IocBookStore 这个构造函数
7.     // 并找到参数列表，从容器中找到实现了 IBookReader 的类型，
8.     // 创建实例并传给这个构造函数，如果 IBookReader 也有其他依赖，
9.     // 那么容器会递归解决这些依赖
10.    public IocBookStore(IBookReader reader)  {
11.        _bookReader = reader;
12.    }
13.
14.    public void init() throws DataInitException {
15.        CSVReader reader = null;
16.        reader = new CSVReader(new FileReader("books.txt"));
17.        String [] nextLine;
18.        List<Book>books = new ArrayList<Book>();
19.        while ((nextLine = reader.readNext()) != null) {
20.            books.add(_bookReader.readBook(nextLine));
21.        }
22.
23.        // ...
24.    }
25. }
```

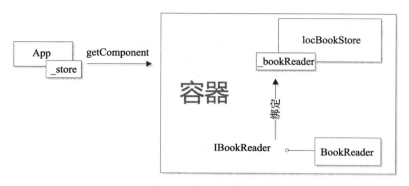

图 6-1　依赖注入容器

6.1.2　服务定位器

服务定位器（Service Locator）是一种设计模式，提供了一个单点入口，其内部包含服务并封装找到这些服务的逻辑。与依赖注入类似，服务定位器模式也将如何创建/实例化服务对客户端隐藏，客户端只需要向其提供一个字符串形式的服务名，或直接提供服务的类型名，通常服务定位器模式会与工厂模式或者依赖注入模式结合在一起使用，前者通过后者创建服务，图 6-2 演示了这种设计模式中各个对象的调用序列。

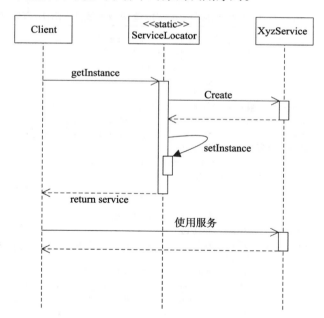

图 6-2　服务定位器的序列图

代码清单 6-6 是通过服务定位器模式实现与代码清单 6-1 相同的功能，其中我们使用一个自定义格式的字符串来唯一标识 BookStore 服务（第 4、5 行），而其使用的 ServiceLocator

在19、20行直接使用new的方式创建服务实例（通常会采用工厂模式和依赖注入模式创建）。

代码清单6-6　使用服务定位器模式创建BookStore实例

```
1.  private static void 使用服务定位器的方式(String author)
2.      throws DataInitException {
3.      初始化服务定位器();
4.      _store = (IStore)ServiceLocator.get(
5.          "service://localhost/BookStore");
6.      _store.init();
7.      authorBy(author);
8.  }
9.
10. private static void 初始化服务定位器() {
11.     ServiceLocator.init();
12. }
13.
14. class ServiceLocator {
15.     private static HashMap<String, Object> _servicesCache;
16.
17.     public static void init() {
18.         _servicesCache = new HashMap<String, Object>();
19.         _servicesCache.put("service://localhost/BookStore",
20.                     new BookStore());
21.     }
22.
23.     public static Object get(String serviceId) {
24.         return _servicesCache.get(serviceId);
25.     }
26. }
```

6.2　内容供应组件

在Android中，内容供应组件将数据封装起来，除了提供统一的方法操控数据外，还控制着系统中其他应用访问数据的权限。可以将内容供应组件看成一个特殊的服务，当其他组件（包括其他应用的组件）想要访问和操作数据时，它通过一个ContentResolver对象（服务定位器）从系统中抓取到能提供这种数据的服务，即内容供应组件，再通过组件的接口操控数据。Android通过内容供应组件来为系统中的应用提供统一的数据接口，并避免应用为了处理相似的数据而重复编码，例如Android提供了声音、视频、照片、联系人以及行程安排方面的内容供应组件，一方面在应用之间共享这些数据，另一方面也避免了应用重复编码实现类似功能。

代码清单6-7是Android开发包中示例代码ContactManager中显示手机联系人列表的关键源码。

代码清单 6-7　ContactManager 中获取联系人的源码

```
1.  private void populateContactList() {
2.      Cursor cursor = getContacts();
3.      String[] fields = new String[] {
4.          ContactsContract.Data.DISPLAY_NAME
5.      };
6.      SimpleCursorAdapter adapter = new SimpleCursorAdapter(
7.          this, R.layout.contact_entry, cursor,
8.          fields, new int[] {R.id.contactEntryText});
9.      mContactList.setAdapter(adapter);
10. }
11.
12. private Cursor getContacts()
13. {
14.     Uri uri = ContactsContract.Contacts.CONTENT_URI;
15.     String[] projection = new String[] {
16.         ContactsContract.Contacts._ID,
17.         ContactsContract.Contacts.DISPLAY_NAME
18.     };
19.     String selection = ContactsContract.Contacts.IN_VISIBLE_GROUP +
20.         " = '" + (mShowInvisible ? "0" : "1") + "'";
21.     String[] selectionArgs = null;
22.     String sortOrder = ContactsContract.Contacts.DISPLAY_NAME
23.         + " COLLATE LOCALIZED ASC";
24.
25.     return managedQuery(
26.         uri, projection, selection, selectionArgs, sortOrder);
27. }
```

1）其中第 12-27 行的 getContact 即从系统的联系人数据服务中获取所有的联系人信息

2）在第 14 行指定了能提供手机联系人数据的服务标识——CONTENT_URI，它的值是："content://com.android.contacts/contacts"，从它的类型可以看出，它的格式与网址很像，我们将在 6.2.1 节讨论它。

3）第 15 行的字符串数组过滤出每个联系人记录要显示的字段："ID"和"DISPLAY_NAME"；第 19 行设置了查询条件，即根据用户是否需要查看隐藏联系人的设置列出联系人；第 22 行指明返回的联系人集合根据"DISPLAY_NAME"字段排序；最后在 25 行查询并获得一个游标对象。这个游标对象将返回给 populateContactList 函数，通过 SimpleCursorAdapter 对象绑定到界面的列表控件上显示。列出所有联系人的效果如图 6-3 所示。

如果读者有过数据库编程经验，可以发现在第 15～25 行设置查询、排序条件和过滤返回字段的做法与数据库编程的 SQL 语句很像。实际上，Android 特意

图 6-3　列出所有联系人

将内容供应组件的操作访问设计成与数据库类似，它将数据向其他组件提供多个表的视图，表是一种类型数据的集合，表中每一行就是这种类型数据的实例（对象），而行中的每一列分别是对象的属性，而且内容供应组件的基类 ContentProvider 也与数据表一样提供了数据增删改查（CRUD）的接口。例如 Android 内置的用来保存用户自定义单词的词典供应组件，对其他组件来说，数据视图如表 6-1 所示。

表 6-1 用户词典数据表的结构

Word	app id	frequency	locale	_ID
Mapreduce	user1	100	en_US	1
Precompiler	user14	200	fr_FR	2
Const	user1	255	pt_BR	3

表 6-1 的每一行都是无法在标准字典中找到的单词实例，而每一列都是关于该单词的一些属性，如单词的使用频率，由哪个应用添加的，等等，最后的"_ID"列是类似数据库的"主键"列，内容供应组件通过它来唯一标识记录。

注意

虽然内容供应组件并不要求一定要有主键列，而且也没有强制要求主键列的名称为"_ID"，但实际上很多 Android 控件，例如 ListView 在绑定内容供应组件提供的数据时，都要求数据包含有名为"_ID"的列，因此建议在创建自己的内容供应组件时，使用这个名称作为主键列名。

正如前文所说的那样，其他组件通过 ContentResolver 对象来操控数据，ContentResolver 对象定义了与内容供应组件增删改查完全一样的 API 以操作数据，它运行在客户端应用的进程里中，自动为我们处理进程间通信所必须完成的序列化、反序列化操作。如代码清单 6-7 的第 25 行的 managedQuery 函数，它实际上在最新的 API 上已经过时了，它执行的操作与代码清单 6-8 相同。

代码清单 6-8 通过 ContentResolver 查询数据

```
1. ContentResolver resolver = getContentResolver();
2. Cursor c = resolver.query(uri, projection, selection, selectionArgs,
      sortOrder);
```

表 6-2 列出了 ContentResolver（和 ContentProvider）的查询数据的接口 query 函数各参数与 SQL Select 语句各部分之间的关系：

表 6-2 ContentProvider 和 SQL Select 语句的对应关系

query 的参数	SELECT 语句各部分	说明
uri	FROM 表名	指定了要查询的内容供应组件里的表，因为内容供应组件可以提供多种类型的数据，所以可以将内容供应组件看成一个数据库，而每种类型的数据是数据库中的一个表

(续)

query 的参数	SELECT 语句各部分	说明
projection	列 1，列 2，列 3 ……	过滤出每一行需要返回的数据字段列表
selection	WHERE ＜匹配条件＞	与 selectionArgs 组成一个查询匹配条件，如"ID = 1"
selectionArgs	匹配条件中的参数值列表	selection 中各参数的值列表，如果 selection 中包含"？"号，其值将由 selectionArgs 的值代替，每一个"？"号由 selectionArgs 中的对应元素替换。 如果 selection 的值是"ID ＜？ AND Title = ？"，那么 selectionArgs 就应该是一个包含两个元素的字符串数组，第一个元素是 ID 子条件中的参数值，而第二个元素则是 Title 子条件的参数值
sortOrder	ORDER BY 列 1，列 2	指明排序用的字段

6.2.1 统一资源标识符

Android 通过统一资源标识符（URI）定位系统里的内容供应组件，以及组件内的数据。维基百科对 URI 的解释是：

"统一资源标识符（Uniform Resource Identifier，URI）是一个用于标识某一互联网资源名称的字符串。该标识允许用户对网络中（一般指万维网）的资源通过特定的协议进行交互操作。URI 可被视为定位符（URL）、名称（URN）或两者兼备。统一资源名（URN）如同一个人的名称，而统一资源定位符（URL）代表一个人的住址。换言之，URN 定义某事物的身份，而 URL 提供查找该事物的方法。

用于标识唯一书目的 ISBN 系统是一个典型的 URN 使用范例。例如，ISBN 0-486-27557-4(urn:isbn:0-486-27557-4) 无二义性地标识出莎士比亚的戏剧《罗密欧与朱丽叶》的某一特定版本。为获得该资源并阅读该书，人们需要它的位置，也就是一个 URL 地址。在类 Unix 操作系统中，一个典型的 URL 地址可能是一个文件目录，例如 file:///home/username/RomeoAndJuliet.pdf。该 URL 标识出存储于本地硬盘中的电子书文件。因此，URL 和 URN 有着互补的作用。"

Android 对 URI 的使用更偏向 URL，一个完整的 URL 格式如下：

scheme://username:password@domain:port/path?query_string#fragment_id

1）scheme 指定了所定位的资源使用的协议名，也定义了 URL 其他部分的格式。例如，我们访问互联网常用的网址格式" http://example.org:80"就指明了向 example.org 这个服务器的 80 端口发送 HTTP 请求；而 mailto:bob@example.com 就会启动邮件处理程序向 bob@example.com 这个邮箱地址发邮件。

2）domain 部分指定了资源所在机器地址，可以是一个域名或 IP 地址。

3）port 部分指定了资源由机器上哪个程序处理这个请求，因为机器上每个端口都对应了了一个程序，即使程序可以同时监听多个端口，但是每个端口只有一个程序对应。由于每个协议都有一个默认的端口号，所以端口号部分是可选的。

4）username 和 password 是访问资源所需要的用户名和密码，对于一些要求身份验证的资源，例如 ftp 协议，就可以直接在 URL 上加上这些信息来访问受限资源，但由于这种方式一般要明文传递密码，因此在使用上不多见，这一部分也是可选的。

5）path 部分指定了资源在机器上的路径，通常是大小写敏感的，但有些服务器特别是 Windows 平台上的服务器也会允许不分大小写。虽然在 URL 格式中，path 后面还有其他部分，但是 path 一般就可以唯一定位资源了，其他两个部分是在由 path 定位的资源中执行额外的查询操作。另外 path 的路径也不一定需要真实存在，可以是一个虚拟的可以在机器上唯一定位的路径。

6）query 部分包含了向服务器传递的一些查询参数，通常是多个由"&"字符分隔的键值对，如"?id=123456&name=test"。

7）最后的 fragment 部分，指明了所定位的资源的某个位置或某一部分，如在 http://localhost/test.html#top 这个 URL 中，#top 的意思是 test.html 文件中名为"top"的位置，在浏览器中浏览这个网址时，浏览器除了会加载 test.html 这个网页外，还会跳转到标有"top"名称的位置上。

而 Android 定位数据的 URI 格式会稍微简单些，如图 6-4 所示。例如，前面代码清单 6-8 里第 2 行 query 的 uri 参数值 content://com.android.contacts/contacts 即表明查询联系人数据的官方来源是 contacts 数据库中的 contacts 表，ContentResolver 对象负责将 uri 中的官方来源部分提取出来，并在系统中对比已知的内容供应组件的名称找到合适的组件，进而找到要查询的表"contacts"，然后执行后续查询操作。

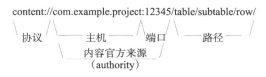

图 6-4　内容供应组件 URI 格式

要记住 Android 系统中各式各样的内容供应组件的 URI 是一个很费事的事情，为了方便编程，一般内容供应组件都会定义一个契约（Contract）类，其定义了与内容供应组件有关的常量，如组件的 URI、表的列名和相关意图对象的动作等，一般是一个表一个契约类，每个表作为内容供应组件契约类的子类出现。"android.provider"这个包包含了大部分 Android 内置的内容供应组件的契约类。例如前例用到的手机联系人组件的契约类"ContactsContract"，其子类"Contacts"就是其中联系人表的契约类，"ContactsContract.Contacts.CONTENT_URI"是这个表的 URI，"ContactsContract.Contacts._ID"和"ContactsContract.Contacts.DISPLAY_NAME"分别是这个表的列名，它们的具体使用方式参看代码清单 6-7 的 getContacts 函数。

很多内容供应组件都允许在 URI 的表名后面附上 ID 值来定位到具体的一行，如"content://com.android.contacts/contacts/1"的意思就是定位到"contacts"表中 ID 为 1 的那一行。虽然可以直接通过字符串连接操作组合这样的 URI，但建议通过 ContentUris 这个辅助类提供的函数执行 URI 连接操作，如代码清单 6-9 所示。

代码清单 6-9　使用 ContentUris 辅助类组合 URI

```
1.  Uri singleUri = ContentUris.withAppendedId(
2.          ContactsContract.Contacts.CONTENT_URI, 1);
```

6.2.2　MIME 类型

内容组件管理的数据可以说是五花八门，就跟 Windows 等操作系统要为文件添加一个后缀名来识别文件类型以便程序和用户操作一样，客户组件也许要区分出内容组件返回的数据的类型，否则其无从得知返回的数据是一个图片，还是一个文本文件，也就无法正确处理数据。为了解决这个问题，内容供应组件可以为返回的数据指定 MIME 类型以便处理。

MIME 类型的格式一般是：type/subtype。如常见的网页的 MIME 类型就是"text/html"，它表明数据类型是文本，而且子类型是超文本格式，当浏览器请求一个 URL，其会检查服务器返回的 HTTP 消息包头并找到 MIME type 字段，根据它的值来确定是否将其当做网页，还是图片处理。浏览器通常不会根据 URL 里路径部分的后缀名来推测返回的数据类型，因为这种做法太复杂了，任何一个 URL（如 .html、.asp、.jsp 等）都有可能返回 HTML 网页。

在 Android 里，内容供应组件可以返回标准的 MIME 类型，参见网址 http://www.iana.org/assignments/media-types/index.html，也可以返回自定义的 MIME 类型。对于自定义的 MIME 类型，type 值只能是：

❑ vnd.android.cursor.dir，表示一个数据集合。
❑ vnd.android.cursor.item，表示一条数据记录。

而子类型则由组件自定义，比如联系人应用要创建一行电话号码数据时，可以设置这行的 MIME 类型为："vnd.android.cursor.item/phone_v2"，其中子类型是"phone_v2"，与 uri、列名等类似，一般内容供应组件的契约类都会定义其相关的 MIME 类型常量。

6.2.3　内容供应组件的虚拟表视图

虽然内容供应组件提供的视图是一个表格视图（逻辑视图），但这并不意味着其内部的实际结构与逻辑视图相同，实际上其内部实现甚至都不需要用到数据库。如 Android 手机联系人内部是保存在 SQLite 数据库中的，可以用本书第二部分要讲解的 adb 连接到一台设备上查看其内部结构和数据，如代码清单 6-10 所示。由于其中的命令需要用到 Android 设备自带的 shell，其默认的命令提示符是"#"号，为了避免混淆，代码清单 6-10 中的注释均以"--"开头。从代码清单 6-10 中可以看到，虽然其内部实现中有一个名为"contacts"的数据表，但它的格式明显与逻辑视图的"contacts"表不同。

代码清单 6-10　使用 SQLite 查看联系人内部结构

```
-- 连接到设备上
~$ adb shell
```

-- 已经连接到设备，使用Android设备的Shell查看内容，将目录切换到Android设备上手机联系人内容组件的目录

```
# cd /data/data/com.android.providers.contacts/databases
```

-- 用sqlite3命令打开保存有手机联系人的sqlite数据库，contacts2.db就是数据库的文件名

```
# sqlite3 contacts2.db
SQLite version 3.6.22
Enter ".help" for instructions
Enter SQL statements terminated with a ";"
```

-- 使用sqlite命令".tables"列出数据库里的所有数据表

```
sqlite>.tables
_sync_state                    settings
_sync_state_metadata           status_updates
accounts                       v1_settings
activities                     view_contacts
agg_exceptions                 view_contacts_restricted
android_metadata               view_data
calls                          view_data_restricted
contact_entities_view          view_groups
contact_entities_view_restricted  view_raw_contacts
contacts                       view_raw_contacts_restricted
data                           view_v1_contact_methods
groups                         view_v1_extensions
mimetypes                      view_v1_group_membership
name_lookup                    view_v1_groups
nickname_lookup                view_v1_organizations
packages                       view_v1_people
phone_lookup                   view_v1_phones
properties                     view_v1_photos
raw_contacts
```

-- 使用sqlite命令".schema"查看数据表contacts的结构

```
sqlite>.schema contacts
CREATE TABLE contacts (_id INTEGER PRIMARY KEY AUTOINCREMENT,name_raw_contact_id INTEGER REFERENCES raw_contacts(_id),photo_id INTEGER REFERENCES data(_id),custom_ringtone TEXT,send_to_voicemail INTEGER NOT NULL DEFAULT 0,times_contacted INTEGER NOT NULL DEFAULT 0,last_time_contacted INTEGER,starred INTEGER NOT NULL DEFAULT 0,in_visible_group INTEGER NOT NULL DEFAULT 1,has_phone_number INTEGER NOT NULL DEFAULT 0,lookup TEXT,status_update_id INTEGER REFERENCES data(_id),single_is_restricted INTEGER NOT NULL DEFAULT 0);
CREATE INDEX contacts_has_phone_index ON contacts (has_phone_number);
CREATE INDEX contacts_name_raw_contact_id_index ON contacts (name_raw_contact_id);
CREATE INDEX contacts_restricted_index ON contacts (single_is_restricted);
CREATE INDEX contacts_visible_index ON contacts (in_visible_group);
```

-- 执行一条SQL查询语句看看contacts里的数据

```
sqlite>select * from contacts;
1|1|||0|0|0|0|1|0|0r1-503A3C||0
2|2|||0|0|0|0|1|0|0r2-3034||0
```

-- 由于contacts表里为了避免数据冗余，采用了范式设计，要查看完整的联系人信息
-- 可以通过contact_entities_view这个视图查看内容

```
sqlite>select * from contact_entities_view;
|||2|1|0|0||1|||||vnd.android.cursor.item/name|shi|yimin||||||||1|0|||||||||1|0|0|0|1|0|0|
```

```
|||2|1|0|0||2|||||vnd.android.cursor.item/name|google|android||||||||1|0||||||
||2|0|0|0|2|0|0|
```
-- 查看 contact_entities_view 这个视图的定义
```
sqlite> .schema contact_entities_view
CREATE VIEW contact_entities_view AS SELECT raw_contacts.account_name AS
account_name,raw_contacts.account_type AS account_type,raw_contacts.sourceid AS
sourceid,raw_contacts.version AS version,raw_contacts.dirty AS dirty,raw_contacts.
deleted AS deleted,raw_contacts.name_verified AS name_verified,package AS res_
package,contact_id, raw_contacts.sync1 AS sync1, raw_contacts.sync2 AS sync2, raw_
contacts.sync3 AS sync3, raw_contacts.sync4 AS sync4, mimetype, data1, data2,
data3, data4, data5, data6, data7, data8, data9, data10, data11, data12, data13,
data14, data15, data_sync1, data_sync2, data_sync3, data_sync4, raw_contacts._id AS
_id, is_primary, is_super_primary, data_version, data._id AS data_id,raw_contacts.
starred AS starred,raw_contacts.is_restricted AS is_restricted,groups.sourceid AS
group_sourceid FROM raw_contacts LEFT OUTER JOIN data ON (data.raw_contact_id=raw_
contacts._id) LEFT OUTER JOIN packages ON (data.package_id=packages._id) LEFT
OUTER JOIN mimetypes ON (data.mimetype_id=mimetypes._id) LEFT OUTER JOIN groups ON
(mimetypes.mimetype='vnd.android.cursor.item/group_membership' AND groups._id=data.
data1);
```

6.3 内容供应组件示例

有了前面关于内容供应组件的相关知识，我们来把6.1节的书店数据库扩展成一个内容组件，如代码清单6-11。为了演示的需要，示例中的内容供应组件并没有额外定义契约类，而是直接将相关的常量如URI、列名等定义在内容供应组件类型中。其中也定义了增（insert）、删（delete）、改（update）、查（query）等函数供客户组件操控数据，这些函数都通过URI来直接定位要操作的数据集，而且对于新增的数据，还会返回唯一标识其的URI。

代码清单6-11　书籍信息内容供应组件

```
1.  public class BookContentProvider extends ContentProvider {
2.      // 数据集的 MIME 类型应该以 vnd.android.cursor.dir/ 开头
3.      public static final String BOOKS_TYPE = "vnd.android.cursor.dir/book";
4.      // 单一数据的 MIME 类型以 vnd.android.cursor.item/ 开头
5.      public static final String BOOK_ITEM_TYPE = "vnd.android.cursor.item/
        book";
6.      // 本内容供应组件的官方名称
7.      public static final String AUTHORITY =
8.                  "cn.hzbook.android.test.chapter6.contentprovidersample";
9.      // 两个常量，用于匹配 URI 的格式
10.     public static final int BOOKS = 1;
11.     public static final int BOOK = 2;
12.
13.     // 访问单个书籍记录的 URI
14.     public static final Uri BOOK_URI =
15.             Uri.parse("content://" + AUTHORITY + "/book");
16.     // 访问书籍列表的 URI
```

```
17.     public static final Uri BOOK_LIST_URI =
18.         Uri.parse("content://" + AUTHORITY + "/books");
19.     // 书籍表里的列名
20.     public static final String Id = "_id";
21.     public static final String Title = "TITLE";
22.     public static final String Author = "AUTHOR";
23.
24.     // 内容供应组件下面封装的数据库中保存书籍记录的表名: books
25.     private static final String TABLE_NAME = "books";
26.     // 在 SQLite 数据库里创建表的 SQL 语句
27.     // 当第一次启动内容供应组件并访问数据时，会使用它在数据库中建表
28.     private static final String CREATE_TABLE_SQL = "CREATE TABLE" + TABLE_NAME +
29.         "(" +
30.                 " _id INTEGER PRIMARY KEY AUTOINCREMENT," +
31.                 " TITLE TEXT," +
32.                 " AUTHOR TEXT" +
33.         ")";
34.     // 内容供应组件所使用的数据库
35.     private MainDatabaseHelper _db;
36.
37.     // 辅助类型，用来封装内容供应组件创建和升级其内部使用到的 SQLite 数据库的相关操作
38.     protected static final class MainDatabaseHelper extends SQLiteOpenHelper {
39.         public MainDatabaseHelper(Context context) {
40.             super(context, "BOOKSTORE", null, 1);
41.             Log.i("DEBUG", "MainDatabaseHelper.ctor");
42.         }
43.
44.         // 当内容供应组件调用 getReadableDatabase() 或 getWritableDatabase()
45.         // 函数时，如果数据库还没有创建，那么会调用该函数创建数据库
46.         @Override
47.         public void onCreate(SQLiteDatabase db) {
48.             Log.i("DEBUG", "MainDatabaseHelper.onCreate");
49.             db.execSQL(CREATE_TABLE_SQL);
50.         }
51.
52.         @Override
53.         public void onUpgrade(SQLiteDatabase db, int arg1, int arg2) {
54.             // 只是一个简单的示例，不支持任何的升级场景，仅是简单重建数据表
55.             db.execSQL("DROP TABLE IF EXISTS " + TABLE_NAME);
56.             onCreate(db);
57.         }
58.     }
59.
60.     private static UriMatcher _uriMatcher;
61.     static {
62.         _uriMatcher = new UriMatcher(UriMatcher.NO_MATCH);
63.         // 使用下面的 URI 格式访问所有书籍列表
64.         //    content://cn.hzbook.android.test.chapter6.contentprovidersample/books
65.         _uriMatcher.addURI(AUTHORITY, "books", BOOKS);
```

```
66.         // 使用下面的 URI 格式访问单本书的详细信息
67.         // content://cn.hzbook.android.test.chapter6.contentprovidersample/
            book/1
68.         _uriMatcher.addURI(AUTHORITY, "book/#", BOOK);
69.
70.     }
71.
72.     // 删除数据操作
73.     // uri 指明要操作的数据表，selection 过滤出符合条件的数据，
74.     // selectionArgs 是替换 selection 条件中 "?" 的参数值列表
75.     @Override
76.     public int delete(Uri uri, String selection, String[] selectionArgs) {
77.         // 打开数据库，如果数据库不存在，会创建数据库并建表
78.         SQLiteDatabase db = _db.getWritableDatabase();
79.         // delete 会返回删除的行数，这个值需要传递给客户组件
80.         int rowCount = db.delete(TABLE_NAME, selection, selectionArgs);
81.         // 通知其他监听内容组件内部数据更新操作的监听组件
82.         getContext().getContentResolver().notifyChange(uri, null);
83.         return rowCount;
84.     }
85.
86.     // 根据数据的定位 uri 返回数据类型，以便客户组件正确处理数据
87.     @Override
88.     public String getType(Uri uri) {
89.         int code = _uriMatcher.match(uri);
90.         switch ( code ) {
91.         case BOOKS:
92.             return BOOKS_TYPE;
93.         case BOOK:
94.             return BOOK_ITEM_TYPE;
95.         default:
96.             return null;
97.         }
98.     }
99.
100.    // 添加数据，向 uri 指定的数据集合里增加一行数据，行上每一列的数据
101.    // 都由键值对集合 values 指定
102.    @Override
103.    public Uri insert(Uri uri, ContentValues values) {
104.        SQLiteDatabase db = _db.getWritableDatabase();
105.        // 添加新数据后，会返回新的一行的主键 ID
106.        long newRowId = db.insert(TABLE_NAME, null, values);
107.        // 根据新行的主键创建唯一定位行的 uri
108.        Uri newItemUri = Uri.withAppendedPath(
109.                BOOK_URI, Long.toString(newRowId));
110.
111.        getContext().getContentResolver().notifyChange(BOOK_URI, null);
112.        return newItemUri;
113.    }
114.
115.    @Override
```

```
116.    public boolean onCreate() {
117.        _db = new MainDatabaseHelper(getContext());
118.        return true;
119.    }
120.
121.    // 查询操作
122.    // 其参数列表与ContentResolver.query完全一样
123.    // projection: 过滤出每行要返回的列
124.    // selection: 查询条件,如果条件中有"?"参数,由selectionArgs参数的列表提供参数值
125.    // sortOrder: 排序条件
126.    @Override
127.    public Cursor query(Uri uri, String[] projection, String selection,
128.            String[] selectionArgs, String sortOrder) {
129.        // 因为SQL语句一般来说都比较复杂,直接使用字符串拼接的方式很容易出错,
130.        // 所以建议用SQLiteQueryBuilder这个辅助类来拼接SQL查询语句的不同部分
131.        SQLiteQueryBuilder builder = new SQLiteQueryBuilder();
132.        builder.setTables(TABLE_NAME);
133.
134.        Cursor c = builder.query(_db.getReadableDatabase(),
135.                projection, selection, selectionArgs, null, null,
                    sortOrder);
136.
137.        c.setNotificationUri(getContext().getContentResolver(), uri);
138.        return c;
139.    }
140.
141.    // 更新操作
142.    @Override
143.    public int update(Uri uri, ContentValues values,
144.            String selection, String[] selectionArgs) {
145.        SQLiteDatabase db = _db.getWritableDatabase();
146.        int updateCount = db.update(TABLE_NAME, values, selection,
                    selectionArgs);
147.
148.        getContext().getContentResolver().notifyChange(uri, null);
149.        return updateCount;
150.    }
151. }
```

与活动、服务组件类似,内容供应组件也是需要在AndroidManifest.xml文件中注册才能使用的,注册的格式如代码清单6-12所示,其中"android:name"属性是要注册的内容供应组件的类名(BookContentProvider),而不能是包含Java包名的全名(例如,cn.hzbook.android.test.chapter6.contentprovidersample.BookContentProvider这样的包名是不可行的),否则在运行时Android会报告找不到类的错误,而"android:authorities"属性则是内容供应组件的官方来源名称,其他组件必须在uri中通过它来找到该内容组件。

代码清单6-12 在AndroidManifest.xml中注册内容供应组件

```
<provider android:name="BookContentProvider"
```

```
            android:authorities="cn.hzbook.android.test.chapter6.contentprovider-
        sample" />
```

运行配套资源中的示例代码 ContentProviderSample,并通过应用添加一条书籍记录,然后按照 6.2.3 节介绍的方法查看书籍内容供应组件的数据库,结果如代码清单 6-13 所示。

代码清单 6-13　查看书籍内容供应组件的内部数据结构

```
# cd /data/data/cn.hzbook.android.test.chapter6.contentprovidersample/databases
-- 在代码清单 6-11 的第 40 行指定了数据库的文件名:"BOOKSTORE"
# sqlite3 BOOKSTORE
sqlite>.tables
android_metadata  books
sqlite>select * from books;
1|android test|shi yimin
sqlite>.schema books
CREATE TABLE books( _id INTEGER PRIMARY KEY AUTOINCREMENT,  TITLE TEXT,  AUTHOR TEXT);
```

注意

当要在应用中使用 ListView 控件显示内容供应组件的数据时,一定要在 projection 参数中添加 _ID 这个列,否则应用会报告 IllegalArgumentException 的异常并退出。如代码清单 6-14 所示,注意第 3 行 projection 参数中没有包含 _ID 列。

代码清单 6-14　在查询内容组件数据时没有包含 _ID 列会导致应用异常的示例

```
1.  Uri uri = BookContentProvider.BOOK_LIST_URI;
2.  String[] projection = new String[] {
3.          // BookContentProvider.Id,
4.          BookContentProvider.Title
5.  };
6.
7.  String sortOrder = BookContentProvider.Title
8.          + " COLLATE LOCALIZED ASC";
9.
10. ContentResolver resolver = getContentResolver();
11. Cursor c = resolver.query(uri, projection, null, null, sortOrder);
12. String[] fields = new String[] {
13.         BookContentProvider.Title
14. };
15.
16. SimpleCursorAdapter adapter = new SimpleCursorAdapter(
17.         this,
18.         R.layout.book_entry, // 显示书籍详细信息的界面
19.         c, // 从数据库抓取的数据列表游标
20.         fields, // 在列表上显示的列,只显示书籍列
21.         new int[] {R.id.bookTitle} // book_entry 中显示数据的控件
22.         );
```

```
23.
24. ListView bookList = (ListView) findViewById(R.id.book_list);
25. bookList.setAdapter(adapter);
```

在执行代码清单 6-14 时就会导致下面 IllegalArgumentException 的异常：

```
01-02 12:59:18.956: E/AndroidRuntime(633): java.lang.RuntimeException: Unable
to start activity
    ComponentInfo{cn.hzbook.android.test.chapter6.contentprovidersample/
cn.hzbook.android.test.chapter6.contentprovidersample.MainActivity}: java.lang.
IllegalArgumentException: column '_id' does not exist
```

如果你在编写程序时碰到此种问题，要在 projection 参数中加上 "_id" 列，告诉内容供应组件在返回的数据中包含主键列的数据，避免因 ListView 硬编码导致的问题。

6.4　测试内容供应组件

在测试内容供应组件时，无论内容组件是通过数据库还是普通文件实现的 ContentProvider 增、删、改、查接口，我们可能都希望在测试时截留到待测内容组件的数据库或文件调用，例如在真实设备上测试内容供应组件时，我们希望执行测试用例时不会污染到用户的已有数据和文件，再例如在真实设备上添加和删除联系人信息。因此 Android 提供了内容供应组件的测试用例基类 ProviderTestCase2，它的目的就是为内容组件测试提供一个隔离的测试环境，确保测试用例所操作的数据库或文件是专为它提供的，也防止测试用例有意或无意修改了真实的用户数据。

代码清单 6-15 演示了继承 ProviderTestCase2 测试内容供应组件的方法，其中只演示了测试增加、删除和查询数据的方法，至于修改数据的测试用例读者可自行尝试。在测试增加数据的用例中，其首先在第 11 行创建一条新的书籍记录，并获取新记录的 uri，再在第 12、13 行使用这个 uri 在内容供应组件中查询书籍信息，最终在第 14 行验证返回的数据游标包含数据达到测试目的。如果没有查询到数据，moveToNext() 会返回 false。这个用例中并没有验证返回的书籍详细信息（标题和作者信息）是否与插入的完全一致，这是因为在测试查询数据的用例中，已经执行类似的验证，就不再重复验证了。在查询数据的测试用例中演示了 selectionArgs 的用法，参见第 29～31 行，在执行 query 函数时，其最终会转化成下面的 SQL 语句。注意即使是字符串数据，selection 参数中的 "?" 也不需要使用单引号括起来。

```
SELECT _id, author FROM books WHERE Title LIKE 'test 测试查询 query 函数 %'
```

第 32～36 行的注释也演示了通过 selection 和 selectionArgs 参数组合另一种条件匹配（WHERE）子句的方法。第 40～53 行演示了通过数据游标 Cursor 类遍历查询返回的数据集，以及逐一获取每行数据列的数据并执行验证的方法，如 45 行演示了使用 Cursor.getInt 函数获取整数列数据，而 50 行演示了获取文本型数据列的方法。

最后在第 64 行的删除数据测试用例中删除数据，第 67 行执行的验证刚好与第 14 行相反，通过验证查询结果集合中没有数据。

代码清单 6-15　书籍信息内容供应组件测试用例

```java
1.  public class BookContentProviderTestCase extends
2.          ProviderTestCase2<BookContentProvider>{
3.      public BookContentProviderTestCase() {
4.          super(BookContentProvider.class, BookContentProvider.AUTHORITY);
5.      }
6.
7.      public void test测试添加insert函数() {
8.          Uri newRowUri = null;
9.
10.         try {
11.             newRowUri = 添加测试数据("test测试添加insert函数");
12.             ContentResolver resolver = getMockContentResolver();
13.             Cursor cursor = resolver.query(newRowUri, null, null, null,
                    null);
14.             assertTrue(cursor.moveToNext());
15.         } finally {
16.             删除数据(newRowUri);
17.         }
18.     }
19.
20.     public void test测试查询query函数() {
21.         Uri newRowUri = 添加测试数据("test测试查询query函数");
22.         try {
23.             Uri uri = BookContentProvider.BOOK_URI;
24.             ContentResolver resolver = getMockContentResolver();
25.             String[] projection = new String[] {
26.                     BookContentProvider.Id,
27.                     BookContentProvider.Author };
28.
29.             String selection = String.format("%1$s LIKE ?",
30.                     BookContentProvider.Title);
31.             String[] selectionArgs = new String[] { "test测试查询query函数%" };
32.             /*
33.             String selection = String.format("%1$s = ?",
34.                     BookContentProvider.Title);
35.             String[] selectionArgs = new String[]{"test测试查询query函数标题"};
36.             */
37.             Cursor cursor = resolver.query(
38.                 uri, projection, selection, selectionArgs, null);
39.             int occurrence = 0;
40.             while ( cursor.moveToNext() ) {
41.                 occurrence++;
42.                 assertEquals(2, cursor.getColumnCount());
```

```
43.
44.                    String expected = newRowUri.getLastPathSegment();
45.                    String actual = Long.toString(cursor.getInt(
46.                        cursor.getColumnIndex(BookContentProvider.Id)));
47.                    assertEquals(expected, actual);
48.
49.                    expected = "test 测试查询 query 函数作者 ";
50.                    actual = cursor.getString(
51.                        cursor.getColumnIndex(BookContentProvider.Author));
52.                    assertEquals(expected, actual);
53.                }
54.
55.                assertEquals(1, occurrence);
56.            } finally {
57.                // 因为 ProviderTestCase2 在 setUp 函数中，每次在测试用例运行之前
58.                // 就会重建一次数据库，因此最终不删除数据也没有关系
59.                //
60.                // 删除数据 (newRowUri);
61.            }
62.    }
63.
64.    public void test 测试删除 delete 函数 () {
65.        Uri newRowUri = 添加测试数据 ("test 测试查询 query 函数 ");
66.        删除数据 (newRowUri);
67.        assertFalse(getMockContentResolver().query(
68.            newRowUri, null, null, null, null).moveToNext());
69.    }
70.
71.    private void 删除数据 (Uri uri) {
72.        ContentResolver resolver = getMockContentResolver();
73.        resolver.delete(uri, null, null);
74.    }
75.
76.    private Uri 添加测试数据 (String 前缀 ) {
77.        Uri uri = BookContentProvider.BOOK_URI;
78.        ContentResolver resolver = getMockContentResolver();
79.        ContentValues values = new ContentValues();
80.        values.put(BookContentProvider.Title, 前缀 + " 标题 ");
81.        values.put(BookContentProvider.Author, 前缀 + " 作者 ");
82.        return resolver.insert(uri, values);
83.    }
84. }
```

当 ProviderTestCase2 子类中的测试用例执行时，它会创建一个 IsolatedContext 对象，以允许测试用例执行数据库和文件相关的操作，但是将其与 Android 系统其他部分的操作隔离起来，而用例针对数据库和文件的操作都通过 RenamingDelegatingContext 重定向到单独的测试数据库和文件上。这些文件默认都是在其真实文件名前加上"test."前缀，例如，待

测内容组件在应用中执行时打开的是"abc.db"这个数据库，而在 ProviderTestCase2 继承下来的用例中执行时，打开的是"test.abc.db"数据库。这样一来就不会影响到"abc.db"中的数据，而且"test.abc.db"这个数据库会在每个用例执行完毕后重建，因此也不会发生前一个用例因为没有清理自己创建或修改的测试数据，而导致后面的用例执行失败的问题。当然，在测试服务或活动组件时，如果有类似的重定向数据库和文件操作的需求，也可以使用RenamingDelegatingContext 达到这个测试目的。如执行完代码清单 6-15 的测试用例，再次用 6.2.3 节的方法查看内容供应组件在设备上的文件信息，就会发现用例创建了一个测试用数据库，如代码清单 6-16 所示。

代码清单 6-16　查看测试用例创建的数据库文件

```
-- 在应用正常的数据库 BOOKSTORE 之外，用例创建了一个测试用的数据文件：test.BOOKSTORE
# cd /data/data/cn.hzbook.android.test.chapter6.contentprovidersample/databases
# ls
BOOKSTORE
test.BOOKSTORE
```

ProviderTestCase2 的 setUp 函数在用例执行前还会创建一个 MockContentResolver 对象作为测试用例的默认服务定位器，其通过隔离系统正常的服务定位框架来达到单独测试内容供应组件的目的。如代码清单 6-17 所示，第 5 行也验证了我们在执行代码清单 6-16 的试验时发现的测试用文件和数据库会加上"test."这个前缀。而第 15-18 行 ProviderTestCase2 创建待测内容供应组件的实例并添加到 MockContentResolver 对象中，后面的（增、删、查）测试用例通过 getMockContentResolver() 函数使用的内容供应组件实际上是它解析出来的，即没有通过系统的服务定位器解析。ProviderTestCase2 之所以这样做，是因为 MockContentResolver 会隔离 notifyChange 这样的通知函数（通过将基类 ContentResolver 的 notifyChange 函数重写成一个空函数实现），避免测试环境以外的对象意外监听到因测试而导致的数据改动，执行不必要的操作。

代码清单 6-17　ProviderTestCase2 的 setUp 函数源码

```
// 源码地址：/frameworks/base/test-runner/src/android/test/ProviderTestCase2.java
1.  protected void setUp() throws Exception {
2.      super.setUp();
3.
4.      mResolver = new MockContentResolver();
5.      final String filenamePrefix = "test.";
6.      RenamingDelegatingContext targetContextWrapper = new
7.              RenamingDelegatingContext(
8.              new MockContext(), // The context that most methods are
9.                                 //delegated to
10.             getContext(), // The context that file methods are delegated to
11.             filenamePrefix);
12.     mProviderContext = new IsolatedContext(
13.         mResolver, targetContextWrapper);
```

```
14.
15.     mProvider = mProviderClass.newInstance();
16.     mProvider.attachInfo(mProviderContext, null);
17.     assertNotNull(mProvider);
18.     mResolver.addProvider(mProviderAuthority, getProvider());
19. }
```

6.5 本章小结

Android 系统采用了不少依赖注入和服务定位器的模式，以增强各组件的可测试性。而且为了便于在依赖注入中执行测试，Android 系统提供了不少模拟 Context、ContentProvider、ContentResolver 等系统对象的类型，在测试用例中可以使用这些模拟对象来将测试与系统其他部分隔离开来，实现独立测试的目的，这些类都可以在 android.test 和 android.test.mock 包中找到。

模拟对象一般是继承自被模拟的类，并将一些关键系统调用重写以达到隔离测试环境的目的。例如 MockContentResolver 类将正常的查找内容供应组件的流程替换成自己的实现，通过在内部的注册表中匹配官方来源名称（authority）找到内容组件来实现隔离效果。

另外 Android 系统也提供了两个上下文（Context）类型辅助测试，如 IsolatedContext 提供的上下文执行环境会组织测试用例和待测组件来与系统其他组件交互，达到单独测试的目的。而另一个 RenamingDelegatingContext 则将大部分操作转发给一个现有的 Context 对象执行，而把文件、目录和数据库操作转移到一个专门的测试区域执行。通过这些模拟对象和上下文类型，几乎每种 Android 组件都有办法在不影响系统其他组件和数据的前提下，进行独立测试。

第 7 章 测试 Android HTML 5 应用

本章介绍 Android 系统中两种不同的 HTML 5 应用——运行在浏览器中的浏览器应用和 WebView 控件中呈现的 WebView 应用。Android 对两种应用的处理不尽相同,例如同一个 HTML 5 网页在两种应用中显示时,分辨率和缩放的处理是不同的,而 WebView 应用中的 HTML 5 网页可以使用 Android 应用 JavaScript 扩展 API,而浏览器应用则不行。

虽然移动应用到底应该用原生技术还是 HTML 5 技术尚有争论,但随着移动互联网的迅猛发展及 HTML 5 技术的日臻完善,越来越多的开发者开始兼容这项新技术。有数据显示,2011 年采用 HTML 5 开发应用的比例仅为 23%,2012 年已经上升到了 78%,移动设备支持 HTML 5 浏览器的数量也从 2010 年的 1.09 亿飙升到 2012 年的 21 亿。

7.1 构建 Android HTML 5 应用

在 Android 中,可以将 HTML 5 应用分为浏览器应用和 WebView 应用,如图 7-1 所示。其中浏览器应用实际上就是普通网站,可能针对 Android 等移动设备的浏览器进行了特殊的优化。而 WebView 应用则与普通的 Android 应用相似,但是在界面中嵌入了一个 WebView 控件来显示 HTML 5 内容。这两种应用虽然都能显示 HTML 5 网页,但两者在编程及呈现网页时有许多的差别。

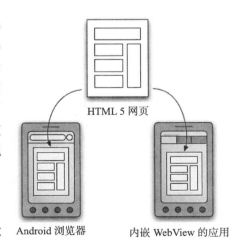

图 7-1 Android HTML 5 应用的形式

7.1.1 WebView 应用

有时想要在 Android 应用内部显示网页,而不希望用意图(Intent)对象打开浏览器进行浏览,例如要显示的网页是保存在应用的资源里，或者想监听用户在网页上操作，这时可以使用 WebView 控件来显示网页。WebView 与 Android 内置的浏览器一样，都是使用 WebKit 引擎来显示网页的，并提供了在浏览历史记录中前进后退和缩放页面，在网页中搜索文本等功能。

1. 使用 WebView 控件显示网页

在 Android 应用中使用 WebView 控件的方式与其他控件相似，只要在活动（Activity）中加上 WebView 控件，调用其 loadUrl 函数，最后在 AndroidManifest.xml 中向应用加上需要因特网访问权限的声明就可以使用了，配套资源中的示例代码 WebViewDemo 是一个完整的例子，这里摘录关键代码。

1）首先在需要显示网页的活动界面上添加一个 WebView 控件，如代码清单 7-1 所示。

代码清单 7-1　在活动的界面布局里添加 WebView 控件

```xml
<!--activity_main.xml-->
<LinearLayout ... >
    <!-- 省略界面上的其他控件 -->
    <!-- 直接在界面的布局里添加 WebView 控件
         以显示网页
    -->
    <WebView
        android:id="@+id/webview"
        android:layout_width="fill_parent"
        android:layout_height="fill_parent"/>
</LinearLayout>
```

2）再在活动后台的 Java 代码中先获取界面上的 WebView 控件对象的实例，传入要显示网页的链接地址并调用 loadUrl 函数浏览网页，如代码清单 7-2 所示。

代码清单 7-2　调用 WebView.loadUrl 来浏览网页

```java
// MainActivity.java
1. package cn.hzbook.android.test.chapter7.webviewdemo;
2.
3. // 省略其他 import
4. import android.webkit.WebView;
5.
6. public class MainActivity extends Activity {
7.     @Override
8.     public void onCreate(Bundle savedInstanceState) {
9.         super.onCreate(savedInstanceState);
10.        setContentView(R.layout.activity_main);
11.
12.        // 找到界面上的 WebView 控件实例
13.        final WebViewwv = (WebView)findViewById(R.id.webview);
14.        // 设置"浏览"按钮的单击事件处理函数
```

```
15.          Button btnBrowse = (Button)findViewById(R.id.btnBrowse);
16.          btnBrowse.setOnClickListener(new OnClickListener() {
17.             public void onClick(View v) {
18.                 // 在"浏览"按钮被单击后，获取用户在"网址"文本框中
19.                 // 输入的网页链接地址
20.                 EditTexttxtUrl = (EditText)findViewById(R.id.txtUrl);
21.                 String url = txtUrl.getText().toString();
22.                 // 直接将网页链接地址传给WebView控件的loadUrl函数
23.                 // 就可以浏览网页
24.                 wv.loadUrl(url);
25.             }
26.          });
27.      }
28. }
```

3）最后在 AndroidManifest.xml 文件中加上因特网访问权限的声明，如代码清单 7-3 所示。

代码清单 7-3   在 AndroidManifest.xml 中声明要求因特网访问权限

```
<manifest ... >
    <!-- 省略其他设置 -->
    <uses-permission
          android:name="android.permission.INTERNET"/>
</manifest>
```

4）运行程序，在"网址"文本框中输入要访问的网页链接，效果如图 7-2 所示。

5）如果应用需要的是显示自带的网页，如帮助文件等，只需要将网页放到应用源码工程中的 asset 文件夹下，并向 loadUrl 传入类似"file:///android_asset/help.html"格式的 URL 即可，如图 7-3 所示。图 7-3 的网页中有两个链接，一个指向应用资源里的另外一个页面"本地帮助页面"，单击这个链接会在 WebView 控件里继续打开新网页；但是单击另外一个指向外部网址"百度"的链接，Android 系统会打开系统默认的浏览器访问网页。这是 Android 默认的行为，WebView 提供了 API 供应用改变这个行为，即在 WebView 控件中显示链接，其方法不在本书的叙述范围之内，读者可参阅其他 Android 开发书籍。

👆 **注意**

"file:///android_asset/help.html"也是一个合法的 URL 格式，其中"file://"表示使用访问文件系统，而第三个"/"字符表明从文件系统的根目录开始，"/android_asset"表示从应用的 android_asset 文件夹中加载"help.html"页面。

2. 与 JavaScript 代码交互

如果在 WebView 中加载的网页用到了 JavaScript（大部分网页都会用到），那么需要要显式告诉 WebView 启用 JavaScript，因为默认情况下其是禁用的。启用时先要通过

WebView.getSettings() 得到 WebView 控件的设置对象 WebSettings，再使用 WebSettings 的 setJavaScriptEnabled 函数即可，如代码清单 7-4 所示。

图 7-2　WebView 应用运行效果

图 7-3　访问应用资源中的网页

代码清单 7-4　启用 WebView 的 JavaScript 解释功能

```
WebViewwebView = (WebView) findViewById(R.id.webview);
WebSettingswebSettings = webView.getSettings();
webSettings.setJavaScriptEnabled(true);
```

除了可以启用 JavaScript 功能以外，WebView 应用还允许 Android 应用的 Java 代码与网页的 JavaScript 代码交互，即 Java 代码可以调用网页中的 JavaScript 函数，而 JavaScript 代码也可以将应用中的 Java 代码当做原生的 JavaScript 函数调用。

先来看看 Java 代码调用网页中的 JavaScript 函数，在 WebView 控件中，这个功能实际上是通过浏览器对 "javascript:" 协议的特殊解释来实现的，一般来说，在浏览器的地址栏中输入 "javascript:js 函数名();" 就可以执行当前网页中的 JavaScript 代码。例如在浏览器中打开示例代码中的 javacalljs.html 页面，在地址栏中输入 "javascript:sample();" 并回车，就可以看见网页显示了一段隐藏的文字，如图 7-4 所示。这是因为在 javacalljs.html 页面中有一个名为 sample 的 JavaScript 全局函数，其执行时就会显示隐藏的文字，参见代码清单 7-5。

代码清单 7-5　javacalljs.html 的 sample 函数的源码

```
<script type="text/javascript">
    function sample() {
```

```
            // 使用 jQuery 来定位要显示的文本
            $('#hiddentext').show();
        }
</script>
```

图 7-4　在浏览器的地址栏中执行 JavaScript 函数

与桌面版的 chrome 浏览器类似，在 WebView 中，直接向 loadUrl 函数传递 "javascript:" 格式的函数调用 URL 就可以调用到正在浏览的网页的 JavaScript 方法，当然前提是 WebView 控件已经启用了 JavaScript 脚本解释功能，如图 7-5 所示。

同时 WebView 控件也提供了方法供 Android 应用向 JavaScript 程序提供扩展 API，以便实现 JavaScript 代码调用应用内部的功能，实现 Android 应用与 HTML 5 网页程序混合调用的效果。要达到这个目的，我们只需要创建一个或多个专供 JavaScript 调用 Java 代码的类，并调用 WebView 控件的 addJavascriptInterface() 函数就可以向 HTML 5 网页中的 JavaScript 代码公开 Android 应用内部的功能了。本书配套资源中的示例代码 WebViewDemo 也演示了这个功能，这里摘录其关键代码。

1）首先创建一个专供 JavaScript 调用 Java 代码的类，这个类是一个普通的 Java 类，在 Android4.2 之前，其所有公开的函数都可以被 JavaScript 调用，但在 Android4.2 及之后版本中，只有标有 JavascriptInterface 标注的函数才会被 JavaScript 调用到，如代码清单 7-6 所示。JavaScriptBridge 类就是 Android 应用向 JavaScript 扩展 API 的过渡类，在第 13 行中只定义了一个函数 alert，以便 JavaScript 代码传入一个字符串消息，并通过 Android 的 Toast API 来显示它。因为 Toast.makeText 需要传入一个 Context 类型的实例，因此

图 7-5　通过 WebView 控件的 loadUrl
　　　　执行网页的 JavaScript 函数

JavaScriptBridge 构造函数要求传入一个这样的对象才允许初始化，参见第 9 ～ 11 行。

代码清单 7-6　向 JavaScript 提供扩展 API 的 Java 类

```
1. package cn.hzbook.android.test.chapter7.webviewdemo;
2.
3. import android.content.Context;
4. import android.widget.Toast;
5.
6. public class JavaScriptBridge {
7.     Context _context;
8.
9.     public JavaScriptBridge(Context context) {
10.         _context = context;
11.     }
12.
13.     public void alert(String message) {
14.         Toast.makeText(
15.             _context,
16.             "Android 代码里打开的消息提示框！\n" + message,
17.             Toast.LENGTH_LONG)
18.         .show();
19.     }
20. }
```

2）接着使用 WebView 的 addJavascriptInterface API 将 JavaScriptBridge 实例注册进 WebView 的 JavaScript 扩展注册表中，如代码清单 7-7 所示。在注册时，传入给 addJavascriptInterface 的第二个参数就是 JavaScript 代码中 JavaScriptBridge 实例的名字 "android"。

代码清单 7-7　向 WebView 注册 JavaScript 扩展

```
1. final WebViewwv = (WebView)findViewById(R.id.webview);
2. // 启用 JavaScript 解释功能
3. WebSettings setting = wv.getSettings();
4. setting.setJavaScriptEnabled(true);
5.
6. // 扩展前台网页的 JavaScript API
7. wv.addJavascriptInterface(
8.     new JavaScriptBridge(this), "android");
```

3）最后就可以在 HTML 5 网页上使用 Java 的扩展类了，如代码清单 7-8 中的第 3 行所示。单击网页上的"测试"按钮，效果如图 7-6，从图中可以看到，代码清单 7-8 的第 3 行传入的 JavaScript 字符串也正确地传入 Android 代码中并显示了。

代码清单 7-8　在 JavaScript 中使用 Java 扩展类

```
1. <script type="text/javascript">
2.     function sample() {
```

```
3.                android.alert('JavaScript 里传入的消息。');
4.            }
5. </script>
6.
7. <input type="button"
8.            onclick="javascript:sample();" value=" 测试 " />
```

图 7-6   JavaScript 调用 Android 扩展类的效果演示

注意

根据谷歌官方的文档，使用 addJavascriptInterface 会允许 JavaScript 控制 Android 应用，它是一个强大又危险的功能。如果用户不小心使用你的 Android 应用浏览了第三方的恶意网站，而这个第三方的恶意网站又恰巧知道 Android 应用对 JavaScript 的扩展，对于第三方恶意网站来说这很容易，因此其可以通过查看合法网页的源代码获知这一点，然后构造恶意 JavaScript 代码调用来达到控制应用的目的。如果在应用中使用了 JavaScript 扩展类，应用应该在用户跳转到第三方网站时要么阻止这个行为，要么提示用户相关的危险性。

7.1.2 使用视口适配 Android 设备的多种分辨率

当针对移动设备上的浏览器编写 HTML 5 网页时，与桌面浏览器的一个很明显的差异就是屏幕尺寸。如果在移动浏览器上显示为桌面浏览器定制的网页，要么将网页缩放到很小，以致文字小得都看不清，要么就是只能显示网页的一部分，要求用户上下左右移动才能看完整个网页。在 Android 中，浏览器应用和 WebView 应用采用的是不同的显示方式，Android 浏览器默认是缩小网页以便显示整个页面，而 WebView 应用则默认按 1:1 的比例显示网页，如图 7-7 演示了修改过的维基百科首页在 Android 浏览器的显示效果，而图 7-8 则演示了 WebView 应用的显示方式。

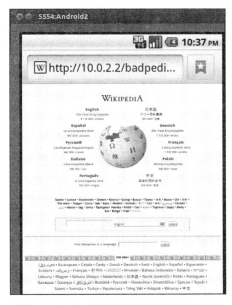
图 7-7　Android 浏览器默认将网页缩放
以显示整个页面

图 7-8　WebView 应用默认以 1∶1 比例
显示页面

> **注意**
>
> 本章示例的维基百科页面是专为演示而修改过的页面，示例页面在本书配套资源的 chapter7 目录的 badpedia.html 中。在虚拟机中，已经搭建好了 apache 服务器，可以将 badpedia.html 页面复制至虚拟机的 /var/www 目录，并在模拟器里访问 http://10.0.2.2/badpedia.html 即可访问宿主机上 apache 服务器中的网页。（10.0.2.2 是模拟器访问宿主机的 IP 地址）。

如果要设计一个可以同时在 Android 浏览器和 WebView 应用中采用统一显示方式的 HTML 5 页面，就需要用到 viewport 这个扩展。

1）使用任何文本编辑器编辑 badpedia.html，找到 <head> 标签。如果是新建一个网页，那么需要在 <html> 标签中加上"doctype"声明，然后再在之后加上 <head> 标签，如代码清单 7-9 所示。

代码清单 7-9　在 html 源码中添加 doctype 声明

```
<!DOCTYPE html>
<head>
```

2）在 <head> 标签中加上 <meta> 标签，命名其为"viewport"，并且设置其各属性值如代码清单 7-10 所示。

代码清单 7-10　在 html 源码里添加 viewport 声明

```
1. <!DOCTYPE html>
2. <html dir="ltr" lang="mul">
3. <head>
4. <!-- 此处省略其他标签 -->
5. <meta name="viewport"
6.       content="initial-scale=1.0, user-scalable=yes">
7. </head>
```

代码清单 7-10 中设置的意思是，视口（viewport）的初始缩放比例是 1.0，而且允许用户缩放。其在浏览器中和 WebView 应用中的显示效果分别如图 7-9 和图 7-10 所示。

在 <meta> 标签中加上 "content" 属性，可以设置 "viewport（视口）" 的高度、宽度、是否允许用户缩放以及缩放的比例。比如，要为 320 像素宽的手机屏幕设计网页，在理想情况下是，无论用户是横着看还是竖着看手机，网页都可以填充整个手机屏幕，但又希望网页可以自动放大以适配 980 像素宽的平板电脑。通过将视口（viewport）的宽度设置为 "320"，并赋予初始缩放比例为 "1"，这样视口（viewport）就至少有 320 个像素宽，但在更大的屏幕上就会相应放大。如代码清单 7-11 所示。

代码清单 7-11　设置视口（viewport）的宽度和初始缩放比例

```
<meta name="viewport" content="width=320, initial-scale=1">
```

代码清单 7-11 中的视口（viewport）宽度是一个硬编码的值，也可以设置宽度值为一个特殊值 "device-width"，从而根据设备的宽度自动缩放网页，如代码清单 7-12 所示。

代码清单 7-12　设置视口（viewport）的宽度为设备的宽度

```
<meta name="viewport"
      content="width=device-width; initial-scale=1.0; maximum-scale=1.0;">
```

代码清单 7-12 的方法与代码清单 7-11 方法不同之处在于：前者无论设备屏幕大小，都会将网页缩放相应的比例以便填充整个屏幕；而后者通过指定一个明确的值，当屏幕宽度大于这个值时，浏览器会放大视口，而不是放大网页内容。

3）从图 7-9 和图 7-10 可以看到，虽然浏览器和 WebView 控件都遵循 viewPort 的设置，但可以看到两者在布局上的处理还是不一样的，左边浏览器的效果是按照 1 比 1 的比例显示网页，用户需要上下左右移动网页才能浏览全部页面，而右边的 WebView 却是将维基百科图标周围的位置缩放之后再显示，造成一种很拥挤的感觉。

发生这种情况还是与 3.4 节讲解的屏幕像素密度有关，WebView 控件默认将网页按照中等像素密度屏幕的显示方式计算网页的尺寸并显示它。也就是说，在高密度屏幕上其会放大至 1.5 倍，因为其像素会小一些，而在低密度屏上会缩小至 0.75 倍，因为像素会大一些。而很多网页通常会通过样式表（CSS）来设置网页元素的位置，而样式表（CSS）中元素的坐标和长宽会相应的受影响。为了避免这种情况，视口（viewport）元（meta）标签提供了一个属性"target-densitydpi"，用以指定显示网页时应该按哪种密度的屏幕计算，达到多屏、多应用统一的显示效果，该属性有如下几个属性值：

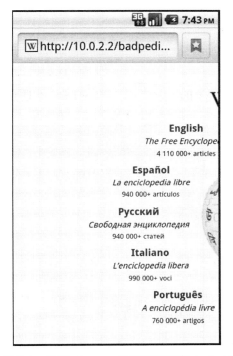

图 7-9　标有 viewport 设置的网页在 Android 浏览器中的浏览效果

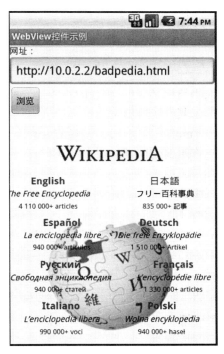

图 7-10　标有 viewport 设置的网页在 WebView 应用中的效果

❑ device-dpi，使用设备的原始 dpi（每英寸像素点数）作为显示时计算用 dpi，这样就不会发生缩放问题。

❑ high-dpi，使用高密度屏的 dpi 作为显示时计算用 dpi，当网页在中等密度和低密度屏上显示时，会相应地缩小网页尺寸。

❑ medium-dpi，使用中等密度屏的 dpi 作为显示时计算用 dpi，在高密度屏上显示时会放大，但在低密度屏上显示时会缩小，这也是默认设置。

❑ low-dpi，使用低密度屏的 dpi 作为显示时计算用 dpi，当网页在中等密度和高密度屏上显示时，会相应地放大网页尺寸。或者显示设置计算用 dpi 值（允许的范围在 70～400 之间）。

在代码清单 7-10 的 <meta> 标签中加上"target-densitydpi"属性后，如代码清单 7-13 所示。

代码清单 7-13　添加"target-densitydpi"属性

```
1. <!DOCTYPE html>
2. <html dir="ltr" lang="mul"><head>
3. <!-- 此处省略其他标签 -->
4. <meta name="viewport"
5.       content="initial-scale=1.0, user-scalable=yes,
6.                target-densitydpi=device-dpi">
7. </head>
```

最终的显示效果如图 7-11 和图 7-12 所示。

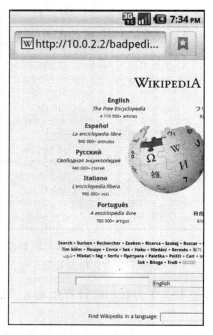

图 7-11　标有"target-densitydpi"网页的
　　　　　浏览器显示效果

图 7-12　标有"target-densitydpi"网页的
　　　　　WebView 应用显示效果

　　在前面的例子中，针对不同屏幕的适配是通过视口（viewport）来解决的，视口（viewport）可以被看成照相时的取景框，需要离的远一点才能将更多的景色（网页）拍摄到相片中，但是景色的细节就不是很清晰了，这个过程相当于缩小网页的比例；而离的近一点虽然可以看清景色的细节，但是只能将少部分的景色拍到相片里，这个过程相当于放大网页的比例，如图 7-13 所示。

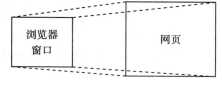

图 7-13　视口

7.1.3　使用 CSS 适配多种分辨率

虽然使用 <meta> 标签可以指定网页适配的屏幕和分辨率，但要设计一个网页可以同时完美地显示在桌面大屏幕和移动小屏幕上，还是远远不够的。比如 7.1.2 节的维基百科的页面，无论是按 1:1 的比例，还是缩小到全屏显示，在移动端都不是一个很完美的方案，前者需要用户拖动屏幕才能浏览整个页面，后者则显得字体有点小。

CSS 中的 Media Queries 为 HTML 5 页面同时适应不同大小屏幕提供了完美的解决方案，通过 Media Queries 可以获取以下数据：
- 浏览器窗口的宽和高。
- 设备的宽和高。
- 设备的手持方向，横向还是竖向。
- 分辨率。

随着越来越多的设备添加了对 Media Queries 的支持，可以在网页中为设备编写专门的 CSS，让网站适应这个设备的小屏幕，如向 7.1.2 节的示例网页 badpedia.html 中添加代码清单 7-14 中的 CSS 样式（将 badpedia.html 页面中第 26～148 行的注释去掉），再次在 Android 设备里浏览网页时，就可看到如图 7-14 的效果，而在桌面浏览器上浏览网页时，看到的是类似图 7-9 那样的没有缩放网页的效果。这是因为代码清单 7-14 的第 2 行，添加了一个 CSS 样式分支，为移动设备小屏幕（屏幕宽度小于 480 个像素）编写独立的 CSS 定义，这些定义可以覆盖桌面版 CSS 中的相应定义，只要将这段分支代码放在桌面版 CSS 定义的后面就可以。在此例的 badpedia.html 页面中，代码清单 7-14 的样式覆盖了"load.css"中的同名样式，如".central-textlogo"样式类等。即当屏幕宽度大于 480 个像素时，浏览器会采用"load.css"文件中的".central-textlogo"样式定义，而当屏幕宽度小于 480 个像素时，则会采用代码清单 7-14 中的".central-textlogo"样式定义。

代码清单 7-14　在 badpedia.html 中添加 Media Queries CSS 样式

```
1.  <style>
2.  @media all and (max-width:480px) {
3.   .central-textlogo {
4.    line-height: normal;
5.    padding: 0;
6.    margin: 0;
7.    height: 70px;
8.    text-align: left;
9.    padding-left: 84px;
10.   position: relative;
11.  }
12.  ...
13.  .central-featured {
14.   width: auto;
15.   height: auto;
16.   padding-top: 2em;
```

```
17.    text-align: left;
18.    font-size: 0.8em;
19.    margin-top: 4em;
20.  }
21.  ...
22.  }
23. </style>
```

图 7-14　使用 Media Queries CSS 样式的维基百科页面在移动设备的显示效果

7.1.4　使用 Chrome 浏览器模拟移动设备浏览器

由于各浏览器之间对 HTML 实现的差异性，很多网站通过判断来源请求的 User-Agent 来判断浏览器类型。如果请求来自移动浏览器，则显示移动设备页面内容，如果是桌面浏览器，则显示针对桌面浏览器优化过的网页内容。

Chrome 浏览器有一个很实用的功能，只需要在命令行中启动 Chrome 时加上一个"-user-agent"参数即可以在发送请求时模拟其他浏览器的 User-Agent。如在本书配套资源附带的虚拟机中执行下面的命令，则可以模拟 AndroidChrome 浏览器：

```
google-chrome-user-agent="Mozilla/5.0 (Linux; U; Android 2.2; en-us; Nexus One Build/FRF91) AppleWebKit/533.1 (KHTML, like Gecko) Version/4.0 Mobile Safari/533.1"
```

模拟 iPhone 浏览器可以传入下面的参数：

```
google-chrome-user-agent="Mozilla/5.0 (iPad; U; CPU OS 3_2_2 like Mac OS
X; en-us) AppleWebKit/531.21.10 (KHTML, like Gecko) Version/4.0.4 Mobile/7B500
Safari/531.21.10"
```

浏览器启动后,访问专为移动设备网页优化的网站,如淘宝,会得到如图 7-15 的效果。完整的浏览器 user-agent 参数可以参见网页:http://www.zytrax.com/tech/web/mobile_ids.html。

图 7-15　使用 Chrome 模拟 iPhone 浏览器访问淘宝

7.2　使用 QUnit 测试 HTML 5 网页

QUnit 是 JUnit 团队开发的强大的针对 JavaScript 代码执行单元测试的测试框架。要使用 QUnit,只需要在网页中引入两个 QUnit 文件:qunit.js 文件包含了测试框架和运行测试用例所必需的代码;而 qunit.css 是显示测试结果时用到的样式表。两个文件都可以从 QUnit 的官网 http://qunitjs.com/ 处下载,在本书写作时,QUnit 的最新版本是 1.11.0。

7.2.1　QUnit 基础

代码清单 7-15 就是一个最基本的 QUnit 测试用例——qunitdemo.html。

代码清单 7-15　最简单的 QUnit 测试用例

```
1. <!DOCTYPE html>
```

```
2.  <html>
3.  <head>
4.    <meta charset="utf-8">
5.    <title>QUnit 基本单元测试用例</title>
6.    <link rel="stylesheet" href="/qunit/qunit.css">
7.  </head>
8.  <body>
9.    <div id="qunit"></div>
10.   <div id="qunit-fixture"></div>
11.   <script src="/qunit/qunit.js"></script>
12.   <script>
13.       test("最基本的单元测试", function () {
14.           var value = "hello";
15.           equal(value, "hello", "期望值是 'hello'!");
16.       });
17.   </script>
18. </body>
19. </html>
```

代码清单 7-15 的第 6 行引入了显示测试结果的样式表"qunit.css",在第 11 行引入了"qunit.js",最后在第 12~17 行之间的"<script>"标签中的就是单元测试用例。每个测试用例都是一个对测试方法的函数调用,这个函数调用接受两个参数,第一个参数是测试用例的名称,它会用在结果页面中标识测试用例,而第二个参数就是包含测试用例的方法。注意,在代码清单 7-15 中没有 jQuery 代码中常见的 document-ready 代码块,第 13 行的"test"函数仅仅是将测试用例添加到测试集合队列中,然后由"qunit.js"中的测试执行代码依次逐个执行。打开浏览器并访问 qunitdemo.html,运行结果如图 7-16 所示。

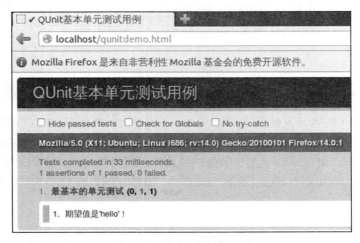

图 7-16　QUnit 的运行结果

QUnit 结果页面的标题下方的绿色小横条代表总的测试结果是所有的测试用例都通过了,而如果小横条的颜色是红色的,说明测试集合中至少有一个用例运行失败了。小横条下面的复选框是用来过滤测试结果的。选中"Hide passed tests"复选框可以在测试结果中隐藏所有已通过的测试用例，便于在大量测试用例中查找失败的用例；选中"Check for Globals"复选框则会让 QUnit 在执行测试用例前后分别列出 windows 对象的属性的值，这样可以用来检查待测代码是否会修改 windows 对象的全局属性；而"No try-catch"复选框则告诉 QUnit 不要在 try-catch 块中执行用例，选中该复选框后，在执行测试用例时，如果一个测试抛出了异常，QUnit 就会终止，不会运行后续的测试代码，但是会列出异常的详细信息。

而再往下的蓝色横条显示了运行测试用例的浏览器的"navigator.userAgent"值，图 7-16 表明是在 Firefox 浏览器上运行的测试用例。蓝色横条下方显示了执行测试用例总共耗费的时间，以及通过和失败的用例统计信息。

最后就是每个测试用例的详细测试结果，默认用例是处于折叠状态，只显示标题以及其后括号中的断言统计信息：红色的代表失败的断言的个数，绿色代表通过的断言个数，黑色代表用例中所有断言的个数。单击用例标题会显示每一个测试断言的详细信息，如图 7-16 中用例"最基本的单元测试"展开后，显示的是代码清单 7-15 中第 15 行的断言信息。

在 QUnit 测试网页中，需要在 <body> 标签中添加一个 <div> 元素，并将这个 <div> 元素的"id"属性赋值为"qunit-fixture"，如代码清单 7-15 中的第 10 行。即使内容是空的，这个 <div> 元素也是必需的，它用来防止在批量执行测试用例时，前面一个测试用例的执行结果影响到后一个用例，这是因为前面的测试用例可能会往网页中添加、删除一些元素，所以 QUnit 在执行完毕一个测试用例之后，都会将"qunit-fixture"这个 <div> 控件的内容清空。因此在测试用例中，如果要增删改网页元素，最好只在"qunit-fixture"这个 <div> 中进行，如代码清单 7-16 所示。

代码清单 7-16　只在"qunit-fixture"这个控件中执行元素增删改操作

```
1.  test( "添加一个div元素", function() {
2.    var $fixture = $( "#qunit-fixture" );
3.
4.    $fixture.append( "<div>新增的 HTML 元素！</div>" );
5.    equal( $( "div", $fixture ).length, 1, "新的 HTML 元素已经被顺利添加！" );
6.  });
```

7.2.2　QUnit 中的断言

在 QUnit 中，一共有三种断言 ok、equal、deepEqual。

1. ok 断言

`ok(truthy [, message])`

这是最基本的断言，只有一个参数"truthy"是必须的，后面的参数"message"是可选的，用在断言失败时，在测试结果中显示一条自定义的错误消息。如果"truthy"的值是 true，则通过断言，否则失败，如代码清单 7-17 所示。

代码清单 7-17　QUnit 中"ok"断言的用法

```
1.  test("ok 断言的用法", function() {
2.    ok(true, "true 值导致断言通过！");
3.    ok("非空字符串", "非空字符串也可以通过断言！");
4.
5.    ok(false, "false 导致断言失败！");
6.    ok(0, "0 导致断言失败！");
7.    ok(NaN, "NaN 导致断言失败！");
8.    ok("", "空字符串导致断言失败！");
9.    ok(null, "null 导致断言失败！");
10.   ok(undefined, "undefined 导致断言失败！");
11. });
```

2．equal 断言

equal(actual, expected [, message])

"equal"断言用来在两个对象"actual"和"expected"之间做一个简单的"=="对比操作，如果两者相等，表示通过断言，否则断言失败。与"ok"断言类似，"equal"断言也有一个可选的"message"参数用来在测试结果中显示一条自定义的消息，如代码清单 7-18。

代码清单 7-18　QUnit 中"equal"断言的用法

```
1.  test("equal 断言用法演示", function() {
2.    equal(0, 0, "两个 0 之间相等，通过断言！");
3.    equal("", 0, "空字符串和 0 是相等的，通过断言！");
4.    equal("", "", "两个空字符串相等，通过断言！");
5.
6.    equal("three", 3, "Three 和 3 不相等，断言失败！");
7.    equal(null, false, "null 和 false 不相等，断言失败！");
8.  });
```

deepEqual(actual, expected[, message])

"deepEqual"断言的用法与"equal"断言类似，但比较的范围更深一些。它与"equal"断言不同的地方是，"deepEqual"使用"==="操作符对比对象，在这种比对模式中，"undefined"不等于"null"、0 和空字符串。在对比两个对象时，会递归对比两个对象的属性值（{key:value} 键值对）。"deepEqual"还会处理 NaN、日期、正则表达式、数组和函数对象，如代码清单 7-19 所示。

代码清单 7-19　QUnit 中"deepEqual"断言的用法

```
1.  test( "deepEqual 用法演示", function() {
2.    varobj = {foo: "bar"};
3.
4.    deepEqual(obj, {foo: "bar"},
5.              "两个对象的值也是完全相等的！");
6.  });
```

7.2.3 测试回调函数

QUnit 还提供了测试回调函数的方法，它提供了一个特殊的断言来指明用例中包含的断言个数。如果测试用例执行完毕后并没有触发足够个数的断言，无论其他断言的结果如何，用例还是会失败。这个断言的"expect"用法很简单，只需要在测试代码的最前面调用"expect()"函数，并向其传入期望的断言个数，如代码清单 7-20 所示。在第 2 行，"expect"函数的参数是 2，表明用例"调用同步回调函数示例"中有两个断言，即第 6 行和第 10 行的断言，用例只有在两个断言都被调用了，才会认为通过执行。如果将第 6 行或第 10 行的任意一个断言注释掉，将会得到类似图 7-17 的结果。

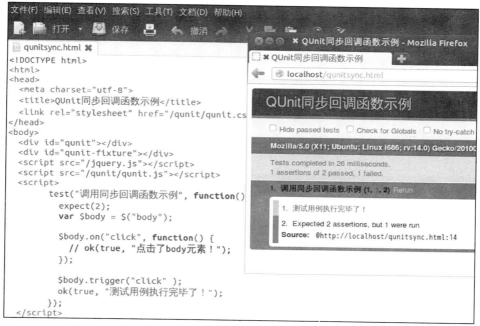

图 7-17　当用例中执行的断言与 expect 的期望不符时的运行结果

代码清单 7-20　在 QUnit 中测试同步回调函数

```
1.  test("调用同步回调函数示例", function() {
2.      expect(2);
3.      var $body = $("body");
4.
5.      $body.on("click", function() {
6.          ok(true, "单击了 body 元素！");
7.      });
8.
9.      $body.trigger("click" );
10.     ok(true, "测试用例执行完毕了！");
11. });
```

QUnit 也能对异步调用的回调函数执行测试,用法与测试同步调用的回调函数类似,但需要将"test"函数更换成"asyncTest"函数,这是因为前面说过,"test"函数其实并不真正执行测试用例,而是将测试用例放入待执行的测试集合队列中,这个队列是同步测试用例队列,即测试执行程序在运行完测试方法的最后一行代码后会运行队列中的下一个用例。而"asyncTest"则将用例放入异步测试队列,测试执行程序只会在当前运行的用例调用了"start"函数之后才会运行下一个用例,如代码清单 7-21 所示。

代码清单 7-21　在 QUnit 中测试异步回调函数

```
1.  asyncTest("异步测试用例示例!", function() {
2.      // 通过设置用例中有一个断言来测试
3.      // 异步函数是否被正确调用了
4.      expect(1);
5.
6.      // 等待一秒钟再执行下面的函数
7.      setTimeout(function() {
8.          ok(true, "一秒钟后,调用了异步函数!");
9.          // 测试执行程序只会在用例调用了 start 函数之后
10.         // 运行后面一个用例
11.         start();
12.     }, 1000);
13. });
```

7.2.4　测试 WebView 应用

可以用 QUnit 来测试 WebView 应用中 Java 代码和 JavaScript 代码的交互,即可以将 QUnit 测试网页以资源的形式集成在应用中,在发布时去掉;也可以将测试网页放在一个服务器或者 SD 卡上,让 WebView 应用去访问它。如代码清单 7-22 所示,定义了一个可在 JavaScript 脚本中使用的 Java 对象,其中只定义了一个"add"函数,返回两个参数的和。

代码清单 7-22　待测 JavaScript 与 Java 互操作的代码

```
1.  public class JavaScriptBridge {
2.      public int add(int left, int right) {
3.          return left + right;
4.      }
5.  }
```

接着创建一个 QUnit 测试网页并添加用例测试"add"函数,如代码清单 7-23 所示。

代码清单 7-23　测试 Android 与 JavaScript 互操作的用例

```
test("WebViewQUnit 测试", function () {
    equal(android.add(1, 2), 3,
        "从 Android 中返回 1+2 的结果应该是 3!");
});
```

最后可以通过两种方法执行测试用例，要么将 QUnit 测试网页、QUnit.js 以及 QUnit.css 文件添加为 WebView 应用的资源文件；要么将网页放在远端因特网服务器上，在应用中访问（这个选项需要申请应用的因特网访问权限）。第一种方法的缺陷是需要在发布应用前去掉这些测试网页，而第二种方法的缺陷是如果应用并不需要访问因特网，则要在应用发布前注意删掉因特网访问权限，否则应用就申请了多余的权限。先来看第一种方法。

1）首先将 QUnit 测试网页以及相关的脚本和样式表文件作为应用的资源添加进去，如图 7-18 所示。

图 7-18　将 QUnit 测试网页添加为 Android 应用的资源文件

2）修改 WebViewQUnitDemo 应用的源代码，使 WebView 对象访问 "qtest.html" 页面，如代码清单 7-24 所示。打开应用就可以看到测试结果，但是这种方法是手工的，而且还需要修改待测应用的源码，是一个非常不方便的操作。在 7.1.1 节中提到，WebView 控件允许 Java 代码与 JavaScript 代码互操作，因此可以用一个 Android 测试工程指引待测应用的 WebView 控件访问 QUnit 测试网页，再通过互操作方式得到 QUnit 网页上的测试结果统计数据，最终完成自动化测试工作。

代码清单 7-24　在 WebView 应用中访问 QUnit 测试网页

```
1.  final WebViewwv = (WebView)findViewById(R.id.webview);
2.  wv.loadUrl("file:///android_asset/qtest.html");
```

3）创建一个 Android 测试工程，并指定其目标待测应用为 WebView 应用——WebViewQUnitDemo。

4）在测试工程中添加一个新的用例，它的工作主要是指引界面上 WebView 对象访问 QUnit 测试网页，注册一个 JavaScript 与 Java 互操作的桥接对象以便收集 QUnit 测试结果，最后在 QUnit 测试运行完毕后，让 WebView 对象执行一段自定义的脚本来收集测试结果，如代码清单 7-25 所示。

代码清单 7-25　在 Android 测试中执行 QUnit 测试

```
1.  public void test通过本地资源网页执行Android与QUnit混合测试()
2.      throws InterruptedException {
3.      // 找到待测应用的活动对象的引用
```

```
4.      Activity activity = getActivity();
5.      // 找到待测应用主界面上的 WebView 对象
6.      final WebViewwv = (WebView)activity.findViewById(R.id.webview);
7.      // 注册收集测试结果的 JavaScript 桥接对象
8.      JavaScriptTestInterfacejsti = new JavaScriptTestInterface();
9.      wv.addJavascriptInterface(jsti, "qunit");
10.     // 加载 QUnit 测试网页
11.     wv.loadUrl("file:///android_asset/qtest.html");
12.     // 等待 QUnit 用例执行完毕
13.     Thread.sleep(10000);
14.     // 收集 QUnit 测试结果
15.     wv.loadUrl("javascript:qunit.pushResult(" +
16.             "$('p#qunit-testresult.result').text());");
17.     Thread.sleep(1000);
18.     String value = jsti.popResult();
19.     // 对比 QUnit 结果中的统计数据与期望值是否匹配
20.     Assert.assertTrue(value.endsWith("1 assertions of 1 passed, 0
        failed."));
21. }
```

在第 8～9 行，Android 测试用例向 WebView 注册了一个收集测试结果的桥接对象"JavaScriptTestInterface"，其作为 JavaScript 与 Java 代码之间传递数据的临时通道，只有两个函数，函数"pushResult"保存要传递的数据，而"popResult"则获取传递过来的数据，它的内部实现由 Java 的 Stack 对象完成，如代码清单 7-26 所示。当 QUnit 用例执行完毕后，第 15 行通过在 WebView 中执行一段脚本代码，将测试结果放入共享数据的临时存储区域即网页上"p#qunit-testresult.result"这个元素，这个临时区域包含了测试结果的统计信息，因为从 JavaScript 传递数据到 Java 代码中是一个较费时的操作，所以在第 17 行等待了一段较长的时间，之后再在第 18 行获取统计结果并执行验证操作。

代码清单 7-26 Android 测试用例与 QUnit 测试用例传递数据的 JavaScriptTestInterface

```
1. public class JavaScriptTestInterface {
2.     private Stack<String> _results = new Stack<String>();
3.
4.     public String popResult() {
5.            return _results.pop();
6.     }
7.
8.     public void pushResult(String value) {
9.            _results.push(value);
10.    }
11. }
```

5）最后以"Android JUnit Test"的方式执行测试工程，结果如图 7-19 所示。

而第二种在 Android 工程中执行 QUnit 测试的方法与第一种方法类似，只要把测试网页放在服务器上，并将代码清单 7-25 的第 11 行访问的网址修改成测试网页的地址即可。

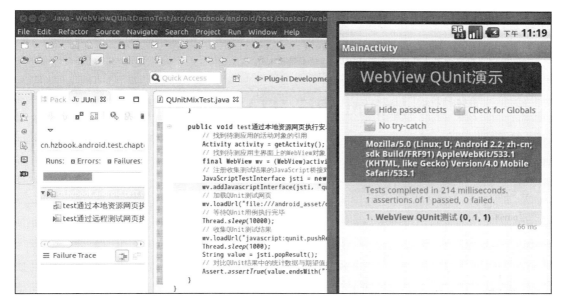

图 7-19　在 Android 测试工程中执行 QUnit 测试的结果

7.3　本章小结

本章介绍的 QUnit 测试框架只能测试单个网页中 JavaScript 代码的交互，而很多浏览器应用往往是由多个网页组成的，事实上 QUnit 需要嵌入到待测网页中才能执行，所以在多个网页之间切换完成一个用户场景的情形就不大适合采用这种测试，下一章将介绍如何使用 Selenium 来测试多个网页组成的浏览器应用。

第 8 章　使用 Selenium 测试 HTML 5 浏览器应用

Selenium 是一个开源的网页界面自动化测试工具，它允许编写一次，在多个浏览器上，甚至是多种操作系统上执行测试代码。Selenium 支持的浏览器有 IE、Chrome、Firefox、Safari 和 Opera，其他浏览器大都是基于前五种浏览器内核开发，因此理论上 Selenium 也可以支持这些浏览器，在针对这些浏览器进行测试之前，建议参考其官方文档来了解其使用的内核。

8.1　Selenium 组成部分

Selenium IDE：是一个录制测试步骤，生成代码并回放的集成开发环境，它是一个 Firefox 插件，因此只能在 Firefox 上使用它录制测试脚本，但可以通过 Selenium Webdriver（见下文）实现在其他浏览器（IE、Chrome、Safari 和 Opera 等）上执行测试脚本。它可以生成 Java、csharp、Python、Ruby、PHP、perl 和 JavaScript 等编程语言的代码，由于不能在录制过程中生成判断、循环等语句，一般是使用 Selenium IDE 录制一段脚本原型，再通过手工重构生成的代码来编写自动化测试用例代码。

Selenium 2（也称做 Selenium Webdriver）：是最新的用来编写测试用例的函数库，它的主要目标是模拟人与浏览器的交互操作，通过对每一个浏览器实现单独的 WebDriver 的方式来达到支持多浏览器的目的。根据官方文档，Selenium 2 支持下面这些浏览器，而且可以在浏览器支持的操作系统上运行 Selenium 2，例如可以在 Windows、Linux 和 Mac 平台上运行 Selenium 2，在 Chrome 浏览器上执行自动化测试用例。

- Google Chrome 12.0.712.0 以上版本。
- Internet Explorer 6，7，8，9，32 位和 64 位版本。
- Firefox 3.0，3.5，3.6，4.0，5.0，6，7。
- Opera 11.5 以上版本。
- HtmlUnit 2.9

❏ 手机和平板上 Android 2.3 以上版本，同时支持真机和模拟器。
❏ 手机上支持 iOS 3 以上版本，同时支持真机和模拟器。平板上支持 iOS 3.2 以上版本，同时支持真机和模拟器。

Selenium Grid：可以将测试用例大规模部署到多台测试机上执行，这样做有两个好处，一是，对于非常大或者执行起来很慢的测试用例集，通过将它们分发到不同机器上执行，节省用例的执行时间；二是，使用不同配置在不同的机器上执行测试用例，例如一台机器使用 Selenium IE WebDriver 执行测试用例，而同时另一台使用 Selenium Chrome WebDriver 执行测试用例，一方面避免用例间相互干扰，另一方面也可以提高执行效率。

8.2 安装 Selenium IDE

Selenium IDE 是 Firefox 的插件，因此安装时是通过 Firefox 安装的，写作本书时 Selenium 的最新版本是 1.9.0。

1）用 Firefox 浏览器打开 Selenium IDE 的下载页面：http://seleniumhq.org/download/。

2）单击下载链接，如图 8-1 所示。

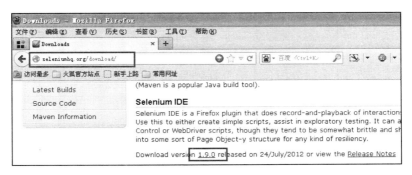

图 8-1　下载 Selenium IDE

3）Firefox 默认会阻止安装新的插件，因此需要单击"允许"按钮来继续安装过程，如图 8-2 所示。

4）当出现下面这个弹出窗口时，表明插件正在安装过程中，如图 8-3 所示。

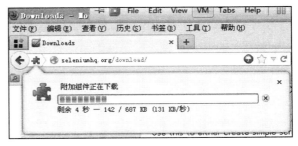

图 8-2　在 FireFox 中允许安装 Selenium IDE　　　图 8-3　下载 Selenium IDE

5）下载完毕后，单击"立刻安装"按钮完成插件的安装，如图 8-4 所示。

图 8-4　安装 Selenium IDE

6）重新启动 Firefox 浏览器后，可以在菜单栏的"工具"菜单中找到"Selenium IDE"，单击它就可以启动 Selenium IDE，如图 8-5 所示。

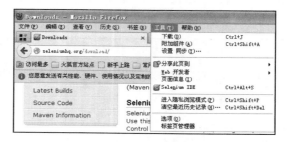

图 8-5　从 Firefox 菜单中启动 Selenium IDE

8.3　Selenium IDE 界面

Selenium IDE 界面从上往下依次由菜单栏、待测网站基地址、工具栏、测试列表框（左侧）、测试脚本编辑框（右侧）和日志等信息面板组成。

8.3.1　菜单栏

"文件"菜单是与测试用例（Test Case）和测试用例集（Test Suite）相关的命令和选项，用来新建、打开和保存测试用例和用例集，还可以用来将测试用例和用例集导出成指定编程语言的脚本。

"编辑"菜单里中一些常见的编辑命令；"Actions"菜单中的命令与工具栏重复，在说明工具栏的按钮时讲解；"Options"菜单用来更新一些设置，例如设置脚本命令的超时时间，添加 Selenium IDE 插件和指定保存测试用例时使用的编程语言。Selenium IDE 菜单栏如图 8-6 所示。

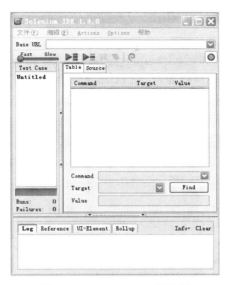

图 8-6　Selenium IDE 菜单栏

8.3.2　工具栏

工具栏上的命令是用来控制测试用例的执行过程，最右边红色的按钮是录制按钮，各按钮详细说明参见表 8-1。

表 8-1　Selenium 工具栏各按钮说明

按 钮 图 标	说　　明
Fast Slow	控制测试用例执行的速度
▶≣	执行测试用例集中所有的测试用例
▶≣	执行当前选中的测试用例
❚❚ ▶	暂停/继续：用来暂停和恢复测试用例的执行
➥	单步跟踪，在测试用例执行时调试用
◎	将几个连续的重复的 selenium 命令组合成一个命令
●	录制按钮：录制用户在浏览器上的操作

8.4　使用 Selenium

8.4.1　使用 Selenium IDE 录制测试用例

打开 Selenium IDE 时，录制按钮默认是打开状态，可以通过依次单击的"Options"->"Options…"->"Start recording immediately on open"修改这个默认值。让我们以百度搜索 selenium 为例，演示录制的过程：

1）在 PC 上启动 Firefox 浏览器并打开百度的网址：www.baidu.com。

2）在 Firefox 菜单中打开 Selenium IDE。

3）在 Selenium IDE 的"Base Url"文本框里输入此次测试用例测试的网页基地址：http://www.baidu.com，如图 8-7 所示。

4）在 Firefox 浏览器中，将"selenium"输入搜索文本框中，然后单击搜索按钮（注意，不要单击新弹出的搜索建议下拉列表）。在 Firefox 切换页面时，留意 Selenium IDE 的测试脚本编辑框中已经自动生成了一些脚本，如图 8-8 所示。

图 8-7　在 Selenium IDE 中输入网页基地址

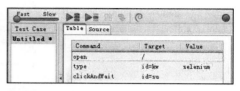

图 8-8　在 Selenium IDE 里录制测试脚本

5）这时可以单击录制按钮停止录制，单击图标▶≡回放刚刚录制的测试脚本。脚本执行完毕后，左侧的测试用例列表框的下方就会显示测试结果，这次测试用例集合完全通过，如图 8-9 所示。

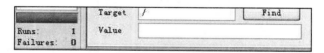

图 8-9　在 Selenium IDE 中执行运行过的测试用例

6）虽然我们已经完成了一次录制并回放用例的工作，但这个测试用例是不完整的，我们需要在用例中添加一些验证语句，以验证在执行一些测试步骤后，出现的实际结果是测试用例所期望的。接着上面的例子，添加一个验证语句。

在测试脚本编辑框上右击（也可以单击菜单栏上的"编辑"菜单），并选择"Insert New Command"命令，如图 8-10 所示。

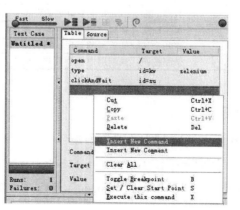

图 8-10　在 Selenium IDE 中添加新命令

7）在测试脚本编辑框中单击最后一项，即新建空白命令，然后在"Command"下拉框中选择"verifyTextPresent"命令,并设置"Value"文本框的值为"百度百科",这个命令的意思是验证搜索结果页面上包含"百度百科"的字符串,如图 8-11 所示。

8)再次执行用例,可以在"Log"面板上看到新添加的命令已经被正确执行过了,而第二次搜索的结果页面上也包含有"百度百科"这个字符串,因此测试用例也就通过了,如图 8-12 所示。

图 8-11　在 Selenium IDE 中添加
verifyTextPresent 命令

图 8-12　在 Selenium IDE 的"Log"面板中
查看测试结果

9)编写完用例后,可以通过"文件"菜单项的"Save Test Case"保存用例。然而 Selenium IDE 默认是将用例保存为 html 格式的命令文件,这样的测试用例只能用在 Selenium IDE 上回放。为了将测试过程集成到研发团队的开发过程中,特别是 Android 应用的开发过程中,一般通过选择"文件"菜单项的"Export Test Case As…"下的"Java / JUnit 4 / WebDriver"项将测试用例保存为一个 JUnit 格式的单元测试用例代码(如图 8-13 所示),以便在 Android 上执行。

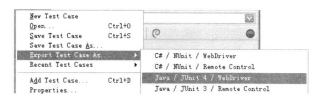

图 8-13　保存录制的 Selenium 测试用例

10)将测试用例导出成"firstdemo.java",这就是一个完整的 JUnit 测试用例了。把"firstdemo.java"文件添加到测试工程中,还需要将 Selenium WebDriver 包添加到工程中,最新的 WebDriver 包可以从网页 http://www.seleniumhq.org/download/ 下载,在网页中找到对应编程语言版本的包并下载,如图 8-14 所示。这里我们下载 Java 语言的包,在写作本书时,最新的下载包是:http://selenium.googlecode.com/files/selenium-java-2.29.0.zip。

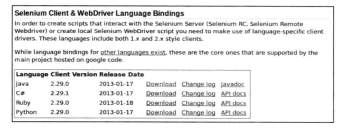

图 8-14　下载 Selenium WebDriver

11）解压后将 selenium-java-2.29.0.jar 和 libs 文件夹中的所有 .jar 文件都添加进测试工程的编译路径中，如图 8-15 所示。

图 8-15 在测试工程中引用 Selenium WebDriver 及其依赖包

12）设置好以上这些就可以在 Eclipse 中通过 "Run As JUnit Test" 的方式执行测试用例了。

13）最后我们来看看由 selenium 录制生成的 JUnit 代码 "firstdemo.java"，参见代码清单 8-1。

代码清单 8-1 Selenium 录制的百度首页自动化测试代码

```
1.  package com.example.tests;
2.
3.  import java.util.regex.Pattern;
4.  import java.util.concurrent.TimeUnit;
5.  import org.junit.*;
6.  import static org.junit.Assert.*;
7.  import static org.hamcrest.CoreMatchers.*;
8.  import org.openqa.selenium.*;
9.  import org.openqa.selenium.firefox.FirefoxDriver;
10. import org.openqa.selenium.support.ui.Select;
11.
12. public class Firstdemo {
13.     private WebDriver driver;
14.     private String baseUrl;
15.     private StringBuffer verificationErrors = new StringBuffer();
16.     @Before
17.     public void setUp() throws Exception {
18.         driver = new FirefoxDriver();
19.         baseUrl = "http://www.baidu.com/";
20.         driver.manage().timeouts().implicitlyWait(30, TimeUnit.SECONDS);
21.     }
22.
23.     @Test
24.     public void testFirstdemo() throws Exception {
```

```
25.            driver.get(baseUrl + "/");
26.            driver.findElement(By.id("kw")).clear();
27.            driver.findElement(By.id("kw")).sendKeys("selenium");
28.            driver.findElement(By.id("su")).click();
29.            // ERROR: Caught exception
30.            // [ERROR: Unsupported command [isTextPresent]]
31.        }
32.
33.        @After
34.        public void tearDown() throws Exception {
35.            driver.quit();
36.            String verificationErrorString = verificationErrors.toString();
37.            if (!"".equals(verificationErrorString)) {
38.                fail(verificationErrorString);
39.            }
40.        }
41.
42.        private boolean isElementPresent(By by) {
43.            try {
44.                driver.findElement(by);
45.                return true;
46.            } catch (NoSuchElementException e) {
47.                return false;
48.            }
49.        }
50.    }
```

在代码清单 8-1 中，因为导出的代码是 Java 版本，所以第 1 行指明了测试用例所在的包名，一般来说需要手工修改成团队事先定义的包名。第 3 ～ 10 行是运行 Selenium 测试用例需要引入的依赖类型和包，这些依赖是由 selenium 开发团队事先定义好的，因此不建议修改或删除。第 12 行的类名与文件名相同，这是按照 Java 语言的规则来处理的。第 13 行定义了一个 WebDriver 类型的私有变量 driver，整个测试用例就是通过它来操作不同的浏览器，包括桌面和手机端的浏览器。第 14 行声明了一个名为 baseUrl 的字符串变量，这个变量的作用是指明整个测试用例所测试的网站的基地址。本章后面我们介绍如何操作除 Firefox 之外的浏览器。第 15 行声明了一个变量 verificationErrors 用来保存整个测试用例执行完毕后所有的验证失败信息。在 setUp 函数中，第 18 行指明了在每个测试用例执行之前，都会启动 Firefox 浏览器（通过 FirefoxDriver 启动），如果要在 Chrome、IE 等其他浏览器上执行测试用例，则需要将其修改成 ChromeDriver 或者 InternetExplorerDriver。第 20 行则设置了一个默认的操作等待时间，即每个操作的最大延时不超过 30 秒。而在每个测试用例中，selenium 首先需要找到要操作的控件，如 26 行的 findElement 通过 HTML 标签的 id 属性来查找控件。

关于 verificationErrors 的讨论

代码清单 8-1 的第 15 行，selenium IDE 在生成录制代码时自动声明了一个名为 verificationErrors 的变量，用来保存在执行一个测试用例时所遇到的所有验证失败消息。以本章的百度搜索为例，也许测试用例期望搜索"selenium"这个关键字，在结果第一页会分别出现名为"selenium"和"selenium android"的搜索链接，那么使用类似代码清单8-1的方式，即向测试用例函数本身逐步逐个添加验证失败的错误消息，然后在测试用例扫尾（tear）函数中报告所有错误消息是一个可行的做法。但笔者并不推荐者使用这种方法来处理测试用例验证代码，这是因为这种验证方法有几个问题：

1）首先自动化测试用例是不应该失败的，如果失败只能是一个原因造成的，那就产品的缺陷（BUG）。一旦验证失败，那就应该是产品表现有缺陷，应该立即报告，以便在排查测试失败的时候可以快速定位缺陷，而放在扫尾函数中报告时，报告错误消息的位置和实际发生缺陷的位置已经有一段距离了。可能有读者会想，可以通过在测试用例代码中搜索错误消息独特的字符串来定位缺陷的位置，这样做还是有两个缺陷，一是大部分编程工具都提供异常断点（设置方法在本书第二部分中讲解）的概念，用来当程序发生异常时在调试器里中断程序的执行，这样在调试器中调试自动化测试用例时，可以立即看到出错的代码行，实际上也就是出错的测试步骤；二是在工作强度比较大的时候，很难保证开发工程师总是会在验证失败的时候附加上有意义的错误消息。

2）测试用例经常是在假设前面的步骤执行毫无错误的前提下，继续后续的执行和验证操作的，如果前面步骤已经发生错误了，后面验证代码添加的错误消息很多时候就没什么意义了。还是以百度搜索为例，在前面的示例中通过单击搜索按钮来触发检索请求，如果在新版中，这个按钮已经去掉了，那么按照代码清单8-1中的做法，会添加一条类似"找不到搜索按钮"的错误消息，接着继续尝试验证在当前页面（自动化测试用例已经假设其是结果页面）上查找期望的文本，那必然会发生错误。在这种情况下排查测试失败时，应该是集中精力去了解为什么搜索按钮被删掉的问题，而不是去关注结果页面上没有期望的文本，或许在页面上敲击键盘上的回车键会触发搜索请求并显示期望的结果页面。

3）在扫尾函数中执行验证有一个隐式的编码规范，即所有验证代码必须在扫尾操作之后执行。这是因为验证代码在验证失败时，通常抛出一个异常通知测试框架中断函数的执行，如果验证代码在扫尾操作之前执行，那么测试失败的时候就不能正常执行清理操作，进而影响后续执行的测试用例，而在一个团队中强制所有人都遵守这种隐式的编码规范的成本比较高。

因此，建议读者在编写测试代码时，尽量在验证失败的地方立即退出测试用例的执行，即测试用例应该是类似下面的形式：

```
assertTrue("找不到搜索文本框", driver.findElement(By.id("kw")));
driver.findElement(By.id("kw")).clear();
……
assertTrue("找不到搜索按钮", driver.findElement(By.id("su")));
driver.findElement(By.id("su")).click();
```

8.4.2 运行 Selenium 测试用例

在 PC 上，直接在 xUnit 工具中就可以运行 Selenium 测试用例。测试用例通过 Selenium WebDriver 来操作浏览器，如代码清单8-1所示，测试用例使用 FirefoxDriver 来封装了所有与 Firefox 浏览器相关的操作，而 ChromeDriver、InternetExplorerDriver、OperaDriver 和 SafariDriver 则分别封装了相应浏览器的操作，其流程如图 8-16 所示。

但是在 Android 设备上，有两种方法来运行 Selenium 用例。

1）使用远程 WebDriver 服务器。这种方法要求在 Android 设备或模拟器上安装 WebDriver APK 应用。在执行测试之前，需要先启动这个应用，测试用例以客户端/服务器的模式向 WebDriver 发送指令。这种方法的优点是可以使用任何编程语言（如 Java、Python、Ruby 等）编写测试用例；缺点是每个命令都采用远程过程调用（RPC）的形式通过网络传递，速度较慢。这种方法适用于在桌面浏览器和 Android 浏览器都需要执行同一份测试用例的情形，如图 8-17 所示。

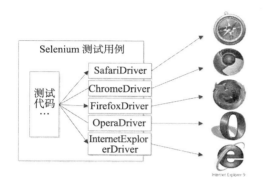

图 8-16　Selenium WebDriver 操作浏览器示例

图 8-17　Android 浏览器上 Selenium Remote Driver 操作示意图

2）使用 Android 测试框架。这种方法是在 Android 测试用例中添加 WebDriver 包，为 Android 测试用例添加浏览器测试的支持。它的优点是速度快，因为是在设备/模拟器上直接执行；缺点是只能用 Java 语言编写测试用例。这种方法适用于在现有的 Android 测试用例中添加针对 HTML 5 的测试用例，如图 8-18 所示。

1. 通过远程 WebDriver 服务器执行 Selenium 测试用例

这种模式由客户端和服务器模块组成，客户端一般就是 xUnit 测试用例，而服务器则是一个包含了 HTTP 服务器的 Android 应用。在执行测试用例时，每个 WebDriver 指令实际上都是采用 JSON 格式向服务器发送 RESTful 协议形式的 HTTP 请求，HTTP 服务器接受到请求后，将指令转发给 Android 的 WebDriver 执行，并向客户端（xUnit 测试用例）返回结果。在测试之前，先要确保执行测试的 Android 设备/模拟器上已经安装并启动了 WebDriver 服务器。

1）由于 Selenium 只支持 Android 2.3 以后的版本，因

图 8-18　在 Android 测试框架中使用 AndroidDriver 示意图

此需要准备一台 2.3 版本以上的设备，或者创建一个 2.3 版本以上的模拟器，本节示例采用 Android 4.0.3 版本的模拟器演示，在配套资源的虚拟机中运行下面的命令启动演示用模拟器。

```
$ ~/android-sdks/tools/emulator-avd Android403
```

2）从 Android WebDriver 官网下载最新版本：http://code.google.com/p/selenium/downloads/list。单击并下载"android-server-x.xx.0.apk"文件，并将其重命名为"android-server.apk"。

3）在测试设备上依次单击"设置"、"应用程序"，并勾选"未知来源"复选框，打开测试设备的允许安装非电子市场提供的应用程序功能。

4）安装 android-server.apk。

```
$ adb install -r android-server.apk
```

5）启动 Android WebDriver 服务器。

```
$ adb shell am start-a android.intent.action.MAIN-n
org.openqa.selenium.android.app/.MainActivity
```

6）也可以将 Android 的 WebDriver 服务器以调试模式启动，这样就可以看到其输出的日志，在调试时便于排错。

```
$ adb shell am start-a android.intent.action.MAIN-n
org.openqa.selenium.android.app/.MainActivity-e debug true
```

7）将测试 PC 上的套接字端口重定向到 Android 设备或者模拟器上，即当测试用例通过网路访问本机的 8080 端口时，实际上是被重定向到了 Android 设备 / 模拟器的 8080 端口。

```
$ adbforward tcp:8080 tcp:8080
```

8）最后可以在测试 PC 上访问 http://localhost:8080/wd/hub 这个链接地址来确保 Android WebDriver 运行正常，如图 8-19 所示。

图 8-19　确认 Selenium Remote Driver 应用正确安装

9）Android 的 WebDriver 运行起来后，只需要将代码清单 8-1 中的 FirefoxDriver 改成 AndroidDriver，就可以在 Eclipse 中执行 Selenium 测试用例了，如代码清单 8-2 中的第 9 行所示。虽然这里是在 Android 设备上执行 Selenium 用例，但与之前章节介绍的在 Eclipse 中运行 Android 测试用例的"Run As Android JUnit Test"的做法不同，在运行 Android Selenium 测试工程时，在 Eclipse 中还是选择"Run As JUnit Test"菜单。

代码清单 8-2　针对 Android 设备的 Selenium 代码

```
1.  // 省略与相同的函数库引用
2.  import org.openqa.selenium.android.AndroidDriver;
3.
4.  public class FirstDemo {
5.      // 省略与相同的变量声明 6.
7.      @Before
8.      public void setUp() throws Exception {
9.          driver = new AndroidDriver();
10.         baseUrl = "http://www.baidu.com/";
11.         driver.manage().timeouts().implicitlyWait(30, TimeUnit.SECONDS);
12.     }
13.
14.     @Test
15.     public void testFirstDemo() throws Exception {
16.         // 省略与相同的代码17.    }
18.
19.     @After
20.     public void tearDown() throws Exception {
21.         // 省略与相同的代码
22.     }
23. }
```

图 8-20 就是测试用例的执行效果图。

图 8-20　在 Android 模拟器中执行 Selenium 测试用例

2. 在 Android 测试框架中执行 Selenium 测试用例

首先需要下载 Android 的 WebDriver SDK 附属包，打开 Android SDK Manager，并且勾选"Extras"→"Google WebDriver"安装，如图 8-21 所示。

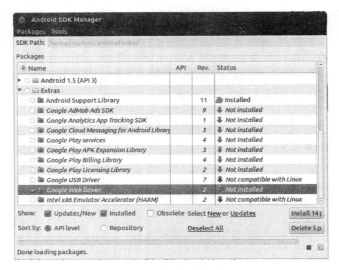

图 8-21　使用 Android SDK Manager 安装 Selenium Android WebDriver

安装之后，相应的 jar 包会保存在 $android_sdk/extras/google/webdriver 这个目录中，目录同时还附带有示例程序，即 Android 工程"SimpleApp"和 Android 测试工程"TestAnAndroidWebApp"。SimpleApp 工程只包含一个没有界面布局的活动（activity），如代码清单 8-3 所示。

代码清单 8-3　Selenium Android WebDriver 示例工程 SimpleApp 中的代码

```
public class SimpleAppActivity extends Activity {
    @Override
    public void onCreate(Bundle savedInstanceState) {
        super.onCreate(savedInstanceState);
    }
}
```

SimpleApp 工程没有界面是因为 Android WebDriver 会创建一个 WebView 对象并自动设置活动的界面布局。而 TestAnAndroidWebApp 工程只包含一个测试用例，其打开 www.google.com，执行一个搜索并验证搜索结果页面上有"Google"这个单词。在测试代码中，将待测活动的引用传递给 Android WebDriver，以便其在其中放置新创建的 WebView 对象。

```
WebDriver driver = new AndroidWebDriver(getActivity());
```

创建好 Android WebDriver 实例以后，就可以用它来执行相关的测试了，如代码清单 8-4 所示。

代码清单 8-4　使用 Selenium 的 Android 测试用例

```
public void testGoogleWorks() {
    // 打开 www.google.com
```

```
    driver.get("http://www.google.com");
    // 通过 HTML 元素的 name 属性来找到搜索文本框
    WebElement searchBox = driver.findElement(By.name("q"));
    // 输入要搜索的文本
    searchBox.sendKeys("Android Rocks!");
    // 提交搜索
    searchBox.submit();
    // 验证网页的标题包含有 "Google" 字样
    assertTrue(driver.getTitle().contains("Google"));
    // 而且验证搜索结果中至少有一个 "Android" 单词
    assertTrue(driver.findElements(
        By.partialLinkText("Android")).size() > 1);
}
```

在编译和运行测试用例之前，需要将 android_webdriver_library.jar 添加进工程的"Build Path"中，在 Eclipse 中，右击 Android 测试工程，依次选择"Android Test project"→"Build Path"→"Configure Build Path..."→"Libraries"→"Add External Jars"进行添加，然后就可以通过"Run As Android JUnit Test"的方式运行测试用例了。

8.4.3 等待操作完成

1. 显式等待

由于 Selenium 涉及跨进程甚至跨设备之间的操作，即运行测试用例的进程和待测网页运行的进程（浏览器、Android 应用）往往不是同一个进程，一个在 PC 上、一个在 Android 设备上，往往需要在测试源码中添加等待某些条件成熟的代码，即如 Thread.sleep 之类的代码来等待某个操作完成。然而除非迫不得已，最好不要使用 Thread.sleep 函数，它的等待时间是固定的，如果要等待的条件（如打开一个新窗口）在不同性能的机器上成立的时间不同，那么等待过长的时间影响测试用例执行的效率，而等待时间过短又会影响用例的正常执行。为了弥补这样的缺陷，Selenium 中提供了等待必要时间的功能，如代码清单 8-5 所示，组合使用 WebDriverWait 和 ExpectedCondition 就是其中一种方法：

代码清单 8-5　Selenium 中显式等待

```
1. WebDriver driver = new FirefoxDriver();
2. driver.get("http://en.wikipedia.org/wiki/Free_Software");
3. WebDriverWait wait = new WebDriverWaite(driver, 10);
4. WebElement element =
5.     wait.until(ExpectedConditions.elementToBeClickable(
6.         By.id("collapseButton0")));
```

在运行时，代码在 10 秒之内等待"id"为"collapseButton0"的元素出现并执行后面的代码，否则就抛出一个 TimeoutException 异常，避免由于测试必需的元素没有出现而导致后面的测试代码执行不成功。WebDriverWait 会每隔 500 毫秒就查看 ExpectedCondition 指明的条件是否满足，满足就会返回布尔值 true，以便跳出等待。

2. 隐式等待

虽然浏览器在几百毫秒内打开一个网页对人来说已经是相当快了，但这几百毫秒的时间足够 CPU 执行上亿个指令了，因此相对于计算机来说，UI 操作是一个比较缓慢的操作。也就是说在涉及 UI 操作的时候，基本上测试代码都需要等待 UI 操作完成。WebDriver 提供了一个 API，可用来设置当 WebDriver 读取 DOM 对象树时要查找的元素还没有及时准备好时的默认等待时间。

代码清单 8-6　Selenium 中隐式等待

```
1.  WebDriver driver = new FirefoxDriver();
2.  driver.manage().timeouts().implicitlyWait(10, TimeUnit.SECONDS);
3.  driver.get("http://en.wikipedia.org/wiki/Free_Software");
4.  WebElement element = driver.findElement(By.id("collapseButton0"));
```

8.4.4　Selenium WebDriver 命令

1. 打开网页

在 Selenium 中打开一个网页通常是通过 get 函数实现的。

```
driver.get("http://www.google.com");
```

根据运行测试用例的浏览器和操作系统的差异，WebDriver 不一定会等待网页加载完毕后再返回，在一些情况下，WebDriver 可能会在网页加载完毕之前，或在开始加载时就返回了。因此为了确保用例的健壮性，最好是等待页面上某个特殊的元素出现后再执行后续测试操作，如代码清单 8-7 所示。

代码清单 8-7　打开网页后等待某个元素出现

```
1.  driver.get("http://www.google.com");
2.  wait.util(ExpectedConditions.elementToBeClickable(
3.      By.id("someid")));
```

2. 查找 UI 元素

可以通过 WebDriver 对象和一个 WebElement 对象来查找元素，前者是在整个 DOM 对象树中查找，而后者是在其子孙元素集合中查找。WebDriver 和 WebElement 中都定义有 findElement 和 findElements 函数：findElement 用来查找一个元素，如果找不到就会抛出异常；而 findElements 则用来获取匹配查询条件的元素集合，如果没有匹配的元素，则返回一个空的集合。这两个 find 函数都是通过 By 这个类来设置查询条件的，By 类中定义了多种匹配要查找的元素的方法。

（1）依据元素 id 查找

一般浏览器都有一个哈希表用来保存有 id 属性的元素，这是查找元素最快也是推荐的做法。然而这种做法有几个常见的问题：UI 工程师没有为元素设置 id 属性，或者是网页中有多个元素具有相同的 id 属性，或者使用了自动产生的随机 id 属性，这些问题都应该避免。在测试用例开发过程中，发现了没有 id 的元素，最好通知 UI 工程师加上 id 属性；而对于自动产生的随机 id 属性，则可以考虑通过 HTML 标签或 CSS 类来定位。

如果网页中有一个 id 名为 "androidtest" 的超链接标签：

```
<a id="androidtest" href="...">Android 测试与调试技术 </a>
```

可以通过 WebDriver 来查找它：

```
WebElement element = driver.findElement(By.id("androidtest"));
```

（2）依据元素 "class" 属性查找

在 HTML 中，属性 "class" 将多个不同的 HTML 标签归为一类，按 "class" 属性值查找元素时，通常都匹配出多个元素。

如过网页中有多个 "class" 属性值为 "test" 的 HTML 标签：

```
<div class="test">
  <span>Android 测试 </span>
</div>
<a class="test" href="...">Android 测试 </a>
```

可以用下面的方法过滤出 div 和 a 元素：

```
List<WebElement> elements = driver.findElements(By.className("test"));
```

（3）依据元素 HTML 标签查找

也可以按照 HTML 标签过滤出元素集合，因为通常网页上都有多个同样标签的元素。

如果网页中的元素集合如下：

```
<div class="test">
  <span>Android 测试 </span>
  <a href="...">Android 调试 </a>
</div>
<a class="test" href="...">Android 测试 </a>
```

那么下面的代码将过滤出两个 a 标签：

```
List<WebElement> elements = driver.findElements(By.tagName("a"));
```

（4）依据 "name" 属性查找输入标签

当网页中有表单时，表单中的输入控件，包括文本框、选择框、单选框、复选框等，都会有一个 "name" 属性，这样才能将数据从浏览器传送到服务器上。

如果网页中的元素如下：

```
<input name="test" type="text" />
```

那么查找它的代码可以写成下面这样：

```
WebElement element = driver.findElement(By.name("test"));
```

（5）依据链接文本查找

在网页上根据链接的文本来查找超链接控件也是一个常见的需求，Selenium 特意封装了两个函数执行这个操作。

如过网页中的超链接元素如下：

```
<a href="http://www.google.com/search?q=android">搜索 Android</a>
```

可以通过 Selenium 的 linkText 函数来依据字符串完全匹配查找：

```
WebElement element = driver.findElement(By.linkText("搜索 Android"));
```

也可以通过 partialLinkText 函数匹配部分字符串来查找超链接元素：

```
WebElement element = driver.findElement(By.partialLinkText("Android"));
```

（6）使用 CSS 选择器查找

在 W3C 的规范中（http://www.w3.org/TR/CSS/#selectors），定义了在 CSS 样式表中选择适用指定样式的 HTML 元素的方法——css 选择器。目前大部分浏览器都支持 css 选择器，虽然 IE 6、7 和 Firefox 3.0 尚不支持它，但也可以通过 JavaScript 库 Sizzle（http://sizzlejs.com/）支持。虽然大部分浏览器都支持 css 选择器，但由于浏览器之间的实现差异，有些 css 选择器并不能在所有浏览器上正常工作。这里列出几个常用的 css 选择器。多个选择器可以同时使用。同时使用多个选择器返回的就是同时满足这些选择器的元素集合，即选择器的交集。

- #id：根据 id 匹配元素，作用与 By 类型的 id 函数类似。
- tag：根据 HTML 标签匹配元素，返回的通常是元素集合，作用与 By 类型的 tagName 函数类似。
- .class：根据元素的"class"属性匹配元素，返回的通常是元素集合，作用与 By 类型的 className 函数类似。
- [foo="bar"]：匹配具有名为"oo"的属性，且其值等于"bar"的元素。
- E F：在满足 css 选择器 E 的元素的子孙节点中匹配满足 css 选择器 F 的元素，注意两个选择器 E 和 F 之间由一个到多个空格分隔。

在 selenium 中，也可以使用 cssSelector API 通过 css 选择器来查找元素。例如，对于如下网页：

```
<div id="food">
  <span class="dairy">milk</span>
  <span class="dairy aged">cheese</span>
</div>
```

可以使用下面的代码查找：

```
WebElement element = driver.findElement(
    By.cssSelector("#food span.dairy.aged"));
```

element 变量会指向"cheese"这个"span"标签。其中 css 选择器"#food span.dairy.aged"的意思是，在 id 名为"food"的元素（即第 1 行的 div 标签）的子孙节点中匹配 span 标签，而且"class"属性同时具有"dairy"和"aged"类的元素（第 3 行的 span 标签）。注意 css 选择器中的 food 和 span 之间有空格，而 span、"dairy"和".aged"这三个子 css 选择器之间没有空格，表示三者的交集。

（7）根据 XPATH 选择元素

By 类型的 xpath 是用来执行 XPATH 查询匹配的，例如，对于下面网页：

```
<input type="text" name="example" />
<INPUT type="text" name="other" />
```

而下面的代码：

```
List<WebElement> inputs = driver.findElements(By.xpath("//input"));
```

在一些浏览器上可以把网页中两个 input 标签都找出来，但在一些浏览器却只能把第一个 input 标签找出来，因为第一个标签和执行查询的 xpath 都是小写字母。

笔者不建议在测试用例中使用 XPATH 查找元素，这是因为 XPATH 原本是为 XML 语言设计的，而 XML 语言的语法相对于 HTML 语法要严格很多，这导致将 XPATH 查询套在 HTML 上执行时，往往得到不同的结果。下面大致列举几个 XML 与 HTML 之间的语法差异。

❑ XML 语言要求所有的标签都要有对应的闭合标签，如标签 <a> 必须要有一个 </a> 闭合标签与其对应，但 HTML 却允许很多标签没有闭合标签，如
 和 <input> 标签。在 HTML 中，<input type="text"> 与 <input type="text" /> 都是允许的。

❑ XML 标签是大小写敏感的，而 HTML 标签不是。

❑ HTML 标签允许浏览器添加隐含标签，而 XML 则没有这个特性。典型的例子是 <table> 标签，例如，对于通常所写的 <table> 源码：

```
<table>
  <tr><td> 表格中的一个单元格 </td></tr>
</table>
```

有的浏览器在处理时会添加一个隐含的标签 <tbody>：

```
<table>
  <tbody>
    <tr><td> 表格中的一个单元格 </td></tr>
  </tbody>
</table>
```

（8）使用 JavaScript 查找

selenium 也允许使用一段 JavaScript 代码查找标签，而且在 JavaScript 代码中还可以使用网页中已经加载的 JavaScript 库，而下面的代码则通过待测网页内已经加载的 jQuery 库来查找元素：

```
WebElement element = (WebElement) ((JavascriptExecutor)driver)
    .executeScript("return $('.cheese')[0]")
```

executeScript 函数可以执行多行 JavaScript 代码，也可以从测试代码中传递数据到 JavaScript 代码中，如代码清单 8-8 所示。

代码清单 8-8　在 Selenium 中执行多行 JavaScript 代码

```
1. List<WebElement> labels = driver.findElements(By.tagName("label"));
2. List<WebElement> inputs = (List<WebElement>) ((JavascriptExecutor)driver)
3.     .executeScript("var labels = arguments[0], inputs = [];\n" +
4.             "for (var i=0; i < labels.length; i++){\n" +
5.             " inputs.push(document.getElementById(" +
6.             " labels[i].getAttribute('for')));\n" +
7.             "}\n" +
8.             "return inputs;",
9.             labels);
```

第 3～9 行是要执行的 JavaScript 代码，它是一个长字符串。在代码中使用了不少的字符串联接这个影响性能的操作，由于联接的都是字符串常量，编译器在编译期间就会将这些字符串常量合并成一个长的字符串常量，这是一种常见的保证代码可读性的编码手段。第 3 行在调用 executeScript 函数时，将测试代码在第 1 行创建的变量 labels 传递给将要执行的 JavaScript 代码，而 JavaScript 代码在第 3 行，通过"arguments[0]"获取从 Java 测试代码传递进来的数据 labels。

3. 填充表单

通常表单中有文本框、文本区域（textarea）、单选框、复选框、下拉选择框等控件接受用户输入的信息，在 Selenium 中也可以自动化这些输入操作。

（1）在文本框中输入文本

```
WebElement element =
    driver.findElement(By.cssSelector("input[type='text']"));
element.sendKeys(" 要输入的文本 ");
```

（2）在文本区域中输入文本

```
WebElement element = driver.findElement(By.tagName("textArea"));
element.sendKeys(" 要输入的文本 ");
```

（3）列出下拉选择框中的所有选项

```
1. WebElement select = driver.findElement(By.tagName("select"));
2. List<WebElement> allOptions = select.findElements(By.tagName("option"));
3. for (WebElement option : allOptions) {
4.     System.out.println(String.format(" 选项：%s",
5.         option.getAttribute("value")));
6.     option.click();
7. }
```

在第 1 行首先找到页面上第一个"select"控件,在第 2 行从"select"控件开始找出所有的"option"标签,最后再依次列出每个"option"标签的值,并单击每个标签。Selenium 还提供了一个更简便的方式操作下拉框控件:

```
1. Select select = new Select(
2.      driver.findElement(By.tagName("select")));
3. select.deselectAll();
4. select.selectByVisibleText("Edam");
```

第 3 行取消下拉框控件中现有的选择,并在第 4 行选择显示有"Edam"文本字样的选项。填完表单后,即可以通过下面的代码找到并单击提交按钮:

```
driver.findElement(By.id("submit")).click();
```

也可以使用 Selenium 提供的一个便捷函数 submit 提交表单。每一个 WebElement 对象上都有 submit 函数,如果 WebElement 在一个表单中,Selenium 会向上追溯直到找到表单"form"元素并提交表单;如果 WebElement 不在表单中,则会抛出一个 NoSuchElementException 异常。调用 submit 函数方式如下:

```
element.submit();
```

4. 在窗口(Window)和框架(Frame)之间切换

HTML 5 网页程序常常是由多个框架或窗口组成,在 Selenium 中 switchTo 函数可以轻松地在命名窗口之间移动。

```
driver.switchTo().window("windowName");
```

由于"switchTo"只支持命名窗口,因此要求待测网页在打开新窗口时,必须为窗口命名。例如,在 HTML 页面中,在新窗口中打开超链接时,超链接的源码应该写成这样:

```
<a href="somewhere.html" target="windowName">打开新窗口</a>
```

即新窗口的名字由超链接的"target"属性命名。

而如果新窗口是 JavaScript 代码使用 window.open 打开的,则需要通过设置"open"的第二个参数来指定窗口名,例如:

```
window.open("somewhere.html", "windowName");
```

在框架间切换所采取的方法与上面类似,例如,下面的代码是切换到名为"frameName"的框架上:

```
driver.switchTo().frame("frameName");
```

也需要命名切换的框架。在 HTML 源码中,通过设置"frame"标签的"name"属性为框架命名:

```
<frame src="somewhere.html" name="frameName" />
```

5. 处理弹出框

如果网页通过 JavaScript 的 window.alert() 函数打开了一个弹出框，在 selenium 中也可以用 switchTo 函数获取弹出框对象，例如：

```
Alert alert = driver.switchTo().alert();
// 单击弹出框的"确定"按钮
alert.accept();
// 或者单击它的"取消"按钮
// alert.dismiss();
```

6. 操作 cookie

在 Selenium 中可以直接操纵浏览器中的 cookie，如：

```
// 打开一个网站
driver.get("http://www.example.com");

// 设置一个cookie, cookie名是"key"，值是"value"
// 这个cookie对当前访问的网站的整个域都是有效的
Cookie cookie = new Cookie("key", "value");
driver.manage().addCookie(cookie);

// 获取所有的cookie，并依次打印它们的值
Set<Cookie>allCookies = driver.manage().getCookies();
for (Cookie loadedCookie : allCookies) {
    System.out.println(String.format("%s-> %s",
        loadedCookie.getName(), loadedCookie.getValue()));
}

// selenium 提供了三种方法删除 cookie
// 按 cookie 名字删除
driver.manage().deleteCookieNamed("CookieName");
// 按 cookie 的引用删除
driver.manage().deleteCookie(loadedCookie);
// 删除当前网站的所有 cookie
driver.manage().deleteAllCookies();
```

7. 拖拽操作

在 selenium 中可以模拟用户在网页上拖拽一个元素到另一个元素上，如：

```
WebElement element = driver.findElement(By.name("source"));
WebElement target = driver.findElement(By.name("target"));
(new Actions(driver)).dragAndDrop(element, target).perform();
```

8.5 数据驱动测试

在网站测试（甚至是桌面程序的功能测试）当中，在很多情况下测试步骤是不变，变化的仅仅是测试数据而已。比如，为了测试网站是否支持国际化，对于一个正常登录成功的测

试,你可能会使用英文的用户名,也可能会使用中文的用户名,甚至还会使用包含一些合法的特殊字符串的用户名。这三个测试用例的操作步骤都是一样,都是输入用户名和密码,然后单击登录按钮,唯一不同的就是用户名和密码。又比如,为了执行 SQL 注入或者脚本注入安全性测试,你可能会设计一个针对用户提交评论的通用测试步骤,然而用户评论的内容(包括 SQL 注入语句或者脚本注入语句)是变化的。这些测试场景,都可以使用数据驱动测试来避免重复创建雷同的测试用例,而且数据驱动也为我们提供了很大的弹性,这是因为如果在后续测试过程中发现有些特殊数据被遗漏了,只要更新数据文件就可以了。

在 JUnit 4 中通过参数化测试用例(Parameterized Test)来实现对数据驱动测试的支持,如代码清单 8-9 所示。

代码清单 8-9　在 JUnit 中使用数据驱动测试

```
1.  import java.util.Arrays;
2.  import java.util.Collection;
3.
4.  import org.junit.Test;
5.  import org.junit.runner.RunWith;
6.  import org.junit.runners.Parameterized;
7.  import org.junit.runners.Parameterized.Parameters;
8.
9.  @RunWith(Parameterized.class)
10. public class DataDrivenDemoTest {
11.     private String _user;
12.     private String _password;
13.
14.     public DataDrivenDemoTest(String user, String password) {
15.         _user = user;
16.         _password = password;
17.     }
18.
19.     @SuppressWarnings("rawtypes")
20.     @Parameters
21.     public static Collection data() {
22.         return Arrays.asList(new Object[][] {
23.                     { "username1", "password1" },
24.                     { "username2", "password2" }
25.         });
26.     }
27.
28.     @Test
29.     public void 测试用户登录() {
30.         System.out.println("使用用户名: " + _user +
31.                         ", 密码: " + _password + " 登录");
32.     }
33. }
```

首先在第 9 行通过给测试用例类 DataDrivenTestDemo 加上 RunWith 标注,并告诉 JUnit

该类型中的测试用例都应该使用 Parameterized 对象运行，而不是采用 JUnit 默认的运行测试用用例的对象。Parameterized 就是 JUnit 用来实现数据驱动测试的类型，其要求待运行的测试用例定义有一个静态的公开的名为 data 的函数，如第 21 行，data 函数的返回值是一个 Collection 对象，它通常是一个二维数组（或者说是数据表格），如第 22～25 行之间的代码。而测试用例则通过其构造函数获取参数化的数据，如第 14 行，用例将登录用的用户名和密码以参数化的形式从外部获取，因此其构造函数有两个参数，用户名和密码，分别对应 data 函数返回的数据表格的每一列（顺序要保持一致）。Parameterized 类在运行时，每次为测试用例构造一个新的对象，然后通过 data 函数返回的数据集合内的一行数据执行用例。最后，用例的执行结果如图 8-22 所示。

图 8-22　数据驱动测试运行结果

8.6　Selenium 编程技巧

8.6.1　在测试代码中硬编码测试数据

在设计和编写自动化测试代码的时候，可以事先设计好一些固定的测试数据，以简化自动化测试代码的编写工作。之所以要这样做（按照编程的术语讲是硬编码），是因为按照等价类划分，固定的测试数据一般都已经被其他测试用例覆盖了请考虑下面这个例子，假设要测试一个博客网站的文章评论功能，要测试禁用一篇文章的评论功能，或者是测试文章作者删除评论的功能。按照正常的流程，肯定是需要先编码发布一篇文章，然后再编码指定的评论功能测试用例。这样的流程有以下几个缺点：

1）需要冗余的编码，因为每个评论测试用例的代码都要包含发布文章的步骤，在编程实现中，只要相同的代码会重复两次以上，就要考虑是否将它封装成一个函数之类的理念。这种包含冗余编码的方式是我们在测试过程中极力要避免地，否则，程序员可能哪天心情很好，重构一下代码，破坏了一些网页的 HTML 结构，但是从用户的角度来看又没有任何区别。对于这种代码重构，作为测试人员只能跟着程序员的代码重构修改测试代码，此时当然改的地方越少越好。

2）在用例中执行过多的步骤也会增加测试时间。虽然测试团队都会在晚上批量执行自动化测试用例，但是在产品开发的过程当中，测试用例通过率不能达到 100% 是很正常的。对于每一个失败的测试用例，测试人员都要分析失败的原因：判断是产品的缺陷导致的，还是由于测试代码本身的问题引起的。额外的测试步骤也会相应地增加测试人员分析失败的时间（一般测试人员都会重新执行一遍测试代码来找出问题原因）。

3）增加不必要的测试用例失败。测试可以分好几块，一种是功能测试，也就是验证产品的功能是否可以正常工作；一种是压力测试，即测试产品在极端情况下的执行情况；还有其他的例如性能测试，国际化测试等等。一般来说，不同的测试都会有自己的自动化测试用例集合。如果在功能测试过程中，用例代码在系统中添加了很多冗余数据，执行的测试用例多了，必然导致网站的性能和反应速度下降。而在测试代码中，一般都会在执行一步操作以后，等待一段时间，即等网页的内容刷新。网站反应速度的下降，直接导致测试失败。例如本来在编写测试代码的时候，3 秒钟肯定会刷新的网页，在测试执行的环境中，因为过多的冗余数据，30 秒可能都打不开一个网页。当然，网站反应速度的下降肯定是产品代码的缺陷，但是不应该将压力测试和功能测试混合起来做。

因此，笔者建议，在测试过程中，例如，在前面举的评论功能的测试中，完全可以事先在网站的数据库中先创建好一篇或多篇专门用来做评论测试的文章。而每天晚上，在大规模执行自动化测试用例之前，编写一个小的脚本，将网站的数据库替换成这个基准数据库。

再举个例子，为了测试用户权限管理的功能，完全可以事先在网站的数据库当中先准备好一个管理员账号，可以将这个管理员账号和密码当做一个常量，然后在测试代码中都使用这个账号来执行权限管理的测试。

8.6.2 重构 Selenium IDE 生成的代码

既然要做自动化测试，有一点是必须要时刻考虑的，那就是在产品开发过程中，程序界面甚至是内部的类库接口也是时刻改变的。而 Selenium 只能记录当时录制测试用例的界面情况，因此需要将它生成的代码分解一下，以面向对象的方式来重写。如代码清单 8-10 所示，下面这段代码的目的是测试用户可以查看自己的博客。

代码清单 8-10　登录博客的 Selenium 代码

```
@Test
  public void testLogin2blog() throws Exception {
    driver.get(baseUrl + "/account/login");
    driver.findElement(By.id("u")).clear();
    driver.findElement(By.id("u")).sendKeys("donjuan");
    driver.findElement(By.id("p")).clear();
    driver.findElement(By.id("p")).sendKeys("password");
    driver.findElement(By.id("chkRemember")).click();
    driver.findElement(By.cssSelector("span")).click();
    driver.findElement(By.linkText("博客")).click();
}
```

但是网页页面布局，或者 HTML 控件的 id、文本等内容随时都会被程序员修改，修改的原因有多种，例如修复新的错误（Bug），或者仅仅就是代码重构，因此作为测试团队，不能总是认为网页的内容一成不变的。而登录这种操作，大部分测试用例都会用到，所以最好为登录动作封装一个函数，方案有以下两个：

- 为登录创建一个独立的测试用例。本来登录这个功能就是要测试，因此在编辑自动化测试用例列表的时候，把登录用例放在最前面。
- 为登录动作创建一个单独的函数，例如 logOn()，然后在其他测试用例当中（包括登录的测试用例）调用这个函数。另外，因为可能会需要用到不同的用户，所以最好把用户名和密码等变量提取出来，变成 logOn(String username, String password) 之类的函数。

显然是第二个方案的弹性大，但是，如果测试人员都是新手，且对代码不熟悉，建议可以考虑第一个方案。下面来看第二个重构方案，首先将登录相关的代码提取出来作为一个通用的函数，如代码清单 8-11 所示。

代码清单 8-11　将登录操作提取成一个通用函数

```java
1.  public class UserOperationsHelper {
2.      private WebDriver driver;
3.      private String baseUrl = "https://passport.csdn.net";
4.
5.      public UserOperationsHelper(WebDriver driver) {
6.          this.driver = driver;
7.      }
8.
9.      public void logOn(String username, String password)
10.                 throws CaseErrorException {
11.         // string.Empty 留出来为测试目的服务
12.         if (username == null)
13.             throw new CaseErrorException(new IllegalArgumentException(
14.                     "username"));
15.         if (password == null)
16.             throw new CaseErrorException(new IllegalArgumentException(
17.                     "password"));
18.
19.         driver.get(baseUrl + "/account/login");
20.         driver.findElement(
21.                 By.id(Constants.登录页面.用户名文本框)).clear();
22.         driver.findElement(
23.                 By.id(Constants.登录页面.用户名文本框)).sendKeys(username);
24.         driver.findElement(
25.                 By.id(Constants.登录页面.密码文本框)).clear();
26.         driver.findElement(
27.                 By.id(Constants.登录页面.密码文本框)).sendKeys(password);
28.         driver.findElement(
29.                 By.id(Constants.登录页面.记住我复选框)).click();
30.         driver.findElement(
31.                 By.cssSelector(Constants.登录页面.登录按钮)).click();
32.     }
33. }
```

创建自动化测试代码，就是为了节省手工重复测试的工作量以及避免测试失误的风险。但只要是代码，都会有可能出错，因此在自动化测试框架中创建了一个 CaseErrorException，这样在每次分析测试用例失败的时候，可以一眼区分开测试代码的错误和产品代码中的错误。例如在 UserOperationHelper.logOn 函数中的参数检查，当然在测试过程当中，有可能需要在不输入用户名或者密码的情况下验证登录界面是否正常工作，因此在验证参数的时候特意为这种情况留下了 String.Empty 的入口，而对于 null 值，基本上可以判断是因为测试人员在编写代码上的失误。CaseErrorException 的源码如代码清单 8-12 所示。

代码清单 8-12　CaseErrorException 的源码

```
public class CaseErrorException extends Exception
{
    public CaseErrorException(String message) {
        this(message, null);
    }

    public CaseErrorException(Exception inner){
        this(null, inner);
    }

    public CaseErrorException(String message, Exception inner){
        super(message == null ?
                    "测试代码错误，请修复测试代码，查看InnerException属性！" :
                    String.format("测试代码错误，请修复测试代码，详细错误信息：" +
                                  "%1$s；或者查看InnerException属性！", message),
                inner);
    }
}
```

而在代码清单 8-11 中，重构后的登录代码与原始 Selenium 代码还有一个差别，那就是将界面上查找元素的 By 选择条件封装成一个常量，并且使用了更直观的名字，即使用了 Java 支持 Unicode 变量名的技巧，方便后续维护测试用例代码。Constants 的源码如代码清单 8-13 所示。

代码清单 8-13　Constants 的源码

```
public class Constants {
    public static final int 页面加载最大容忍时间 = 30;
    public class 登录页面 {
        public static final String 用户名文本框 = "u";
        public static final String 密码文本框 = "p";
        public static final String 记住我复选框 = "chkRemember";
        public static final String 登录按钮 = "span";
    }
}
```

重构后，原始的测试用例就变得更加简洁、易于维护了，如代码清单 8-14 所示。

代码清单 8-14　重构后的登录测试用例

```
@Test
public void testLogin2blog() throws Exception {
    helper.logOn("donjuan", "password");
    driver.findElement(By.linkText(" 博客 ")).click();
}
```

8.7　本章小结

Selenium 自从 2004 年以来已经经过多年的开发，支持所有主流的浏览器测试，通过不同的 WebDriver 隐藏操控不同浏览器之间的差异。除了 AndroidDriver，Selenium 还通过 iPhoneDriver 支持 iOS 设备上的 HTML 5 网页测试。Selenium 以及其所有 WebDriver 都是开源的，有兴趣的读者可以自行阅读相关代码。

第 9 章
Android NDK 测试

在 Android 官网上，不建议使用 NDK 来编写整个 Android 应用，这是因为使用 C/C++ 编写的应用不一定就比使用 Java 编写的应用更快，而白白增加了编程复杂度；而是建议应用要复用现有的 C/C++ 库程序，执行密集 CPU 计算的部分可以采用 C/C++ 编写，因此本章不介绍测试使用 NDK 原生活动（Activity）的方法，而是将注意力集中在针对 C/C++ 库程序执行单元测试上。

Android NDK 允许使用原生编程语言 C 和 C++ 来实现应用的一部分，虽然大部分应用都不需要用到 Android NDK，但是对于一些特殊应用，可以通过它来复用现有的代码库。

9.1 安装 NDK

在安装之前，需要先确保开发环境满足 NDK 的要求：

- ❏ 需要安装完整的 Android SDK，只支持 Android SDK 1.5 及之后的版本。
- ❏ NDK 需要 GNU Make 3.81 及之后的版本才能工作。
- ❏ 最新版本的 awk（GNU awk 或者 Nawk 都可以）。
- ❏ 如果是在 Windows 上开发 NDK，那么需要 CygWin 1.7 及其之后版本，CygWin 可以从 http://www.cygwin.com/ 处下载。

确认开发环境满足要求之后，安装 NDK 是一个比较简单的过程，这里以 Linux 为例说明安装过程：

1）从 http://developer.android.com/tools/sdk/ndk/index.html 下载最新的 NDK 安装包，如在本书写作时，最新的版本是 r8d，将其安装包 http://dl.google.com/android/ndk/android-ndk-r8d-linux-x86.tar.bz2 下载到本地。

2）使用 tar 命令将安装包解压。

```
$ tar -jxf android-ndk-r8d-linux-x86.tar.bz2
```

9.2 NDK 的基本用法

使用 NDK 来编写程序的过程通常是这样的：
1）在工程的根目录下创建一个文件夹：jni。
2）将所有的原生（C 和 C++）代码都放置在 jni 文件夹（即 <project>/jni/）中。
3）在"jni"文件夹中添加"Android.mk"文件（即 <project>/jni/Android.mk），以向 Android 的通用编译系统说明源文件的编译方式。
4）可选的：在"jni"文件夹中添加"Application.mk"文件。
5）在工程的根目录下执行"ndk-build"脚本（位于 NDK 的根目录）编译原生代码：

```
$ cd <project>
$ <ndk>/ndk-build
```

6）"ndk-build"脚本会将必需的库文件复制到应用工程中相关的位置。
7）最后，再像平常那样使用 SDK 中的工具编译应用的源码，SDK 编译工具会将原生代码生成的库和必需的库文件打包进应用的 .apk 文件。

9.3 编译和部署 NDK 示例程序

NDK 自带了一些示例程序演示其各种用法，我们先从最简单的 HelloJni 开始，尝试下编译和部署 NDK 程序的方法。HelloJni 这个示例程序演示了在 Java 活动（Activity）中从原生的 C 代码库中获取一个字符串的方法。

1）打开命令行窗口，在 Linux 下运行"gnome-terminal"，Windows 下运行"Cygwin"窗口。

2）切换目录到 NDK 中"hello-jni"示例程序中，后面的步骤将都在这个目录下执行：

```
$ cd $ANDROID_NDK/samples/hello-jni
```

3）使用"android"命令（在 Windows 上为"android.bat"）创建"Ant"编译脚本和相关的配置文件，这些文件用来编译和打包 Android 应用的。

```
$ android update project -p .-s --target android-8
```

使用"android"命令的效果如图 9-1 所示。

执行完命令之后，可以看到新生成了文件 build.xml，它是之后使用"ant"命令编译和打包 Android 应用的配置文件。

4）使用"ndk-build"命令编译 libhello-jni 原生代码库。"ndk-build"是一个基于 Make 的 Bash 封装脚本，它自动为 C/C++ 源码设定编译工具链并依次执行它们。

```
$ ~/android-ndk/ndk-build
```

使用"ndk-build"命令的效果如图 9-2 所示。

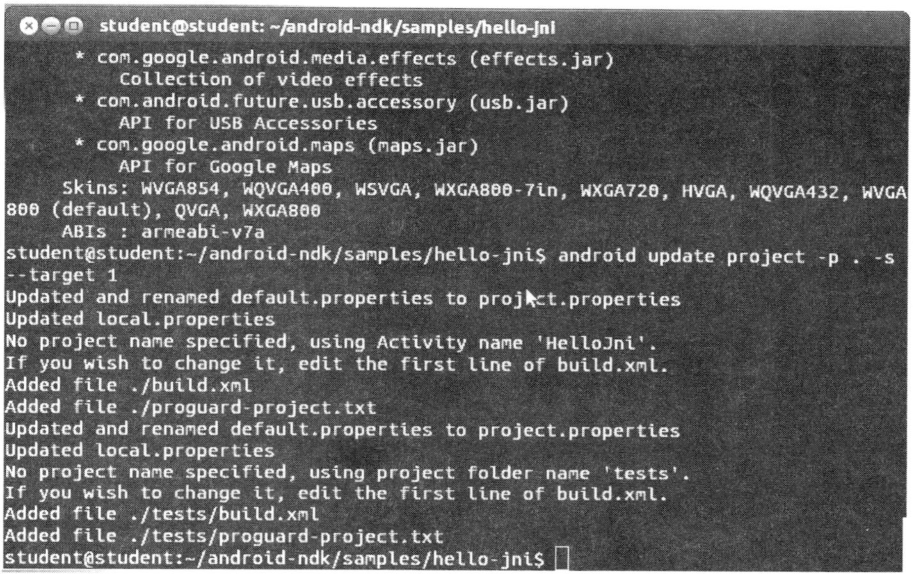

图 9-1 使用 android 命令更新 hello-jni 示例工程

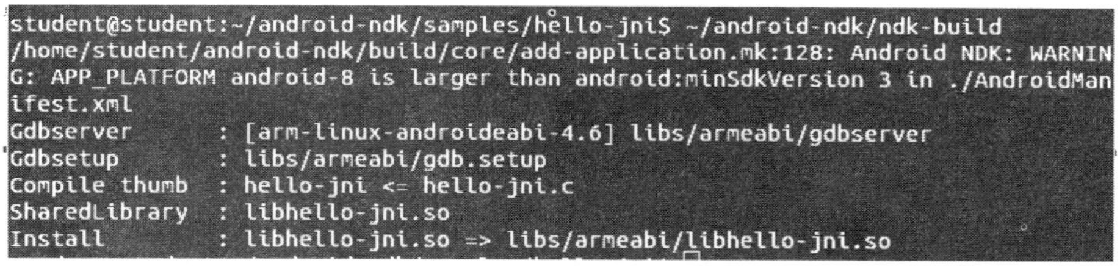

图 9-2 运行 ndk-build 命令

5）启动模拟器，或者将 Android 设备连接到主机上。

6）执行"ant"命令编译、打包并部署 HelloJni.apk 文件。"ant"命令在运行时调用"javac"编译 java 代码，使用"aapt"将最终代码以及资源文件打包到应用中，并最终使用"adb"将其部署到设备上。

```
$ ant debug install
```

上面的命令中，ant 将会编译一个调试（debug）版本的应用并安装到设备上，ant 还支持其他编译选项，具体细节将会在后续章节中讲解。

编译过程如图 9-3 所示。

7）这时，即可以直接在设备/模拟器上启动 HelloJni 应用，也可以从宿主机的命令行中通过"adb"启动：

```
$ adb shell am start -a android.intent.action.MAIN -n
com.example.hellojni/com.example.hellojni.HelloJni
```

```
student@student: ~/android-ndk/samples/hello-jni
Total time: 1 second
student@student:~/android-ndk/samples/hello-jni$ ant debug install
Buildfile: /home/student/android-ndk/samples/hello-jni/build.xml

-set-mode-check:

-set-debug-files:

-check-env:
 [checkenv] Android SDK Tools Revision 21.1.0
 [checkenv] Installed at /home/student/android-sdks

-setup:
     [echo] Project Name: HelloJni
  [gettype] Project Type: Application

-set-debug-mode:

-debug-obfuscation-check:

-pre-build:

-build-setup:
```

图 9-3 ant install 编译中的环境准备过程

```
-compile:
    [javac] Compiling 3 source files to /home/student/android-ndk/samples/hello-jni/bin/classes
```

图 9-4 ant install 编译中的编译过程

```
-dex:
      [dex] input: /home/student/android-ndk/samples/hello-jni/bin/classes
      [dex] input: /home/student/android-sdks/tools/support/annotations.jar
      [dex] Pre-Dexing /home/student/android-sdks/tools/support/annotations.jar
 -> annotations-da9f2d825f862c49c7ea6dec7b6115e5.jar
      [dex] Converting compiled files and external libraries into /home/student/android-ndk/samples/hello-jni/bin/classes.dex...
       [dx] Merged dex A (5 defs/2.1KiB) with dex B (2 defs/1.1KiB). Result is 7 defs/3.1KiB. Took 0.1s
```

图 9-5 ant install 编译中的转换 Java 字节码过程

```
-package-resources:
     [aapt] Creating full resource package...
     [aapt] Warning: AndroidManifest.xml already defines debuggable (in http://schemas.android.com/apk/res/android); using existing value in manifest.
```

图 9-6 ant install 编译中的打包应用过程

```
install:
     [echo] Installing /home/student/android-ndk/samples/hello-jni/bin/HelloJni-debug.apk onto default emulator or device...
     [exec] 1097 KB/s (152910 bytes in 0.135s)
     [exec]    pkg: /data/local/tmp/HelloJni-debug.apk
     [exec] Success

BUILD SUCCESSFUL
Total time: 6 seconds
```

图 9-7 ant install 编译中的部署应用过程

注意

在步骤3）中，如果不指定"--target"参数，即目标模拟器的设备参数，在执行时可能会碰到类似下面的错误：

```
student@student:~/android-ndk/samples/hello-jni$ android update project-p . -s
Error: The project either has no target set or the target is invalid.
Please provide a--target to the 'android update' command.
Error: The project either has no target set or the target is invalid.
Please provide a--target to the 'android update' command.
```

因此在执行android update命令升级Android工程之前，最好查看系统中已经安装的Android模拟器的Target Id，并指定target参数：

```
student@student:~/android-ndk/samples/hello-jni$ android list targets
Available Android targets:
----------
id: 1 or "android-8"
    Name: Android 2.2
    Type: Platform
    API level: 8
    Revision: 3
    Skins: QVGA, WQVGA432, WVGA800 (default), HVGA, WQVGA400, WVGA854
    ABIs :armeabi
```

9.4 Java 与 C/C++ 之间的交互

在Java程序中调用C/C++程序是通过JNI技术实现的。JNI技术的原理是，在Java源码中声明一个空的特殊函数，Java虚拟机在碰到这个函数时，会加载C/C++程序库，并定位到相应的函数执行其代码。通常执行步骤如下：

- 编写带有native声明的方法的java类；
- 使用javac命令编译所编写的java类，然后使用javah + java类名生成扩展名为h的头文件；
- 使用C/C++实现本地方法；
- 将C/C++编写的文件生成动态连接库。

这里演示在Android应用中通过JNI技术与C/C++程序交互的方法，下面的步骤将会创建C/C++源码文件，将它们编译成名为"mylib"的原生库文件（native library），然后在Java程序中使用它（示例程序为：chapter9/cn.hzbook.android.test.chapter9.jnidemo）：

1）创建一个新的Android应用工程，并在MainActivity.java中用"native"关键字添加一个名为"getMyDate"的原生函数的声明，这个函数的作用就是从C/C++程序中返回一个字符串，但在MainActivity.java中，它是没有函数体的空函数，因为Java虚拟机看到"native"关键字时，知道需要对这个函数执行特殊处理。

```
public class MainActivity extends Activity {
public native String getMyData();
...
```

2）接着在 MainActivity.java 中添加一个静态初始化代码块，用来加载包含了"getMyData"函数的原生程序库"mylib"，这个代码块会在第一次使用 MainActivity 的时候调用到。

```
...
static {
    System.loadLibrary("mylib");
}
```

3）最后，当创建 MainActivity 时，调用它并在界面上显示返回的字符串。到目前为止，Java 端必要的代码就写完了。

```
public void onCreate(Bundle savedInstanceState) {
    super.onCreate(savedInstanceState);
    setContentView(R.layout.main);
    setTitle(getMyData());
}
```

4）在 Android 应用工程的根目录下创建一个名为"jni"的子文件夹。

5）在"jni"文件夹中创建一个名为"Android.mk"的文本文件，并输入下面的代码。这些脚本指明了如何将 C/C++ 源文件"mylib.c"编译成"mylib"原生程序库的方法。

```
LOCAL_PATH := $(call my-dir)
include $(CLEAR_VARS)
LOCAL_MODULE := mylib
LOCAL_SRC_FILES := mylib.c
include $(BUILD_SHARED_LIBRARY)
```

6）准备好编译文件之后，剩下的工作就是在"mylib.c"中实现"getMyData"函数了，因为 JNI 对原生函数的声明有些特殊要求，最好是通过 JDK 自带的一个辅助工具"javah"生成相关的头文件，当然熟悉了之后也可以手写。

❑ 在命令行中切换目录到 Android 应用工程根目录的"bin\classes"子文件夹，并执行下面的命令：

```
$ javah -d ../../jni cn.hzbook.android.test.chapter9.jnidemo.MainActivity
```

此命令行的意思是告诉命令 javah，在当前文件夹中查找和加载类型"cn.hzbook.android.test.chapter9.jnidemo.MainActivity"，并找到其中标有"native"的原生函数，依次生成对应的 C/C++ 函数声明，并将生成的头文件放到根目录下的"jni"文件夹中。

执行完命令毕后，会在"jni"文件夹中生成一个名为"cn_hzbook_android_test_chapter9_jnidemo_MainActivity.h"的头文件，文件命名规则就是将包含原生函数的 Java 类型的全名中的点号"."替换成下划线，其内容如代码清单 9-1 所示。

代码清单 9-1　javah 生成的头文件

```
/* DO NOT EDIT THIS FILE-it is machine generated */
#include <jni.h>
/* Header for class cn_hzbook_android_test_chapter9_jnidemo_MainActivity */

#ifndef _Included_cn_hzbook_android_test_chapter9_jnidemo_MainActivity
#define _Included_cn_hzbook_android_test_chapter9_jnidemo_MainActivity
#ifdef __cplusplus
extern "C" {
#endif
/*
 * Class:     cn_hzbook_android_test_chapter9_jnidemo_MainActivity
 * Method:    getMyData
 * Signature: ()Ljava/lang/String;
 */
JNIEXPORT jstring JNICALL Java_cn_hzbook_android_test_chapter9_jnidemo_MainActivity_getMyData
  (JNIEnv *, jobject);

#ifdef __cplusplus
}
#endif
#endif
```

其中"Java_cn_hzbook_android_test_chapter9_jnidemo_MainActivity_getMyData"就是 Java 中"getMyData"的 C/C++ 函数声明，其命名格式如下：

<返回类型>Java_<包名>_<类名>_<函数名>(JNIEnv* pEnv,jobject this, <Java 里定义的参数列表>...)

其接受两个参数，第一个参数"JNIEnv"是执行 JVM 的指针，它包含了所有与 JVM 交互和操作 Java 对象的接口函数，如在 Java 数组和原生数组之间转换，将 Java 字符串和原生字符串互转，实例化对象，抛出 Java 异常等。基本上，通过 JNIEnv 指针可以执行任何 Java 代码中可做的操作。而第二个参数"jobject"，是包含当前原生函数的 Java 对象的指针，相当于 Java 中的"this"，如果原生函数在 Java 类型中被定义为静态函数，那么"jobject"则是指向该 Java 类型的指针。

❑ 或者在 Eclipse 中，可以依次单击菜单中的"Run"→"External Tools"→"External Tools Configurations..."，并创建一个新的程序配置，设置其参数如表 9-1 所示。

表 9-1　在 Eclipse 中调用 javah 生成头文件的设置

参　　数	设置与说明
Name	javah
Location	javah 的绝对路径，在 Windows 上其位置是："$JAVA_HOME\bin\javah.exe"；在 Mac OS X 和 Linux 上，其位置是"/usr/bin/javah"
Working directory	${workspace_loc:/cn.hzbook.android.test.chapter9.JniDemo/bin/classes}
Argument	-d ${workspace_loc:/cn.hzbook.android.test.chapter9.JniDemo/jni} cn.hzbook.android.test.chapter9.jnidemo.MainActivity

在 Eclipse 中调用 javah 的设置如图 9-8 所示。

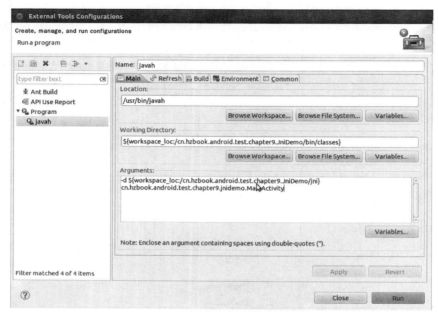

图 9-8　在 Eclipse 中调用 javah 的设置

在"Refresh"标签上,选中"Refresh resources upon completion"和"Sepcific resources",接着单击"Specify Resources..."按钮,并选择"jni"文件夹,如图 9-9 所示。

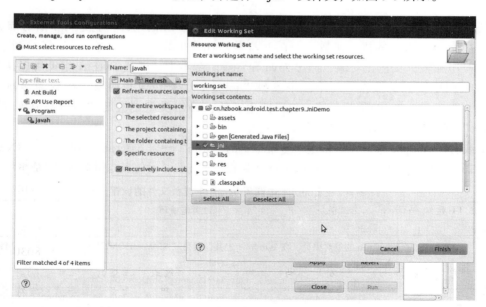

图 9-9　在 Eclipse 中调用 javah 的设置时的 refresh 页签

最后，单击"Run"按钮保存配置并执行javah命令，然后就可以在"jni"文件夹中看到生成的头文件了。

7）现在可以在mylib.c中编码实现向Java代码返回字符串的功能了，如代码清单9-2所示。

代码清单9-2　getMyData的C/C++实现

```
#include "cn_hzbook_android_test_chapter9_jnidemo_MainActivity.h"

JNIEXPORT jstring Java_cn_hzbook_android_test_chapter9_jnidemo_MainActivity_getMyData
(JNIEnv* pEnv, jobjectpThis)
{
    return (*pEnv)->NewStringUTF(pEnv, "从C/C++里返回的字符串！");
}
```

8）与前面的示例"hello-jni"类似，进入"jni"文件，编译原生代码：

```
~/workspace/cn.hzbook.android.test.chapter9.JniDemo/jni$ ~/android-ndk/ndk-build
```

9）最后，返回Eclipse，编译并运行Android应用，如图9-10所示。

图9-10　JNI示例工程运行结果

注意

在示例代码中，我们直接在C/C++程序中返回了中文的字符串，如果是本书配套资源中的虚拟机编译示例代码，是可以正常使用的。但如果你尝试在Windows上编译并测试示例程序时，很有可能会碰到Android应用显示乱码的情况，这是因为Windows上和Linux上的系统默认字符编码是不同的。JNI的NewStringUTF函数的声明如下：

jstring NewStringUTF(JNIEnv *env, const char *bytes);

其中，第二个参数"bytes"是指向UTF8编码的字符串，而Java程序的字符串也是采用UTF 8编码的，而在Linux上默认的字符编码是UTF8，即C/C++源文件"mylib.c"也是采用UTF 8编码保存，因此在源码中直接写中文是没有问题的。

但是在Windows系统上，保存文件时默认采用的是当前系统区域的编码，如果是中文操作系统默认采用GB18030编码，即C/C++源文件中的字符串采用的是GB18030编码，而Java程序却会按照UTF8的方式解码传入的字符串，导致最终在界面上显示乱码。

正确的做法是，永远都在C/C++程序将字符串传入Java程序中之前，显示执行字符编码转换操作，讲解这个方法不在本书的写作范围之内，感兴趣的读者可自行查阅相关书籍和文档。

9.4.1 Makefiles

编译原生程序库文件的过程由名为"Android.mk"的 make 配置文件（Makefile）指定，ndk-build 要求它保存在应用工程根目录下的"jni"文件夹中，因此，相应的 C/C++ 源码也按照约定必须放在"jni"文件夹中，可以通过配置文件修改。

Android.mk 文件是 NDK 编译过程中最重要的部分，它告诉 ndk-build 命令编译哪些文件，以及如何编译这些文件。其配置基本上是通过一些预定的变量来修改的，即 LOCAL_PATH, LOCAL_MODULE 和 LOCAL_SRC_FILES。

前面例子中的 Android.mk 文件是一个非常简单和基本的 Makefile 示例，每一行都有其目的，下面分别进行解释。

❑ LOCAL_PATH := $(call my-dir)

这一行指明了源文件所在的位置，命令 $(call <函数>) 运行 make 命令调用一个函数，这里函数"my-dir"返回 Makefile 文件所在文件夹的绝对路径。而 Makefile 一般是跟源文件放置在一起的，因此几乎所有的 Android.mk 文件的第一行都是它。

❑ include $(CLEAR_VARS)

这一行的作用是避免其他模块对预定义变量的修改影响到本模块的编译过程，通常在编译 C/C++ 程序时，程序是分模块编译的，需要定义一些 LOCAL_XXX 的预定变量。问题是，在编译时，一个模块可能会修改其设置（如果添加一个宏或者修改一个编译选项），而这些修改可能会影响到后续模块的编译。为了避免这些影响，在编译模块之前，应该清除这些 LOCAL_XXX 变量，但其中的 LOCAL_PATH 是一个例外，它永远也不会被清除。

❑ LOCAL_MODULE := mylib

这一行定义了模块名称，编译完成之后，输出的库文件的命名规则是在 LOCAL_MODULE 变量值之前加上"lib"前缀，并在其之后加上".so"后缀，本例中就是：libmylib.so。

❑ LOCAL_SRC_FILES := mylib.c

这一行指明了要编译的源文件列表，文件名的路径是相对于 LOCAL_PATH 路径的相对路径。

❑ include $(BUILD_SHARED_LIBRARY)

最后一行指明了输出的库文件的类型，在 Android NDK 中，可以生成共享库（也叫动态链接库，类似 Windows 平台上的 .DLL 文件），也可以生成静态库。

9.4.2 动态模块和静态模块

动态库的优点是可以按需加载，在使用时会从硬盘上整体加载，而且 Java 程序也只能直接加载动态库。

静态库可以在编译期间嵌入到动态库中，编译器会将其中被使用到的代码复制进最终的动态库文件中，如果有多个模块同时用到这个静态库里的同一段代码，相同的代码将会被重复复制。但与动态库不同的是，编译器只会将静态库中用到的代码放进最终的程序中，这样确保动态库中所有的依赖都在库文件中，避免了类似 Windows 中常见的"DLL not found"文件。

在如下情况下，建议将模块编译成动态库，以避免重复代码占用不必要的内存：
- 如果模块将会被好几个其他模块使用到；
- 模块中所有的代码都会被 Android 应用用到；
- 模块需要在运行时按需加载。

而另一方面，在以下情况下则建议将模块编译成静态库，以节省内存：
- 只在很少的地方用到；
- 只有部分代码会被用到；
- 只需要在应用启动时加载。

9.5 在 Android 设备上执行 NDK 单元测试

虽然 C/C++ 社区有不少的单元测试框架，例如 boost 库中的 test 组件，cppunit、unittest++ 都是很好用的单元测试框架。不过，虽然在 C++ 编程领域，boost 是一个很流行的库，但由于没有志愿者维护 Android 上的 boost 版本，因此 Android NDK 到目前为止还没有正式支持 boost 库。而 Android NDK 只支持部分标准库，要使 boost 支持 Android，需要修改编译脚本甚至源代码。经笔者试验，由于 boost 一直在更新，不同版本的 boost 的修改方法也不同，因此本书也不介绍使用 boost 中的 Test 库编写 NDK 单元测试用例的方法。但是，Android NDK 到目前为止还没有正式支持 boost 库，而在 cppunit 中编写测试用例的额外代码量比较多，因此这里介绍使用 unittest++ 编写 Android NDK 单元测试用例的步骤。下面的示例代码位于 chapter9\rununit，其功能是一个 Android 应用通过 JNI 接口执行 C/C++ 的单元测试用例。

1）首先下载 unittest++ 的源码（在本书配套资源中提供的虚拟机上，保存在 workspace 目录的 unittestpp 文件夹中）：

```
$ svn checkout http://unittestpp.googlecode.com/svn/trunk/unittestpp
```

2）新建文件 testcase.cpp，并在其中使用 unittest++ 编写两个简单的测试用例，如代码清单 9-3 所示。

代码清单 9-3　两个简单的 unittest++ 用例

```
1. #include "unittestpp.h"
2.
3. namespace {
4.     // 创建一个可执行通过的测试用例
5.     TEST(UnitTestDemoPass)
6.     {
7.         boolconst b = true;
8.         CHECK(b);
```

```
9.      }
10.
11.     // 创建一个执行失败的测试用例
12.     TEST(UnitTestDemoFail)
13.     {
14.         boolconst b = false;
15.         CHECK(b);
16.     }
17. }
```

3）在 Eclipse 中创建一个 Android 应用工程"rununit"，并在主界面的代码中添加一个执行单元测试用例的原生函数，并在应用启动时执行单元测试用例，如代码清单 9-4 所示。

代码清单 9-4　执行 C/C++ 单元测试用例的 Android 活动

```
1.  public class MainActivity extends Activity {
2.      static {
3.          // 加载 C/C++ 编写的单元测试用例
4.          System.loadLibrary("rununit");
5.      }
6.
7.      // 执行所有的 C/C++ 单元测试用例的原生函数
8.      public native String runUnitTests();
9.
10.     @Override
11.     protected void onCreate(Bundle savedInstanceState) {
12.         super.onCreate(savedInstanceState);
13.         // 执行完毕 C/C++ 单元测试用例之后，将结果
14.         // 显示在主界面上
15.         TextView tv = new TextView(this);
16.         tv.setText(runUnitTests());
17.         setContentView(tv);
18.     }
19. }
```

4）使用 javah 生成 runUnitTest 的头文件，并创建一个 rununit.cpp 实现它。

代码清单 9-5　实现 runUnitTest JNI 函数

```
1.  #include <string.h>
2.  #include <stdio.h>
3.
4.  #include "unittestpp.h"
5.  #include "TestRunner.h"
6.  #include "TestResults.h"
7.  #include "TestReporter.h"
8.  #include "TestReporterStdout.h"
9.  #include "cn_hzbook_android_test_chapter9_rununit_MainActivity.h"
10.
11. using namespace UnitTest;
```

```
12.
13. #ifdef __cplusplus
14. extern "C" {
15. #endif
16.
17. JNIEXPORT jstring JNICALL
18.   Java_cn_hzbook_android_test_chapter9_rununit_MainActivity_runUnitTests
19.     (JNIEnv *pEnv, jobject jthis)
20. {
21.     // 下面的代码的功能与 UnitTest::RunAllTests() 类似
22.     TestReporterStdout reporter;
23.     // 创建执行测试用例的 TestRunner 对象
24.     TestRunner runner(reporter);
25.     // 获取库文件中的测试用例列表,并依次执行
26.     runner.RunTestsIf(Test::GetTestList(), NULL, True(), 0);
27.     // 等待测试用例执行完毕,并收集测试结果
28.     TestResults* testResults = runner.GetTestResults();
29.
30.     // 准备将测试结果发到Java端以便显示
31.     char result[128];
32.     // 如果有执行失败的测试用例
33.     if (testResults->GetFailedTestCount() > 0)
34.     {
35.         // 说明有多少用例失败
36.         sprintf(result, "测试结果:在总共 %d 的用例中 \n" \
37.             " 有 %d 的用例执行失败!(%d 错误).",
38.             testResults->GetTotalTestCount(),
39.             testResults->GetFailedTestCount(),
40.             testResults->GetFailureCount());
41.     }
42.     // 否则就显示所有用例执行成功的消息
43.     else
44.     {
45.         sprintf(result, "测试结果:总共有 \n"\
46.             "%d 个测试用例通过测试!", testResults->GetTotalTestCount());
47.     }
48.
49.     // 将结果返回到 Java 端
50.     return pEnv->NewStringUTF(result);
51. }
52.
53. #ifdef __cplusplus
54. }
55. #endif
```

因为 rununit.cpp 是以 .cpp 后缀结尾的,所以 NDK 会将它当成 C++ 源文件编译。而 JNI,却希望调用 C 语言样式的函数,因此在第 13 ~ 15 行和第 53 ~ 55 行需要把整个函数使用 extern "C"{} 括起来,这样就可以确保 NDK 在编译时,为 "Java_cn_hzbook_android_test_chapter9_rununit_MainActivity_runUnitTests" 在最终的库文件中生成 C 样式的函数名。

代码清单 9-5 先是创建一个 TestRunner 对象并执行所有的测试用例，即在 testcase.cpp 中定义的两个用例。当用例执行完毕之后，TestRunner 对象就会提供一个运行成功和失败的用例统计，并将这个统计结果放到一个字符串中返回到 Android 应用。

5）最后创建 Android.mk 以编译测试用例库文件，由于用例需要用到 unittest++ 的源文件，需要在 Android.mk 文件里将这些文件也引入编译过程中，如代码清单 9-6 所示。

代码清单 9-6　编译 unittest++ 测试用例的 Android.mk 文件

```
1.  LOCAL_PATH := $(call my-dir)
2.
3.  include $(CLEAR_VARS)
4.
5.  LOCAL_MODULE := rununit
6.
7.  LOCAL_C_INCLUDES := \
8.      $(LOCAL_PATH)/../../unittestpp \
9.      $(LOCAL_PATH)/../../unittestpp/src \
10.     $(LOCAL_PATH)/../../unittestpp/src/Posix
11.
12. LOCAL_SRC_FILES := \
13.     rununit.cpp \
14.     testcase.cpp \
15.     ../../unittestpp/src/AssertException.cpp \
16.     ../../unittestpp/src/Checks.cpp \
17.     ../../unittestpp/src/CurrentTest.cpp \
18.     ../../unittestpp/src/DeferredTestReporter.cpp \
19.     ../../unittestpp/src/DeferredTestResult.cpp \
20.     ../../unittestpp/src/MemoryOutStream.cpp \
21.     ../../unittestpp/src/ReportAssert.cpp \
22.     ../../unittestpp/src/Test.cpp \
23.     ../../unittestpp/src/TestDetails.cpp \
24.     ../../unittestpp/src/TestList.cpp \
25.     ../../unittestpp/src/TestReporter.cpp \
26.     ../../unittestpp/src/TestReporterStdout.cpp \
27.     ../../unittestpp/src/TestResults.cpp \
28.     ../../unittestpp/src/TestRunner.cpp \
29.     ../../unittestpp/src/TimeConstraint.cpp \
30.     ../../unittestpp/src/XmlTestReporter.cpp \
31.     ../../unittestpp/src/Posix/SignalTranslator.cpp \
32.     ../../unittestpp/src/Posix/TimeHelpers.cpp
33.
34. LOCAL_CFLAGS := \
35.     -DUNITTEST_POSIX-DNULL=0 \
36.     -DUNITTEST_NO_DEFERRED_REPORTER \
37.     -DUNITTEST_NO_EXCEPTIONS
38.
39. include $(BUILD_SHARED_LIBRARY)
```

为了保证 unittest++ 代码的复用性，笔者把 unittest++ 的源码放在与应用根目录的父级文件夹中，因此在 LOCAL_SRC_FILES 中，引用的是上两层父级文件夹（即 ../../ ）中的 unittestpp 的源文件，如第 15 ~ 32 行所示。

在 Android.mk 的第 7 ~ 10 行，修改了一个预定变量 LOCAL_C_INCLUDES，包含了 unittest++ 中定义的头文件所在的文件夹路径，以便 NDK 在编译测试用例时，查找非标准库的头文件，如"unittestpp.h"等头文件。

在 Android.mk 文件的第 34 ~ 37 行，还修改了另外一个预定变量 LOCAL_CFLAGS，通常 NDK 会通过这个变量来修改传入编译器（gcc）的编译选项，如本例中 LOCAL_CFLAGS 的作用是定义或修改了 4 个宏：UNITTEST_POSIX、NULL、UNITTEST_NO_DEFERRED_REPORTER 和 UNITTEST_NO_EXCEPTIONS。

之所以定义这几个宏，是因为 Android NDK 较老的版本没有 STL，不支持异常，而且仅支持部分的 C 标准库。

在第 36 行定义宏 UNITTEST_NO_DEFERRED_REPORTER 的作用是禁用延迟报告测试结果，如禁用 XmlTestReporter，因为其用到 stl::vector 类。

而第 37 行定义 UNITTEST_NO_EXCEPTIONS 来禁止 unittest++ 使用异常（这样 unittest++ 就使用 setjmp/longjmp 完成类似的功能）

另外，笔者也修改了 unittest++ 中 unittestpp/src/ExecuteTest.h 文件，将第 37 行的 UNITTEST_THROW_SIGNALS_POSIX_ONLY 宏调用注释掉，以便禁用 posix 信号（signals）处理机制，否则就必须在 LOCAL_CFLAGS 中添加"-fexceptions"编译器选项启用异常支持。

6）最后就可以在"jni"文件夹中运行"ndk-build"命令编译测试用例了，在编译过程中，ndk-build 会显示很多编译警告，都可以忽略它们，只要最后几行显示成功生成 librununit.so 文件即可，如图 9-11 所示。

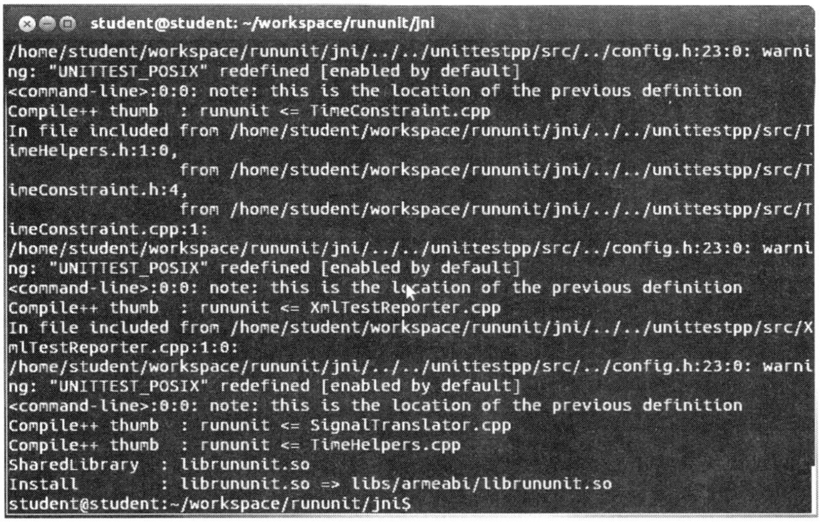

图 9-11　编译 unittest++ 测试用例的结果

7）在 Android 设备或者模拟器上运行 rununit 应用，结果如图 9-12 所示。

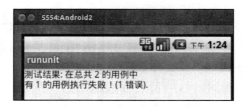

图 9-12　运行 unittest++ 测试用例的结果

> **注意**
> 在编译 C++ 和 C 代码时，对函数名的处理是不同的，在 C 语言中，源文件中函数名即是最终生成的库文件中的函数名；而在 C++ 中，因为 C++ 支持函数重载，即有多个函数可以有相同的函数名称，但是通过不同的参数列表区分，而在最终的库文件当中，只允许有唯一的函数名，所以 C++ 编译器解决这个问题的方法是采用所谓的名称矫正（name mangling）技术，即编译器会将源文件中的函数名和参数列表按一定的规则生成一个新的函数名，详情请参考：http://zh.wikipedia.org/wiki/Visual_C%2B%2B%E5%90%8D%E5%AD%97%E4%BF%AE%E9%A5%B0 。也就是说，由 C++ 编译器编译后，源码中的函数名和最终在库文件中的函数名通常是不同的，而且不同公司的 C++ 编译器的矫正手法均不同，这样一来，就会使 Java 虚拟机在按函数名在库文件中查找函数时造成混淆，因此为了简单起见，JNI 要求库文件中所有的函数名都是 C 语言样式的函数名。

9.6　unittest++ 使用基础

在 unittest++ 的源码中自带了以 unittest++ 编写的单元测试用例，其源码在 unittestpp 源文件根目录下的 <unittestpp>/src/tests/ 文件夹中，其中 <unittestpp>/src/tests/TestUnitTest++.cpp 这个源文件演示了大部分 unittest++ 的功能。

9.6.1　添加新测试用例

使用 TEST 宏来添加一个新的测试用例：

```
TEST(TestCaseName)
{
}
```

TEST 宏封装了将前面的代码转换成合法的 C++ 代码的方法，并且自动将该测试用例添加到全局的测试用例清单中，以便之后测试用例执行对象可以发现并运行它。如果想在多个用例之间复用一些测试数据，或者想使用类似 junit 中 setUp 和 tearDown 函数的功能，可以使用 TEST_FIXTURE 宏，这个宏需要传入一个类名，setUp 和 tearDown 相关的代码分别放在该类型的构造（如代码清单 9-7 的第 3 行所示）和析构函数（如代码清单 9-7 的第 4

行所示）中，并且将需要复用的数据放在该类中（如代码清单 9-7 的第 6 行和第 11 行）：

代码清单 9-7　使用 TEST_FIXTURE 实现 setUp 和 tearDown 函数

```
1.  struct SomeFixture
2.  {
3.      SomeFixture() { /* 实现 setUp 函数里的初始化代码 */ }
4.      ~SomeFixture() { /* 实现 tearDown 函数中的清理代码 */ }
5.
6.      int testData;
7.  };
8.
9.  TEST_FIXTURE(SomeFixture, YourTestName)
10. {
11.     int temp = testData;
12. }
```

9.6.2　测试用例集合

通过 SUITE 宏就可以将多个用例组成测试集合，在 unittest++ 中，将测试集合当作命名空间处理：

```
SUITE(YourSuiteName)
{
    TEST(YourTestName)
    {
    }
    TEST(YourOtherTestName)
    {
    }
}
```

经过 C++ 的预编译将宏扩展之后，两个测试用例会放在一个名为 YourSuiteName 的 C++ 命名空间中。

9.6.3　验证宏

unittest++ 内置了一些宏用来辅助对比和报告测试结果。最基本的就是接受一个布尔表达式的 CHECK 宏：

```
CHECK(false); // 用例失败
```

在运行上面的代码时，会报告用例失败，因为布尔表达式的值是 false。

而 CHECK_EQUAL 宏则用来执行对比操作：

```
CHECK_EQUAL(10, 20); // 用例失败
CHECK_EQUAL("foo", "bar"); // 用例失败
```

前面的例子里也演示了 CHECK_EQUAL 宏有相应的重载函数来执行字符串之间的对比，省去了使用 strcmp 等相关函数来对比字符串的麻烦，但如果要执行字符串搜索相关的验证，则只能通过 CHECK 宏：

```
CHECK(std::strstr("zaza", "az") != 0); // 验证通过
```

而对于浮点数的比较，不建议使用相等来对比，通过 CHECK_CLOSE 宏来判断两个值在一定的误差之内来比较：

```
CHECK_CLOSE(3.14, 3.1415, 0.01); // 验证通过
```

为了避免宏扩展导致一些表达式重复计算的问题，所有的宏都做了特殊处理，如代码清单 9-8：

代码清单 9-8　unittest++ 中避免了宏扩展过程中重复计算表达式的问题

```
TEST(CheckMacrosHaveNoSideEffects)
{
    int i = 4;
    CHECK_EQUAL(5, ++i); // 验证通过
    CHECK_EQUAL(5, i); // 验证通过
}
```

上面的代码演示了 unittest++ 的验证宏内部不会重复执行 ++i 表达式。

9.6.4　数组相关的验证宏

下面是一些用来执行数组对比方面的宏：

```
const float oned[2] = { 10, 20 };
CHECK_ARRAY_EQUAL(oned, oned, 2); // 验证通过
CHECK_ARRAY_CLOSE(oned, oned, 2, 0.00); // 验证通过

const float twod[2][3] = { {0, 1, 2}, {2, 3, 4} };
CHECK_ARRAY2D_CLOSE(twod, twod, 2, 3, 0.00); // 验证通过
```

数组验证宏是通过 operator== 来比较数组中的元素的，因此 CHECK_ARRAY_EQUAL 不能用来比对 C 样式的字符串，以及类似的数组。

而 CHECK_ARRAY_CLOSE 宏的机理与 CHECK_CLOSE 类似，只能用来比对数值类型。

另外，所有针对一维数组的宏都可以用于 std::vector 对象，或者提供了类似 C 数组索引样式的对象。

9.6.5　设置超时

当一个测试用例执行的时间过长，unittest++ 可以设置超时，杀掉用例。可以设置两种超时，一个是全局性的超时设置，一个是局部性的。

下面的代码演示了局部性的超时设置：

```
TEST(YourTimedTest)
{
    // 初始化代码
    {
            UNITTEST_TIME_CONSTRAINT(50);
            // 执行测试步骤
    }
    // 清理代码
}
```

如果"执行测试步骤"代码使用了超过 50 毫秒的时间执行，unittest++ 会将用例置为失败。但这里，初始化和清理代码所使用的时间没有包含在内，因为"UNITTEST_TIME_CONSTRAINT(50);"放在一个新的代码块中。一个测试用例可以有多个局部性的超时设置，只要每个局部超时设置都放在单独的代码块中即可。

而全局性的超时设置则要求运行的测试用例的每一个用例的执行时间都不能超过这个设置，这个可以通过 RunAllTests() 的一个重载函数实现。但设置了全局性的超时设置后，如果有一个测试用例必须要使用更多的时间执行，可以在用例中使用 UNITTEST_TIME_CONSTRAINT_EXEMPT 告诉 TestRunner 这个用例是个例外，不采用超时设置：

```
TEST(NotoriouslySlowTest)
{
    UNITTEST_TIME_CONSTRAINT_EXEMPT();

    // 执行一段需要很长时间才能完成的测试步骤
}
```

9.7 本章小结

由于 Android 是基于 Linux 系统开发的，其 NDK 使用的工具链与在 Linux 下由 C/C++ 开发的工具链是相同的，而由于 Android 下 NDK 程序可能需要与 SDK 应用交互，为了方便 Java 和 C/C++ 代码之间的相互调用，Android 提供了一些如 Android.mk 的工具来简化开发过程。于有兴趣深入了解 Android NDK 开发方法的读者，可以自行阅读 Linux C/C++ 编程中 GCC、Make 和 Java 中 JNI 使用方法等相关知识。

第 10 章
Android 其他测试

Android 是一个非常复杂的系统，除了前面几章讲解的功能性层面的测试，Google 还发布了兼容性测试集合确保所有支持 Android 的设备都能正常运行 Android 应用。本章前半部分会探讨这个兼容性测试集合的用法，以及复用兼容性测试集合中的工具来执行大规模自动化测试的可能性。后半部分主要讲解使用 Android 脚本编程环境来使用脚本语言开发可在 Android 设备上直接运行的自动化测试用例的方法。本章最后演示了使用 telnet 方式来模拟来电提醒以中断用户的正常操作流程、测试应用的稳定性以及可用性的方法。

10.1 Android 兼容性测试

为了确保 Android 应用能够在所有兼容 Android 的设备上正确运行，并且保持相似的用户体验，在每个版本发布时，Android 提供了一套兼容性测试用例集合（Compatibility Test Suite，CTS）来认证运行 Android 系统的设备是否完全兼容 Android 规范，并附带有相关的兼容性标准文档（Compatibility Definition Document，CDD）。

10.1.1 运行 Android 兼容性测试用例集合

首先从链接 http://source.android.com/compatibility/downloads.html 处下载最新的兼容性测试用例集合，Android 兼容性测试用例集合与普通的 Android 测试用例类似，大部分是基于 JUnit 和仪表盘技术编写的。不过其还扩展了自动化测试过程，可以自动执行用例，自动收集和汇总测试结果。测试用例基本上打包成多个 Android 应用的形式，而 CTS 采用 XML 配置文件的方式将这些测试用例分组成多个测试计划（plan），第三方开发人员也可以创建自己的测试计划。在测试时，可以在设备上执行测试计划，并收集和汇总结果。

1）下载兼容性测试用例包并解压，这里笔者下载的是针对 Android 2.3 版本的包，将解压后的文件夹重命名为 "android-cts"。在 http://source.android.com/compatibility/downloads.html 页面的最下方，有一个名为 "Compatibility Test Suite (CTS) User Manual" 的链接，是最

新版本的 Android 兼容性测试用例的执行方法，建议在执行兼容性测试之前先通读该文档。

2）将 Android 设备连接到电脑上，或启动一个模拟器。在执行兼容性测试之前，需要做以下的准备工作：

- 在设备上插入一个 SD 卡，并且确保 SD 卡是空的，这是因为 CTS 在执行过程中会修改和删除 SD 卡中的数据；
- 去掉屏幕锁，即确认"设置（Settings）"->"位置和安全（Security）"->"设置屏幕锁定（Screen Lock）"的值为"无（None）"；
- 打开"USB 调试"功能，即确认"设置（Settings）"->"应用程序设定（Manage Application）"->"开发（Developer options）"->"USB 调试（USB Debugging）"复选框为选中状态；
- 打开"设置（Settings）"->"应用程序设定（Manage Application）"->"开发（Developer options）"->"保持唤醒（Stay Awake）"选项；
- 打开"设置（Settings）"->"应用程序设定（Manage Application）"->"开发（Developer options）"->"允许模拟位置（Allow mock location）"选项；
- 将设备连接到一个 Wi-Fi 网络；
- 确保设备上当前界面在"Home"键界面（即按下"Home"键）。
- 如果需要执行可访问性方面的兼容性测试，需要执行下面的操作：

```
$ adb install-r ~/android-
cts/repository/testcases/CtsDelegatingAccessibilityService.apk
```

- 并在设备上启用"设置（Settings）"→"可访问性（Accessibility）"→"Delegating Accessibility Service"选项。
- 如果需要执行设备管理方面的兼容性测试，需要执行下面的操作：

```
$ adb install ~/android-cts/repository/testcases/CtsDeviceAdmin.apk
```

- 并在设备上启用"设置（Settings）"→"位置和安全（Security）"→"选择设备管理器（Device Administrators）"→"android.deviceadmin.cts.CtsDeviceAdmin*"等选项。
- 如果需要执行多媒体方面的兼容性测试，需要执行下面几个操作：
  - 从链接处 http://source.android.com/compatibility/downloads.html 下载 android-cts-media-X.Y.zip 并解压；
  - 进入解压后的文件夹，并执行下面两个命令：

```
chmod 544 copy_media.sh
./copy_media.sh
```

  - 如果要复制分辨率是 720×480 的视频文件，需要向 copy_media 输入分辨率方面的参数：

```
./copy_media.sh 720×480
```

  - 如果不清楚所需要的分辨率大小，可以输入 1920×1080 这个分辨率以复制所有的文件。

3）CTS 需要用到 Android SDK 中的工具将用例部署到设备或模拟器上，因此需要事先设定一个名为"SDK_ROOT"的环境变量，其值就是 Android SDK 的根目录，如：

```
$ export SDK_ROOT=~/android-sdks/
```

4）进入"tools"目录，执行"startcts"脚本进入 CTS 命令行交互界面。

```
$ cd ~/android-cts/tools/
$ ./startcts
```

5）"startcts"是一个交互式命令行界面，可以在其中输入命令来执行兼容性测试相关的操作，首先运行"help"命令了解其用法。

```
cts_host > help
```

笔者将相关命令的说明翻译成中文。

❑ 与测试计划相关的命令

- ls--plan: 列出当前所有可用的计划；
- ls--plan plan_name: 列出指定名称的测试计划的详细信息；
- add--plan plan_name: 添加一个名为"plan_name"的新测试计划；
- add--derivedplan plan_name-s/--session session_id-r/--result result_type: 从一次测试执行过程中产生一个新的测试计划；
- rm--plan plan_name/all: 从数据库里删除一个或者所有的测试计划；
- start--plan test_plan_name: 执行一个测试计划；
- start--plan test_plan_name-d/--device device_ID: 在一个指定的设备上执行测试计划；
- start--plan test_plan_name-t/--test test_name: 执行单个测试用例；
- start--plan test_plan_name-p/--package java_package_name: 执行一个指定 java 包里的测试用例；
- start--plan test_plan_name-t/--test test_name-d/--device device_ID: 在一个指定的设备上执行单个测试用例；
- start--plan test_plan_name-p/--package java_package_name-d/--device device_ID: 在一个指定的设备上执行一个指定 java 包里的测试用例。

❑ 与 java 包相关的命令

- ls-p/--package: 列出所有的 java 包；
- ls-p/--package package_name: 列出指定名称的 java 包中的具体内容；
- add-p/--package root: 从 root 位置里添加一个 java 包；
- rm-p/--package package_name/all: 从数据库中移除一个或者所有的 java 包。

❑ 与测试结果相关的命令

- ls-r/--result: 列出所有的测试执行结果；
- ls-r/--result-s/--session session_id: 列出指定测试执行过程中具体收集到的测试结果；
- ls-r/--result [pass/fail/notExecuted/timeout]-s/--session session_id: 列出在指定测试执行过程中指定结果的详细测试结果。

❑ 与测试执行历史相关的命令
  ○ history/h: 列出命令历史记录中所有执行过的命令；
  ○ history/h count: 列出命令历史记录中曾经执行过的命令的个数；
  ○ history/h-e num: 执行在命令历史记录中第几个命令。
❑ 与设备相关的命令

ls-d/--device: 列出所有可用的设备。

6）先来看看所有的测试计划，各个测试计划在10.1.2 小节说明：

```
cts_host > ls --plan
List of plans (8 in total):
AppSecurity
VM
Signature
Performance
Android
CTS
Java
RefApp
```

7）可以按照自己的需要来执行兼容性测试计划，这里我们执行测试计划"Java"：

```
cts_host > start --plan Java
… …
org.apache.harmony.xml.ExpatParserTest#testNamespaces...(pass)
org.apache.harmony.xml.ExpatParserTest#testProcessingInstructions...(pass)
org.apache.harmony.xml.ExpatParserTest#testPullParser...(pass)
org.apache.harmony.xml.ExpatParserTest#testSax...(pass)
org.kxml2.io.KXmlSerializerTest#testCdataWithTerminatorInside...(pass)
org.kxml2.io.KXmlSerializerTest#testInvalidCharactersInAttributeValues.....(pass)
org.kxml2.io.KXmlSerializerTest#testInvalidCharactersInCdataSections.....(pass)
org.kxml2.io.KXmlSerializerTest#testInvalidCharactersInText....(pass)
===========================================================
Test summary:    pass=4990    fail=8    timeOut=0    notExecuted=0    Total=4998
Time: 2337.487s
```

上面输出说明总共执行了"Java"测试计划中的 4998 个测试用例，其中有 8 个用例执行失败了，剩下的 4990 个都通过了，共耗时大约 2337 秒。

8）执行 ls-r 命令可以查看测试结果方面的信息（出于排版的目的，笔者去掉了一些无关紧要的列）：

```
cts_host > ls -r
List of all results:
Session        Test result           Start time            Test plan name
               Pass Fail Timeout
1              1    0    0           2013.03.02 01:23:16   AnotherRefApp
8              4990 8    0           2013.03.02 18:08:23   Java
```

9）在 $ANDROID_CTS/repository/results 文件夹中，会看到以日期和时间命名的文件夹用于保存执行过的测试结果，而且还有一个同名的 zip 文件保存同样的内容，这样可以将通过将多台机器上执行的测试结果汇总到一台机器上，以便测试人员统一分析，如代码清单 10-1 所示。

代码清单 10-1　CTS 的 "results" 文件夹中的测试结果列表

```
student@student:~/android-cts/repository/results$ ls
2013.03.02_00.54.45       2013.03.02_01.00.15.zip   cts_result.css
2013.03.02_00.54.45.zip   2013.03.02_01.23.16       cts_result.xsl
2013.03.02_00.56.28       2013.03.02_01.23.16.zip   logo.gif
2013.03.02_00.56.28.zip   2013.03.02_18.08.23       newrule-green.png
2013.03.02_01.00.15       2013.03.02_18.08.23.zip
```

10）在测试结果文件夹中，所有的测试结果是以 XML（例如下面命令输出的 testResult.xml 文件）的形式保存的，同时 Android CTS 提供了 XSL（文件如 cts_result.xsl 文件）将测试结果转换成网页形式方便浏览，测试结果文件夹中其他文件都是在显示测试结果网页中需要用到的图片和样式表，如代码清单 10-2 所示。

代码清单 10-2　测试结果文件夹中的结果

```
student@student:~/android-cts/repository/results$ ls 2013.03.02_18.08.23
cts_result.css   cts_result.xsl   logo.gif   newrule-green.png   testResult.xml
```

11）可以使用浏览器打开本例中的执行结果，通常测试结果网页分成 "设备信息"、"按包汇总的测试结果"、"失败的测试用例" 和 "具体每个测试用例的结果" 等四个区域。其中 "设备信息" 中列出了被测设备具体的软硬件以及功能配置信息，如图 10-1 所示。

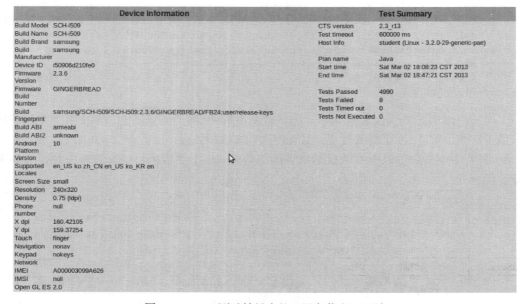

图 10-1　CTS 测试结果中的 "设备信息" 区域

而“失败的测试用例”会将断言失败时的输出记录在内，如图 10-2 所示。

Compatibility Test Package: android.core.tests.luni.net

Test	Result	Failure Details
org.apache.harmony.luni.tests.java.net.InetAddressTest		
-- test_getAllByNameLjava_lang_String	fail	java.net.UnknownHostException: www.google.com at java.net.InetAddress.lookupHostByName(InetAddress.java:506)
-- test_isReachableLjava_net_NetworkInterfaceI_loop	fail	java.net.UnknownHostException: www.google.com at java.net.InetAddress.lookupHostByName(InetAddress.java:506)
org.apache.harmony.luni.tests.java.net.URLConnectionTest		
-- test_getAllowUserInteraction	fail	java.net.UnknownHostException: onearth.jpl.nasa.gov at java.net.InetAddress.lookupHostByName(InetAddress.java:506)
-- test_getDate	fail	junit.framework.AssertionFailedError: getDate gave wrong date: 0 at org.apache.harmony.luni.tests.java.net.URLConnectionTest.test_getDate(URLConnectionTest.java:790)
-- test_getExpiration	fail	junit.framework.AssertionFailedError: getExpiration returned wrong expiration: 0 at org.apache.harmony.luni.tests.java.net.URLConnectionTest.test_getExpiration(URLConnectionTest.java:1030)
-- test_getLastModified	fail	java.net.UnknownHostException: www.php.net at java.net.InetAddress.lookupHostByName(InetAddress.java:506)
-- test_getOutputStream	fail	java.net.UnknownHostException: www.google.com at java.net.InetAddress.lookupHostByName(InetAddress.java:506)

Compatibility Test Package: android.core.tests.luni.util

Test	Result	Failure Details
tests.api.java.util.DateTest		
-- test_toString	fail	junit.framework.AssertionFailedError: Returned incorrect string: Wed Dec 31 19:00:00 æ ¼æå°¼æ²»æ åæ¶é´-0500 1969 at tests.api.java.util.DateTest.test_toString(DateTest.java:655)

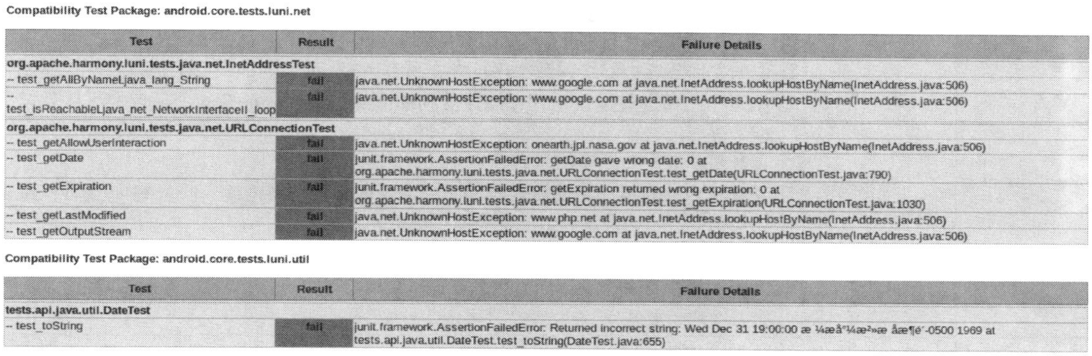

图 10-2 CTS 测试结果中的“失败的测试用例”区域

注意

在执行 Android 2.2 的兼容性测试用例集合时，你可能会碰到大部分测试用例执行超时，且报告“com.android.ddmlib.ShellCommandUnresponsiveException”错误的情况，这是因为在 TestDevice.java 中将其内部所依赖的 adb 命令执行超时时间设置为 5 秒，这个时间在测试很多设备时根本不够，需要修改 CTS 源码的 TestDevice.java 文件，将超时设置的长一些，例如 5 分钟。

如果在执行“VM”和“Java”计划的时候，运行兼容性测试的设备可能会在运行过程中重启，这是因为在 cts 的 repository 目录下，有一个 host_config.xml 文件设置了每运行多少个用例后就重启机器，避免机器执行用例过多而导致响应缓慢的问题，默认设置是 200，可以将其修改为 0，表示不重启机器，如：

```
<IntValue name="maxTestCount" value="0" />
```

如果是在虚拟机中执行，建议设置为不重启，因为每次设备重启时，虚拟机都不会自动连接重启后的设备。

10.1.2 兼容性测试计划说明

CTS 兼容性测试计划中包含测试设备对 Android 的兼容性支持，如表 10-1 所示。

表 10-1 CTS 计划说明

计 划 名	测 试 目 的	说 明
Signature	函数签名测试	在每个 Android 发布版本中都有 XML 文件来描述每个版本公开 API 的声明。该测试计划会采用一个工具来检查设备上的 API 与 XML 文件中期望的 API 声明是否一致，并将结果保存进测试结果 XML 文件中
AppSecurity	安全模型测试	确保设备上的安全模型与 Android 平台描述的一致
VM	虚拟机测试	确保设备上的虚拟机支持 Dalvik 字节码的解析以及运行期间的语义与 Android 的规范保持一致

(续)

计 划 名	测试目的	说　　明
Performance	性能测试	Android 兼容性测试的一个目标就是确保程序在所有设备上的用户体验都是相似的，而兼容性除了保证程序可以在所有 Android 兼容的设备上执行以外，还要保证程序在这些设备上运行的速度和总体的用户体验也有一个最低的可接受标准。例如，兼容 Android 2.2 的设备其性能必须满足如下条件。 **衡量标准 1**：应用启动时间 这里列举几项应用的启动时间必须满足的标准，浏览器，低于 1300 毫秒；短信应用，低于 700 毫秒；闹钟应用，低于 650 毫秒。 **衡量标准 2**：重复启动应用 当系统中有多个应用同时在运行时，再次启动一个已启动的应用的时间必须比第一次启动要快
Android Android API	兼容性测试	保证待测设备的 Android 系统提供了 Android SDK 规范中列出的 API，并保证 API 的正确性，包括正确的类型、属性及函数声明，正确的函数行为以及负面测试用例，以保证这些待测设备上的 API 正确地执行了参数处理
Java	Java 平台 API 兼容性测试	保证待测设备系统上提供了 Java SDK 规范中列出的 API
RefApp	使用参照应用执行冒烟兼容性测试	在 Android 兼容性规范文档中说明，设备必须要通过下面的应用来测试其提供的功能与 Android 规范兼容。 ❍ Calculator（在 SDK 中提供） ❍ Lunar Lander（在 SDK 中提供） ❍ The "Apps for Android" applications． ❍ Replica Island（可从 Android Market 下载；只要求支持 OpenGL ES 2.0 的设备执行该测试） 待测设备只有正确启动并运行上面每个应用才会被认证是 Android 兼容的。 在 CTS 中，兼容性冒烟测试是通过测试下面应用的每个菜单项（包括子菜单项）完成的： ❍ ApiDemos（在 SDK 中提供，可以自动执行） ❍ ManualSmokeTests（在 CTS 中提供，手工执行）
CTS	执行所有兼容性测试	总共有大约 17000 个测试用例，这是认证支持 Android 的设备必须要通过的用例集合。但是直到最新版本（写作本书时是 4.2 版），性能方面的用例并没有包含进来，今后可能会添加进来

10.1.3　添加一个新的测试计划

查看 "android-cts" 中的内容，会发现解压后的 "android-cts" 中有三个文件夹：

```
~/android-cts$ ls
docs    repository    tools
```

其中 docs 文件夹是空的，而 repository 文件夹中则是兼容性测试数据库，其中保存了用来做兼容性测试用例的应用（"testcases" 文件夹），测试计划定义（"plans" 文件夹），以及用来保存测试结果的 "results" 文件夹。在 "plans" 文件夹中，各计划是以 xml 文件的形式保存了该计划中的测试用例集合，而 "startcts" 中的 "ls –plan" 命令其实就是用于列出这个文件夹中的内容。比如将 RefApp.xml 文件复制成一份新的 AnotherRefApp.xml，再次执行命令，就可以看到这个计划也列出来了：

```
cts_host > ls -plan
List of plans (9 in total):
AnotherRefApp
AppSecurity
VM
Signature
Performance
Android
CTS
Java
RefApp
```

查看 RefApp.xml 文件，其实最主要的条目就是列出包含兼容性测试用例的包名，在执行"start--plan"命令时，CTS 会依次执行该计划中所有包中的测试用例。

```xml
<?xml version="1.0" encoding="UTF-8"?>
<TestPlan version="1.0">
  <Entry uri="android.apidemos.cts"/>
</TestPlan>
```

10.1.4　添加一个新的测试用例

要添加一个自己的兼容性测试用例，可以参照下面的步骤进行：

1）首先将要添加的测试用例应用 apk 及其引用到的待测应用 apk 文件复制到"testcases"文件夹中，本例中复制在第 1 章编写的示例测试用例应用 cn.hzbook.android.test.chapter1.test.apk 以及其引用的待测应用 cn.hzbook.android.test.chapter1.apk。

2）接着创建兼容性用例描述文件，文件名与测试用例的应用 apk 名字相同：cn.hzbook.android.test.chapter1.test.xml，向其中填充的内容如代码清单 10-3 所示。

代码清单 10-3　在 CTS 中添加一个新测试用例的配置文件

```xml
<?xml version="1.0" encoding="UTF-8"?>
<TestPackage AndroidFramework="Android 1.0"
             apkToTestName="cn.hzbook.android.test.chapter1"
             appNameSpace="cn.hzbook.android.test.chapter1.test"
             appPackageName="cn.hzbook.android.test.chapter1.test" jarPath=""
             name="cn.hzbook.android.test.chapter1.test"
             packageToTest="cn.hzbook.android.test.chapter1" referenceAppTest="true"
             runner="android.test.InstrumentationTestRunner" targetBinaryName=""
             targetNameSpace="" version="1.0">
<TestSuite name="cn">
  <TestSuite name="hzbook">
    <TestSuite name="android">
      <TestSuite name="test">
        <TestSuite name="chapter1">
          <TestSuite name="test">
            <TestCase name="HelloWorldTest">
```

```xml
            <Test name="test 第一个测试用例 "/>
          </TestCase>
         </TestSuite>
        </TestSuite>
       </TestSuite>
      </TestSuite>
     </TestSuite>
    </TestPackage>
```

其中重要属性的说明如下:
- **apkToTestName**,如果测试用例需要引用待测应用,需要在这里写上待测应用的文件名(没有 .apk 后缀),在运行时,startcts 命令会根据这个名称在"testcases"文件夹中找到应用并将其安装到兼容性测试设备上;
- **appNameSpace**,测试用例应用中包含测试用例的包名;
- **appPackageName**,测试用例所在的包名;
- **jarPath**,测试用例所引用到的外部包的路径,相关的例子可以参考相同目录中的"android.tests.appsecurity.xml"文件;
- **name**,测试用例应用的文件名(没有 .apk 后缀),在运行时,startcts 命令会根据这个名称在"testcases"文件夹中找到应用并将其安装到兼容性测试设备上;
- **packageToTest**,说明测试用例所引用的被测应用的包名,以便 instrument 命令在设备上执行测试用例时可以找到被测应用;
- **referenceAppTest**,如果测试用例需要测试别的应用,则设置为"true",否则设置为"false";
- **runner**,执行 instrument 测试用例所需要的 test runner 对象。

而 TestSuite 标签则对应测试用例包名的每个层次,如"cn.hzbook.android.test.chapter1.test"这个包名有 6 层,因此也就有 6 个嵌套的 TestSuite 标签与其对应。在最里层的 TestSuite 标签中,由 TestCase 标签指定包含测试用例的类名,即 TestCase 标签与 JUnit Test 类型等同。一个 TestSuite 中可以有多个 TestCase 标签,而每个 TestCase 标签中的 Test 标签则包含了具体的测试用例,即"Test"标签等同于 JUnit 测试用例中的每一个方法,如在"CtsAccessibilityServiceTestCases.xml"文件中就有详细的例子。

3)修改测试计划,包括新的兼容性测试用例,例如修改"AnotherRefApp.xml"文件如代码清单 10-4 所示。

代码清单 10-4　修改 CTS 中的测试计划

```xml
<?xml version="1.0" encoding="UTF-8"?>
<TestPlan version="1.0">
  <Entry uri="cn.hzbook.android.test.chapter1.test"/>
</TestPlan>
```

4）现在就可以重新启动 startcts 命令行，执行 "ls –plan AnotherRefApp" 就可以看到测试计划中已经包含了我们自己添加的测试用例了。

5）还可以执行新的兼容性测试计划。

```
cts_host > start --plan AnotherRefApp
start test plan AnotherRefApp

CTS_INFO >>> Running reference tests for cn.hzbook.android.test.chapter1
(pass)
Test summary:    pass=1    fail=0    timeOut=0    notExecuted=0    Total=1
Time: 18.655s
```

其实除了往 Android CTS 中添加新的兼容性测试用例，更重要的是可以用相似的步骤，复用 Android CTS 现有的发现测试用例、批量自动部署和执行测试用例，以及收集和汇总测试结果的功能，来执行其他类型（例如功能、性能）的自动化测试用例，节省重复编写执行自动化测试用例的测试框架的工作量。

10.1.5　调查 CTS 测试失败

无论是执行 Android 自带的兼容性测试用例运行结果，还是复用 CTS 工具集来执行自己的测试用例，在需要调查测试结果时，都可以通过 CTS 收集的执行日志分析失败的测试用例。每次执行完 CTS 测试用例之后，在 CTS 的根目录下，都会生成完整的执行日志，文件名的格式是：log_<执行日期>_<执行时间>_.txt，如 "log_2013.03.02_18.07.28_.txt"。日志中记录了在 startcts 中执行过的命令以及相应的输出，另外，其还详细记录了安装测试应用和运行测试用例的具体命令，以及相应的输出。示例如下（其中以 "#" 注释的方式注释了关键输出）：

```
# 在执行兼容性测试用例之前，CTS 需要获取设备的详细信息，这个功能是通过 TestDeviceSetup.apk
# 应用完成的，因此在每次执行兼容性测试之前，都会安装该应用

CTS_DEBUG >>> 1362156831266 installing TestDeviceSetup apk
CTS_DEBUG >>> 1362156831266 install get info ...
CTS_DEBUG >>> 1362156831266 adb-s i50906d210fe0 install-
r ./../repository/testcases/TestDeviceSetup.apk

CTS_DEBUG >>> 1362156831266 start(), action=install,mTimer=null,timeout=120000
CTS_DEBUG >>> 1362156831278 ObjectSync.waitOn() is called, mNotifySent=false

# ... 此处省略 CTS 的输出

CTS_DEBUG >>> 1362156833295 run device information collector

# 可以看到，大部分 CTS 测试用例都是通过仪表盘技术开发的，
# 因为日志记录的是被测设备的输出，如果要在宿主机上重新执行下面的命令，
# 则需要在前面加上 "adb shell" 前缀，如：
# $ adb shell am instrument-w-e bundle true
android.tests.devicesetup/android.tests.getinfo.DeviceInfoInstrument
```

```
CTS_DEBUG >>> 1362156833295 am instrument-w-e bundle true
android.tests.devicesetup/android.tests.getinfo.DeviceInfoInstrument

CTS_DEBUG >>> 1362156833295 start(), action=getDeviceInfo,mTimer=null,timeout=120000
```

... 此处省略 CTS 的输出
禁用键盘保护功能

```
CTS_DEBUG >>> 1362156885562 am broadcast-a android.tests.util.disablekeyguard
```

开始执行指定的测试计划-"AnotherRefApp"

```
start test plan AnotherRefApp
CTS_DEBUG >>> 1362156885575 Start a test session.
```

首先安装测试用例引用到的被测应用

```
CTS_DEBUG >>> 1362156885578 adb-s i50906d210fe0 install-
r ./../repository/testcases/cn.hzbook.android.test.chapter1.apk
CTS_DEBUG >>> 1362156885578 start(),
action=install,mTimer=java.util.Timer@1b15692,timeout=120000
```

... 此处省略 CTS 的输出

```
CTS_DEBUG >>> 1362156889051 stop() , mTimer=null
```

再安装测试用例应用

```
CTS_DEBUG >>> 1362156889052 adb-s i50906d210fe0 install-
r ./../repository/testcases/cn.hzbook.android.test.chapter1.test.apk
CTS_DEBUG >>> 1362156889052 start(), action=install,mTimer=null,timeout=120000
```

... 此处省略 CTS 的输出
开始执行兼容性测试用例

```
CTS_INFO >>> Running reference tests for cn.hzbook.android.test.chapter1
CTS_DEBUG >>> 1362156893061 am instrument-w-e package
cn.hzbook.android.test.chapter1.test
cn.hzbook.android.test.chapter1.test/android.test.InstrumentationTestRunner
CTS_DEBUG >>> 1362156893061 start(), action=ReferenceAppTest,mTimer=null,timeout=120000
```

... 此处省略 CTS 的输出
每次执行完毕测试用例后，CTS 都会卸载相关应用

```
CTS_DEBUG >>> 1362156894629 adb-s i50906d210fe0 uninstall
cn.hzbook.android.test.chapter1.test
```

... 此处省略 CTS 的输出

```
CTS_DEBUG >>> 1362156897024 adb-s i50906d210fe0 uninstall
cn.hzbook.android.test.chapter1
```

... 此处省略 CTS 的输出
最后汇报测试结果

```
CTS_DEBUG >>> 1362158615081 stop() , mTimer=null
(pass)
```

```
CTS_DEBUG >>> 1362158615081 All tests have been run.
Test summary:    pass=1    fail=0    timeOut=0    notExecuted=0    Total=1
Time: 18.655s
```

10.2 Android 脚本编程环境

10.2.1 Android 脚本环境简介

SL4A（Scripting Layer for Android）是移植到 Android 平台上的脚本解释环境，允许脚本语言以远程过程调用（RPC）的方式调用 Android 编程接口，完成一些操作。对于 Android 系统来说，SL4A 只不过是一个普通的 Android 应用，然而它却为脚本引擎提供了接口以调用 Android 的功能。SL4A 与 Android 系统一样，是开源免费的，并且其采用的是 Apache 授权，因此对商业应用也是友好的。

一般来说，SL4A 有以下几个用途。

1）快速原型开发：通过 SL4A 可以快速实现一个原型，以验证一个想法的技术可行性，一旦验证成功，就可以将其转化成一个完整的 Android 应用；

2）编写测试脚本：因为 SL4A 允许脚本调用大部分 Android API，所以可以通过它运用自己喜欢的脚本语言编写自动化测试用例；

3）编写小工具：可以用它来编写一些不需要太多用户界面的小工具，实现一些日常工作的自动化。

当前 SL4A 支持 Python、JRuby、PHP、BeanShell、Lua、Perl 等脚本引擎，即可以通过它执行前述脚本语言编写的程序。

10.2.2 安装 SL4A

从官网（http://code.google.com/p/android-scripting/downloads/list）下载最新的 SL4A 应用，在本书编写时，最新的版本是 sl4a_r6.apk，下载并安装到 Android 设备或模拟器上，安装完毕之后，在设备上可以单击 SL4A 图标启动 SL4A，如图 10-3 所示。

第一次启动应用时会询问是否允许其匿名收集用户使用情况，可以根据自己的喜好单击"Accept"或"Refuse"按钮设置。因为没有添加任何脚本引擎，所以第一次运行时界面上什么都没有，单击设备上的菜单键，并单击弹出菜单中的"View"，最后选择"Interpreters"，如图 10-4 所示。

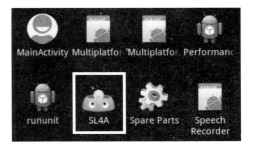

图 10-3　SL4A 图标

这样就添加了 Shell 解释器，如图 10-5 所示。

单击"Shell"图标，启动解释器，并随意执行几个命令验证 SL4A 成功安装，最后按设备上的回退键杀死 Shell 解释器进程，如图 10-6 和图 10-7 所示。

图 10-4　在 SL4A 中添加新的脚本引擎

图 10-5　在 SL4A 中添加 Shell 解释器

图 10-6　在 SL4A 中执行一些常用命令

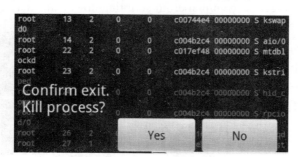

图 10-7　退出 SL4A 进程

10.2.3　为 SL4A 安装脚本引擎

在 SL4A 中可以直接下载安装脚本引擎，首先切换到如前面图 10-5 所示的 "Interpreters" 界面，并单击菜单键，再单击弹出菜单中的 "Add" 按钮，就会弹出如图 10-8 所示的脚本引擎菜单界面，这里我们选择安装"Python"引擎。

图 10-8　在 SL4A 中添加 Python 引擎

接着 SL4A 就会在后台从其官网上下载 Python 引擎，下载完毕后会在通知区域提示，单击通知区域里的下载完毕提示框就可以开始安装了，如图 10-9 所示。

接下来按照后面的提示完成安装，在安装完毕的界面上单击"打开"按钮，会启动第二轮安装过程，这个步骤有点长，需要 1 到 2 分钟左右的时间，这个过程是在安装 Python 的一些库文件，单击"Install"按钮开始安装，如图 10-10 所示。

图 10-9　Python 引擎下载完毕的提示框　　　图 10-10　安装 Python 库文件

在必要的库文件安装完毕后，图 10-10 中最上面的"Install"按钮会变成"Uninstall"按钮，单击它就会将刚刚安装的 Python 库文件删除掉，这时返回"Interpreters"界面，就可以看到 Python 已经安装了，如图 10-11 所示。

单击"Python 2.6.2"图标就可以启动 Python 交互式编程界面，如图 10-12 所示。

在 Python 交互式编程界面中可以使用到大部分的 Android API，代码清单 10-5 就演示了调用 Android API 显示一个提示框的做法，直接输入代码就可以打开标有"Hello, SL4A"的提示框，效果如图 10-13 所示。

图 10-11　从 SL4A 中启动 Python

图 10-12　SL4A 中的 Python 交互式编程界面

代码清单 10-5　在 SL4A 中使用 Python 显示一个提示框

```
import android
a = android.Android()
a.makeToast('Hello, SL4A')
```

图 10-13　SL4A 中 Python 显示的弹出框

10.2.4　编写 SL4A 脚本程序

在上一节中演示的代码是在 Android 设备上用手机输入法逐个输入字母的，不仅费事还容易出错，因此 SL4A 提供了从设备上的文件读取并运行脚本的功能。Python 引擎自带了一些例子程序，演示了通过 Python 调用 Android API 的一些方法，再次运行 SL4A，就可以看到里面列出了这些例子程序，这里我们单击"hello_world.py"文件，会弹出一个浮动菜单，如图 10-14 所示，从左到右的按钮依次是"在终端中执行脚本"、"直接执行脚本"、"编辑脚本"、"保有脚本"、"删除脚本"和"使用默认文本编辑器编辑脚本"。

单击"编辑脚本"按钮 , 查看"hello_world.py"的源码, 如图 10-15 所示, 此代码的工作就是显示一个"Hello, Android!"的提示框, 并在终端打印相同的字符串。

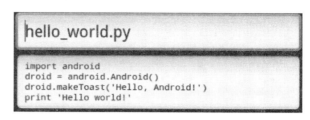

图 10-14　查看或运行 SL4A 脚本文件　　　　图 10-15　查看"hello_world.py"的源码

退出编辑界面并单击最左边的"在终端中执行脚本"按钮 ![], SL4A 会打开一个新的命令行终端并执行选中的脚本"hello_world.py", 效果如图 10-16 所示。

图 10-16　在 SL4A 中执行"hello_world.py"的效果

注意

SL4A 默认是将脚本文件保存在手机的 SD 卡上, 因此如果是在模拟器上使用 SL4A, 要确保模拟器上附加了虚拟 SD 卡。

Python 引擎还附带有一个单元测试用例的示例程序"test.py", 其源码如代码清单 10-6 所示。因为篇幅关系, 这里只列出几个有代表性的用例源码。

代码清单 10-6　SL4A 示例单元测试"test.py"源码

```
1.  import sys
2.  import types
3.
4.  # 导入必要的包
5.  import android
```

```
6.  import BeautifulSoup
7.  import gdata.docs.service
8.  import sqlite3
9.  import termios
10. import time
11. import xmpp
12.
13. droid = android.Android()
14.
15. def test_clipboard():
16.     previous = droid.getClipboard().result
17.     msg = 'Hello, world!'
18.     droid.setClipboard(msg)
19.     echo = droid.getClipboard().result
20.     droid.setClipboard(previous)
21.     return echo == msg
22.
23.
24. def test_gdata():
25.     # 创建访问 Google Docs 服务器的 Http 客户端
26.     client = gdata.docs.service.DocsService()
27.
28.     # 弹出对话框接受用户输入的访问 Google Docs 服务的邮件用户名和密码
29.     username = droid.dialogGetInput('Username').result
30.     password = droid.dialogGetPassword('Password', 'For ' + username).result
31.     try:
32.         client.ClientLogin(username, password)
33.     except:
34.         return False
35.
36.     # 从服务器下载 Atom 格式的文档列表
37.     documents_feed = client.GetDocumentListFeed()
38.     # 从列表中抓出每篇文档
39.     return bool(list(documents_feed.entry))
40.
41. def test_speak():
42.     result = droid.ttsSpeak('Hello, world!')
43.     return result.error is None
44.
45. def test_wifi():
46.     result1 = droid.toggleWifiState()
47.     result2 = droid.toggleWifiState()
48.     return result1.error is None and result2.error is None
49.
50. if __name__ == '__main__':
51.     for name, value in globals().items():
52.         if name.startswith('test_') and isinstance(value, types.FunctionType):
53.             print 'Running %s...' % name,
54.             sys.stdout.flush()
55.             if value():
56.                 print ' PASS'
57.             else:
58.                 print ' FAIL'
```

"test.py"并不依赖 python 自带的单元测试框架,而是自己实现了一个很小的单元测试运行框架,在其 main 函数中,通过遍历当前脚本文件中以"test_"作为前缀的函数名找到测试用例,并依次执行这些函数来实现测试目的,参见第 50～58 行。代码清单 10-6 中的测试用例测试了 Android 的一些基本功能,如第 15～21 行的"test_clipboard"代码测试了 Android 系统的剪贴板功能,其首先将测试用例运行前的剪贴板内容保存下来,再在其中设置测试数据并取出对比,实现测试目的。第 24～39 行的"test_gdata"用例测试了 Android 的 Http 网络请求相关的 API,其通过从谷歌服务器上获取用户的文档列表来验证这些 API 的可用性,为了访问受限内容,该测试用例还可以弹出一个小对话框来获取访问谷歌 Docs 服务器的用户名和密码,参见第 29 和 30 行。第 41～43 行的"test_speak"用例演示了调用 Android 文本到语音服务的功能,注意其验证方法,这个功能需要人工参与,因此其只是简单判断在调用过程中是否有错误发生。第 45～48 行的"test_wifi"用例测试了打开和关闭 WIFI 的功能。

在 SL4A 的主界面,单击菜单键,并选择"Add"按钮,再在弹出菜单中选择"Python 2.6.2"就可以添加新的 python 脚本,如图 10-17 所示。

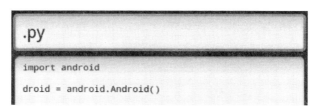

图 10-17 在 SL4A 中添加新的 python 脚本

写完脚本后,单击菜单键,出现几个选项,如图 10-18。其中"Save & Exit"和"Save & Run"分别用于保存脚本并退出及保存脚本并执行,SL4A 默认将脚本保存在手机 SD 卡上的"sl4a/scripts"文件夹中,例如,代码清单 10-6 中的"test.py"在手机上的路径就是"/mnt/sdcard/sl4a/scripts/test.py"。而菜单中的"API Browser"则是一个在线帮助,列出了 SL4A 封装的 Android API 的用法。

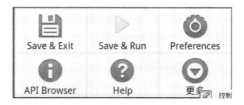

图 10-18 在 SL4A 中编辑脚本的菜单选项

链接 https://code.google.com/p/android-scripting/wiki/ApiReference 上的网页列出了所有 SL4A 封装的 API 说明及用法,虽然在网页上按照用途将这些 API 分了类,但上面所有的 API 都可以通过 Android 对象调用。例如,ContactsFacade 中的 contactsGetAttributes 函数列

出了联系人信息的可用属性字段，通过 Android 对象的调用方法如下：

```
>>>import android
>>>a = android.Android()
>>>a.contactsGetAttributes()
Result(id=2,
       result=[u'times_contacted', u'custom_ringtone', u'primary_organization',
              u'phonetic_name', u'status', u'label', u'number', u'type', u'mode',
              u'last_time_contacted', u'display_name', u'im_handle', u'_id',
              u'number_key', u'starred', u'primary_email', u'name', u'primary_phone',
              u'im_account', u'notes', u'im_protocol', u'send_to_voicemail'],
       error=None)
```

10.2.5　在 PC 上调试脚本程序

为了方便编辑和调试脚本程序，SL4A 提供了远程服务器，以便接受来自 PC 的命令，其工作原理与第 4 章中讲解的 monkeyrunner 类似。这样一来，就可以在 PC 上编写和调试 SL4A 脚本程序，然后再发布到手机上运行。

首先，需要在 SL4A 应用中打开远程服务器，启动 SL4A 应用，单击菜单键，并依次在菜单中选择"View"->"Interpreters"打开"Interpreters"界面；再单击菜单键，选择"Start Server"按钮，如图 10-17 所示。

图 10-19　启动 SL4A 服务器

接下来 SL4A 会询问是启动公开（Public）服务器还是私有（Private）服务器，如果是选择公开服务器，那么其他人只要知道 Android 设备的 IP 地址就可以控制设备，因此一般来说建议启动私有服务器。服务器启动后可以在通知区域找到，如图 10-20 所示。

单击通知区域的"SL4A Service"项，查看服务器的 IP 地址和端口号，如图 10-21 所示，本例中服务器的 IP 地址是"127.0.0.1"，端口号是"57645"。

图 10-20　通知区域中运行 SL4A 私有服务器的提示

图 10-21　SL4A 服务器的 IP 地址和端口号

或者可以在 PC 上使用下面的命令通过"adb"程序直接启动 SL4A 服务器：

```
$ adb shell am start -a com.googlecode.android_scripting.action.LAUNCH_SERVER \
```

```
    -n com.googlecode.android_scripting/.activity.ScriptingLayerServiceLauncher \
    --ei com.googlecode.android_scripting.extra.USE_SERVICE_PORT 57645
```

需要将 Android 设备或模拟器上服务器的端口号映射到 PC 上，使用"adb forward"命令来执行这个映射，如下面的命令就是将本例中模拟器上的端口号"57645"，即私有服务器端口，映射到 PC 上的端口号"9999"，这样当 PC 上的程序连接到"9999"这个端口上时，实际上是与模拟器的"57645"这个端口，也就是我们的私有 SL4A 服务器通信。

```
$ adb forward tcp:9999 tcp:57645
```

接下来设置一个环境变量"AP_PORT"，其值就是刚刚执行了 TCP 端口映射后 PC 上的端口号，以便于与 Android 设备通信的脚本连接 SL4A 服务器。

```
$ export AP_PORT=9999
```

在 Python 脚本中，与 Android 设备上的 SL4A 服务器通信的脚本是"android.py"，可以直接从网址 http://android-scripting.googlecode.com/hg/python/ase/android.py 下载，也可以用下面的命令从 Android 设备上下载到 PC 端（注意下面命令最后的点号）。

```
$ adb pull /mnt/sdcard/com.googlecode.pythonforandroid/extras/python/android.py .
```

android.py 文件一定要放在 Python 解释器可以查找到的地方，要么是 site-packages 文件夹，要么就放在运行 Python 解释器的当前目录下，保存好 android.py 文件后，就可以启动 Python 解释器开始调试和编写脚本代码了，如图 10-22 所示。

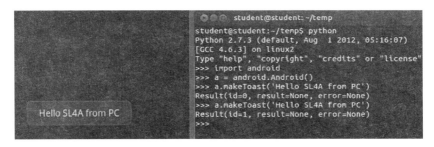

图 10-22　在 PC 上编写和调试 SL4A 脚本

10.3　国际化测试

为了让应用被更多的用户使用到，在编程时应该考虑针对不同国家和地区采取不同的手段处理文本、音频、数字、货币符号和图片等资源，以适应不同文化的需要。

以界面上显示的字符串为例，Android 系统是通过根据设备的区域设置，来选择最适合该区域设置的字符串翻译。要在应用中支持多语言，只需要在应用工程的 res/ 文件夹中创建专为不同语言设置的"values"资源文件夹即可，此资源文件夹的名称需要附上连字符和国家的 ISO 名。例如，在应用中除了默认支持英文之外，还要支持中文，要专为中文创建一个资源文件夹"values-zh",其中包含了字符串等简单的中文资源,而文件夹名字的后缀"zh"就是中文的 ISO 名。这样,在示例工程中,资源文件(res/)文件夹的目录结构如图 10-23 所示。

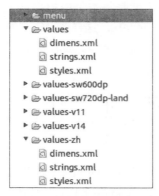

图 10-23 支持多语言的资源文件夹结构

"values"文件夹保存的是针对默认语言英文的资源文件,其中 strings.xml 文件的内容如代码清单 10-7 所示。

代码清单 10-7 支持英文的字符串资源文件

```
<?xml version="1.0" encoding="utf-8"?>
<resources>
    <string name="app_name">G18nDemo</string>
    <string name="action_settings">Settings</string>
    <string name="hello_world">Hello world!</string>
</resources>
```

而在中文资源文件夹"values-zh"中,strings.xml 文件的内容如代码清单 10-8 所示:

代码清单 10-8 支持中文的字符串资源文件

```
<?xml version="1.0" encoding="utf-8"?>
<resources>
    <string name="app_name"> 国际化示例 </string>
    <string name="action_settings"> 设置 </string>
    <string name="hello_world"> 中文的欢迎标语!</string>
</resources>
```

如果应用采用 Android 推荐的方式从资源文件中获取字符串,即在界面布局(Layout)文件中采用"@string/<string_name>"的方式显示字符串,如代码清单 10-9 所示:

代码清单 10-9 在布局文件中使用资源

```
<TextView
    android:layout_width="wrap_content"
```

```
            android:layout_height="wrap_content"
            android:text="@string/hello_world" />
```

那么只要更改了 Android 系统的区域设置，应用就自动采用最接近该区域设置的字符串资源。图 10-24 是将 Android 系统的语言设置为美国英文（设置方式：“设置”->"语言和键盘"->"选择语言"->"English (United States)"）的示例应用的界面；而图 10-25 则是将系统的语言设置为中文（设置方式：“设置”->"语言和键盘"->"选择语言"->"中文（中国）"）的示例应用的界面。

图 10-24　支持国际化的应用在英文
　　　　　系统下的界面

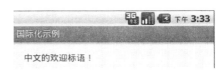

图 10-25　支持国际化的应用在中文
　　　　　系统下的界面

前面我们看到，在执行国际化测试时，每次都要手工切换系统区域设置，过于繁琐，而我们也不可能针对每种语言购买一部测试用设备，可以通过一些自动化的手段来切换语言，并辅以自动化测试程序来执行国际化方面的测试。代码清单 10-10 是一个自动切换系统语言的例子，其中笔者已经使用"#"为每个步骤做了必要的批注。

代码清单 10-10　自动切换 Android 设备或模拟器的语言设置

```
#!/bin/bash

# 将系统语言设置为英文，其中 -e 选项表明修改
# 模拟器系统的语言设置，如果需要修改 Android 设备
# 的设置，则需要指定 -d 选项
adb -e shell setprop persist.sys.language en
# 设置语言的子区域，即国家或地区的 ISO 名,
# 这里是指定系统语言的美国英语
adb -e shell setprop persist.sys.country US
# 重新启动模拟器
killall -9 emulator-arm
emulator -avd Android2 &
# 因为启动模拟器需要一段时间，这里等待 1 分钟
sleep 60
# 取消键盘锁定
adb shell input keyevent 82
# 下面的代码也可以重新启动模拟器，但在测试虚拟
# 机上，模拟器在 start 命令之后，就会停在那里，
# 因此只好采用杀掉模拟器进程并重启的方式暴力解决
# adb -e shell stop
# sleep 5
# adb -e shell start
# 启动示例国际化应用
adb shell am start -n cn.hzbook.android.test.chapter10.g18ndemo/.MainActivity
```

```
# 启动应用也需要一段时间，这里也等待1分钟
sleep 60

# 重新用中文语言再运行一遍
# 设置系统语言为中文
adb -e shell setprop persist.sys.language zh
# 设置地区为中国
adb -e shell setprop persist.sys.country CN
killall -9 emulator-arm
emulator -avd Android2 &
sleep 60
adb shell input keyevent 82
adb shell am start -n cn.hzbook.android.test.chapter10.g18ndemo/.MainActivity
```

虽然本节以应用界面上最常见的字符串为例，讲解了国际化测试的方法，但是在实践中，国际化除了要确保界面上语言符合系统的语言设置以外，还需要考虑文化之间的差异：
- 货币符号的不同，美元的符号是"$"，而人民币则是"￥"；
- 货币表示方法不一致，英语文化中，习惯将货币3位一组表示，而有的文化中则不这样做；
- 在有些语言环境中，比如德文，分隔小数和整数的符号采用的不是点号"."，而是逗号，点号则作为三位一组的整数分隔符；
- 时间表示方面的差异，如中国习惯按"年月日"的顺序表示时间，英国则习惯按"日月年"的顺序表示时间，而美国又变成采用"月日年"的顺序，如果应用不考虑这些差异，将会导致其他国家的用户在处理时间上产生很大的混淆；
- 还有书写习惯上的差异，比如现在中文和英文都是从左往右的顺序书写的，而阿拉伯语及一些东南亚国家的语言则是从右往左的顺序书写的；
- 在应用的图片以及内容上，也需要考虑宗教、政治、文化方面的差异，如果不考虑这些差异，将会在目标国造成很大的麻烦，例如地图应用就需要格外小心处理领土争端问题。

10.4 模拟来电中断测试

智能手机最重要的功能还是接听电话，因此当用户有来电时，电话应用是具有最高优先级的应用，任何应用都将会被其置为后台，而且如果系统内存不足，可能会强迫清除一些后台应用，为了测试应用是否能够正确处理来电中断，可以通过 telnet 命令在模拟器（1.4.4节）上模拟来电中断。

1）首先启动一个模拟器，并且从模拟器窗口的左上角获取其端口号，默认的端口号是5554。

2）使用 telnet 连接到模拟器，连接后通过"gsm"命令模拟来电提醒，如代码清单10-11所示（其中使用"#"作了必要的注释）。

代码清单10-11　使用gsm命令模拟来电提醒

```
# 用telnet连接到模拟器
$ telnet localhost 5554
Trying 127.0.0.1...
Connected to localhost.
Escape character is '^]'.
Android Console: type 'help' for a list of commands
OK
# 使用gsm命令模拟一个来电提醒
# 其中18621511234就是来电提醒中显示的手机号
gsm call 18621511234
```

3）执行效果如图10-26所示。

图10-26　模拟来电提醒的效果图

在telnet中也可以模拟短信提醒，使用"sms send"命令即可，如代码清单10-12，效果如10-27所示。

代码清单10-12　使用sms send命令模拟短信提醒

```
# sms send命令的第一个参数是发送短信的手机号码，第二个参数就是收到的短信
sms send 18621511234 "this is a sms message from telnet"
```

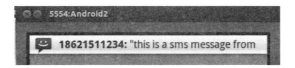

图10-27　模拟的短信提醒

10.5　本章小结

Google做了大量的工作来确保Android应用能够在支持Android的设备上运行。每当有

新的 Android 版本发布时，Google 除了会同时发布最新的 Android CTS，还会发布最新的兼容性说明文档（Compatibility Definition Document），在执行兼容性测试之前，建议先阅读该文档。

SL4A 的官网上有一些不错的文档解释了 SL4A 的使用和设计原理，而且其官网 https://code.google.com/p/android-scripting/wiki/Tutorials 上有大量的链接演示了其他开发者编写的小工具和文章，是一个非常好的学习材料。除了 SL4A 自带的对 Python、Ruby 等脚本语言的支持，第三方开发者也可以参照文档 https://code.google.com/p/android-scripting/wiki/InterpreterDeveloperGuide 中的说明添加新的脚本引擎。

第 11 章 持续集成自动化测试

随着软件越来越复杂，一个应用需要包含很多 .java 文件，应用中的很多类型依赖于其他类型，而这些被依赖的类型不仅其源文件存放在不同的文件夹中，并且其生成的输出文件也可能会存放在不同的文件夹中，甚至编译用的命令也可能很不一样，例如，使用 JNI 调用的类型需要先用 javah 命令生成 C/C++ 头文件，而使用到 Web 服务的 Java 类则可能需要先创建代理类，等等。为了解决这类问题，出现了 Ant 和 Maven 这样的编译工具，以实现在软件开发过程中将源代码以及其他资源文件生成可执行文件。

11.1 在 Ant 中集成 Android 自动化测试

Apache Ant 是一个将软件编译、测试、部署等步骤联系在一起加以自动化的，基于 Java 语言的一个编译工具。它使用一个 XML 格式的 build.xml 文件，定义了各个步骤之间的联系、源代码之间的依赖关系，以及如何将源码转化（编译）成可执行文件等目标文件的方式。

11.1.1 Ant 使用简介

我们先从编译一个简单的程序开始，首先我们希望将中间和最终生成的目标文件与源文件分开，因此将所有的源文件都放在"src"文件夹中，而所有生成的文件都放在"build"文件夹里，将中间生成的 .class 文件放在其"classes"子文件夹，并将最终生成的 JAR 文件放在其"jar"子文件夹中。

1）创建"src"文件夹：

```
~/workspace/ant-demo$ mkdir src
```

2）创建一个简单的 java 源文件，其作用很简单，就是向终端输出一条"Hello World"消息，如代码清单 11-1 所示，因为其在"chapter11"这个包中，所以需要将其放在"src/

chapter11"这个文件夹中。

代码清单 11-1　Ant 编译示例中的简单源文件

```
package chapter11;

public class HelloWorld {
    public static void main(String[] args) {
        System.out.println("Hello World");
    }
}
```

3）如果通过手工的方式来执行编译步骤，那么执行下面三个命令可以编译源码并执行最终输出的可执行文件：

```
$ mkdir -p build/classes
$ javac -sourcepath src -d build/classes/ src/chapter11/HelloWorld.java
$ java -cp build/classes/ chapter11.HelloWorld
```

4）执行完最后一个命令后，在终端可以看到结果，如图 11-1 所示。

```
student@student:~/workspace/ant-demo$ java -cp build/classes/ chapter11.HelloWorld
Hello World
student@student:~/workspace/ant-demo$
```

图 11-1　在 Ant 示例中手工编译源文件的结果

5）创建 JAR 文件也不是很难，但为了创建一个可以直接执行的 JAR 文件则需要一些额外的步骤，需要创建一个包含了启动类型名的清单文件，并将所有的 .class 文件、清单文件，以及相应的目录结果全部打包进 JAR 文件中。

```
$ mkdir -p build/jar
$ echo Main-Class: chapter11.HelloWorld > manifest.txt
$ jar cfm build/jar/HelloWorld.jar manifest.txt -C build/classes .
$ java -jar build/jar/HelloWorld.jar
```

6）命令执行完毕之后，终端也会打印类似图 11-1 的结果。

在上面的步骤中，仅仅编译一个简单的可执行 JAR 文件就需要执行这么多的命令，可以想象一个包含很多 .java 源文件的工程编译起来将会需要如何巨大的工作量。如果采用 Ant 来自动化这些编译过程，那么在"ant-demo"源文件夹中新增一个"build.xml"文件，添加内容如代码清单 11-2 中所示。

代码清单 11-2　编译 Ant 示例的 build.xml 文件

```
1  <project>
2
3      <target name="clean">
4          <delete dir="build"/>
```

```xml
5       </target>
6
7       <target name="compile">
8           <mkdir dir="build/classes"/>
9           <javac srcdir="src" destdir="build/classes"/>
10      </target>
11
12      <target name="jar">
13          <mkdir dir="build/jar"/>
14          <jar destfile="build/jar/HelloWorld.jar" basedir="build/classes">
15              <manifest>
16                  <attribute name="Main-Class" value="chapter11.HelloWorld"/>
17              </manifest>
18          </jar>
19      </target>
20
21      <target name="run">
22          <java jar="build/jar/HelloWorld.jar" fork="true"/>
23      </target>
24
25 </project>
```

在代码清单 11-2 中，每个 build.xml 文件都有一个根节点"project"，每个根节点对应着一个项目，每个项目下可以定义很多目标，即"target"节点，目标之间可以有依赖关系。Ant 在执行这类目标时，需要执行它们所依赖的目标。而每个目标中又可以定义多个任务，同时还定义了所要执行的任务序列。Ant 在构建目标时必须调用所定义的任务，而任务就是 Ant 实际上要执行的命令。每个目标都可以从 Ant 的命令行参数中调用，如代码的 3~5 行定义了一个名为"clean"的目标，其中只执行一个删除"build"文件夹的任务（见第 4 行）。保存 build.xml 文件后，在命令行中向 Ant 指明"clean"目标就可以清除刚才手工编译的中间和最终输出文件，如图 11-2 所示。

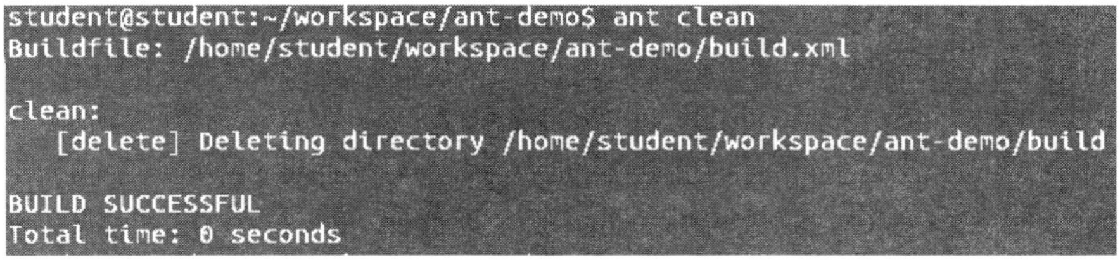

```
student@student:~/workspace/ant-demo$ ant clean
Buildfile: /home/student/workspace/ant-demo/build.xml

clean:
   [delete] Deleting directory /home/student/workspace/ant-demo/build

BUILD SUCCESSFUL
Total time: 0 seconds
```

图 11-2　执行 ant clean 命令的效果

如果执行第 7 行中定义的目标"compile"，Ant 就会依次调用第 8 行的创建目录"mkdir"和第 9 行的编译"javac"命令，如图 11-3 所示。

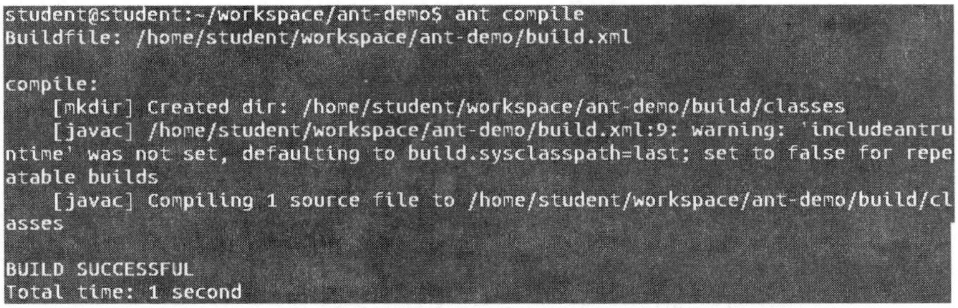

```
student@student:~/workspace/ant-demo$ ant compile
Buildfile: /home/student/workspace/ant-demo/build.xml

compile:
    [mkdir] Created dir: /home/student/workspace/ant-demo/build/classes
    [javac] /home/student/workspace/ant-demo/build.xml:9: warning: 'includeantru
ntime' was not set, defaulting to build.sysclasspath=last; set to false for repe
atable builds
    [javac] Compiling 1 source file to /home/student/workspace/ant-demo/build/cl
asses

BUILD SUCCESSFUL
Total time: 1 second
```

图 11-3 执行 ant compile 命令的效果

对于其他目标，可以分几个命令执行，也可以直接在 ant 的参数中指定这些目标：

```
$ ant compile
$ ant jar
$ ant run
$ ant compile jar run
```

对代码清单 11-2 中的 build.xml 文件还可以再做些改进，例如 build.xml 文件中有些文件夹、类型和 JAR 文件名称多次被引用（如第 8、9 和 14 行中的 "build/classes" 文件夹），这些名称多次硬编码在 build.xml 文件中，导致后续修改维护时会很麻烦；另外在执行 ant 命令编译时，也需要记住目标的名称以及编译目标的先后次序。

多次被引用的名称的硬编码问题可以通过属性 "property" 节点解决，而 "project" 节点的 "default" 属性可以免去我们在执行 ant 命令时需要记住目标名称的麻烦，最后通过在 build.xml 文件中设置好目标之间的依赖关系也省去了我们要记住执行编译目标先后次序的烦恼。现在修改 build.xml 文件为代码清单 11-3 所示的内容。

代码清单 11-3 添加有属性和目标依赖关系的 ant build.xml 文件

```xml
1  <project name="HelloWorld" basedir="." default="main">
2      <property name="src.dir"       value="src"/>
3      <property name="build.dir"     value="build"/>
4      <property name="classes.dir"   value="${build.dir}/classes"/>
5      <property name="jar.dir"       value="${build.dir}/jar"/>
6      <property name="main-class"    value="chapter11.HelloWorld"/>
7
8      <target name="clean">
9          <delete dir="${build.dir}"/>
10     </target>
11
12     <target name="compile">
13         <mkdir dir="${classes.dir}"/>
14         <javac srcdir="${src.dir}" destdir="${classes.dir}"/>
15     </target>
16
17     <target name="jar" depends="compile">
18         <mkdir dir="${jar.dir}"/>
19         <jar destfile="${jar.dir}/${ant.project.name}.jar" basedir="${classes.
```

```
20              dir}">
21              <manifest>
22                  <attribute name="Main-Class" value="${main-class}"/>
23              </manifest>
24          </jar>
25      </target>
26
27      <target name="run" depends="jar">
28          <java jar="${jar.dir}/${ant.project.name}.jar" fork="true"/>
29      </target>
30
31      <target name="clean-build" depends="clean,jar"/>
32
33      <target name="main" depends="clean,run"/>
34  </project>
```

在代码清单 11-3 中，第 2～6 行将代码清单 11-2 在 build.xml 文件各处硬编码的名称设置为属性（相当于 Java 程序中的常量），后面 build.xml 文件要用到名称时，只需要用"${}"属性名括起来，就可以引用其对应的属性值（参见第 9 行）。第 17 行的"jar"目标中多了一个名为"depends"的属性，用于告诉 ant，"jar"目标依赖"compile"目标，用户要执行"jar"目标，需要先执行"compile"目标中的命令，然后才能执行"jar"目标中的生成命令。在第 32 行中定义了一个名为"main"的额外目标，其依赖两个目标"clean"和"run"，因此在执行这个目标时，会先执行"clean"目标，再执行"run"所依赖的目标和"run"目标自己。之所以定义了"main"这个额外的目标，是因为第 1 行"project"节点的"default"属性的值为"main"，它的意思是当用户直接在"ant-demo"这个文件夹中执行"ant"命令时，默认生成"main"这个目标。如图 11-4 就是直接执行"ant"命令的效果。

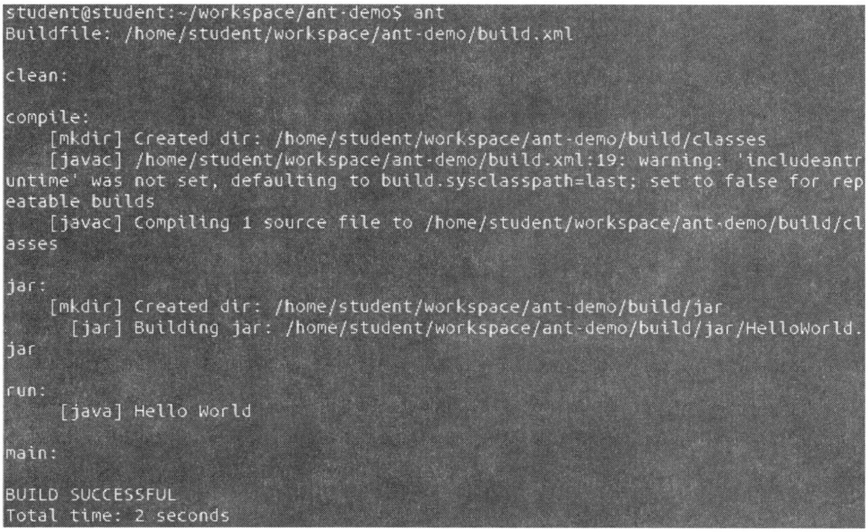

图 11-4　执行 ant 生成默认目标的效果

示例

源文件在本书配套资源的 chapter11\ant-demo 中，其中 build.xml.v1 就是代码清单 11-2 中使用的 build.xml，而 build.xml.v2 则是代码清单 11-3 中使用的 build.xml。

11.1.2 Android 应用编译过程

Android 应用在编译之后会被打包到 .apk 文件中，此文件包含了运行应用所需的所有信息，如可在 Dalvik 虚拟机上执行的 .dex 文件，一个二进制版本的 AndroidManifest.xml，编译过的资源文件（resources.arsc）和未编译的资源文件。在生成最终的 .apk 文件的编译过程中，会使用到很多工具并产生不少的中间文件。图 11-5 演示了 Android 应用编译和运行的全过程。

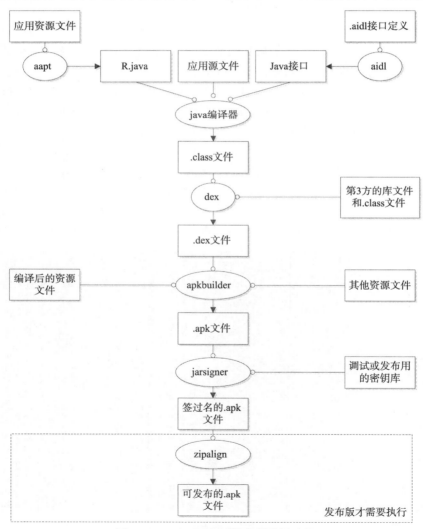

图 11-5　Android 应用的完整编译过程

下面介绍图 11-5 中各工具在编译过程的作用。

1）aapt：Android 资产打包工具（Android Asset Packaging Tool），用来编译应用中的资源文件，如 AndroidManifest.xml，活动（Activity）的 XML 界面布局文件。在这个编译过程中，会同时生成 R.java 文件以便工程中其他 Java 源程序可以引用到资源。

2）aidl：其将 Android 工程中的所有 .aidl 接口定义转换成对应的 Java 接口源代码。

3）工程中所有的 Java 源代码，包括 R.java 和 .aidl 生成的 Java 代码，都会由 Java 编译器编译生成 .class 文件。

4）dex：将 .class 文件转换成 Dalvik 字节码，工程中所有引用到的第三方函数库和 .class 文件都会被转换成 .dex 文件，以便被打包进最终的 .apk 文件。

5）apkbuilder：将所有的 .dex 文件，编译过的资源文件以及其他资源文件（如图片等），都打包到 .apk 文件。

6）jarsigner：为 .apk 文件打上数字签名，如果是调试版，则会从调试版专用的密钥库中取出密钥签名，否则就用发布版密钥库中的密钥签名。

7）zipalign：对要发布的 .apk 文件进行对齐操作，以便在设备上运行应用时可以尽量节省内存。

Eclipse 中的 ADT 插件会自动为我们执行这些复杂的编译过程，而且其采取的是增量编译方式，即只编译改动过的源码所影响到的输出文件。如果是在非 Eclipse 的环境下编译 Android 应用，Android SDK 提供了工具可以将 Eclipse 工程转换成 Ant 应用。

11.1.3 使用 Ant 编译 Android 工程

Android 的 Ant 脚本可以编译调试版和发布版，而且除了编译之外，Ant 脚本还可以自动将最终的 .apk 文件部署到 Android 设备或模拟器上，运行测试用例和收集测试结果。Android SDK 提供了工具供我们从头开始创建 Android Ant 工程以及将一个 Android Eclipse ADT 工程转换为 Android Ant 工程。

1. 使用 Android 命令创建 Android 工程

Android SDK 中附带的 android 命令可以用来创建 Android 工程，它会自动创建工程目录，并添加一些默认的源文件，配置文件和编译脚本。要创建一个新的 Android 工程，只要在命令行中执行下面的命令即可。

```
android create project --target <target ID> \
                      --name <工程名称>\
                      --path <工程的根目录>\
                      --activity <活动名称>\
                      --package <应用的包名>
```

其中：
- target 参数是编译应用工程的目标 SDK，可以通过执行命令 "android list targets" 来列出系统当前安装的 Android SDK 以及它们的 ID。

- name 参数指定了工程的名称，它是可选的，如果在命令中指定了它，那么这个名称会用来为生成的 .apk 文件命名。
- path 参数是工程的路径，如果路径不存在，android 命令会创建一个。
- activity 参数是应用默认的活动名称，android 命令会自动为它在 "<工程目录>/src/<包名>/" 目录下创建其源文件，如果没有指定 name 参数，也会用这个参数为生成的 .apk 文件命名。
- package 参数是工程的包名，采用与 Java 语言中的包相同的规则。

例如，下面的命令创建了一个名为"demoapp"的工程，其默认的启动活动是"MainActivity"，而其包名是"cn.hzbook.android.test.chapter11"，命令执行的结果如图 11-6 所示。

```
$ android create project --target 1 --name demoapp \
                         --path ./demoapp --activity MainActivity \
                         --package cn.hzbook.android.test.chapter11
```

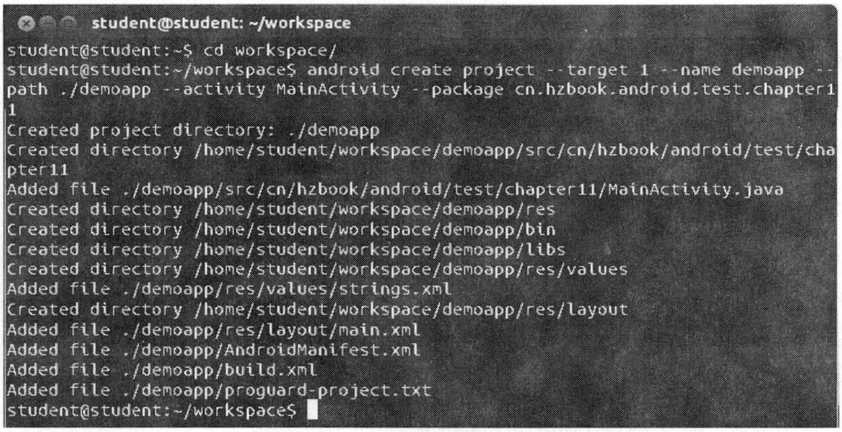

图 11-6 使用 android 命令创建工程的结果

在图 11-6 中，可以看到首先 android 命令创建了文件夹"demoapp"以及遵守 Java 语言中的规则（根据包名）创建了对应的目录，为默认活动"MainActivity"创建了源文件，还创建了应用其他必要的资源文件以及相关的目录，另外还添加了配置文件 AndroidManifest.xml 以及 ant 编译脚本。虽然没有添加任何代码，但是已经可以用 ant 编译、安装和运行新建的 Android 工程了，例如，进入工程的根目录并执行"ant debug"编译应用的调试版，如图 11-7 所示。

而如果将设备连接到 PC，或者启动模拟器，再执行命令"ant debug install"，则会将编译后的应用自动安装到设备上。

创建好了应用工程之后，还可以使用 android 命令创建其测试工程，其命令格式如下：

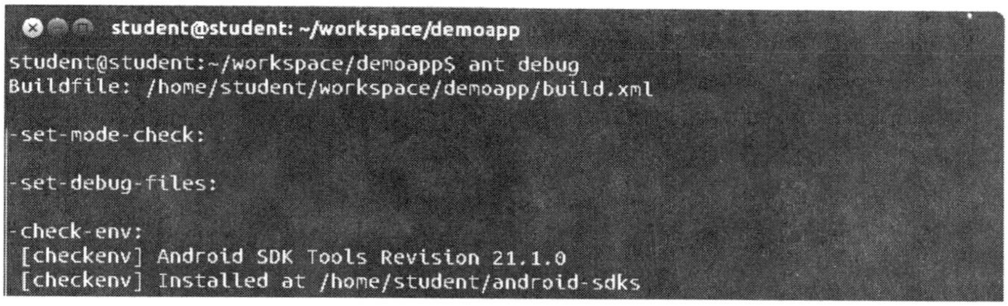

图 11-7　使用 Ant 编译应用的调试版

```
android create test-project --path <测试工程路径>\
                            --name <测试工程名称>\
                            --main <被测工程路径>
```

其中"path"和"name"参数的作用与创建应用工程的"android create project"相同，而"main"参数的作用则是指定被测应用工程的路径，其值是相对于测试目录的相对路径。一般来说，测试工程都会作为主工程（即待测工程）的子工程存在，因此建议在主工程的根目录下执行"android create test-project"命令，例如，要为刚刚创建的"demoapp"创建测试工程，进入"demoapp"的主目录，执行下面的命令，其结果如图 11-8 所示。

```
$ android create test-project --path test --name demoapp_test --main ../
```

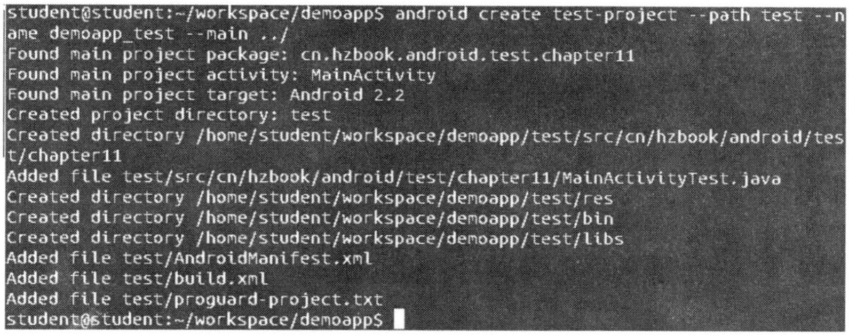

图 11-8　使用 android 命令创建测试工程

从图 11-8 的输出中可以看出，测试工程是作为被测工程的子工程存在的，其源码也存放在主工程根目录的"test"文件夹中（见图 11-8 中"--path"的值和输出），而"main"参数的值是主工程相对于测试工程的相对路径，因此在图 11-8 中，"main"的参数值为"../"。

2. 将 EclipseAndroid 工程转换为 Ant 工程

android 命令也可以用来将一个现有的 Eclipse Android 工程转换成 Ant 工程，而且还可以通过它修改一个现有的工程的目标编译 SDK（即修改"target"参数）和工程的名称（即修改"name"参数）。Android 命令会自动补齐或更新必要的文件和文件夹。更新 Android 工程的命令可以使用下面的格式，其中各参数的意义和使用方式与使用 Android 创建

Android 相同。

```
android update project --name <project_name> --target <target_ID> \
                      --path <path_to_your_project>
```

如下命令将第 1 章中的 Android 工程转换成 ant 工程，除了更新必要的工程属性以外，还会创建 ant 编译脚本 build.xml，其结果如图 11-9 所示。

```
$ android update project --name antdemo --target 1 \
                        --path cn.hzbook.android.test.chapter1
```

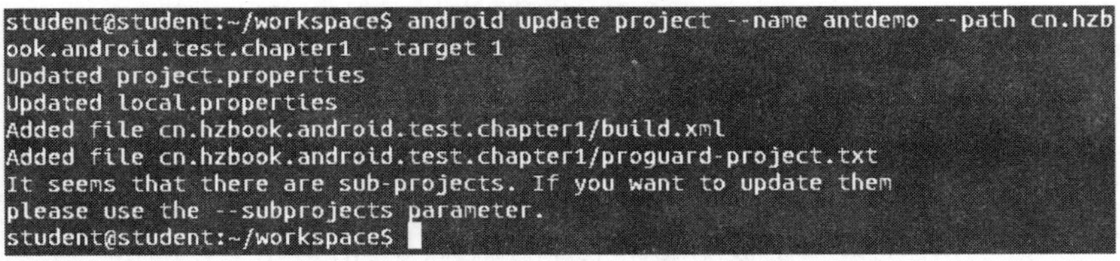

图 11-9 使用 android update project 转换 Elicpse Android 工程

android update 也可以用来将 Eclipse Android 测试工程转换成 Ant 工程，这样在执行 Ant 的 "test" 目标时（Ant 支持的目标在 11.1.3.4 节中讲述），就可以方便地执行自动化测试，其命令格式如下：

```
android update test-project --path <测试工程路径>\
                            --main <主工程相对测试工程的路径>
```

其中 "path" 和 "main" 参数的用法与前面的 "android create test-project" 的用法相同，如要将第 1 章中的测试工程转换成 Ant 工程，将其与被测工程复制到同一目录，并执行下面的命令，结果如图 11-10 所示。

```
$ android update test-project --path cn.hzbook.android.test.chapter1.test/ \
                              --main ../cn.hzbook.android.test.chapter1
```

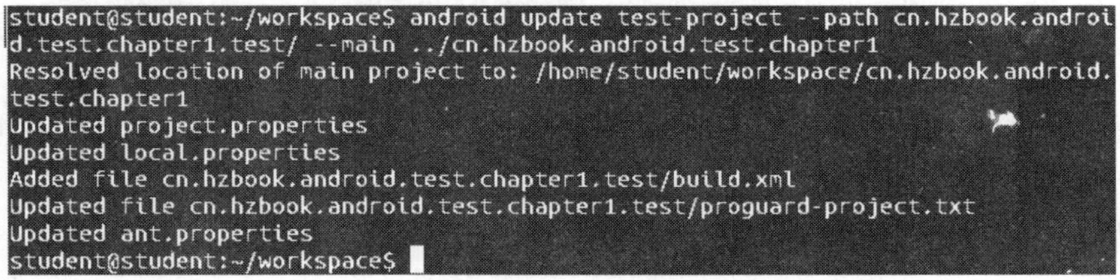

图 11-10 使用 android update 命令更新测试工程

3．执行测试

创建完测试工程之后，就可以在 Ant 中直接编译部署和测试 Android 应用，例如要执行在前面转换的测试工程，只需要连接设备，进入测试工程的根目录，用 ant 命令执行 "test"

目标即可，结果如图 11-11 所示。

```
$ ant debug install test
```

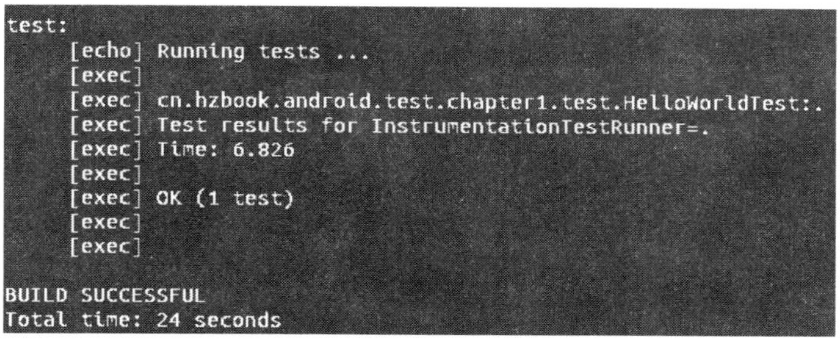

```
test:
    [echo] Running tests ...
    [exec]
    [exec] cn.hzbook.android.test.chapter1.test.HelloWorldTest:.
    [exec] Test results for InstrumentationTestRunner=.
    [exec] Time: 6.826
    [exec]
    [exec] OK (1 test)
    [exec]
    [exec]
BUILD SUCCESSFUL
Total time: 24 seconds
```

图 11-11　在 Ant 中执行测试用例

注意

读者可能是在 Windows 平台下使用 Ant 编译 Android 工程，当 Java 源码中包含中文时，执行"ant debug"命令很有可能会导致类似下面的错误。

```
c:\workspace\demoapp>ant debug
Buildfile: c:\workspace\demoapp\build.xml
    [setup] Android SDK Tools Revision 7
    ... 省略了一些输出 ...
    [setup]
    [setup] Importing rules file: tools\ant\ant_rules_r3.xml
    [javac]**** 警告: 编码 ascii 的不可映射字符 ********
```

出现这个错误，是因为 ant 采用 ASCII 编码编译 java 源文件，导致中文字符无法识别的问题。解决方案是找到 sdk 目录下的 <sdkpath>\tools\ant\ant_rules_r3.xml，并将其打开找到节点：

```
<javac encoding="ascii" target="1.5" debug="true" extdirs="" ....>
```

把 ascii 编码改为 gbk 编码。

4. Andoird Ant 脚本支持的目标

表 11-1 是 Android Ant 脚本中支持的目标及其说明。

表 11-1　Android Ant 脚本中的目标及说明

目　标	说　　明
ant clean	清除工程中生成的文件，如果在"clean"目标前加上"all"这个目标，那么也会清除其他工程中生成的文件。例如，在测试工程中执行"ant all clean"，不仅会清除测试工程中的文件，也同时会清除被测工程中生成的文件
ant debug	生成一个调试版程序
ant emma debug	为应用添加上收集代码覆盖率的支持

（续）

目　标	说　明
ant release	生成一个发布版程序
ant instrument	生成一个可使用仪表盘技术测试的调试版应用，"emma"目标依赖这个目标
ant <build_target> install	按照"<build_target>"指定的目标编译完工程后，将其安装到 Android 设备或模拟器上。"<build_target>"可以是上面的任意目标
ant installd	安装已编译的调试版应用，如果 .apk 还没有编译，执行这个目标会导致失败
ant installr	安装已编译的发布版应用，如果 .apk 还没有编译，执行这个目标会导致失败
ant installt	安装已编译的测试用例包，同时安装被测应用，如果 .apk 还没有编译，执行这个目标会导致失败
ant installi	安装已编译的支持仪表盘测试的应用，一般来说这个目标被"ant installt"自动调用
ant test	执行自动化测试用例，其要求被测应用和测试用例包已经安装
ant debug install test	编译测试工程和被测应用工程，同时安装生成的 .apk 文件并执行测试用例
ant emma debug install test	编译测试工程和被测应用工程，同时安装生成的 .apk 文件，执行测试用例，并收集代码覆盖率

11.2　在 Maven 中集成 Android 自动化测试

　　Maven 是一个类似 Ant 的 Java 集成编译工具，其与 Ant 的最大不同的地方是，Maven 通过提供一个中间 jar 包仓库的方法，避免了程序员在编译程序时寻找依赖的 jar 包的烦恼。

　　当使用 Maven 编译 Android 工程时，编译器需要访问工程中指定版本的 android.jar 文件，而其在 Android SDK 安装时就被放在各版本专用的文件夹中，需要将其放进 Maven 本地仓库才可以在编译时访问到。

　　一般来说大部分 jar 包都可以在 Maven 的中心仓库中找到，但是 Android 只有平台发布版本才被放进 Maven 中心仓库中，其他的如带有 Google 地图支持的扩展版本都没有放进中心仓库里。在 Maven 中心仓库中，可以使用"groupId"为"com.google.android"，使用"artifactId"为"android"和"android-test"在 Android Maven 工程中添加对平台发布版本的依赖。

11.2.1　使用 Android Maven Archetypes 创建新 Android 工程

　　如果要创建一个新的 Android Maven 工程，可以使用 Maven 的 Archetypes 插件来创建一个工程样本并进行开发，如执行命令从"android-quickstart"样板工程开始创建 Android 工程。

```
$ mvn archetype:generate \
  -DarchetypeArtifactId=android-quickstart \
  -DarchetypeGroupId=de.akquinet.android.archetypes \
  -DarchetypeVersion=1.0.8 \
  -DgroupId=cn.hzbook.android.test.chapter11 \
```

```
-DartifactId=demoapp
```

在上面的命令中,"archetype:generate"参数表示从 Maven 样板工程中创建新的 Maven 工程,"archetypeArtifactId"参数指定了样本工程是"android-quickstart","archetype-GroupId"参数指明了样板工程属于"de.akquinet.android.archetypes","archetypeVersion"参数说明样板工程的版本号是 1.0.8,"groupId"和"artifactId"两个参数指定了新创建工程的名字和分组名称。

其他可以使用的样板工程"archetypes"还包括带有测试工程的"android-with-test"和带有发布流程配置的"android-release",完整的样板工程列表及其使用方法可参看网页:http://stand.spree.de/wiki_details_maven_archetypes。

如果是第一次运行,需要经过一段长时间的与 Maven 主仓库的同步过程,最后会出现类似图 11-12 的界面,如果看到"BUILD SUCCESS"字样,就说明创建成功了。

```
[INFO] Parameter: android-plugin-version, Value: 3.1.1
[INFO] Parameter: artifactId, Value: demoapp
[WARNING] Don't override file /home/student/workspace/maven-demo-1/demoapp/pom.xml
[INFO] project created from Archetype in dir: /home/student/workspace/maven-demo-1/demoapp
[INFO] ------------------------------------------------------------------------
[INFO] BUILD SUCCESS
[INFO] ------------------------------------------------------------------------
[INFO] Total time: 16.604s
[INFO] Finished at: Thu Mar 28 23:30:27 CST 2013
[INFO] Final Memory: 9M/86M
[INFO] ------------------------------------------------------------------------
student@student:~/workspace/maven-demo-1$ ls demoapp/
AndroidManifest.xml  assets  default.properties  pom.xml  res  src
```

图 11-12 从 android-quickstart 样板工程中创建 Maven 工程

创建好工程后,就可以在根目录下执行命令就可以编译、部署和运行 Android 应用了,Maven 可以直接启动 Android 模拟器或者将应用部署到 Android 设备上,这些操作需要使用 Android SDK 中自带的工具,因此要求先设置好 Android SDK 的路径信息以便 Maven 可以调用这些工具,一个简单的方案是通过环境变量进行设置:

```
$ export ANDROID_HOME=/home/student/android-sdks/
```

因为 android-quickstart 样板工程中默认使用的是 2.3.3 版本之上的 Android SDK,所以先启动 Android 2.3.3 以上版本的模拟器或连接好 Android 设备,并执行命令(Maven 的命令行工具是 mvn):

```
$ mvn install android:deploy android:run
```

与 Ant 类似,Maven 也是通过目标来实现编译流程,在命令行可以同时指定多个目标。在上面的命令中,"install"目标用来完成将应用的源码编译打包成 .apk 文件;"android:deploy"目标设置了将 .apk 文件部署到 Android 模拟器和设备上的方法;而最后"android:run"目标用来启动应用,如图 11-13 所示。从其中的日志消息中可以看到,Maven 在编译完 Android 工程后,自动寻找连接到电脑上的 Android 设备,将应用部署到设备上并运行起来。

```
[INFO] Successfully installed /home/student/workspace/maven-demo-1/demoapp/targe
t/demoapp-1.0-SNAPSHOT.apk to emulator-5554_Android403_unknown_sdk
[INFO]
[INFO] ------------------------------------------------------------------------
[INFO] Building demoapp 1.0-SNAPSHOT
[INFO] ------------------------------------------------------------------------
[INFO]
[INFO] --- android-maven-plugin:3.1.1:run (default-cli) @ demoapp ---
[INFO] Found 1 devices connected with the Android Debug Bridge
[INFO] android.device parameter not set, using all attached devices
[INFO] Attempting to start cn.hzbook.android.test.chapter11.HelloAndroidActivity
 on device emulator-5554 (avdName = Android403)
[INFO] ------------------------------------------------------------------------
[INFO] BUILD SUCCESS
[INFO] ------------------------------------------------------------------------
```

图 11-13　使用 Maven 编译和运行 Android 工程的结果

11.2.2　Android Maven 工程介绍

打开在 11.2.1 小节创建的 Maven 工程根目录下的 pom.xml 文件，如代码清单 11-4 所示。

代码清单 11-4　Android Maven 工程的 pom.xml 文件

```
1  <?xml version="1.0" encoding="UTF-8"?>
2  <project xmlns="http://maven.apache.org/POM/4.0.0"
3           xmlns:xsi="http://www.w3.org/2001/XMLSchema-instance"
4           xsi:schemaLocation="http://maven.apache.org/POM/4.0.0.
5                         http://maven.apache.org/maven-v4_0_0.xsd">
6      <modelVersion>4.0.0</modelVersion>
7      <groupId>cn.hzbook.android.test.chapter11</groupId>
8      <artifactId>demoapp</artifactId>
9      <version>1.0-SNAPSHOT</version>
10     <packaging>apk</packaging>
11     <name>demoapp</name>
12     <properties>
13       <platform.version>2.3.3</platform.version>
14     </properties>
15     <dependencies>
16       <dependency>
17         <groupId>com.google.android</groupId>
18         <artifactId>android</artifactId>
19         <version>${platform.version}</version>
20         <scope>provided</scope>
21       </dependency>
22     </dependencies>
23     <build>
24       <plugins>
25         <plugin>
26           <groupId>com.jayway.maven.plugins.android.generation2</groupId>
27           <artifactId>android-maven-plugin</artifactId>
28           <version>3.1.1</version>
29           <configuration>
```

```xml
30          <androidManifestFile>
31             ${project.basedir}/AndroidManifest.xml
32          </androidManifestFile>
33          <assetsDirectory>${project.basedir}/assets</assetsDirectory>
34          <resourceDirectory>${project.basedir}/res</resourceDirectory>
35          <nativeLibrariesDirectory>
36             ${project.basedir}/src/main/native
37          </nativeLibrariesDirectory>
38          <sdk>
39             <platform>10</platform>
40          </sdk>
41          <undeployBeforeDeploy>true</undeployBeforeDeploy>
42        </configuration>
43        <extensions>true</extensions>
44      </plugin>
45      <plugin>
46        <artifactId>maven-compiler-plugin</artifactId>
47        <version>2.3.2</version>
48        <configuration>
49          <source>1.6</source>
50          <target>1.6</target>
51        </configuration>
52      </plugin>
53    </plugins>
54  </build>
55 </project>
```

在代码清单 11-4 中，有几个值得注意的地方：

- 第 10 行的"packaging"标签指明了该 Maven 工程的输出是一个 apk 文件，这个设置会让 Maven 激活 Android 相关的生命周期，这样在编译时，Maven 工程也会跟 Android Ant 工程一样，执行图 11-5 中描述的各个步骤。
- 第 16～21 行的"dependency"标签中设置了该工程依赖于 Android SDK 中的"android.jar"，而依赖的版本是 Android 2.3.3 版本，参见第 13 行和第 19 行。第 20 行的"scope"标签的值"provided"非常重要，它告诉 Maven，不要把"android.jar"文件也打包到应用的 .apk 文件中。
- 最后第 28 行告诉 Maven 在编译的时候需要使用 Android Maven 插件。

提示

源文件在本书配套资源的 chapter11\maven-demo-1 中。

11.2.3 与设备交互

在 11.2.2 小节中提到，Maven 编译 Android 工程，实际上是通过 Maven Android 插件

实现的,正如在 11.2.1 小节最后编译和运行 Android 应用的命令行中看到的那样,所有以"android:"开头的目标,都是由 Android Maven 插件提供的。

❑ android:deploy

该目标将已编译好的 .apk 文件部署到 Android 设备上,如果使用持续测试过程(如 mvn install 或 mvn integration-test),会自动调用到这个目标。

❑ android:undeploy

该目标将当前工程生成的 .apk 文件从 Android 设备或者模拟器上卸载。

❑ android:redeploy

该目标重新部署生成的 .apk 文件。

❑ android:instrument

该目标执行应用的仪表盘(Instrumentation)自动化测试,其中会自动将应用部署到 Android 设备或模拟器上。

❑ android:pull

该目标可以从 Android 设备或模拟器上复制一个文件或文件夹到本地 PC 上。复制的源文件和目标位置分别使用"android.pull.source"和"android.pull.destination"配置参数设置。

❑ android:push

该目标可以向 Android 设备或模拟器上推送一个文件或文件夹。推送的源文件和目标位置分别使用"android.push.source"和"android.push.destination"配置参数设置。

❑ android:run

该目标在 Android 设备或模拟器上启动应用。如果"run.debug paramter"属性值为 true,那么应用会等待调试器连接上之后再启动。

11.2.4 与模拟器交互

Android Maven 插件支持直接启动模拟器,以支持完整的持续测试过程,即只要将测试代码部署到有 Android SDK 的机器上,设置好 Android SDK 的路径,就可以完成从编译源码、启动模拟器到执行自动化测试的全过程。

在 Maven 的 pom.xml 文件中,修改 Android Maven 插件节相关的设置,如代码清单 11-5 所示。

代码清单 11-5　在 pom.xml 中修改 Android Maven 插件设置以支持启动模拟器

```
1    <plugin>
2        <groupId>com.jayway.maven.plugins.android.generation2</groupId>
3        <artifactId>android-maven-plugin</artifactId>
4        <version>3.1.1</version>
5        <configuration>
6            <androidManifestFile>
7                ${project.basedir}/AndroidManifest.xml
8            </androidManifestFile>
9            <assetsDirectory>${project.basedir}/assets</assetsDirectory>
```

```
10              <resourceDirectory>${project.basedir}/res</resourceDirectory>
11              <nativeLibrariesDirectory>
12                  ${project.basedir}/src/main/native
13              </nativeLibrariesDirectory>
14              <sdk>
15                  <platform>10</platform>
16              </sdk>
17              <undeployBeforeDeploy>true</undeployBeforeDeploy>
18              <emulator>
19                  <avd>Android403</avd>
20                  <options>-no-skin</options>
21              </emulator>
22          </configuration>
23          <extensions>true</extensions>
24      </plugin>
```

代码清单 11-5 的大部分配置都与代码清单 11-4 相同，只是其中的第 18～21 行添加了与模拟器设置相关的"emulator"小节，第 19 行的"avd"是默认要启动的 Android 模拟器的名称，而第 20 行则是启动模拟器的命令行参数。设置好了之后，就可以通过执行 Maven 目标"android:emulator-start"启动模拟器了，如：

```
$ mvn compile android:emulator-start android:deploy android:run
```

除了像代码清单 11-5 那样设置 Android Maven 插件的设置，还可以通过将要启动的模拟器作为 pom.xml 文件中的属性（properties），如代码清单 11-6 中的第 3 行，这样也可以用上面的命令启动模拟器。

代码清单 11-6　在 pom.xml 中修改 Android Maven 插件设置以支持启动模拟器

```
1   <properties>
2       <platform.version>2.3.3</platform.version>
3       <android.emulator.avd>Android403</android.emulator.avd>
4   </properties>
```

在代码清单 11-6 中将模拟器名称作为属性（properties）的好处是，我们可以在 mvn 命令行中修改属性值，使 Maven 启动不同的模拟器，例如下面的命令告诉 Maven 启动名为"Android2"的模拟器，而不是采用 pom.xml 文件中的默认属性值"Android403"。

```
$ mvn compile android:emulator-start -Dandroid.emulator.avd=Android2
```

要关闭启动的模拟器，可以使用 Android Maven 插件的"emulator-stop"和"emulator-stop-all"目标。

提示

示例源文件在本书配套资源的 chapter11\maven-demo-2 中。

11.2.5 集成自动化测试

Maven 本身对测试的支持相当强大，实际上大部分 Maven 样板工程都会带有测试子工程，而 Maven 也默认附有"test"，这个目标集成了执行单元测试的功能。其实，有的 Maven 目标会自动执行"test"目标，如果该目标失败，会阻止执行后续目标。

而 Android Maven 插件还提供了整合仪表盘（Instrumentation）自动化测试的功能，这是通过复用 Maven 的多模块工程的方式实现的，即将仪表盘测试工程和被测 Android 应用工程作为一个更大的虚拟工程的子模块。Maven 的多模块工程的详细说明可自行参阅 Maven 相关书籍。

可以使用 Android Maven 插件自带的"android-with-test"样板工程创建集成了仪表盘测试的 Android 应用工程：

```
$ mvn archetype:generate \
  -DarchetypeArtifactId=android-with-test \
  -DarchetypeGroupId=de.akquinet.android.archetypes \
  -DarchetypeVersion=1.0.8 \
  -DgroupId=cn.hzbook.android.test.chapter11 \
  -DartifactId=demoapp
```

创建完工程后，会看到工程的根目录下有两个子文件夹，其中名称与上面"artifactId"相同的文件夹就是 Android 工程，而在"artifactId"参数值之后加上"-it"后缀的文件夹则是仪表盘测试工程，如图 11-14 所示。

```
[INFO] Parameter: artifactId, Value: demoapp
[INFO] Parent element not overwritten in /home/student/workspace/maven-test-demo
/demoapp/demoapp/pom.xml
[WARNING] Don't override file /home/student/workspace/maven-test-demo/demoapp/de
moapp/pom.xml
[INFO] Parent element not overwritten in /home/student/workspace/maven-test-demo
/demoapp/demoapp-it/pom.xml
[WARNING] Don't override file /home/student/workspace/maven-test-demo/demoapp/de
moapp-it/pom.xml
[INFO] project created from Archetype in dir: /home/student/workspace/maven-test
-demo/demoapp
[INFO] ------------------------------------------------------------------------
[INFO] BUILD SUCCESS
[INFO] ------------------------------------------------------------------------
```

图 11-14 创建带有仪表盘测试的 Android Maven 工程

打开根目录下的 pom.xml 文件，会发现其将两个工程作为自己的子模块定义，如代码清单 11-7 所示。

代码清单 11-7 在 pom.xml 文件中将被测工程和测试工程作为子模块定义

```xml
<?xml version="1.0" encoding="UTF-8"?>
<project xmlns="..." xmlns:xsi="..."
    xsi:schemaLocation="...">
    <modelVersion>4.0.0</modelVersion>
    <groupId>cn.hzbook.android.test.chapter11</groupId>
    <artifactId>demoapp-parent</artifactId>
    <version>1.0-SNAPSHOT</version>
```

```
        <packaging>pom</packaging>
        <name>demoapp-Parent</name>

        <modules>
            <module>demoapp</module>
            <module>demoapp-it</module>
        </modules>
        <!-- ... 省略其他设置 ... -->
</project>
```

而打开仪表盘（Instrumentation）测试子工程中的 pom.xml 文件，会发现其的依赖项中除了 Android 应用工程中的"android.jar"包之外，还依赖"android-test.jar"包，如代码清单 11-8 中的第 23～26 行。另外，因为仪表盘测试用例一般都会引用被测应用中的一些类型和方法，所以在第 33～38 行中还将被测应用作为其的依赖项添加在 pom.xml 文件中。而第 39～42 行中的 JUnit 项表明其还是将 JUnit 作为测试用例运行框架。

代码清单 11-8　仪表盘测试工程中的 pom.xml 文件

```
1       <?xml version="1.0" encoding="UTF-8"?>
2       <project xmlns="..." xmlns:xsi="..."
3           xsi:schemaLocation="...">
4           <modelVersion>4.0.0</modelVersion>
5
6           <parent>
7               <groupId>cn.hzbook.android.test.chapter11</groupId>
8               <artifactId>demoapp-parent</artifactId>
9               <version>1.0-SNAPSHOT</version>
10          </parent>
11
12          <groupId>cn.hzbook.android.test.chapter11</groupId>
13          <artifactId>demoapp-it-it</artifactId>
14          <version>1.0-SNAPSHOT</version>
15          <packaging>apk</packaging>
16          <name>demoapp-it-Integration tests</name>
17
18          <dependencies>
19              <dependency>
20                  <groupId>com.google.android</groupId>
21                  <artifactId>android</artifactId>
22              </dependency>
23              <dependency>
24                  <groupId>com.google.android</groupId>
25                  <artifactId>android-test</artifactId>
26              </dependency>
27              <dependency>
28                  <groupId>cn.hzbook.android.test.chapter11</groupId>
29                  <artifactId>demoapp</artifactId>
30                  <type>apk</type>
```

```
31                <version>1.0-SNAPSHOT</version>
32            </dependency>
33            <dependency>
34                <groupId>cn.hzbook.android.test.chapter11</groupId>
35                <artifactId>demoapp</artifactId>
36                <type>jar</type>
37                <version>1.0-SNAPSHOT</version>
38            </dependency>
39            <dependency>
40                <groupId>junit</groupId>
41                <artifactId>junit</artifactId>
42            </dependency>
43        </dependencies>
44        <!-- 省略其他设置 -->
45    </project>
```

连接好 Android 设备或启动 Android 模拟器之后，只要在主工程的根目录下执行 Maven 目标"android:instrument"就可以执行仪表盘（Instrumentation）自动化测试用例了，例如：

```
$ mvn install android:deploy android:instrument
```

用例执行完毕之后，测试结果也会保存在 Maven surefire 插件的报告中，如图 11-15 所示。上面的命令执行过后，可以在测试工程的"target/surefire-reports"中找到测试报告"TEST-emulator-5554_Android403_unknown_sdk.xml"。

```
[INFO] Running instrumentation tests in cn.hzbook.android.test.chapter11.test on
 emulator-5554 (avdName=Android403)
[INFO]    Run started: cn.hzbook.android.test.chapter11.test, 1 tests:
[INFO]       Start: cn.hzbook.android.test.chapter11.test.HelloAndroidActivityTest
#testActivity
[INFO]       End: cn.hzbook.android.test.chapter11.test.HelloAndroidActivityTest#t
estActivity
[INFO]    Run ended: 5108 ms
[INFO]    Tests run: 1,  Failures: 0,  Errors: 0
[INFO] Report file written to /home/student/workspace/maven-test-demo/demoapp/de
moapp-it/target/surefire-reports/TEST-emulator-5554_Android403_unknown_sdk.xml
[INFO]
```

图 11-15　在 Maven 中执行仪表盘测试结果

11.3　收集代码覆盖率

代码覆盖率的作用主要是查看测试用例执行完毕后，有哪些代码尚未覆盖到。未覆盖到的代码通常意味着存在未覆盖到的功能或场景，测试人员可以有针对性地补充测试用例。因为 Andriod 程序实际上就是 Java 程序，因此 Java 程序的代码覆盖率统计可以使用一个开源软件 Emma。统计代码覆盖率的做法有以下两种。

1）修改程序源代码，添加统计代码覆盖率的代码，例如 gcov 采用的就是这种做法。

2）修改最终程序，比如 Emma 就是修改 Java class 的字节码 Oolong 代码。为了能够将统计到的代码覆盖率结果追溯到源代码，一般是将 Java 编译成调试（Debug）版，具体做法是：Emma 在每个 Oolong 跳转代码前加入统计覆盖率的代码，而调试版的 class 中会有 .source、.line、.var 这些指令，告诉调试器字节码与 Java 源代码、Java 变量与 Oolong 变量的数字引用的映射关系。这种做法的好处是，只要你的程序最终会生成 Java 字节码，例如 Scala 之类的程序，生成的调试版都可以用 Emma 修改，从而达到统计代码覆盖率的目的。Java 虚拟机对调试的支持可参考书籍《 Programming for the Java™ Virtual Machine 》第 7 章的描述。

在将 Andriod 程序部署到设备之前，dex 命令会将 Java 字节码翻译成 Andriod 虚拟机中的字节码，所以可以在翻译之前先使用 Emma 修改 class 文件，再打包，这样就可以收集到 Android 应用在测试后的代码覆盖率了。Android ant 编译脚本已经集成了收集代码覆盖率的功能，只需要在测试工程的根目录下执行命令即可以启动代码覆盖率测试：

```
$ ant emma debug install test
```

自动化测试用例执行完毕之后，会在测试工程的"bin"目录下生成代码覆盖率报告，如图 11-16 所示，在用例执行完毕后，会产生"coverage.html"文件，它就是 Emma 生成的代码覆盖率报告。

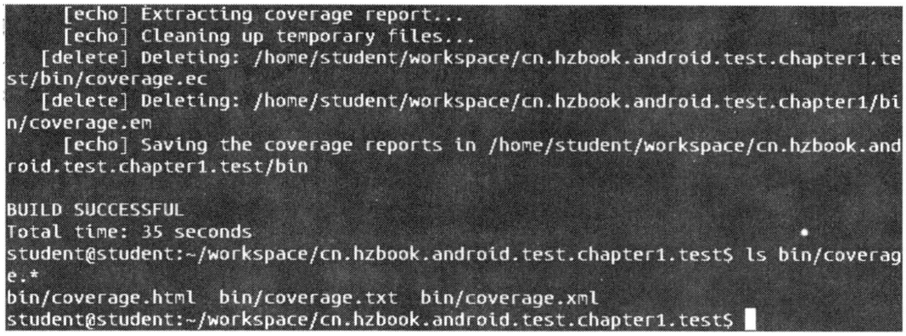

图 11-16　Ant 收集测试代码覆盖率

在浏览器中打开"coverage.html"文件，首先看到的是整体 Android 工程的代码覆盖率情况，其分为三个部分：第一部分是被测应用总体的代码覆盖率情况，第二部分是被测应用的代码统计分析，第三部分是把被测应用按 Java 包分组统计的代码覆盖率情况。如图 11-17 所示，在第一部分中，被测应用只有 77% 的类型在用例执行时被测试到，其中有 3 个类型没有被测试用例覆盖，需要检查原因。只有一半的函数，即 52% 的代码块和 45% 的代码行被执行到了。在第二部分中，被测应用只有一个包，总共有 5 个可执行文件（类似 Java 的 .class 文件），13 个类型（其中有些匿名类、内嵌类），36 个函数和 206 行代码。而第三部分因为应用只有一个包，统计结果和第一部分很相似。

图 11-17 中的第三部分，每个包名都是一个链接，可以单击链接进去查看相应包中的具体的代码覆盖率信息，如图 11-18 所示。

EMMA Coverage Report (generated Wed Mar 27 14:07:28 CST 2013)

[all classes]

OVERALL COVERAGE SUMMARY

name	class, %	method, %	block, %	line, %
all classes	77% (10/13)	50% (18/36)	52% (530/1027)	45% (93/206)

OVERALL STATS SUMMARY

```
total packages:          1
total executable files:  5
total classes:           13
total methods:           36
total executable lines:  206
```

COVERAGE BREAKDOWN BY PACKAGE

name	class, %	method, %	block, %	line, %
cn.hzbook.android.test.chapter1	77% (10/13)	50% (18/36)	52% (530/1027)	45% (93/206)

图 11-17　Emma 代码覆盖率一览表

COVERAGE SUMMARY FOR PACKAGE [cn.hzbook.android.test.chapter1]

name	class, %	method, %	block, %	line, %
cn.hzbook.android.test.chapter1	77% (10/13)	50% (18/36)	52% (530/1027)	45% (93/206)

COVERAGE BREAKDOWN BY SOURCE FILE

name	class, %	method, %	block, %	line, %
BookEditor.java	0% (0/2)	0% (0/5)	0% (0/258)	0% (0/62)
EditFlags.java	0% (0/1)	0% (0/1)	0% (0/3)	0% (0/1)
BookDetails.java	100% (6/6)	53% (8/15)	45% (117/260)	45% (25/55)
MainActivity.java	100% (3/3)	62% (8/13)	81% (385/478)	75% (61/81)
TheSimpleExpandableListAdapter.java	100% (1/1)	100% (2/2)	100% (28/28)	100% (7/7)

图 11-18　查看包中具体的代码覆盖率信息

图 11-18 按源文件分组列出了各个源文件内部的代码覆盖率信息，可以看到，测试过程中，根本就没有执行到与“BookEditor”和“EditFlags”相关的功能，需要去补齐对应的测试用例。而在“BookDetails.java”中，虽然每个类型都覆盖到了，但只有 53% 的函数被执行了，单击“BookDetails.java”链接，去查看该源文件中的覆盖率信息，如图 11-19 所示。在此图中，绿色背景的代码是在测试过程被覆盖到的，而红色则是没有被执行过的代码，如果代码的背景是黄色，说明这行代码只有部分被执行了（这种情况通常在组合判断条件语句中出现）。

```

        View.OnClickListener listener = new View.OnClickListener() {
                public void onClick(View v) { onEdit(v, EditFlags.EDIT_TITLE); }
            };
        registerListener(R.id.title_label, listener);
        registerListener(R.id.title, listener);

        listener = new View.OnClickListener() {
                public void onClick(View v) { onEdit(v, EditFlags.EDIT_AUTHOR); }
            };
        registerListener(R.id.author_label, listener);
        registerListener(R.id.author, listener);
```

图 11-19　源码级别的代码覆盖率信息

虽然 ant 脚本已经将收集代码覆盖率的整个过程自动化了，但是有必要讲下其封装的步骤，以便读者在使用时排错。当在测试工程的根目录中执行命令“ant emma debug install test”时，Ant 依次执行下面这些操作：

1）编译成调试版：

2）在打包成 dex 文件之前，修改 class 字节码：

```
cd bin
java -cp ~/android-sdk/tools/lib/emma.jar emma instr -ip classes -d instrumented
```

3）将修改成覆盖率统计版的 class 字节码打包成 andriod 虚拟机文件：

```
~/android-sdk/platform-tools/dx --dex --debug --no-optimize --output=classes.dex instrumented
~/android-sdk/platform-tools/aapt package -v -f -M /home/student/workspace/cn.hzbook.android.test.chapter1/AndroidManifest.xml -S /home/student/workspace/cn.hzbook.android.test.chapter1/res -I /home/shiyimin/android-sdk/platforms/android-8/android.jar -F cn.hzbook.android.test.chapter1.unsigned.apk/home/student/workspace/cn.hzbook.android.test.chapter1.test/bin/
```

4）签名和对齐：

```
jarsigner -keystore ~/.android/debug.keystore -storepass android -keypass android -signedjar cn.hzbook.android.test.chapter1.signed.apk cn.hzbook.android.test.chapter1.unsigned.apk androiddebugkey
~/android-sdk/tools/zipalign 4 cn.hzbook.android.test.chapter1.signed.apk cn.hzbook.android.test.chapter1.apk
```

5）将应用部署主程序到设备上：

```
~/android-sdk/platform-tools/adb install cn.hzbook.android.test.chapter1.apk
```

6）编译测试用例：

```
cd tests
ant debug
```

7）部署并且执行测试用例：

```
~/android-sdk/platform-tools/adb install cn.hzbook.android.test.chapter1.test-debug.apk
~/android-sdk/platform-tools/adb shell am instrument -w -e coverage true cn.hzbook.android.test.chapter1.test/android.test.InstrumentationTestRunner
```

8）生成代码覆盖率结果报告：

```
cd ../../bin/
~/android-sdk/platform-tools/adb pull /data/data/cn.hzbook.android.test.chapter1/files/coverage.ec .
java -cp ~/android-sdk/tools/lib/emma.jar emma report -r html -in coverage.em -in coverage.ec -sp ~/workspace/cn.hzbook.android.test.chapter1/src/
```

在步骤 8）中，测试用例执行完毕后，设备上的 /data/data/<package name>/ 目录中有一个 files 文件夹，其中有 coverage.ec 文件，此文件录了代码覆盖率信息，但这个信息还需要与源码进行一次映射才能看到哪些代码行已覆盖。之后再将 coverage.ec 文件复制到 andriod 主工程的 bin 文件夹中，这个文件夹中有一个名 coverage.em 的文件，其中记录了修改过的字节码与源代码的映射关系。而要查看代码覆盖率，执行下面的命令（andriod SDK 中已经自带了 emma.jar）即可，命令中的 sp 参数即指定了源代码的位置：

```
$ java -cp ~/android-sdk/tools/lib/emma.jar emma report -r html -in coverage.em
-in coverage.ec -sp ~/<andriod-app>/src/
```

11.4　本章小结

一般来说，自动化测试的目的就是进行回归测试，而使用像 Ant 和 Maven 这样的持续集成编译工具，可以很方便地将自动化测试集成在持续集成开发过程中。在理想情况下，可以在团队的源码版本控制服务器上设置一些代码签入触发脚本，一旦有成员向代码服务器签入新的代码，就可以触发 Ant 或 Maven 这样的工具自动编译最新的代码，将生成的应用部署到模拟器上执行自动化测试，初步验证签入的代码不会影响现有的功能。

一旦签入的代码无法通过编译或者自动化测试，可以向整个研发团队发送邮件，提醒团队赶紧解决，而调查自动化测试失败的方法，就需要用到本书第二部分讲解的技术——调试。

第 12 章 Android 功能调试工具

12.1 使用 Eclipse 调试 Android 应用

大部分 Android 应用都是在 Eclipse 中开发的，而 Eclipse 是一个集成开发平台，其集成了代码编译、代码测试和程序调试等多种功能。Eclipse 提供了一个特殊的调试视图，其中预置了调试程序时需要用到的窗口，方便我们在调试程序时查看局部变量、堆栈等信息。

调试程序是一个定位程序错误及尝试各种方案修复错误的过程。一般来说有以下几种调试方式：

1) 日志跟踪，即当程序运行时，在代码的关键位置记录程序的状态（如变量的值），或者一些提示消息记录代码的执行顺序。这种方法也叫"printf 调试"，因为在 C 语言中，很多日志跟踪的操作都是通过"printf"语句来执行的。如图 12-1 所示，一般来说，程序都会使用一些宏（C/C++ 编程语言）或日志类（如 Java 等编程语言）来实现日志操作，方便整体打开（如在测试阶段使用调试版本方便排错）或关闭（如发布阶段以避免影响性能）日志跟踪功能。

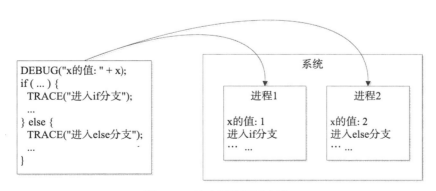

图 12-1　日志跟踪调试方法

2) 本机调试器，采用日志跟踪的方式进行调试的麻烦在于，如果需要增删改日志记录，就要修改源码（如增删改"printf"语句）并重新编译程序源码，对于大型程序来说，这样的修改耗时相当大。而调试器是与硬件、操作系统紧密结合的工具，它可以告诉 CPU 什么时候、在什么条件下中断程序的执行，以便调试器检查程序当前各变量的值、堆栈等对检查问题非常有帮助的信息。

3）远程调试。远程调试和本机调试从技术实现来说是一个东西，本书将两者区分开来是为了提醒读者注意这种调试方式。这种方式允许调试器通过网络连接到其他机器上的程序执行正常的调试操作，如设置断点以中断程序执行，查看程序内部状态等。本机调试和远程调试的原理在本节的后面详细讲解。

4）验尸调试。这种技术通常用在程序崩溃后，由操作系统和调试器合作，将程序在崩溃时的内存数据保存到一个文件中（core dump），之后再由调试器打开这个文件分析错误原因，通常在这个文件中可以看到进程在崩溃时的线程列表、各线程的堆栈信息、导致进程崩溃的异常信息，如果是好一点的调试器，还可以看到各线程堆栈中每个函数的局部变量值等。验尸调试常用在调试 NDK 程序过程中，由于写作时间的关系，本书将不讲解这方面的内容。

一般在调试 Android 应用时采用的 Eclipse，支持本机和远程调试。

12.1.1 Eclipse 调试技巧

由于在 Eclipse 中调试 Android 应用的方法和调试普通 Java 程序的方式是相同的，因此本节通过调试 Java 程序说明 Eclipse 调试技巧，以便于读者学习。本节示例的 Java 程序源码保存在本书配套资源的"chapter12\bpdemo"文件夹中，既可以在 Eclipse 中新建 Java 工程来演示调试过程，也可以使用 Eclipse 附加的方式来调试示例程序。

1. 用 Eclipse 附加调试 Java 进程

附加调试可以调试任意已编译好的 Java 进程，这点与从 Eclipse Java 工程中启动调试不同，后者有时会编译工程源码。

1）首先用"javac"命令编译示例源码，加上"-g"参数是为了在编译时添加调试支持：

```
$ javac -g bpdemo.java ClbDemoClass.java
```

2）启动 Eclipse，依次单击菜单中的"Run"、"Debug Configurations"等项目，打开"Debug Configurations"对话框，在对话框左边的列表项中找到"Java Application"并右键单击它，在弹出菜单中选择"New"选项，如图 12-2 所示：

图 12-2　在 Eclipse 的 Debug Configurations 对话框中创建一个新的调试配置

3）为新的调试配置取一个名字，如"bpdemo"，并设置"Main class:"文本框的值为"bpdemo"，并勾选"Stop in main"复选框，如图 12-3 所示。

在"Main class:"文本框中指定的是要启动执行的 Java 主类型的名字，而选中"Stop in main"复选框的意思是告诉 Eclipse 在启动 Java 程序后执行"main"函数之前中断程序的执行。

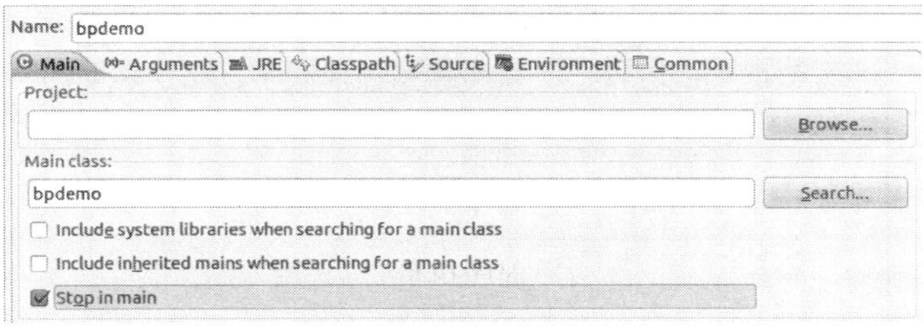

图 12-3　在新调试配置对话框中设置启动的主类型

4）设置了执行的 Java 主类型，还需要告诉 Eclipse 在哪里才可以找到 Java 类型，切换到 "Argument" 标签，由于示例程序没有处理参数，因此本例中 "Program arguments:" 文本框是空的。对于要求命令行参数的 Java 程序，可以在这个文本框中设置 Java 程序的命令行参数；而 "VM arguments:" 文本框则是用来指定启动 Java 程序时，传给 JVM 的参数，本例中也没有使用到，有兴趣的读者可以指定 "-verbose:class" 试试效果。还有，由于被调试程序并不在 Eclipse 的工作区目录下，也不是 Eclipse 中的一个工程，因此这里勾选了 "Other" 单选框，并且设置了 Java 程序的工作目录为其所在的文件夹 "/home/student/workspace/bpdemo"，如图 12-4 所示。

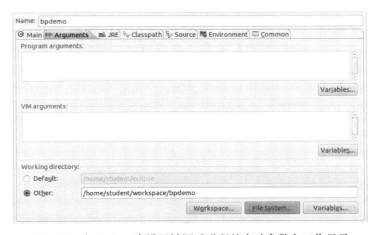

图 12-4　在 Eclipse 中设置被调试进程的启动参数和工作目录

5）由于示例程序比较简单，并没有引用到其他的 .jar 文件或 .class，因此可以跳过 "Classpath" 标签中的设置。如果你的程序需要依赖第三方的 .jar 包，则一定要在 "Classpath" 标签设置好 JVM 的 CLASSPATH 参数。

6）要完成调试器访问 Java 源文件才能实现完整的调试体验，单击 "Source" 标签，在其中单击 "Add" 按钮打开 "Add Source" 对话框，在列表中选择 "File System Directory" 项，并在之后的 "Add File System Directory" 对话框中输入被调试程序源码所在的目录，对于源码结构较复杂的程序，还需要勾选"Search subfolders"复选框，如图 12-5 所示。

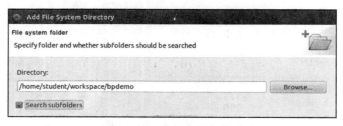

图 12-5　设置 Java 程序的源码路径

单击几次"OK"按钮设置好源码路径，并单击"Apply"按钮保存设置，如图 12-6 所示。

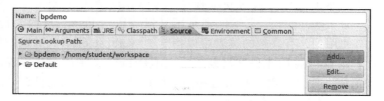

图 12-6　在 Eclipse 中设置好源码路径

7）最后在"Debug Configurations"对话框上单击"Debug"按钮启动程序并执行调试操作，如图 12-7 所示，从图中可以看到，在 Eclipse 中启动程序后，自动将视图切换到"Debug"视图（选中图 12-7 右上角的"Debug"按钮），并依照步骤 3）中的"Stop in main"设置在 main 函数执行之前中断程序的执行，而且在源码上面的"Debug"窗口中（图 12-7 左边的窗口）也列出了当前进程中正在运行的各个线程列表，程序在中断时正在执行的线程"main"、线程的堆栈，中断在哪个函数（bpdemo.main(String[])）、哪行代码（第 16 行）上等信息。

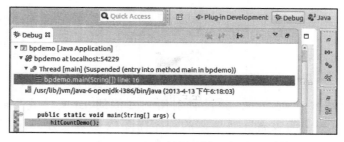

图 12-7　Eclipse 的 Debug 视图

启动调试过程后，可以通过 Eclipse 工具栏上的几个按钮（如图 12-8 所示）控制程序的执行，从左到右分别是"Drop To Frame"、"Use Step Filters"、"Step Return"、"Step

Over"、"Step Into"、"Resume"、"Pause"和"Terminate"。

图 12-8 Eclipse 工具栏中控制程序执行的按钮

表 12-1 列出了最常用的几个按钮的作用,"Drop To Frame"和"Use Step Filters"按钮会在本节的后面的单步调试技巧中讲解。

表 12-1 Eclipse 工具栏上控制程序执行各按钮的作用

按 钮 名 称	说 明
Step Into	单步跟踪调试程序,快捷键是"F5"。告诉 Eclipse 每执行一行代码就中断程序的执行,如果代码中调用了其他函数,则会进入被调用的函数进行单步跟踪调试操作。 在图 12-7 中程序中断在第 16 行,单击"Step Into"按钮会进入 hitCountDemo() 函数中的第一行代码
Step Over	单步调试程序,快捷键是"F6"。每执行一行代码就中断程序的执行,其与 Step Into 按钮不同的地方在于,如果代码中调用了其他函数,其不会进入被调用的函数。 在图 12-7 中程序中断在第 16 行,单击"Step Over"按钮会执行完第 16 行代码并导致程序中断在第 18 行
Step Return	单步跳出调试程序,快捷键是"F7"。当使用"Step Into"按钮进入一个被调用函数执行单步调试时,可以使用这个按钮直接执行完整个函数并单步执行后面的语句。 在图 12-7 中使用"Step Into"按钮进入 hitCountDemo() 函数后,单击"Step Return"按钮会执行完 hitCountDemot 整个函数并导致程序中断在第 18 行
Resume	恢复程序的执行,快捷键是"F8"
Pause	暂停程序的执行
Terminate	中断程序的执行,关闭程序,快捷键是"CTRL + F2"

2. Eclipse 各窗口简介

Eclipse 成功附加到被调试进程之后,最基本的操作就是设置断点了,选择一行代码(如第 20 行),按下 CTRL+SHIFT+B 键,或者右键单击最左边的边栏,选择"Toggle Breakpoint"菜单,如图 12-9 所示。

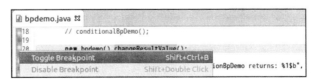

图 12-9 在 Eclipse 中设置断点

🖑 注意

这里和接下来要讲解的调试技巧,有的只能在 Eclipse 中工作区的 Java 工程中使用,而不能在附加调试模式下使用。

设置断点之后,在 Eclipse 的"Breakpoints"窗口中(单击 按钮显示窗口)可以看到刚刚设置的断点，如图 12-10 所示，该窗口中的功能在接下来介绍断点技巧时讲解。

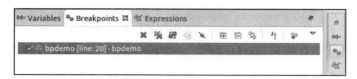

图 12-10　Eclipse 中的断点窗口

程序中断后，"Variables"窗口会显示当前中断函数的局部变量值及全局变量值。除了显示变量值之外，在该窗口中还可以修改变量值，例如，在示例程序的第 32 行设置一个断点，程序中断后，"Variables"窗口显示了当前唯一可以访问到的变量"i"的值，可以直接在列表右边的变量值处修改变量"i"的值，也可以右键单击变量"i"并选择"Change value"菜单修改它的值，如图 12-11 所示。调试器对变量的修改会直接反映到程序中，如将"i"的值修改成 100，恢复程序的执行，就会发现程序只打印一行数字就跳出了循环，这是因为"i"的值已经被修改成不满足循环条件了。

通常"Variables"窗口显示的都是变量的内部结构，如类型内部私有变量的值等，但这种表现方式对于一些内部结构较复杂的变量（如 HashMap）来说，会显示很多不必要的内容，如图 12-12 所示，因此"Variables"窗口提供了叫做逻辑结构（Logical Structure）的功能。单击 这个按钮可以显示逻辑上更有意义的视图，如图 12-13 所示。

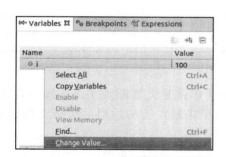

图 12-11　在"Variables"窗口中
修改变量的值

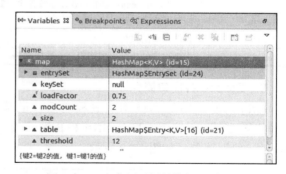

图 12-12　未启用逻辑结构视图时显示
HashMap 的效果

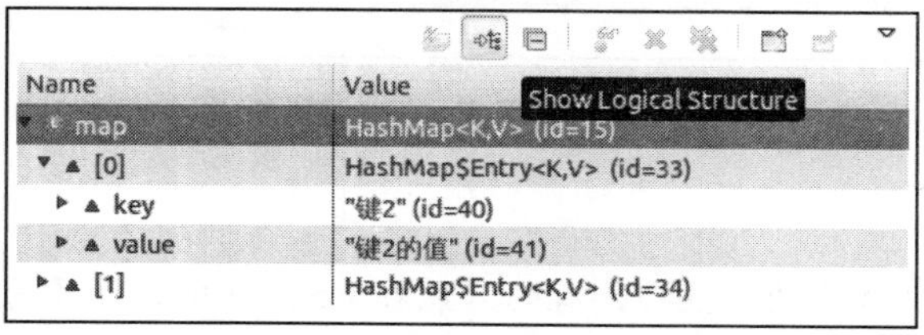

图 12-13　启用逻辑结构视图时显示 HashMap 的效果

对于没有实现逻辑结构视图的类型，"Variables"窗口也提供了其他方法用于自定义显示变量。在默认情况下,"Variables"窗口调用变量的 toString() 函数显示变量,对于没有重载 toString() 函数的对象实例,经常会看到类似" bpdemo.BpDemo@c8f6f8"的显示。可以用"Details Formatter"功能来自定义显示格式,具体操作如下:

1)只需要在"Variables"窗口右键单击要自定义显示的对象,并选择" New Detail Formatter…"菜单,如图 12-14 所示。

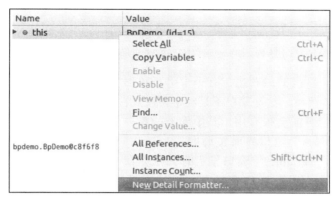

图 12-14　设置"Variables"窗口的自定义显示功能

2)在接下来打开的" Edit Detail Formatter"对话框中输入一个正常的 Java 表达式,如图 12-15 所示。

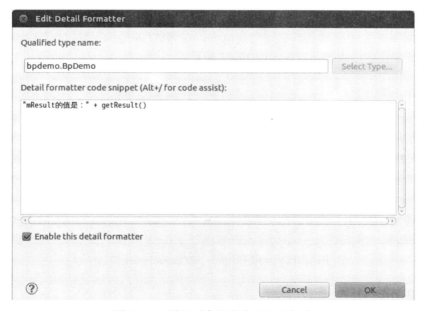

图 12-15　设置对象的自定义显示方式

3)这样"Variables"窗口就会按照新的方式显示对象实例了,如图 12-16 所示。

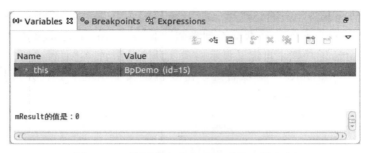

图 12-16 使用自定义方法显示的变量实例

在"Variables"窗口的最右边,有一个倒三角形按钮,其隐藏了一些菜单,这些菜单不是经常使用到,但对于一些读者来说可能会很有用。其中隐藏的菜单分别有设置"Variables"窗口界面布局的"Layout"菜单和设定应该在"Variables"窗口显示的 Java 变量信息的"Java"菜单,如图 12-17 所示。

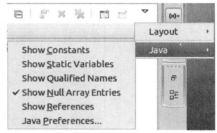

图 12-17 "Variables"窗口的隐藏菜单

而在附加调试过程中,"Expressions"和"Display"窗口都不能使用。而如果是在 Eclipse 的工作区内新建 Java 工程(见本书配套资源中的"chapter12\bpdemo1"工程)并调试程序,在"Expressions"窗口中,可以输入任意一个合法的 Java 语句,这样窗口会显示这条 Java 语句的计算结果,而且每当程序中断时,"Expressions"窗口中的表达式都会重新计算一遍,从而可以将需要关注的变量名放在这个窗口中,在调试的时候通过关注"Expressions"窗口中的变量值变化定位程序错误,如图 12-18 所示。

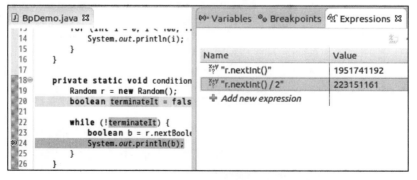

图 12-18 使用 Eclipse 中的 Expressions 窗口

3. Eclipse 断点技巧

设置了断点后,可以设置其触发的条件,比如可以设置在一个条件满足了之后再触发断点中断程序执行,也可以设置断点在触发了几次之后才中断程序的执行。例如,在示例程序"bpdemo"的第 32 行设置断点,并在"Breakpoints"窗口中,右键单击新设置的断点并选择"Breakpoint Properties"菜单。

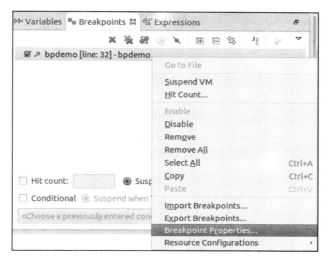

图 12-19　设置断点的触发条件

在接下来打开的断点属性窗口中勾选"Hit count:"复选框并设置中断程序执行的断点触发次数，如图 12-20 所示，设置了只有断点触发了 10 次才中断程序的执行。

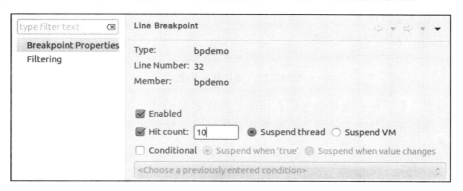

图 12-20　设置断点的触发次数

而如果在断点属性窗口中勾选了"Conditional"复选框，则可以指明一段返回布尔值的 Java 代码，只有在这段代码返回 true 的时候才中断程序的执行。可以利用这个特性做很多有用的操作，如记录日志甚至是修改变量本身。

但是"Conditional"复选框不能在附加调试模式下使用，只能在 Eclipse 工作区内的项目中使用。在示例工程"bpdemo1"中的"BpDemo.java"的第 17 行上设置断点，并将断点的属性设置为如图 12-21 所示。中文本框中表达式的意思是，如果 i 是偶数，那么除了打印一条日志消息之外，还要将 i 的值设置为原来的 2 倍，并且通过"return true"语句中断程序的执行，如果 i 是奇数，就不中断程序的执行，执行结果如图 12-22 所示。

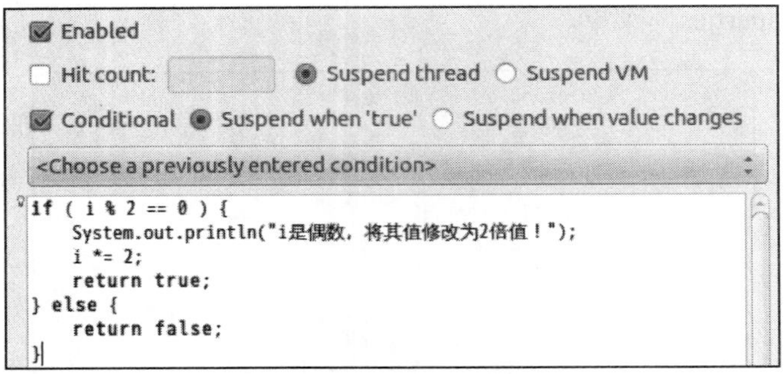

图 12-21　设置触发断点的条件

图 12-22　条件断点的效果

在断点窗口中，可以通过勾选断点前面的复选框来暂时启用或禁用断点，也可以通过窗口工具栏上的按钮删除选定或者全部的断点，还可以直接设置断点的触发条件和次数等，如图 12-23 所示。

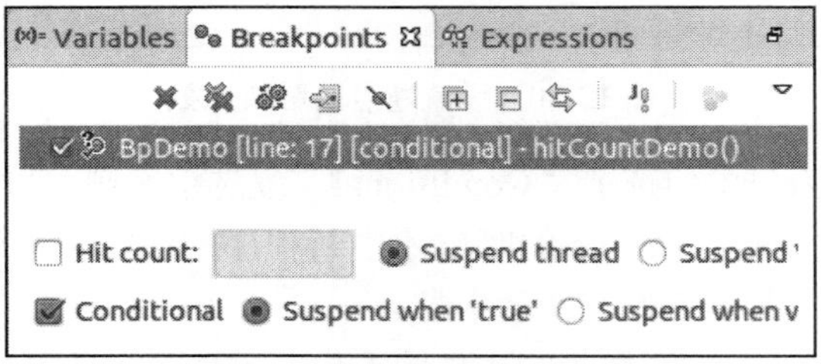

图 12-23　在断点窗口中管理断点

除了在代码行上设置断点，Eclipse 还支持函数断点、监视断点、异常断点和类型加载断点，而且实际上 Eclipse 的"Breakpoints"对话框为不同类型的断点显示不同的图标，以便区分。函数断点可以在函数执行和退出之前中断程序执行，当断点设置的代码行是函数声明的那一行时，Eclipse 会自动将其设置为函数断点。例如，在"bpdemo.java"的第 36 行设置断点，并打开断点的属性对话框，会看到其中有"Entry"和"Exit"两个复选框。默认"Entry"复选框是勾中的，表明在进入函数时会中断程序的执行。如果选中"Exit"复选框，则在函数退出之前也会中断程序执行，这个功能在函数有多个退出路径的时候非常有用。函数对话框的属性设置界面如图 12-24 所示。

图 12-24　函数断点的设置界面

如果在实例变量的定义上设置断点，Eclipse 默认会将其设置为监视断点，例如在"bpdemo.java"的第 4 行设置断点并打开断点属性对话框，会显示"Access"和"Modification"复选框。默认情况下两个复选框都是勾选的，表明只要程序在访问或修改这个变量，就会中断程序的执行。可以视情况勾掉其中一个复选框。监视断点的设置界面如图 12-25 所示。

图 12-25　监视断点的设置界面

在通常情况下，只有程序出现未处理异常时，才会跳回到调试器，供程序员检查问题，但有些时候，我们感兴趣的异常可能已经在堆栈的某个地方被捕捉并且处理掉了，这个时候可以设置异常断点，只要程序内部有我们感兴趣的异常发生，无论其是否被处理，都中断程序的执行，并且在源码中显示抛出异常的地方。要设置 Java 异常断点，可执行以下操作：

1）在 Eclipse 中依次单击"Run"、"Add Java Exception Breakpoint…"。

2）在接下来打开的"Add Java Exception Breakpoint"对话框中输入要监视的异常类型（必须是包含包名的全名），并单击"OK"按钮，如图 12-26 所示。

3）最后在程序执行时，一旦有我们设定的异常抛出时，Eclipse 就会自动中断程序的执行，运行结果如图 12-27 所示，进程中断在主线程"main"的 buggyMethod 函数中，而中断的原因是因为有异常发生（exception IllegalStateException）。

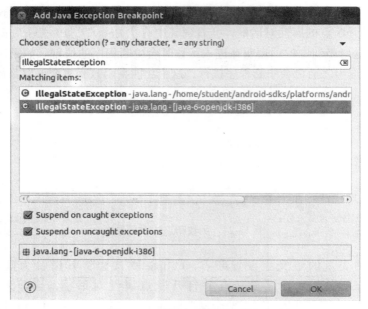

图 12-26　设置 Java 异常断点

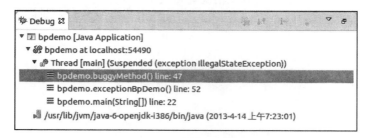

图 12-27　异常断点触发中断程序的执行

> **注意**
>
> 在图 12-26 中，Add Java Exception Breakpoint 对话框中出现了两个 IllegalStateException，这是因为笔者的机器上同时安装有 Android SDK 和 JDK，而两个 SDK 中都定义了 IllegalStateException 这个异常。读者在实践中一定要选中正确 SDK 版本中的异常，例如在调试 JDK 程序时，应该选中 JDK 版本中的 IllegalStateException 异常。

与异常断点相似，类型加载断点可以在 JVM 第一次加载我们指定的类型时，中断程序的执行。设置类型加载断点的方法如下：

1）依次单击 Eclipse 菜单中的"Run"、"Add Class Load Breakpoint…"选项。

2）在接下来打开的"Add Class Load Breakpoint"对话框中设置要监视的类型全名，如图 12-28 所示。

3）之后在程序第一次加载类型"ClbDemoClass"时就会中断程序的执行，如图 12-29

所示，进程中断在主线程的 classLoadBpDemo 函数上，而中断原因是当前进程在试图加载类型 ClbDemoClass（Class load: ClbDemoClass）。

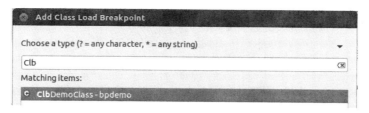

图 12-28　设置类型加载监视断点

4. 单步调试技巧

如果在程序中使用到其他类型的框架，如 JDK 中的类型，在单步跟踪调试时，经常会步入这些框架的代码之中，用 Eclipse 的"Step Filter"功能可以避免这种情况，从而将调试注意力放在自己的代码上。要启用"Step Filter"功能，可执行以下操作：

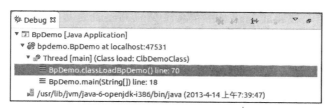

图 12-29　程序在类型加载时中断

1）依次单击 Eclipse 菜单中的"Window"、"Preferences"、"Java"、"Debug" 和"Step Filter"菜单，打开"Step Filter"设置界面。

2）在其中勾选在单步跟踪调试时需要跳过的包名，如勾选"java.*"表示在单步跟入调试时，不要步入任何以"java."开头的包名中类型的代码。另外，"Step Filter"设置界面也允许在单步跟踪调试时跳过 Java 类型的构造函数，getter/setter 方法等，参见图 12-30。

Eclipse 还支持在调试时从当前线程堆栈的任意函数处开始重新执行代码，这是一个很有用的功能，比如，在调试程序时触发了异常断点之后，想查看堆栈之前的函数是经过怎样的代码路径才触发该异常，这时就可以使用该功能将堆栈最上面的几个函数去掉，从堆栈下面的函数重新开始执行程序，如图 12-31 所示。

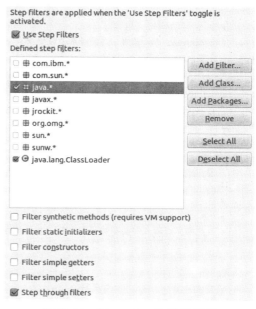

图 12-30　"Step Filter"设置界面

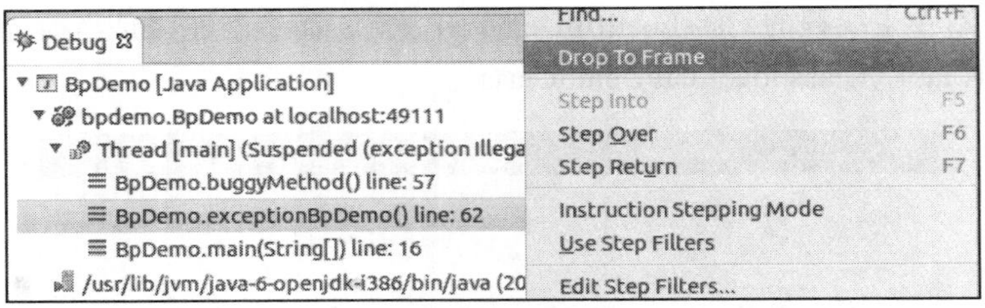

图 12-31　在堆栈中使用"Drop To Frame"从任意函数开始重新执行代码

12.1.2　使用 JDB 调试

除了可以使用 Eclipse 调试 Java 程序之外，也可以使用 JDK 自带的一个命令行的调试器 JDB。其支持直接启动被调试的 Java 程序，也支持附加到一个正在运行的 Java 程序上，还支持远程调试模式。还是以 12.1.1 小节中的示例程序"bpdemo"为例来介绍使用 JDB 调试程序的方法。

首先来看直接启动被调试 Java 程序的做法，与 Java 命令类似，JDB 启动 Java 程序最简单的方法就是传入 Java 程序的主类型，如代码清单 12-1（其中使用类 bash 注释的方式批注命令）所示。

代码清单 12-1　JDB 常用调试命令

```
# 直接输入 Java 程序的主类型即可启动 JDB 调试
#
student@student:~/workspace/bpdemo$ jdb bpdemo
正在初始化 jdb...
#
# 在 bpdemo.java 的 main 函数处设置断点，这里"stop in"命令类似于 Eclipse 中的函数断点，其格
#   式如下：
#   stop in < 类 ID>.< 方法 >[( 参数类型 ,...)]
# 其中，为了区分重载的函数，可以在设置断点的函数处指定参数列表
#
# 如果要设置类似 Eclipse 的代码行断点，则可以使用"stop at"命令，其格式如下：
#   stop at < 类 ID>:<行 >
#
>stop in bpdemo.main
正在延迟断点 bpdemo.main。
将在装入类之后对其进行设置。
#
#JDB 启动程序后，默认会中断程序的执行，这样我们才有机会设置断点以实现在将来某个时刻中断程序的执行。
# 因此在完成断点和必要的设置之后，首先要运行的命令就是"run"，以启动程序的执行
#
>run
运行 bpdemo
设置未捕捉到 java.lang.Throwable
设置延迟的未捕捉到 java.lang.Throwable
>
```

```
VM 已启动：设置延迟的断点 bpdemo.main
#
# 现在进程中断在主线程的"bpdemo.main"函数上，即刚开始设置的断点处
#
断点命中："thread=main", bpdemo.main(), line=16 bci=0
#
# 由于是在 Java 程序和其源码在相同的目录下，因此 JDB 直接就通过嵌套在 Java 程序中的符号文件
# 找到其源码，并自动执行源码与程序内存代码区地址映射的操作，当断点触发时，显示源码
#
16              hitCountDemo();
#
# "where"命令用来查看当前线程的堆栈，其中命令提示符的前缀"main[1]"指明了当前的线程名
#
main[1] where
  [1] bpdemo.main (bpdemo.java: 16)
#
# "locals"命令用来查看当前线程最上层函数（这里是"main"函数）的局部变量和参数信息
# 源码中 main 函数没有定义局部变量，也没有接受任何参数，因此下面只显示了参数列表及其值
#
main[1] locals
方法参数：
args = instance of java.lang.String[0] (id=357)
局部变量：
#
# "catch"命令用来设置异常断点，只需要输入要监视的异常的类型全名即可
#
>catch java.lang.IllegalStateException
正在延迟所有 java.lang.IllegalStateException。
将在装入类之后对其进行设置。
#
# "watch"命令相当于 Eclipse 中的监视断点，用来监视对变量的访问和修改。其接受两个参数：
# 第一个参数"all"表示同时监视对变量的访问和修改，如果其值为"access"，那么就只监视对变量的访问；
# 第二个参数就是要监视修改的变量，需要指定全名
#
>watch all bpdemo.mResult
正在延迟监视 bpdemo.mResult 的访问。
将在装入类之后对其进行设置。
正在延迟监视 bpdemo.mResult 的修改。
将在装入类之后对其进行设置。
#
#"cont"命令相当于 Eclipse 中的恢复执行，其与"run"命令的区别在于，"run"命令用来启动一个进程，
# 而"cont"命令只是恢复一个暂停的进程的执行
#
>cont
#
# 触发了监视断点，因为进程中有代码修改了实例变量"mResult"的值
#
字段 (bpdemo.mResult) 为 0, 将 0: "thread=main", bpdemo.<init>(), line=4 bci=6
4        private int mResult = 0;
```

```
#
# "print"命令类似于Eclipse中的"Variables"窗口，打印某个具体变量的值
#
main[1] print mResult
 mResult = 0
#
# "eval"命令类似于Eclipse中的"Expressions"窗口，计算并显示某个合法java表达式的值
#
main[1] eval mResult + 2
 mResult + 2 = 2
#
# 当程序中断执行后，都可以使用"where"命令查看堆栈信息
#
main[1] where
  [1] bpdemo.<init> (bpdemo.java: 4)
  [2] bpdemo.main (bpdemo.java: 20)
#
# 忽略其他重复的命令及其输出
......
main[1] cont
#
# 触发了异常断点，与Eclipse类似，JDB也可以在异常抛出的时候中断程序的执行，并显示抛出
# 异常的代码行
#
> 设置延迟的所有 java.lang.IllegalStateException

出现异常: java.lang.IllegalStateException（在 bpdemo.exceptionBpDemo(), line=54
bci=5 被捕捉）"thread=main", bpdemo.buggyMethod(), line=47 bci=7
  47              throw new IllegalStateException();
#
# "step up"命令类似于Eclipse中的"step return"命令，执行完当前函数并在函数退出时中断程序
#
main[1] step up
>
已完成步骤: "thread=main", bpdemo.exceptionBpDemo(), line=55 bci=6
  55              return false;
#
# "exit"命令退出JDB交互对话框
#
main[1] exit
```

12.1.3 设置 Java 远程调试

为了同时支持调试本机和远程 Java 程序，JVM 的调试架构（Java Platform Debugger Architecture，JPDA）采取了多层架构来适应多种调试场景。JPDA 的组成如图 12-32 所示。

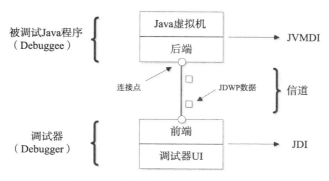

图 12-32　Java 虚拟机调试架构示意图

- 后端（back-end），简单来说，它就代表了被调试的 Java 程序，负责在调试器的前端和被调试的 Java 程序之间传递信息。后端和前端采用 JDWP 协议通过信道（communications channel）沟通。后端与待调试 Java 程序内部的 JVM 之间通过 JVMDI 接口通信，如果调试方面的辅助代码使用 Java 实现，很有可能和被调试的 Java 代码之间产生竞争，导致一些不可控的问题，因此后端和 JVMDI 全部采用 C/C++ 等原生代码实现。
- JVM 调试接口（JVM Debug Interface，JVMDI），该接口定义了一个 Java 虚拟机为了支持调试 Java 程序必须要提供的功能，在 Java 4 及之前的 Java 版本中，其被称为 Java 工具接口（JVM Tool Interface，JVMTI）。
- Java 调试接口（Java Debug Interface，JDI），定义了调试器要支持远程调试必须实现的接口，它是一个 Java 接口，Eclipse 和 JDB 等调试器都实现了它。
- Java 调试传输协议（Java Debug Wire Protocol，JDWP），定义了在调试器前端与被调试的 Java 程序之间传输调试信息的数据格式的协议，然而其并没有定义数据的传输方式（如套接字、共享内存等机制）。
- 前端（front-end），是调试器实现了 JDI 接口的那部分组件，可以将其看成调试器。
- 信道，用于前端和后端通信。信道包括两部分：传输机制（transport）和连接点（connectors），其中传输机制顾名思义是在前后两端传输数据的机制。通常可选的信道实现方式有：网络套接字、数据线和共享内存。虽然一般不会指定传输机制，但是在其上传输的数据由 JDWP 协议规定。连接点则是一个 JDI 对象，定义了前后两端连接的方式。JPDA 中定义了三种连接点。
  - 监听连接点（listening connectors）：前端监听来自后端的连接请求，该方式类似于将调试器当做一个服务器，而远程的 Java 程序启动后，会以客户端的方式向调试器发送调试请求。虽然这种方式粗看起来有点违反直觉，因为大部分情况下，都是在 Eclipse 这样的调试器中启动被调试进程，然而在分布式系统中，这种方式会很有用，程序员就没有必要知道被调试程序是运行在哪台机器上，只需要在一台固定的开发机器上启动调试器，等待被调试程序主动连接即可。

- 附加连接点（attaching connectors）：前端附加到一个正在运行的后端，该方式类似将被调试程序当做服务器，而调试器采用客户端的方式向被调试程序发送调试请求。
- 启动连接点（launching connectors）：前端启动被调试的 Java 进程，该进程中包含了要运行的 Java 代码以及后端。

而当前 JVM 普遍支持采用套接字传输机制的附加（Socket-attaching connector）和监听连接点（Socket-listening connector），采用共享内存机制的附加（Shared-memory attaching connector）和监听连接点（Shared-memory listening connector），以及命令行启动连接点（Command-line launching connector）。

1. 设置调试器附加连接点方式的远程调试模式

在这种模式下，调试器是远程调试的客户端，而被调试 Java 程序则相当于服务器端，因此首先启动被调试的 Java 程序并打开调试支持，这样才能连接上远程调试器（这里和下面设置调试器监听连接点方式的远程调试模式时都采用 12.1.1 节中的示例程序）：

```
$ java -Xdebug -Xrunjdwp:transport=dt_socket,server=y,address=12345 bpdemo
```

上面的命令和平时启动 Java 程序的略有不同，主要是添加了两个与调试，特别是远程调试相关的参数。

- -Xdebug：这个参数告诉 JVM 启动调试方面的支持。
- -Xrunjdwp：该参数用来加载 JVM 中指定的 JDWP 实现，即指明 JDWP 数据包的传输机制和连接点设置，这些设置通过 runjdwp 的子选项设置，各子选项使用逗号分隔（中间不要有空格，每个子选项都通过键值对的形式设置）。
  - transport：指明传输机制，一般都采用网络套接字模式（dt_socket），共享内存的方式读者可自行参考 JDPA 的说明文档：http://docs.oracle.com/javase/1.5.0/docs/guide/jpda/conninv.html#jdwpoptions。
  - server：指明被调试程序在远程调试过程中的角色，如果值是"y"，则其作为服务器模式出现，等待远程调试器附加过来。
  - address：当被调试 Java 进程充当服务器的角色时，这个值就是监听的端口号，在本示例中，监听的端口号是 12345，远程调试器可以通过指定机器名和端口号连接上来。
  - suspend：如果这个选项的值为"y"，表示告诉 JVM 在启动 Java 进程后先中断 Java 进程的执行，以便调试器连上来后，可以做一些调试设置，再恢复进程的执行。

前面的命令执行完毕后，"bpdemo"进程会暂停执行，等待调试器的连接，如图 12-33 所示。

```
student@student:~/workspace/bpdemo$ java -Xdebug -Xrunjdwp:transport=dt_socket,s
erver=y,address=12345 bpdemo
Listening for transport dt_socket at address: 12345
```

图 12-33　将 Java 进程以调试服务器的角色启动

注意

在 Java 5 之后，可以使用"-agentlib:jdwp"参数代替"-Xdebug"和"-Xrunjdwp"参数，其用法与"-Xrunjdwp"类似。

在 JDB 中，使用命令将调试器以客户端的方式连接上远程 Java 进程，其中"-attach"方式说明调试器是以附加的方式连接到远程进程的，而"localhost:12345"参数则指明了远程进程所在的机器名和端口号：

```
$ jdb -attach localhost:12345
```

在 JDB 中使用"-attach"参数调试远程进程是最方便的方式，然而 JDB 也提供了"-connect"参数，以支持任意的连接点方式。如果前面的命令使用"-connect"参数，则应该写成下面这样，其中"com.sun.jdi.SocketAttach"表明远程调试使用的是套接字连接点。

```
$ jdb -connect com.sun.jdi.SocketAttach:hostname=localhost,port=12345
```

而在 Eclipse 中，调试远程进程的方式与 JDB 类似，具体过程如下：

1）依次单击 Eclipse 菜单栏中的"Run"、"Debug Configurations"菜单。

2）在弹出的"Debug Configurations"对话框中，右键单击左边的列表中"Remote Java Application"，并选择"New"，如图 12-34 所示。

3）在新建的"Remote Java Application"调试设置的"Connect"页签中，设置"Connect Type"为"Standard(Socket Attach)"，表明是附加调试模式；并且在"Connection Properties"中设置远程进程的主机名和端口号；最后可以勾选"Allow termination of remote VM"，选中表明允许 Eclipse 结束远程进程。最终的设置如图 12-35 所示。

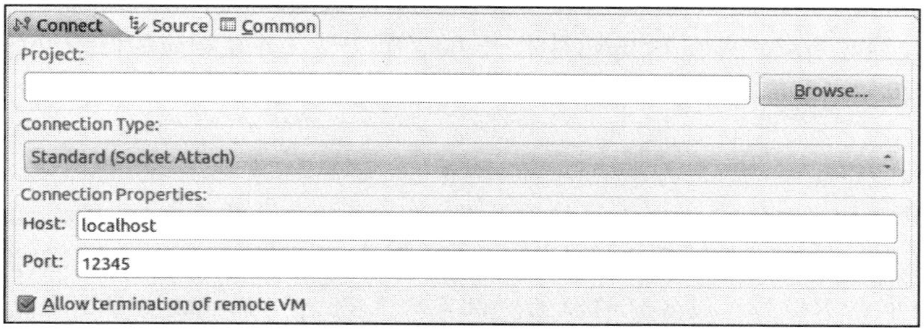

图 12-34　在 Eclipse 中新建远程调试选项

图 12-35　在 Eclipse 中设置 Java 远程调试的选项

4）单击"Source"页签，设置好远程进程的源码路径。

5）保存设置就可以开始调试远程 Java 进程了。

2．设置调试器监听连接点方式的远程调试模式

与附加模式相反，监听模式将调试器设置为服务器，而被调试的 Java 进程则主动连接到调试器上执行调试。在这种模式下，首先将调试器启动成调试服务器。如下是设置 JDB 的命令 – 监听本机的 12345 端口：

```
$ jdb -listen 12345
```

在启动远程 Java 进程时，将"runjdwp"参数的"server"子选项设置为"false"，并且指定"address"子选项的地址为调试器所在的服务器名和端口号：

```
$ java -Xdebug -Xrunjdwp:transport=dt_socket,server=n,address=localhost:12345 bpdemo
```

程序启动并连接到 JDB 服务器之后，JDB 首先会中断进程的执行，以便我们有机会做一些调试方面的设置并开始执行调试操作。

在 Eclipse 中，也可以将 Eclipse 设置为调试服务器，具体操作如下：

1）打开"Debug Configurations"窗口，并新建一个"Remote Java Application"的调试设置。

2）在"Connect"页签中，设置"Connection Type"下拉框的选项为"Standard (Socket Listen)"，并设置好端口号，如图 12-36 所示。

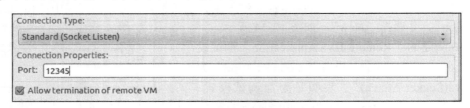

图 12-36　将 Eclipse 设置为调试服务器

3）在"Source"页签中设置好 Java 源程序的路径。

4）与 JDB 不同的是，Eclipse 不会在远程 Java 进程连接上来时，中断进程的执行，因此最好事先设置好断点，即在 Eclipse 中打开 Java 源文件，并在相应的位置设置断点。

5）最后再使用前面的命令启动远程 Java 进程，开始调试。

注意

如果没有打开被调试的 Java 进程的源 Eclipse 工程，在设置断点后，Eclipse 并不会有任何视觉上的反馈，例如，即使在代码的最左边显示一个小圆圈表示断点已经设置好了，而在"断点"窗口中也不会显示设置好的断点。但实际上 Eclipse 已经设置了断点，启动 Java 进程后就可以看到效果。

12.1.4　调试器原理简介

调试的工作需要由调试器、操作系统以及 CPU 等硬件紧密配合才能实现，如图 12-37 所示。

正在运行的进程对于 CPU 来说只是一段内存区域，不过这块区域分成了两大块：其中一块内存是代码区，包含了可以执行的指令，CPU 依次执行代码区中的指令集；而另一块区域是数据区，包含了指令区可以操控的数据，如进程的全局变量等。在调试排错的过程中，为了调查错误发生的原因，需要逐步检查进程在不同时间处理不同数据的状态，而这只有在进程处于中断执行的状态时才有可能实现。一般来说，不同的 CPU 都提供了相应的机制允许中断程序的执行。虽然 Android 设备采用多种 CPU，本节通过 x86 系列 CPU 概要讲解调试器的实现原理，其他 CPU 的实现原理大致与其类似。

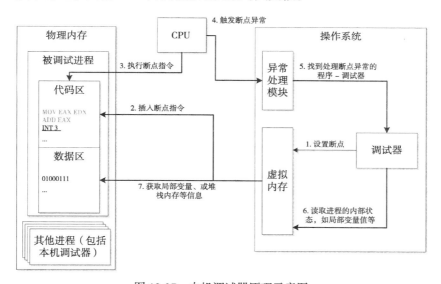

图 12-37　本机调试器原理示意图

一般来说，调试器（debugger）和被调试进程（debuggee）在操作系统中属于两个不同的进程，因此调试器无法直接读写被调试进程的内存，而需要通过操作系统的虚拟内存模块来间接读写。在将调试器附加（attach）到被调试进程上之后，一个完整的调试流程背后的调试器、操作系统和硬件之间的协同如下：

1）程序员在调试器中打开程序源码，在某一行代码上设定断点，此时调试器将设置了断点的代码行（如 bpdemo.c:11）翻译成该行代码在进程代码区域的内存地址（如 0x12345678）。

2）调试器获得的内存地址（如 0x12345678）是针对被调试进程才有意义的虚拟内存地址。要设置断点，调试器必须通过操作系统的虚拟内存模块将虚拟内存地址翻译成物理内存地址，才能在正确的地方插入断点指令"int 3"（在 x86 系列 CPU 上是这个指令，在 ARM

系列 CPU 上是其他指令）。

3）设置完断点后，程序员恢复进程的执行，之后 CPU 依次执行进程代码区域内的指令。

4）在 CPU 执行到断点指令时，会触发一个断点异常。断点异常与普通的程序异常类似，CPU 在执行指令时碰到异常时，都会中断程序的执行，并将进程的控制权交给操作系统的异常处理模块处理。

5）操作系统的异常处理模块发现当前触发的异常是一个断点异常后，会找到系统中当前正在运行的调试器，并将进程的控制权交给调试器，这个时候调试器就可以检查进程中的各种状态（如堆栈或者变量值等）。

6）为了显示进程的当前状态，调试器还需要执行一个翻译操作。以查看变量值为例，源码中的变量"i"在编译之后，在进程中只是一个内存地址；在编译过程中，编译器会将变量名和内存地址的映射关系保存在符号文件（Symbol File）中，供调试器使用，这样当程序员在调试器中输入"i"这个变量名的时候，调试器通过符号文件将变量名翻译成进程中的内存地址（依然是虚拟内存地址）。

7）最后调试器通过操作系统的虚拟内存模块读写变量名对应的进程内存，达到查看或修改进程状态的目的。

对于采用 C/C++ 等编程语言编写的原生程序，调试过程通常是上面讲解的 7 个步骤。然而，Java 源程序实际上会被编译成 JVM 才能理解的字节码，因此在调试 Java 程序的过程中，前面 7 个步骤只涵盖 JVM 将字节码翻译成机器码执行的过程中添加的对调试的支持。而为了实现前面步骤 1）～ 6）中提到的翻译过程，即将内存中的地址翻译成 Java 源文件的代码行号和变量名的过程，需要经过由 JVM 将内存地址翻译成在字节码中对应的地址和变量，这一步通常由 JVMDI 中的接口处理，然后再由调试器完成将代码地址和变量从字节码到源码的映射，而这一步映射又往往需要编译器在编译源码时，显式保存源码到字节码的映射关系。

因此在阅读 12.1.1 节时，如果使用"javac"命令编译示例代码，细心的读者会注意到其命令行多出了一个"-g"参数，这个参数是用来启用编译器执行在 .class 文件中保存源码到字节码映射关系的。这个选项一般只在生成调试版程序时使用，以避免排错；在 Java 程序发布阶段，这些映射关系对于最终用户来说是没有任何作用的，而且会增加最终 Java 程序的文件大小，并对程序的执行性能有些影响，这是由于为了保证字节码到源码的一一对应关系，编译器将不得不放弃生成一些性能更优的字节码。

12.2 查看 Android 的 logcat 日志

Android 系统在运行时会产生很多日志，以方便开发人员调试。logcat 日志是保存在系统内存中的，从系统启动后就将系统各模块和各应用输出的日志统一放在内存中的一个环状队列中。将日志保存在内存中，确保了日志功能不会影响应用的速度，而环状队列是避免日志无限增长。可以使用"adb logcat"查看这个内存中的日志，如图 12-38 所示。

```
student@student:~$ adb -e logcat | more
I/DEBUG   (   31): debuggerd: Jun 30 2010 13:59:20
D/qemud   (   38): entering main loop
I/Netd    (   30): Netd 1.0 starting
I/Vold    (   29): Vold 2.1 (the revenge) firing up
D/Vold    (   29): Volume sdcard state changing -1 (Initializing) -> 0 (No-Media
)
D/Vold    (   29): Volume sdcard state changing 0 (No-Media) -> 1 (Idle-Unmounte
d)
```

图 12-38　运行 logcat

在应用中甚至是测试用例中可以用 Log 类中的方法输出 logcat 日志。下面是几个常用的日志函数：

❏ v(String, String)，记录冗余级别的日志。
❏ d(String, String)，记录调试级别的日志
❏ i(String, String)，记录信息级别的日志。
❏ w(String, String)，记录运行警告级别日志。
❏ e(String, String)，记录运行错误级别日志。

例如，在应用中添加下面的日志代码：

```
Log.i("logdemo", "应用已经启动了！")
```

在 logcat 中就可以看到这样的输出：

```
I/logdemo (   344): 应用已经启动了！
```

12.2.1　过滤 logcat 日志

因为日志的详细级别以及作用不尽相同，例如，当应用中发生未处理异常时，即在最上层函数中通过 try … catch (Exception e) 的方式捕捉的所有未知异常时，一般来说都会在 catch 块中使用错误级别将这次未处理异常保存在日志中；而有的日志信息可能只是在程序员调试应用时有用，对最终用户甚至测试人员都没什么用，这样的信息会以调试级别将信息记录在日志中，所以 logcat 提供了多种方式供我们过滤出自己感兴趣的日志。

每一条 Android 日志都带有一个标签（tag）和优先级（priority），标签和优先级以"<优先级 >/< 标签 >"的格式出现在每条日志的第一列，其中：

❏ 标签是一个简短的字符串，用于标识日志的来源，如带有"View"标签的消息就是由系统的 UI 子模块记录的日志。
❏ 优先级是下面其中一个字母：
  ○ V，即 Verbose，冗余级别，优先级最低。
  ○ D，即 Debug，调试级别。
  ○ I，即 Information，信息级别。
  ○ W，即 Warning，警告级别。

- E,即 Error,错误级别。
- F,即 Fatal,严重错误级别。
- S,即 Slient,最高优先级,主要用在过滤上,启用了这个优先级,就不会打印任何东西。

例如,下面日志第一列的"D/dalvikvm"表明该日志消息的优先级是调试级别"D",而标签"dalvikvm"表明消息由 dalvikvm 虚拟机记录:

```
D/dalvikvm( 249): GC_FOR_MALLOC freed 3282 objects / 201144 bytes in 315ms
```

在调试应用时,可以使用格式为"<标签>:<优先级>"的过滤条件去除很多不相关的日志。其中"标签"条件告诉 logcat 只输出具有指定标签的日志,而"<优先级>"条件则告诉 logcat 要输出日志的最低优先级。可以在 logcat 命令行中同时指定多个过滤条件,每个条件使用空格分隔即可。下面的命令只输出标签为"ActivityManager"、优先级高于"信息"级别,标签为"dalvikvm",优先级高于"调试"级别的消息,最后的" *:S"过滤条件将具有其他标签的日志消息全部屏蔽。

```
$ adb -e logcat ActivityManager:I dalvikvm:D *:S
```

将过滤条件的标签置为" * "表示匹配任意标签。例如,下面的命令过滤出优先级高于"警告"级别的所有消息:

```
$ adb -e logcat *:W
```

12.2.2 查看其他 logcat 内存日志

Android 系统在运行时同时维护几个环状日志队列:
- radio,与无线电(如收音机和电话)相关的环状日志队列。
- events,与事件相关的环状日志队列。
- main,默认的系统主环状日志队列。

可以使用 logcat 的"-b"选项来查看其他几个环状日志队列,用法是:

```
$ adb logcat -b <队列名>
```

下面的命令就是可以查看"radio"环状队列中的日志:

```
$ adb logcat -b radio
```

12.3 Android 调试桥接

前面很多地方我们都用到了 adb 命令,其实大部分 PC 开发机与 Android 设备的操作都是通过 Android 调试桥接(android debug bridge,adb)技术完成的,这是一个客户端/服务器架构的命令行工具,主要由三个部分组成,如图 12-39 所示。

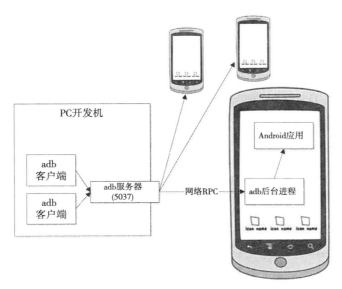

图 12-39　adb 架构

- 运行在 PC 开发机上的命令行客户端：可以通过它安装、卸载并调试应用，其他的 Android 开发工具如 Eclipse ADT 插件和 DDMS 也复用它提供的功能与 Android 设备交互。
- 运行在 PC 开发机上的服务器：它管理客户端到 Android 设备上 adb 后台进程的链接。
- 运行在 Android 设备上的在后台执行的 adb 后台进程。

当我们执行 adb 客户端时，其首先会检查 adb 服务器是否已启动了，如果没有启动，它会自动启动 adb 服务器。adb 服务器启动后，会执行下面几个操作：

1）绑定到本机的 5037 TCP 端口以接受客户端的连接请求。

2）枚举连接到 PC 开发机上的 Android 设备和正在运行的 Android 模拟器。adb 依次扫描开发机上范围在 5555～5585 之间的奇数端口号，Android 设备和模拟器默认使用这个范围的端口号，每个设备都会有监听两个端口，偶数端口号是用来处理命令行连接的，而奇数端口号则是用来处理 adb 连接。如果 adb 服务器发现对面端口是一个 adb 后台进程，其就连接到对应的端口号上。

注意

在 Android 4.2.2 之后，当连接到设备的时候，系统会弹出一个对话框询问是否接受一个 RSA 密钥以便使用当前的机器调试。这样做的目的是出于安全考虑，以保证只有通过物理接触到设备的人员才能在设备上进行调试，与之对应的，只有 SDK r16.0.1 之后的 adb 工具才能与 Android 4.2.2 之上的设备交互。

12.3.1 adb 命令参考

因为 adb 可以同时管理多个 Android 设备，因此 adb 命令的一般形式是：

```
$ adb [-e | -d | -s <设备序列号>] <子命令>
```

如果当前开发机上只运行有一个模拟器实例，或只有一台 Android 设备连接，可以省略中间的"-e"、"-d"和"-s"等选项。如果开发机上同时运行有多个模拟器或有多台设备连接时，就需要使用"-s"选项区分要执行 adb 子命令的模拟器实例或设备，"-s"选项所需要的设备序列号可以通过"adb devices"命令获得。而如果开发机上同时有一个模拟器实例和一台 Android 设备连接时，"-e"选项表示在模拟器上运行 adb 子命令，"-d"选项就表示在设备上运行。

可用的 adb 子命令说明如表 12-2 所示。

表 12-2　adb 子命令参考

子　命　令	说　　明
devices	列出所有运行的 Android 模拟器实例和正在连接的 Android 设备
logcat	打印 Android 系统的日志
bugreport	打印 dumpsys、dumpstate 和 logcat 的输出，用在错误报告上作为附件辅助开发人员事后分析
jdwp	打印指定设备上的 JDWP 进程
install	把一个 .apk 文件安装到指定的设备
uninstall	从指定的设备上卸载一个应用
pull	将 Android 设备上的文件复制到本地开发机
push	将本地开发机上的文件复制到 Android 设备上
forward	将本地套接字连接转发到指定设备的端口，可以是套接字端口，也可以是其他端口
ppp	通过 USB 执行 PPP
get-serialno	打印设备的序列号
get-state	打印设备的状态
wait-for-device	在设备可用之后再执行命令
start-server	启动 adb 服务器进程
kill-server	结束 adb 服务器进程
shell	打开指定 Android 设备的 shell，以执行 shell 命令

1. 列出所有连接到开发机的设备

当开发机上连接有多台设备，或者运行有多个模拟器实例时，最好是先用"adb devices"看看设备和实例的摘要信息，如图 12-40 所示（从第一行中也可以看到，adb 客户端会自动启动 adb 服务器）。

针对每一个 Android 设备，"adb devices"命令会打印如下信息：

❑ 序列号（Serial Number）是 adb 生成的用来唯一标识一个模拟器实例或 Android 设备的字符串，通常序列号的格式是"<设备类型>-<端口号>"，如图 12-40 中的

"emulator-5554"就是正在监听 5554 端口的模拟器实例，而"i50906d210fe0"则是连接到开发机的 Android 设备的序列号。

```
student@student:~$ adb devices
* daemon not running. starting it now on port 5037 *
* daemon started successfully *
List of devices attached
emulator-5554    device
i50906d210fe0    device
```

图 12-40　使用 adb devices 列出连接到系统的设备

❏ 状态（State），即设备的链接状态。
  ❍ offline，说明设备没有链接到 adb 服务器，或者因为某种原因没有响应（如正在重启）。
  ❍ device，设备已经链接到 adb 服务器上。这个状态并不代表 Android 系统已经启动完毕并可以执行操作，因为 Android 系统在启动时会先连接到 adb 服务器上。但 Android 系统启动完成后，设备和模拟器通常是这个状态。
  ❍ no device，说明当前没有连接任何设备。

2. 使用 adb 安装和卸载应用

执行 adb install 子命令，并指定要安装应用的 .apk 文件在开发机上的路径，就可以将应用安装到指定的设备上，如下面的命令将在第 1 章中编写的应用安装到模拟器上（注意 adb 中的"-e"参数）：

```
$ adb -e install cn.hzbook.android.test.chapter1.apk
```

也可以用 adb 卸载已安装的应用，不过卸载和安装应用时使用的参数是不同的，安装时只需要指定需要安装的 .apk 文件的绝对路径即可，如上例中的"cn.hzbook.android.test.chapter1.apk"。而卸载时，提供的参数是应用的包名，而不是应用的文件名。应用的包名是 AndroidManifest.xml 文件中"package"节设置的名称，adb 通过这个名称找到要卸载的应用，而安装时使用的应用文件名很有可能与包名不一样。例如，下面的命令将刚刚装到模拟器上的第 1 章的应用卸载：

```
$ adb -e uninstall cn.hzbook.android.test.chapter1
```

上面两个命令的运行结果如图 12-41 所示，而且从图 12-41 中也可以看到，如果卸载时向 adb 传递的是应用文件名的话，adb 会提示失败。

3. 使用 adb 在设备和 PC 间传输文件

adb 也可以用来在 Android 设备和 PC 开发机之间传输文件。下面的命令将 PC 开发机上的命令行程序 Test.jar 上传到 Android 模拟器的"/data/"文件夹中：

```
$ adb -e push ~/temp/Test.jar /data/
```

而下面的命令则将 Android 模拟器上的文件"/data/tombstones/tombstone_00"下载到

PC 开发机上的"~/temp"文件夹中。

```
$ adb -e pull /data/tombstones/tombstone_00 ~/temp/
```

```
student@student:~/temp/cn.hzbook.android.test.chapter1/bin$ adb -e install cn.hz
book.android.test.chapter1.apk
303 KB/s (22735 bytes in 0.073s)
        pkg: /data/local/tmp/cn.hzbook.android.test.chapter1.apk
Success
student@student:~/temp/cn.hzbook.android.test.chapter1/bin$ adb -e uninstall cn.
hzbook.android.test.chapter1.apk
Failure
student@student:~/temp/cn.hzbook.android.test.chapter1/bin$ adb -e uninstall cn.
hzbook.android.test.chapter1
Success
student@student:~/temp/cn.hzbook.android.test.chapter1/bin$
```

图 12-41　使用 adb 安装和卸载应用

4. 在 Android 上执行 Java 命令行程序

虽然 Andriod 应用大都是 GUI 程序，但是也可以用 Java 编写命令行程序并在 Android 上运行，只需要将编译好的 .class 文件转换成 dalvikvm 字节码的格式，打包上传到 Android 设备上并执行即可：

1）首先编写一个 Java 命令行程序，如代码清单 12-2 所示。

代码清单 12-2　简单的 Android 命令行程序

```java
public class Test {
    public static void main(String[] args) {
        System.out.println("Hello from dalvik app!");
    }
}
```

2）编译并用 dx 命令将 .class 文件转换成 dalvikvm 字节码，如代码清单 12-3 所示。

代码清单 12-3　编译和打包 Android Java 命令行应用

```
$ javac Test.java
$ dx --dex --output=Test.jar Test.class
```

3）将转换好的 Test.jar 文件上传到 Android 设备上并用 dalvikvm 命令执行，如代码清单 12-4 所示。

代码清单 12-4　上传并执行 Android 命令行应用

```
$ adb -e push Test.jar /data/
$ adb -e shell dalvikvm -classpath /data/Test.jar Test
```

5. 重定向模拟器 / 设备的端口

可以使用 adb 的 foward 命令将宿主开发机的端口重定向到模拟器或设备的端口上，例如下面的命令将宿主机上的 1234 端口重定向到模拟器或设备上的 4321 端口上：

```
$ adb forward tcp:1234 tcp:4321
```

这样一来，所有发往宿主机 1234 端口的消息和数据都会转发到模拟器的 4321 端口上。这个机制使得宿主机的程序通过网络套接字的方式远程控制 Android 设备上的应用成为可能。重定向的过程如图 12-42 所示。

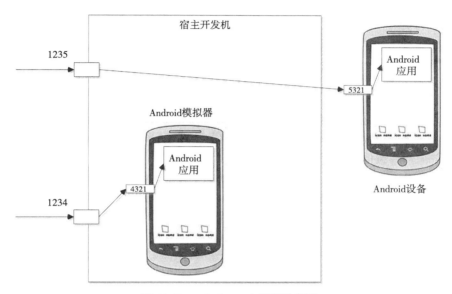

图 12-42　adb forward 原理示意图

12.3.2　执行 Android shell 命令

Android 是基于 Linux 系统开发的，因此其也提供了一个 Linuxshell 以便于程序员运行常见的 Linux 命令，这些命令都保存在 Android 系统中的“/system/bin”文件夹中，可以通过 adb 启动远程 Android 系统的 shell，或者是直接执行某个 shell 命令。

如果在执行 adb 的 shell 子命令后面直接附上要执行的 shell 程序和其参数，就会通过连上 PC 开发机的 Android 设备的远程 shell 执行指定的程序并退出，例如：

```
$ adb shell ls /data
```

如果 shell 子命令后面没有要执行的程序，adb 就会打开一个远程 shell 交互界面，在其中执行完程序后，按 CTRL + D 或者输入“exit”命令退出（在类 UNIX 系统中，按 CTRL+D 表示向程序输入一个 EOF 字符），如图 12-43 所示。

```
student@student:~$ adb shell
# ls /etc
/etc
# ls /etc/
hosts
event-log-tags
dhcpcd
apns-conf.xml
pvplayer.cfg
NOTICE.html.gz
# exit
```

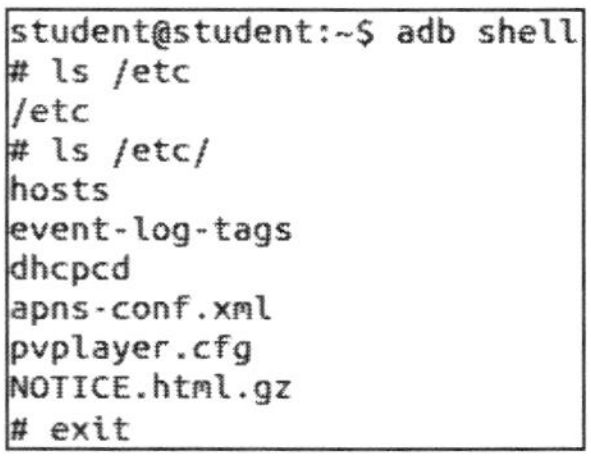

图 12-43　进入 adb shell 交互界面

Android shell 命令中包括了很多常见的 Linux shell 命令（如 ls、cat、ps 和 kill 等），这些命令的用法与大部分 Linux 系统是一致的，读者可以参考其他 Linux 书籍或者 BASH 相关书籍学习这些命令的用法，本节选取讲解几个 Android 附带的重要命令进行介绍。

（1）app_process

通过 dalvikvm 命令运行一个 Java 程序，虽然后面将看到的 dalvikvm 命令本身也可以启动并运行 Java 程序，但是 app_process 会注册 Android 系统的 JNI 调用，因此可以很好地使用 Android 系统的 API，而 dalvikvm 默认是不会注册那些 JNI 调用的，因此通过 dalvikvm 执行的 Java 程序不能调用这些 JNI，而 Android SDK 的 framework.jar 中很多 API 都依赖这些调用，也就无法完全使用到 Android 系统的功能。App_process 的命令行格式如下：

```
$ app_process 命令所在的文件夹 启动类型的名称 [参数]
```

其中"参数"是传递给要执行的 Java 程序的参数。下面的命令启动了前面讲解过的 monkey 程序，第 2 行是设置标准的 Java 环境变量 CLASSPATH，以便虚拟机在执行 Java 程序时可以找到其所依赖的包；而第 3 行就是用 app_process 启动 monkey 程序，"/system/bin"是 monkey 程序所在的目录，而"com.android.commands.monkey.Monkey"则是 monkey 程序主函数 main 所在类名，最后的"5"就是传递给 monkey 程序的参数：

```
$ adb -e shell
# export CLASSPATH=/system/framework/monkey.jar
# app_process /system/bin com.android.commands.monkey.Monkey 5
```

而如果直接通过 dalvikvm 命令运行 monkey 程序，虚拟机会在调用"native_set"函数时报告 java.lang.UnsatisfiedLinkError 异常，因为 dalvikvm 并没有注册必要的 JNI 调用，如图 12-44 所示。

```
# app_process /system/bin com.android.commands.monkey.Monkey 5
Events injected: 5
## Network stats: elapsed time=630ms (630ms mobile, 0ms wifi, 0ms not connected)
#
# dalvikvm -classpath /system/framework/monkey.jar com.android.commands.monkey.M
onkey 5
java.lang.UnsatisfiedLinkError: native_set
        at android.os.SystemProperties.native_set(Native Method)
        at android.os.SystemProperties.set(SystemProperties.java:125)
        at com.android.commands.monkey.Monkey.main(Monkey.java:358)
        at dalvik.system.NativeStart.main(Native Method)
```

图 12-44　使用 dalvikvm 命令调用 monkey 程序

（2）dalvikvm

该命令在 Android 系统中用于执行 dalvik 格式的 Java 程序，相当 PC 机的 JDK 中的 java 命令，用法如前面的例子。

（3）df

显示 Android 系统中各个分区的空间，如图 12-45 所示。

```
student@student:~$ adb shell df
/dev: 258224K total, 0K used, 258224K available (block size 4096)
/mnt/asec: 258224K total, 0K used, 258224K available (block size 4096)
/system: 198656K total, 78096K used, 120560K available (block size 4096)
/data: 213504K total, 58944K used, 154560K available (block size 4096)
/cache: 65536K total, 1156K used, 64380K available (block size 4096)
/mnt/sdcard: 252015K total, 16777K used, 235238K available (block size 512)
/mnt/secure/asec: 252015K total, 16777K used, 235238K available (block size 512)
```

图 12-45 在 Android 系统中运行 df 命令

（4）dmesg

打印 Linux 内核日志消息与 Android 类似，Linux 内核也保存了一个环状日志队列，用来保存内核模块以及驱动程序的消息。Dmesg 的用法如下：

```
$ adb shell dmesg
```

（5）dumpstate

输出 Android 系统当前的状态，如果不附带任何参数，则其将输出打印到屏幕。因为输出的内容非常多，一般来说都是使用其 "-o" 选项输出到 Android 设备的一个文件中，有时为了节省空间，也可以用 "-z" 选项告诉 dumpstate 以 gzip 格式将内容压缩到输出文件中。例如，在下面的命令列表中，第一个命令将 dumpstate 的输出压缩后保存到 Android 设备的 sd 卡上，第二个命令将输出的文件复制到本地开发机，第三个命令解压文件。

```
$ adb shell dumpstate -o /sdcard/dumpstate -z
$ adb pull /sdcard/dumpstate.txt.gz .
$ gunzip dumpstate.txt.gz
```

其输出的内容主要包括以下这些部分（详细的信息可以参考 dumpstate 命令的源码 /frameworks/native/cmds/dumpstate/dumpstate.c 中的 dumpstate() 函数）：

- ❏ 设备的基本信息（如 Android 系统的版本号和 Linux 内核版本号）以及状态保存的时间；
- ❏ 内存使用情况；
- ❏ CPU 使用情况；
- ❏ /proc 文件夹中保存的系统各种实时信息，特别是内存使用方面的详细信息，如用 procrank 命令获取的按内存使用率情况排序的进程列表；
- ❏ 内核的一些信息；
- ❏ 进程列表；
- ❏ 各进程中的线程列表以及各线程的堆栈信息；
- ❏ 各进程打开的文件；
- ❏ logcat 中的三个环状日志的内容，分别是系统主日志 SYSTEM、事件日志 EVENT 和无线电日志 RADIO；
- ❏ 网络相关的信息；

- ❑ df 命令输出的文件系统使用率信息；
- ❑ 系统中安装的应用包信息；
- ❑ dumpsys 命令输出的信息；
- ❑ 正在运行的应用列表；
- ❑ 正在运行的服务列表；
- ❑ 正在运行的内容供应组件列表。

（6）dumpsys

打印系统服务的状态，在 12.3.3 节中讲解具体的用法。

（7）start

启动（或重启）设备上的 Android 运行时。

（8）stop

关闭设备上的 Android 运行时。

12.3.3 dumpsys

Android 系统默认运行了很多系统服务，如监控电池信息的 battery 服务等，其支持很多子命令，每个子命令用来显示单个系统服务的详细信息，如：

- ❑ dumpsys meminfo，打印内存使用率情况；
- ❑ dumpsys activity，打印所有活动（Activity）的信息；
- ❑ dumpsys wifi，打印无线网络连接信息；
- ❑ dumpsys window，打印关于键盘，所有窗口以及窗口之间的 z 轴层叠顺序的信息。

如果在命令行中没有指定子命令，那么 dumpsys 默认打印所有系统服务的信息。虽然 Android 并没有提供 dumpsys 子命令的详细文档，可以通过一个小的技巧列出这些子命令，例如，下面命令的运行结果如图 12-46 所示（只显示少部分的输出）。

```
student@student:~$ adb shell dumpsys | grep DUMP
DUMP OF SERVICE SurfaceFlinger:
DUMP OF SERVICE accessibility:
DUMP OF SERVICE account:
DUMP OF SERVICE activity:
DUMP OF SERVICE alarm:
```

图 12-46 列出 dumpsys 支持的子命令

```
$ adb shell dumpsys | grep DUMP
```

在测试和调试应用的过程中，dumpsys 是一个很有用的功能，比如开发一个应用允许用户开关 wifi 或蓝牙功能，当在模拟器上执行自动化测试，选中了 wifi 复选框，但后续的测试步骤发现 wifi 复选框并没有正确勾选，这时可以在用例中使用 dumpsys wifi 命令来查看 WIFI 服务的具体信息，以方便排查测试错误。

```
$ adb shell dumpsys wifi
```

1. 查看电池使用量

dumpsys 的 battery 子命令用来打印电池电量信息，图 12-47 显示的是模拟器的电量信息，而图 12-48 显示的是一台真实 Android 设备的电量信息。

```
student@student:~$ adb -e shell dumpsys battery
Current Battery Service state:
  AC powered: true
  USB powered: false
  status: 2
  health: 2
  present: true
  level: 50
  scale: 100
  voltage:0
  temperature: 0
  technology: Li-ion
```

图 12-47　打印模拟器的电量信息

```
student@student:~$ adb -d shell dumpsys battery
Current Battery Service state:
  AC powered: false
  USB powered: true
  status: 2
  health: 2
  present: true
  level: 95
  scale: 100
  voltage:4
  temperature: 250
  technology: Li-ion
```

图 12-48　真实设备的电量信息

输出的信息的含义如下：
- AC powered，是否是连接电源供电。
- USB powered：是否是 USB 供电。
- status，电池充电状态，为下列值中的一个：
  - BATTERY_STATUS_UNKNOWN (0x00000001)；
  - BATTERY_STATUS_CHARGING (0x00000002)；
  - BATTERY_STATUS_DISCHARGING (0x00000003)；
  - BATTERY_STATUS_NOT_CHARGING (0x00000004)；
  - BATTERY_STATUS_FULL (0x00000005)。
- health：电池健康状态，为下列值中的一个：
  - BATTERY_HEALTH_UNKNOWN (0x00000001)；
  - BATTERY_HEALTH_GOOD (0x00000002)；
  - BATTERY_HEALTH_OVERHEAT (0x00000003)；
  - BATTERY_HEALTH_DEAD (0x00000004)；
  - BATTERY_HEALTH_OVER_VOLTAGE (0x00000005)；
  - BATTERY_HEALTH_UNSPECIFIED_FAILURE(0x00000006)；
  - BATTERY_HEALTH_COLD (0x00000007)。
- present：表明手机上是否有电池。
- level：表示当前剩余电量，在模拟器上永远都是 50，而真实设备则会显示真实的值。
- scale：总电量，永远都是 100，因为电量是按百分比显示的。
- voltage：电池的当前电压，模拟器上的电压是 0，而真实设备会有不同。
- temperature：电池当前的温度，跟电压类似，模拟器上的值和真实设备有区别。
- technology：电池使用的技术。

2. 查看电话相关的信息

"telephony.registry"子命令可以显示电话相关的信息，例如下面的输出：

```
student@student:~$ adb -e shell dumpsys telephony.registry
last known state:
```

```
  mCallState=1
  mCallIncomingNumber=18621511234
  mServiceState=0 home Android Android 310260  UMTS CSS not supported 0 0RoamInd:
0DefRoamInd: 0EmergOnly: false
  mSignalStrength=SignalStrength: 7 -1 -1 -1 -1 -1 gsm
  mMessageWaiting=false
  mCallForwarding=false
  mDataActivity=0
  mDataConnectionState=2
  mDataConnectionPossible=true
  mDataConnectionReason=simLoaded
  mDataConnectionApn=internet
  mDataConnectionInterfaceName=/dev/omap_csmi_tty1
  mCellLocation=Bundle[{}]
registrations: count=3
  android 0x20
  android 0x1e1
  com.android.phone 0xc
```

输出的各行信息的含义如下：

- mCallState：为下列值中的一个：
  - 0-CALL_STATE_IDLE，表示待机状态；
  - 1-CALL_STATE_RINGING，表示来电尚未接听状态；
  - 2-CALL_STATE_OFFHOOK，表示电话占线。
- mCallIncomingNumber：最近一次来电的电话号码。
- mServiceState：为下列值中的一个：
  - 0-STATE_IN_SERVICE，正常使用状态，即正连接到电信运营商；
  - 1-STATE_OUT_OF_SERVICE，电话没有连接到任何电信运营网络；
  - 2-STATE_EMERGENCY_ONLY，电话只能拨打紧急呼叫号码；
  - 3-STATE_POWER_OFF，电话已关机。
- SignalStrength：信号强度（RSSI）。
- mMessageWaiting：是否在等待无线电消息。
- mCallForwarding：是否启用了呼叫转移。
- mDataActivity：无线数据通话情况，为下列值中的一个：
  - 0-DATA_ACTIVITY_NONE，没有通话；
  - 1- DATA_ACTIVITY_IN，正在接受 IP PPP 信号；
  - 2-DATA_ACTIVITY_OUT，正在发送 IP PPP 信号；
  - 3-DATA_ACTIVITY_INOUT，正在发送和接受 IP PPP 信号。
- mDataConnectionState：无线数据连接情况，为下列值中的一个：
  - 0-DATA_DISCONNECTED，无数据连接；
  - 1- DATA_CONNECTING，正在创建数据连接；

○ 2-DATA_CONNECTED，已连接；

○ 3-DATA_SUSPENDED，挂起状态，已经创建好连接，但是 IP 数据通信暂时无法使用，例如在 2G 网络中，来电会暂时挂起 IP 通信。

❑ mDataConnectionPossible：是否有数据连接。

❑ mDataConnectionReason：数据连接的理由。

❑ mDataConnectionApn：Apn 名称。

❑ mDataConnectionInterfaceName：数据连接接口的名称。

3. 查看 wifi 信息

"wifi"子命令可以用来查看无线网络信息，例如下面的输出：

```
student@student:~$ adb -d shell dumpsys wifi
Wi-Fi is enabled
Stay-awake conditions: 3

Internal state:
interface wlan0 runState=Running
SSID: shiyimin, BSSID: 5c:63:bf:a8:0f:06, MAC: D4:87:D8:57:D2:FC,
Supplicant state: COMPLETED, RSSI: -71, Link speed: 26, Net ID: 3
ipaddr 192.168.1.8 gateway 192.168.1.1 netmask 255.255.255.0
dns1 192.168.1.1 dns2 0.0.0.0 DHCP server 192.168.1.1
lease 86400 seconds
haveIpAddress=true, obtainingIpAddress=false, scanModeActive=false
lastSignalLevel=1, explicitlyDisabled=false

Latest scan results:
  BSSID              Frequency   RSSI   Flags                                    SSID
  5c:63:bf:a8:0f:06    2437      -70    [WPA-PSK-TKIP+CCMP][WPA2-PSK-TKIP+CCMP]
  shiyimin
  b0:48:7a:72:8b:58    2437      -80    [WPA-PSK-CCMP][WPA2-PSK-CCMP][WPS]       TP-LINK_
  728B58
  72:a5:1b:70:d8:88    2412      -80    [WPA-PSK-CCMP][WPA2-PSK-CCMP][WPS]       Chin-
  aNet-ZWH
  82:a5:1b:71:78:24    2412      -81    [WPA-PSK-CCMP][WPA2-PSK-CCMP][WPS]       Chin-
  aNet-xqhQ

Locks acquired: 0 full, 0 full high perf, 0 scan
Locks released: 0 full, 0 full high perf, 0 scan

Locks held:
```

输出的信息的含义如下：

❑ Wi-Fi is，表明 wifi 连接状态，可能有的值是 "disabled | connected | enabled | disconnected"。

❑ Internal state，列出了 Wi-Fi 设备名、正在连接的无线网络名（SSID 值）、状态、IP 地址、网址 MAC 地址等常见网络信息。

❑ Latest scan results：列出了可用的无线网络名及相关信息。

4. 查看 CPU 使用情况

"cpuinfo"子命令用来显示 CPU 的使用情况，其文本输出有些难懂，可以使用第 13 章中讲解的 DDMS 工具图形化显示这个信息。其显示的是标准的 Linux 中关于系统负载的信息，如图 12-49 所示。

```
student@student:~$ adb -e shell dumpsys cpuinfo
Load: 0.22 / 0.21 / 0.24
CPU usage from 49578ms to 5392ms ago:
  m.android.phone: 6% = 3% user + 2% kernel / faults: 101 minor
  system_server: 5% = 3% user + 2% kernel / faults: 331 minor
  rild: 1% = 0% user + 1% kernel
  .moji.mjweather: 1% = 1% user + 0% kernel / faults: 97 minor
  qemud: 0% = 0% user + 0% kernel
  adbd: 0% = 0% user + 0% kernel / faults: 12 minor
  netd: 0% = 0% user + 0% kernel / faults: 2 minor
TOTAL: 14% = 8% user + 6% kernel + 0% irq
```

图 12-49　dumpsys cpuinfo 的输出

输出的第一行"Load"有三个值，这三个值显示了系统的整体负载，其分别是近 1 分钟、近 5 分钟和近 15 分钟内状态为"running"的线程的个数。图 12-49 中的 3 个值 0.22、0.21 和 0.24 的差别不大，而且值比较低，说明系统最近 15 分钟内都没有启动什么新的应用，处于闲置状态。当在系统中启动一两个应用之后，再次获取 CPU 使用情况信息，就会看到第一行有较大变化，如图 12-50 所示。

```
student@student:~$ adb -e shell dumpsys cpuinfo
Load: 1.84 / 1.53 / 0.86
CPU usage from 33964ms to 18129ms ago:
```

图 12-50　运行一两个应用之后的 dumpsys cpuinfo 输出

图 12-49 中的第二行表示采样时间，这是因为 CPU 使用情况信息不是精确的，而是每隔一段很小的时间，由系统采样计算出来的；第三行到倒数第二行之间详细列出了各应用的 CPU 使用情况，其中"user"表明其代码运行在用户态的时间占整个采样时间的百分比，而"kernel"则表明该进程的代码运行在内核态的时间占整个采样时间的百分比。

说明

现代操作系统为了保证各进程之间的独立性，以及防止一个恶意进程损害整个系统，一般都会将关键操作，如读写文件，创建进程等放在操作系统内核中执行，进程必须通过操作系统提供的 API 才能使用这些功能。内核态表明进程正运行操作系统内核代码，而运行其他代码都是用户态。

感兴趣的读者可以进一步研究，输出"dumpsys cpuinfo"状态由位于 Android 源码的"/frameworks/base/core/java/com/android/internal/os/ProcessStats.java"文件的 printCurrent-State 函数完成，在同一个文件中的"update()"会定期执行，记录 CPU 使用情况的采样信

息。而注册"cpuinfo"服务的源代码则在 /frameworks/base/services/java/com/android/server/am/ActivityManagerService.java 的 setSystemProcess() 函数中实现。

5. 查看内存使用情况

用"meminfo"子命令来显示内存的使用情况，与 CPU 信息类似，DDMS 也会使用图形化显示该信息。"dumpsys meminfo"首先会输出系统启动的时间，再逐一显示各进程的内存使用情况，如图 12-51 所示。

```
student@student:~$ adb -e shell dumpsys meminfo | more
Applications Memory Usage (kB):
Uptime: 9597422 Realtime: 9597422

** MEMINFO in pid 111 [com.android.inputmethod.pinyin] **
```

图 12-51　dumpsys meminfo 的输出

图 12-51 中第 2 行的"Uptime"为系统自启动以来运行的时间，但是不包括休眠的时间；而"Realtime"则为系统自启动以来运行的时间，包括休眠的时间。而每一个进程所使用的内存情况信息本章先不做讲解，将在第 14 章中详细说明。

输出"dumpsys meminfo"状态由"ActivityManagerService.java"文件（文件路径可参考前面查看内存使用情况中的介绍）的 dumpApplicationMemoryUsage 函数完成，而注册"meminfo"服务也是在 setSystemProcess() 函数中完成的。

12.4　调试 Android 设备上的程序

除了可以在 Eclipse 中调试 Android 应用，还可以从命令行中调试 Android 上的程序，在 12.1.2 节中我们了解到，实际上所有的 Java 程序调试都是基于远程调试的，Android 的 dalvik 虚拟机同样也支持 JDWP 协议。

12.4.1　调试命令行程序

如果要调试在 12.3.1.4 小节中演示的 Android 中运行命令行程序，可以为 dalvikvm 命令传入参数"-Xrunjdwp"，这样即可启用 JDWP 协议，接受调试器的接入请求，具体方法是：

1）在 Android 远程 shell 中启动 dalvik 虚拟机时启用远程调试服务器：

```
$ adb -e shell
# dalvikvm -Xrunjdwp:transport=dt_socket,suspend=y,server=y,address=8000 Test
```

与 JDK 中的 Java 类似，利用 dalvikvm 启用远程调试服务器之后，也会打印一条信息提示我们等待调试器的接入，然而因为 Android 系统将所有写到标准输出的消息都重定向到 logcat 中，所以只能在那里才能看到这条消息，如图 12-52 所示。

2）用 adb 将 JDWP 服务器的端口重定向到本机的套接字端口：

```
$ adb -e forward tcp:8001 tcp:8000
```

```
D/dalvikvm(  728): GC_CONCURRENT freed 457K, 6% free 9532K/10119K, paused 17ms+1
6ms
D/dalvikvm(  728): GC_CONCURRENT freed 386K, 6% free 9531K/10119K, paused 21ms+1
5ms
W/ThrottleService(  646): unable to find stats for iface rmnet0
I/jdwp     ( 1082): JDWP will wait for debugger on port 8000
```

图 12-52　JDWP 服务器启动后的提示消息被重定向到 logcat 中

3）最后在 JDBC 或 Eclipse 中连接到重定向后的本机端口：

`$ jdb -connect com.sun.jdi.SocketAttach:hostname=localhost,port=8001`

4）进行远程调试，如代码清单 12-5 所示。

代码清单 12-5　使用 jdb 调试 Android 命令行程序

```
student@student:~/temp$ jdb -connect
com.sun.jdi.SocketAttach:hostname=localhost,port=8001
设置未捕捉到 java.lang.Throwable
设置延迟的未捕捉到 java.lang.Throwable
正在初始化 jdb...
>
VM 已启动："thread=<1> main", dalvik.system.NativeStart.main(), line=-1 bci=-1

<1> main[1] stop in Test:4
正在延迟断点 Test:4。
将在装入类之后对其进行设置。
<1> main[1] cont
> 设置延迟的断点 Test:4

断点命中："thread=<1> main", Test.main(), line=4 bci=5
4          System.out.println("Hello from dalvik app!");

<1> main[1] cont
>
应用程序已退出
```

dalvikvm 也可以将 Java 命令行程序作为远程调试客户端主动连接到远程调试服务器上，操作与前面设置调试器监听连接点方式的远程调用调试模式中讲解的类似。

12.4.2　调试 Android 应用

在默认情况下，如果 Android 设备上运行的是调试版的应用，也可以用类似的方式调试应用，实际上，Eclipse 正是采用这种方式对应用进行调试，过程如下：

1）首先在设备或模拟器上运行调试版应用，本例运行的是本章示例代码 logdemo。
2）在 PC 开发机上执行命令"adb jdwp"，列出设备上支持 JDWP 协议的进程。

```
$ adb -d jdwp
892
```

3）设备上只有一个应用支持 JDWP 协议，也就是支持调试，可以用"ps"命令看看 ID

为 892 的进程到底是不是 logdemo，如图 12-53 所示。

```
student@student:~/temp$ adb -d shell ps | grep 892
app_87    892   93   138284 18296 ffffffff 00000000 S cn.hzbook.android.test.ch
apter12.logdemo
```

图 12-53　运行 ps 命令查看进程名

4）既然确定了是要调试的应用，使用"adb forward"命令将支持 JDWP 调试服务器的端口重定向到本机，adb 提供了一个快捷方式，可以直接用"jdwp:<pid>"的方式，通过进程 ID 定位端口号，省去了查询 JDWP 端口号的工作。

```
$ adb -d forward tcp:8004 jdwp:892
```

5）最后就可以使用 Eclipse（如图 12-54）或者 JDB（如图 12-55 所示）连接到应用并开始调试了。

图 12-54　在 Eclipse 中连接到远程调试服务器

```
student@student:~$ jdb -attach localhost:8004
设置 未捕捉到 java.lang.Throwable
设置延迟的 未捕捉到 java.lang.Throwable
正在初始化 jdb...
> stop in cn.hzbook.android.test.chapter12.logdemo.MainActivity:12
设置 断点 cn.hzbook.android.test.chapter12.logdemo.MainActivity:12
>
断点命中 : "thread=<1> main", cn.hzbook.android.test.chapter12.logdemo.MainActiv
ity.onCreate(), line=12 bci=0

<1> main[1] cont
> exit
```

图 12-55　在 JDB 中连接到远程调试服务器

6）在 Eclipse 中调试的效果如图 12-56 所示。

```
public class MainActivity extends Activity {

    @Override
    protected void onCreate(Bundle savedInstanceState) {
        Log.i("logdemo", "应用已经启动了！");
        super.onCreate(savedInstanceState);
        setContentView(R.layout.activity_main);
    }
```

图 12-56　在 Eclipse 中远程调试 Android 应用的效果

7）调试完毕之后，在 Eclipse 中，可以打开"Debug"窗口，并依次单击菜单中的"Run"、"Disconnect"或"Terminate"来终止调试，如图 12-57。而在 JDB 中，采取图 12-55 中的"exit"命令即可停止调试。

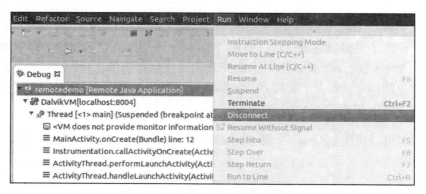

图 12-57　在 Eclipse 中终止远程调试

⚠ **注意**

在试验本节示例时，如果发现 Eclipse 尝试连接到远程服务器超时，或者 JDB 在连接时一直卡住，很有可能是因为在 Eclipse 中通过"Run"、"Debug As Android Application"菜单将应用部署到设备，并运行应用造成的。因为 Eclipse 也采用远程调试的方式调试 Android 应用，即其也会用类似 adb forward 的方式，将 Android 应用打开的 JDWP 服务器端口重定向到本机的一个套接字端口，Eclipse 在运行时一直连接到这个端口上，而 JDWP 服务器端口一次只能处理一个连接。因此在用 JDB 或 Eclipse 进行第二次连接时发现超时，连接很可能被上一个 Eclipse 占用了，需要先关掉 Eclipse 程序才可以试验本节示例。本节也提到了 dalvikvm 创建 JDWP 服务器的方法，然而遗憾的是通过 dalvikvm 运行的 Java 程序不能调用很多 Android 的 API，而通过 app_proces 并没有提供方法让我们创建 JDWP 服务器。如果要调试调用了 Android API 的 Java 程序，可以在入口 main 函数中显式调用 System.in.read 函数，使程序在启动时暂停执行，再通过本节中"adb jdwp"示例提到的方法调试应用，如（需要是 root 的设备）：

1）使用 app_process 运行 Java 程序：

```
app_process /data Test
```

2）程序暂停后，使用"adb jdwp"列出程序：

```
$ adb -e jdwp
1154
```

3）这是可以看到，虽然 app_process 是 C++ 程序，但是还是被当做支持 JDWP 协议的进程列出来了，这是因为 app_process 在内部实际上运行了一个 Java 虚拟机：

```
student@student:~$ adb -e shell ps | grep 1154
root      1154   543   125800 13868 ffffffff 40010458 S app_process
```

4）最后使用 adb forward 的方法就可以执行调试工作了。

12.4.3 调试 Maven Android 插件启动的应用

在第 11 章中，我们讲解了使用 Maven 来编译和部署 Android 应用的方法，Maven 的 Android 插件也提供了调试由其部署的 Android 应用的方法，在 mvn 命令行的 android:run 目标命令之后添加 -Dandroid.run.debug = true 这个参数就可以启用调试，如：

```
$ mvn android:run -Dandroid.run.debug=true
```

例如要调试第 11 章中的 Maven 示例应用：

1）首先进入示例应用源码的根目录，执行命令：

```
$ mvn install android:deploy android:run -Dandroid.run.debug=true
```

2）Maven 将应用编译并部署完毕之后，在模拟器或设备上运行应用，这时应用会中断执行，等待调试器附加，如图 12-58 所示。

3）启动 Eclipse 并打开 Android 应用源文件，设置好断点之后，依次单击菜单栏中的"Window">"Open Perspective">"DDMS"。在左边的"Device"窗口中选择待调试的 Android 应用，如图 12-59 所示，刚刚使用 Maven 启动的 Android 应用名是"cn.hzbook.android.test.chapter11"，进程 ID 是 1258，其端口号是 8603。

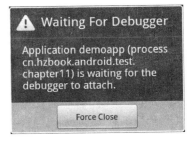

图 12-58 应用等待调试器的附加请求

4）在 Eclipse 中打开应用源码，设置好断点并选择端口 8603 即可启动远程调试。

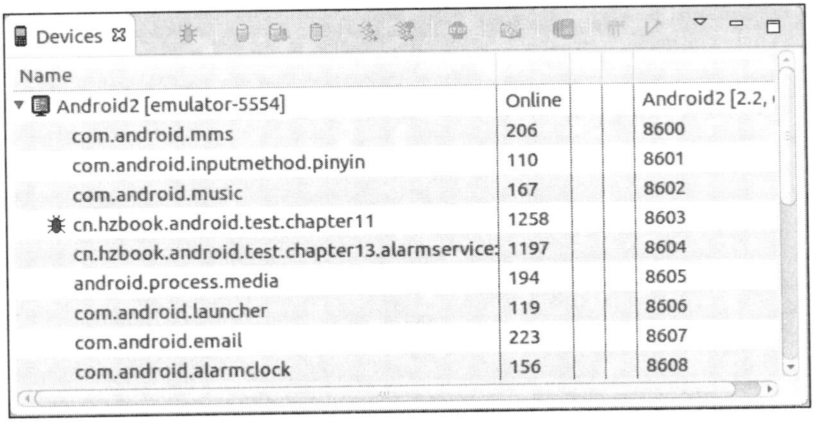

图 12-59 在 Eclipse DDMS 视图的 Devices 窗口中选择要调试的 Android 应用

12.5 本章小结

Android 应用是基于 Java 技术开发的，因此大部分 Java 调试技巧都可以用在 Android 应用的调试上，而且在本章也可以看到，Eclipse 等调试器调试 Android 应用的方式实际上与 Java 远程调试技术相似，我们甚至可以将 Eclipse、JDB 等调试器看成 JPDA 规范中的调试器 UI 部分，将 adb 命令看成其中的前端，而运行在 Android 设备上的 adbd 则是这个规范中的后端，几个组件在一起协同工作实现对 Android 应用功能调试的支持。

第 13 章
Android 性能测试之分析操作日志

为了演示本章所介绍的工具的用法,这里使用示例程序 perfdemo(源码保存在本书配套资源的 chapter13\perfdemo 中)。程序在启动时会读取一个保存历史股票交易信息的 CSV 文件,将历史交易信息读取到内存中之后,按照交易日的最高价对交易历史进行排序后,最终显示到一个列表中,在第一个版本中,在应用在启动时,即 Activity 的 onCreate 函数中读取交易历史数据,并采用冒泡排序算法按最高价对历史记录进行排序,如代码清单 13-1 所示。

代码清单 13-1　示例程序 perfdeom 在启动时读取并排序交易历史

```
1    @Override
2    protected void onCreate(Bundle savedInstanceState) {
3        ReadCsv();
4        SortPriceFromHighestToLowest("High");
5
6        final ListView listview = (ListView) findViewById(R.id.listview);
7        ArrayAdapter<StockPriceItem> adapter = new ArrayAdapter<StockPriceItem>
8        (this,android.R.layout.simple_list_item_1, _stockPrices);
9        listview.setAdapter(adapter);
10   }
```

在 ReadCSV 函数中,每次读取完一行后,就将该行的记录按逗号分隔,并把交易日中的开盘价、最高价等字符串型的交易数据转换成适合的格式,如代码清单 13-2 所示。

代码清单 13-2　示例程序 perfdeom 在启动时读取并排序交易历史

```
1    BufferedReader reader = new BufferedReader(
2    new InputStreamReader(getAssets().open("stockprice.csv"), "UTF-8"));
3
4    SimpleDateFormat format = new SimpleDateFormat("yyyy-MM-dd");
5    String line = reader.readLine();
6    Boolean isFirstLine = true;
7
```

```
8      while (line != null) {
9          if ( isFirstLine ) {
10             isFirstLine = false;
11         } else {
12             String[] parts = line.split(",");
13             StockPriceItem item = new StockPriceItem();
14
15             try {
16                 item.Date = format.parse(parts[0]);
17                 item.Open = Float.parseFloat(parts[1]);
18                 item.High = Float.parseFloat(parts[2]);
19                 item.Low = Float.parseFloat(parts[3]);
20                 item.Close = Float.parseFloat(parts[4]);
21                 item.Volume = Long.parseLong(parts[5]);
22                 item.AdjClose = Float.parseFloat(parts[6]);
23                 _stockPrices.add(item);
24             } catch ( ParseException ei ) {
25                 // 忽略有错误日期的那一行
26             }
27         }
28
29         line = reader.readLine();
30     }
31
32     reader.close();
```

而函数 SortPriceFromHighestToLowest 则根据指定的规则（例如，按照开盘价、收盘价还是其他价格）排序交易历史，这里为了简单起见，笔者只实现了按交易日的最高价进行排序，排序的算法是冒泡排序法，如代码清单 13-3 所示。

代码清单 13-3　使用冒泡排序算法对交易记录进行排序

```
1    for ( int i = 0; i < _stockPrices.size(); ++i ) {
2        for ( int j = i; j < _stockPrices.size(); ++j ) {
3            if ( _stockPrices.get(i).High < _stockPrices.get(j).High ) {
4                StockPriceItem temp = _stockPrices.get(i);
5                _stockPrices.set(i, _stockPrices.get(j));
6                _stockPrices.set(j, temp);
7            }
8        }
9    }
```

编译并在一台 Android 设备上部署运行应用后，会发现应用的启动时间非常慢，而打开保存交易历史记录的 CSV 文件（perfdemo 源码中的的 assets/stockprice.csv 文件）会发现文件中只有 849 条记录，应用启动的时间却花费了将近半分钟。初步审查代码，会发现有两个潜在的性能瓶颈，第一就是读取文件的 IO 过程可能会影响应用性能，第二是冒泡排序。虽然可以基于这个猜测去试着改写代码，优化程序性能，但是这个办法是一个无的放矢的过程，因为我们手头上暂时没有任何数据可以证明瓶颈真的是出在猜测的地方，性能消耗大户或许是一些让人意想不到的地方。

注意

本章及之后的有些示例代码会使用 Android Maven 插件创建和编译，例如，下面的命令用于部署和运行本章的示例代码：

```
$ mvn install android:deploy android:run
```

读者可参阅本书的第 11 章来复习使用 Maven 编译和部署应用的方法，参阅第 12 章复习调试 Maven 启动的 Android 应用的方法。

一般来说，性能调试的过程可以描述为下面几个步骤：
1）手工测试发现应用响应较慢的模块和使用场景；
2）针对要优化的模块和使用场景，通过工具衡量应用各模块的性能数据，并找到瓶颈；
3）尝试一个优化解决方案，再通过工具重新衡量优化过的模块和使用场景，确定优化是否有效果。

以前面介绍的 perfdemo 为例，既然已经对性能瓶颈做了一些猜测，我们就在 ReadCSV 和 SortPriceFromHighestToLowest 调用的前后加上记录时间的代码，以便衡量各函数所花费的时间，如代码清单 13-4 所示。

代码清单 13-4　在应用里添加衡量时间的代码

```
1    long startTime = System.nanoTime();
2    ReadCsv();
3    long readCsvEndTime = System.nanoTime();
4
5    SortPriceFromHighestToLowest("High");
6    long sortEndTime = System.nanoTime();
7
8    final ListView listview = (ListView) findViewById(R.id.listview);
9    ArrayAdapter<StockPriceItem> adapter = new ArrayAdapter<StockPriceItem>(this,
10             android.R.layout.simple_list_item_1, _stockPrices);
11   listview.setAdapter(adapter);
12   long endTime = System.nanoTime();
13
14   Log.i("V1", "ReadCsv 函数的使用时间: " + (readCsvEndTime-startTime));
15   Log.i("V1", "Sort 函数的使用时间: " + (sortEndTime-readCsvEndTime));
16   Log.i("V1", "onCreate 函数整体使用时间: " + (endTime-startTime));
```

在上面的代码中，在第 1、3、6、12 行分别通过调用 System.nanoTime 获取执行下一步操作前的时间，以便在最后测算每个关键函数执行的时间，运行完应用后，其输入如图 13-1 所示。

```
D/Launcher.MenuManager( 241): GridView>>Package cn.hzbook.android.test.chapter1
3 ApplicationInfo  info.title= TraceViewDemoV1
I/V1     (  4508): ReadCsv函数的使用时间： 7019206664
I/V1     (  4508): Sort函数的使用时间： 8715009997
I/V1     (  4508): onCreate函数整体使用时间： 16843284994
^C
```

图 13-1　使用 System.nanoTime 测算出来的函数执行时间

显然，在源码中逐个函数逐个函数地修改代码记录执行时间的方式并不是很方便，因此 Android 自带了几个帮助开发团队衡量应用性能的工具。在本章的剩余部分，会基于 perfdemo 这个小的示例程序来演示这些工具的用法。

13.1　使用 Traceview 分析操作日志

在应用运行时，可以用 Debug 类打开操作日志记录功能，打开后 Android 会详细记录应用花在每个线程及线程的每个函数上的调用时间。操作日志记录完毕后，可以使用 Android SDK 中自带的 traceview 将应用操作日志图形化显示，在应用开发过程中，可以用它来观察应用的性能瓶颈。

13.1.1　记录应用操作日志

记录应用操作日志的方法有两种：

1）修改应用的源码，加入调用 Debug 类的 startMethodTracing 和 stopMethodTracing 函数分别来打开和关闭日志记录功能。这个方法的优点在于精确，因为可以指定需要衡量的函数，但它的缺点是需要修改函数源码。另外，Debug 类是将记录的操作日志保存在设备的 SD 上，因此要求测试设备或模拟器有一个 SD 卡，而且待测应用需要有 SD 卡的访问权限。

2）使用 DDMS 工具来启用日志记录功能，这种方法不是很精确，因为它不是通过修改源码实现的，而是在 DDMS 工具中指明何时启用和停止日志。不过在没有应用源码的时候，这种方法总比没有强，DDMS 工具会在 13.2 节中说明。在 Android 2.1 及其之前的版本中，DDMS 都是将操作日志保存在 SD 卡上，因此在这些 Android 版本上记录操作日志，也要求设备有 SD 卡，应用有 SD 卡的访问权限。而在 Android 2.2 及其之后的版本中，DDMS 可以将操作日志直接输出到开发机上，从而规避了这些限制。

本节只介绍第一种方法，第二种方法在介绍 DDMS 工具时说明。在应用只要在源码中调用 Debug 类的 startMethodTracing 函数，指定保存操作日志的文件名就可以开始跟踪记录操作日志。要停用日志功能，只需要调用 stopMethodTracing 函数即可。为了测量示例程序 perfdemo 的性能瓶颈，只需在 MainActivity 的 onCreate 函数中添加这两个函数调用即可，如代码清单 13-5 所示。

代码清单 13-5　在代码中启用操作日志记录功能

```
1    @Override
2    protected void onCreate(Bundle savedInstanceState) {
```

```
 3              super.onCreate(savedInstanceState);
 4              setContentView(R.layout.activity_main);
 5
 6              Debug.startMethodTracing("tracedemo");
 7              long startTime = System.nanoTime();
 8              ReadCsv();
 9              SortPriceFromHighestToLowest("High");
10              Debug.stopMethodTracing();
11
12              final ListView listview = (ListView) findViewById(R.id.listview);
13              ArrayAdapter<StockPriceItem> adapter = new ArrayAdapter<StockPriceItem>
14                  (this,android.R.layout.simple_list_item_1, _stockPrices);
15              listview.setAdapter(adapter);
16              long endTime = System.nanoTime();
17              long duration = endTime-startTime;
18              Log.i("V1", "性能使用时间: " + duration);
19          }
```

在代码清单 13-5 的第 6 行，在应用的界面初始化之后，调用 startMethodTracing 函数来启动操作日志记录功能，这是因为我们对 Android 系统绘制界面的过程不是很感兴趣，而且也无法优化，在 setContentView 调用之后启用日志，避免了收集过多数据的问题。而在第 10 行调用 stopMethodTracing 在包含潜在性能瓶颈的代码运行完毕之后，及时停止日志功能。

由于日志文件是保存到 SD 卡的，因此需要为应用添加一个读写 SD 卡的权限：

```
<uses-permission android:name="android.permission.WRITE_EXTERNAL_STORAGE" />
```

使用 maven 将修改过的应用重新部署到设备上，耐心等待应用显示完毕交易历史列表，即说明代码清单 13-5 中的第 15 行已经执行完毕，而且操作历史记录已经生成了。stopMethodTracing 会生成一个 .trace 文件，文件名由调用 startMethodTracing 时传入的字符串参数指定，在本例中是 tracedemo.trace 文件，使用 adb 将日志文件下载到本地开发机：

```
$ adb pull /sdcard/tracedemo.trace .
```

注意

根据 Android 官方文档，调用 startMethodTracing 函数后，系统会将记录的操作日志缓存在内存中，直到 stopMethodTracing 将缓存中的数据写入到 SD 卡上，如果在这之前系统已经耗尽了当作缓存的内存，系统会强制停止收集操作日志，并在控制台上输出一条提示消息，因此尽量避免跟踪大量函数调用。

使用 Android SDK 中的 traceview 打开收集到的操作日志，traceview 命令的参数很简单，就是要查看的日志文件名，打开的界面如图 13-2 所示。

```
$ traceview tracedemo.trace
```

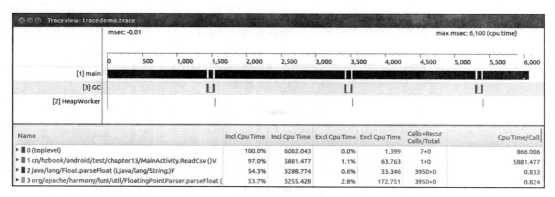

图 13-2　Traceview 的界面

13.1.2　Traceview 界面说明

Traceviewer 的界面分为两个部分，上面是时间线（Timeline Panel），应用中运行的每个线程以单独的一行显示。在图 13-2 中应用共有三个线程，运行应用自身代码的主线程"main"，在后台执行垃圾回收的线程"GC"，以及用来执行 finalizer 函数的线程"HeapWorker"。时间线部分默认会显示整个操作日志，对稍微长一些的操作缩放得很厉害，可以在上面拖动鼠标放大时间线的局部。如图 13-3 是将时间线局部放大的效果，从图中的右上角可以看出，整个日志里的操作共消耗了 6 秒多一点的时间。当鼠标在时间线上移动时，Traceview 界面会显示对应的线程在对应时刻正在执行的函数，图 13-3 的左上角表明在 1.5 秒左右的时刻，系统触发了第一次 GC，而且 GC 过程消耗了近 60 毫秒左右的时间。另外，从图 13-3 中也可以看到 GC 对应用性能的影响，应用需要暂停主线程"main"以便执行 GC 过程，GC 的原理以及相关的性能影响在第 14 章中会讲解。

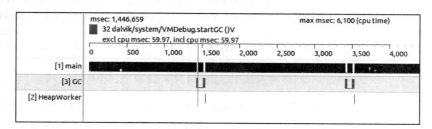

图 13-3　Traceview 时间线

Traceview 界面的下面的是详细日志面板（Profile Panel），详细列出各函数运行的耗时分析，如图 13-4 所示。

面板列出了在整个操作过程中所有调用过的函数，以及消耗在每个函数上的时间总计。详细日志面板的列头是几个关键的性能数据，表 13-1 是各列的含义。

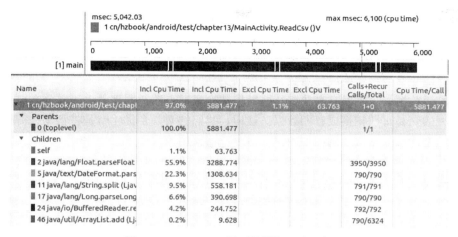

图 13-4　Traceview 界面的详细日志面板

表 13-1　Traceview 详细日志面板的列头说明

列　头	说　明
Incl Cpu Time (%) Incl Cpu Time	包含时间（Inclusive time）的意思是花在执行函数的时间，包括函数调用的所有子函数运行消耗的时间。在图 13-4 中，表示 ReadCsv 及其调用的所有函数，包括 Float.parseFloat、DateFormat.parse 等函数，总共消耗了 5881.477 毫秒的 CPU 时间
Excl Cpu Time (%) Excl Cpu Time	独占时间（Exclusive time）的意思是只花在执行函数的时间，不包括函数调用的所有子函数运行消耗的时间。在图 13-4 中，表示刨去 Float.parseFloat、DateFormat.parse 等函数消耗的时间，ReadCsv 函数本身只消耗了 63.763 毫秒的 CPU 时间
Calls+Recur Calls/Total	虽然用一列显示，其实该列包含了两个信息，分别是"Calls+Recur"和"Calls/Total"。 "Calls+Recure"表明函数被调用的次数（前者）和被递归调用的次数（后者）。在图 13-4 中，详细面板第一行 ReadCsv 函数的"1+0"，表示 ReadCsv 在整个操作日志中只被调用过一次，并且没有被递归调用过。 而"Calls/Total"表明子函数被父函数调用的次数（前者）和其总的被调用次数（后者）。在图 13-4 中，parseFloat 被 ReadCsv 函数调用了 3950 次，而在整个操作日志中，parseFloat 函数的被调用次数也是 3950 次，说明在本次收集的操作日志中，parseFloat 函数只被 ReadCsv 调用过；而最后一行的 ArrayList.add 函数，在 ReadCsv 中被调用了 790 次，而总的被调用次数是 6324 次，说明在操作日志还有其他函数调用了 ArrayList.add 函数
Cpu Time/Call	对应函数每次调用平均消耗的 Cpu 时间，在图 13-4 中，表明 ReadCsv 函数每次调用平均耗时 5881.477 毫秒（因为其只被调用了一次）

注意

在启动日志记录功能后，应用的运行速度会慢一些，因此收集到的并不是准确的函数执行时间。查看性能优化是否有效果，一般是通过对比优化前和优化后的日志得出的结论。

13.1.3　使用 Traceview 分析并优化性能瓶颈

分析图 13-4 中的结果，虽然应用的确是将大部分时间浪费在 ReadCsv 函数上，但实际上最占时间的是其中两个子函数 Float.parseFloat（55.9%）和 DateFormat.parse（22.3%），这两个函数的执行时间加起来将近 80% 的时间，因此节省这两个函数的时间应该能够提升应用的整体响应速度。分析代码的实现我们会发现，应用只有在对历史交易进行排序时，才需要将字符串的交易数据转换成浮点数，如根据交易的最高价排序时，不会对比开盘价、收盘价、最低价等数据，也就没有必要将这些数据转换成浮点数，同理，也不需要在应用启动时将字符串型的交易日期转换成日期数据。这样，我们的第一个优化就是将数据按需转换，即先将字符串格式的数据读入到应用内存，只有在需要用该数据进行排序时，再做实时的格式转换，如代码清单 13-6 中修改 ReadCsv 函数，只是将 csv 文件中的每行数据，按逗号分隔之后，把各部分保存到 StockPriceItem 数组中。而在代码清单 13-7 中，只在应用需要用到交易历史数据做排序时，才转换相应的数据格式，这里为了简单起见，只实现了最高价的格式转换，为了避免重复转换，一开始是将 _open 变量初始化成一个不可能的值（交易价格没有负数）。

代码清单 13-6　改进的 ReadCsv 第二版

```
1    // 打开并逐行读取文件
2    String[] parts = line.split(",");
3    StockPriceItem item = new StockPriceItem();
4
5    item.Date = parts[0];
6    item.setOpen(parts[1]);
7    item.setHigh(parts[2]);
8    item.setLow(parts[3]);
9    item.setClose(parts[4]);
10   item.setVolume(parts[5]);
11   item.setAdjClose(parts[6]);
12   _stockPrices.add(item);
13   // 读取文件的下一行数据
```

代码清单 13-7　改进的 StockItemPrice 第二版

```
1    public class StockPriceItem {
2        private String _volume;
3        private String _date;
4        private String _open;
5        private String _high;
6        private String _low;
7        private String _close;
8        @SuppressWarnings("unused")
9        private String _adjClose;
10
11       private float _fHigh = -1.0f;
12
13       public void setVolume(String volume) { _volume = volume; }
14       public void setDate(String date) { _date = date; }
15       public void setOpen(String open) { _open = open; }
16       public void setHigh(String high) { _high = high; }
```

```
17          public void setLow(String low) { _low = low; }
18          public void setClose(String close) { _close = close; }
19          public void setAdjClose(String adjclose) { _adjClose = adjclose; }
20
21          public float getHigh() {
22              if ( _fHigh< 0.0f ) {
23                  _fHigh = Float.parseFloat(_high);
24              }
25              return _fHigh;
26          }
27
28          // 忽略其余无关代码
29      }
```

再次部署、运行应用，并用 Traceview 查看收集到的性能数据，如图 13-5 所示。虽然已经针对 parseFloat 函数占用过多 CPU 时间的问题进行了优化，但效果并不是很明显，这次优化结果的总耗时 5900 毫秒，仅比优化前的耗时 6100 毫秒少 200 毫秒。

图 13-5　TraceViewDemo 的第二次优化结果摘要

从图 13-5 中可以得到几个信息：第一就是 GC 的次数比上一个版本有所减少，这应该归功于按需格式转换避免产生很多中间对象（如字符串处理时产生的中间对象）；第二就是 StockPriceItem.getHigh 函数的调用很频繁，TraceView 会在线程的时间线上用不同颜色标注出所调用的函数，在图 13-5 中，"main"线程时间线上的红色部分代表的是对 StockPriceItem.getHigh 的函数调用（4500 毫秒附近的黑色直线）。观察详细日志面板，可以看到这次优化后，StockPriceItem.getHigh 函数消耗了 27.6% 的 CPU 时间，而且这次耗时最长的是 SortPriceFromHighestToLowest 函数，如图 13-6 所示。

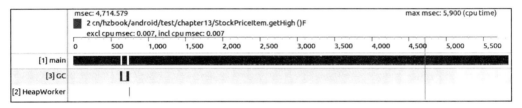

Name	Incl Cpu Time	Incl Cpu Time	Excl Cpu Time	Excl Cpu Time	Calls+Recur Calls/Total	Cpu Time/Ca
▶ 0 (toplevel)	100.0%	5835.015	0.0%	0.434	7+0	833.57
▶ 1 cn/hzbook/android/test/chapter13/MainActivity.SortPriceFromHigh	83.1%	4847.298	35.3%	2057.156	1+0	4847.29
▶ 2 cn/hzbook/android/test/chapter13/StockPriceItem.getHigh ()F	27.6%	1609.443	15.2%	886.805	135306+0	0.01
▶ 3 cn/hzbook/android/test/chapter13/MainActivity.ReadCsv ()V	15.9%	926.261	0.9%	54.821	1+0	926.26
▶ 4 java/util/ArrayList.get (I)Ljava/lang/Object;	15.1%	879.440	15.1%	879.440	136622+0	0.00
▶ 5 java/lang/Float.parseFloat (Ljava/lang/String;)F	12.4%	722.504	0.1%	7.435	849+0	0.85
▶ 6 org/apache/harmony/luni/util/FloatingPointParser.parseFloat (Ljava	12.3%	715.069	0.7%	38.016	849+0	0.84

图 13-6　TraceViewDemo 的第二次优化结果详细日志

如果 logcat 的输出也是类似的结果，实际上第二次优化的结果（如图 13-7 所示）在运行时间上反而不如优化前（见图 13-1）。

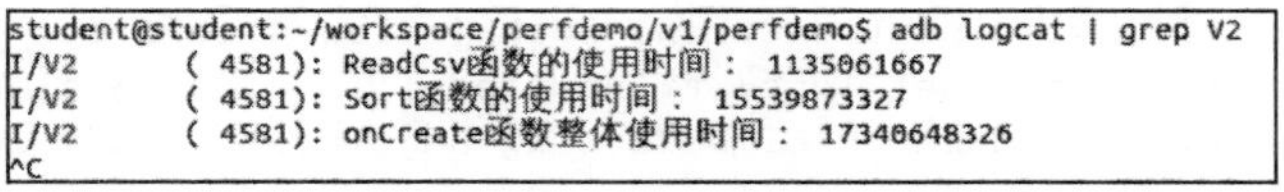

```
student@student:~/workspace/perfdemo/v1/perfdemo$ adb logcat | grep V2
I/V2     ( 4581): ReadCsv函数的使用时间 : 1135061667
I/V2     ( 4581): Sort函数的使用时间 : 15539873327
I/V2     ( 4581): onCreate函数整体使用时间 : 17340648326
^C
```

图 13-7　TraceViewDemo 的第二次优化后的相应时间测量结果

目前的分析是，冒泡排序应该是导致应用运行缓慢的性能瓶颈，因此下一步优化方案是采用其他更快的排序算法，如快排等。在采用这个方案之前，先看看另一个优化方案，还是采用冒泡排序算法，但是将 StockPriceItem.getHigh 函数换为成员变量访问的方式，把这个版本称为 2.1 版，代码清单 13-8 就是更新后的 StockPriceItem。

代码清单 13-8　StockPriceItem v2.1 版

```
1    package cn.hzbook.android.test.chapter13;
2
3    public class StockPriceItem {
4        public String Date;
5        public long Volume;
6        public float Open;
7        public float Low;
8        public float Close;
9        public float AdjClose;
10       public float High;
11   }
```

在读取 CSV 文件时，应用先将 CSV 文件读到一个临时数组中，这个数组保存了将每一行数据按逗号分隔后的子字符串，方便在后面排序的时候进行格式转换，如代码清单 13-9 所示。

代码清单 13-9　StockPriceItem 2.1 版

```
1    private StockPriceItemRaw[] _stockPrices = null;
2
3    public class StockPriceItemRaw {
4        public String Date;
5        public String Volume;
6        public String Open;
7        public String High;
8        public String Low;
9        public String Close;
10       public String AdjClose;
11
12       @Override public String toString()
13       {
14           return String.format("[%s]: Open-%s, High-%s, Low-%s, Close-%s.",
15                   Date, Open, High, Low, Close);
16       }
17   }
18
19   private void SortPriceFromHighestToLowest(String column)
20   {
21       if ( column.compareTo("High") == 0 ) {
```

```
22              // 使用冒泡法
23              StockPriceItem[] forSort = new StockPriceItem[_stockPrices.
                length];
24              for ( int i = 0; i < _stockPrices.length; ++i ) {
25                  StockPriceItem item = new StockPriceItem();
26                  item.High = Float.parseFloat(_stockPrices[i].High);
27                  forSort[i] = item;
28              }
29          }
30      }
```

在 2.1 版中，应用先将 CSV 文件读取到一个 StockPriceItemRaw 的数组中，其中只保存历史交易数据字符串格式的价格记录，参见第 1～17 行，而在排序之前（第 21～28 行），再进行实时格式转换。衡量这个版本的性能，如图 13-8 所示。

图 13-8　TraceViewDemo2.1 版的优化结果摘要

得到的结果让人有点惊讶，同样都是采用冒泡排序，2.1 版不仅代码量比 2.0 版多，而且看起来还创建了不少冗余的对象（StockPriceItemRaw 数组中的元素）。但是程序运行的速度却提升了很多，有 2000 毫秒的改进，"main"线程的时间线也变得更清晰，前面黑色部分基本上就是 ReadCSV 所耗费的时间，后面绿色部分则是 SortPriceFromHighestToLowest 函数消耗的时间。2.1 版本最主要的性能改进就是完全消除了 getHigh 这些成员访问函数的调用时间 1609 毫秒（参见图 13-6 中的 getHigh 的 InclCpu Time 一列）。从相应时间也可以看到性能的大幅改进，如图 13-9 所示。

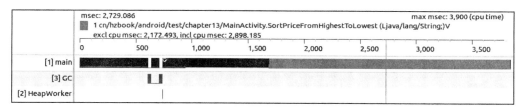

图 13-9　TraceViewDemo2.1 版的相应时间测量结果

虽然性能有大幅提升，但还是没有好到满意的程度，那现在将冒泡排序换成快速排序再执行一次性能测试（基于 2.0 版本优化），只需要修改 SortPriceFromHighestToLowest 的排序代码即可，如代码清单 13-10 所示。

代码清单 13-10　TraceViewDemo 的第三次优化（使用快速排序算法）

```
1       private void SortPriceFromHighestToLowest(String column)
2       {
3           if ( column.compareTo("High") == 0 ) {
```

```
 4                    Collections.sort(_stockPrices, new HighComparator());
 5                }
 6        }
 7
 8        public class HighComparator implements Comparator<StockPriceItem>{
 9            public int compare(StockPriceItem o1, StockPriceItem o2) {
10                return o1.getHigh()-o2.getHigh() > 0 ? 1 : -1;
11            }
12        }
```

图 13-10 是优化后的结果，效果差强人意，只比 2.1 版快了 1500 毫秒左右。

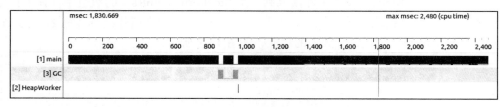

图 13-10　TraceViewDemo3.0 版的性能衡量结果摘要

观察详细日志（图 13-11）可以看到，getHigh 占用的时间还是一个性能制约因素，采取 V2.1 同样的优化思路，再次进行优化，这次将启动时间优化到 2 秒之内，如图 13-12 所示。

Name	Incl Cpu	Incl Cpu T	Excl Cpu	Excl Cpu	Calls+Recur Calls/Total	Cpu Time/Call
▶ ▉ 0 (toplevel)	100.0%	2476.206	0.0%	0.521	7+0	353.744
▶ ▉ 1 cn/hzbook/android/test/chapter13/MainActivity.ReadCsv ()V	53.7%	1330.262	2.2%	54.376	1+0	1330.262
▶ ▉ 2 cn/hzbook/android/test/chapter13/MainActivity.SortPriceFromHighestToLowest (L	43.8%	1084.293	0.0%	0.239	1+0	1084.293
▶ ▉ 3 java/util/Collections.sort (Ljava/util/List;Ljava/util/Comparator;)V	43.7%	1083.292	0.6%	13.899	1+0	1083.292
▶ ▉ 4 java/util/Arrays.sort ([Ljava/lang/Object;Ljava/util/Comparator;)V	41.3%	1022.856	0.0%	0.011	1+0	1022.856
▶ ▉ 5 java/util/TimSort.sort ([Ljava/lang/Object;Ljava/util/Comparator;)V	41.3%	1022.845	0.0%	0.010	1+0	1022.845
▶ ▉ 6 java/util/TimSort.sort ([Ljava/lang/Object;IILjava/util/Comparator;)V	41.3%	1022.835	0.0%	0.804	1+0	1022.835
▶ ▉ 7 cn/hzbook/android/test/chapter13/MainActivity$HighComparator.compare (Ljava/l	38.0%	941.444	2.3%	56.163	5536+0	0.170
▶ ▉ 8 cn/hzbook/android/test/chapter13/MainActivity$HighComparator.compare (Lcn/hz	35.8%	885.281	3.7%	91.506	5536+0	0.160
▶ ▉ 9 cn/hzbook/android/test/chapter13/StockPriceItem.getHigh ()F	32.1%	793.775	3.1%	75.600	11072+0	0.072

图 13-11　TraceViewDemo3.0 版的性能详细日志

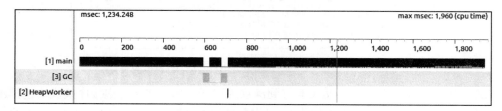

图 13-12　TraceViewDemo 的 V3.1 版的优化结果

13.2　使用 DDMS

Android 自带了一个名为 DDMS（Dalvik Debug Monitor Server，Dalvik 调试监视服务器）

的调试工具，它提供了端口映射服务、设备截屏、收集设备上的线程和内存信息、logcat、进程列表和无线状态信息、来电和短信模拟、位置 GPS 信息模拟等多种功能，它实际上封装了在第 12 章介绍的 adb 的很多功能。

启动 DDMS 的方法很简单：

❑ 在 Eclipse 中，依次单击菜单栏中的："Window" > "Open Perspective" > "DDMS"。
❑ 在终端中，进入 Android SDK 目录中的 tools 文件夹，运行 "ddms" 命令即可。

13.2.1 使用 DDMS

DDMS 启动后的界面如图 13-13 所示，左边列出了所有连接到开发机的设备列表，针对开发设备和模拟器，DDMS 还会列出设备上的进程列表。在图 13-13 左边的设备列表中选择一个进程，右边的 Info 页签中就会显示选中进程的一些摘要信息，DDMS 界面的最下方，显示的是选中设备的 logcat 输出。

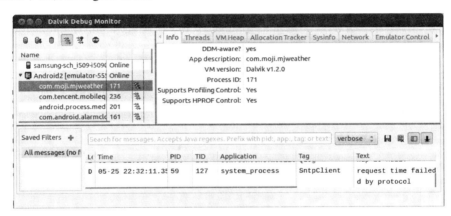

图 13-13　DDMS 的界面

在 DDMS 的左上角，有一排图标，前三个图标用于与内存相关的操作，相关内容将在第 14 章讲解；第四个图标 用来控制是否自动更新选中进程的线程列表；第五个图标 则用于启用/停用操作日志跟踪功能，按下它相当于在进程内部调用了 startMethodTracing 函数；最后一个图标 则用来关掉选中的应用。

1. 浏览和管理设备的文件

DDMS 可以用来浏览设备上的文件，也可以用它向设备上传和下载文件。在设备列表中选中一个设备，依次单击菜单栏中的 "Device" > "File Explorer..."，打开设备文件管理器界面，如图 13-14 所示。在图 13-14 的工具栏上，第一个图标 （Pull File from Device）用于将设备上的文件复制到本地开发机；第二个图标 （Push file onto Device）用于将开发机上的文件复制到设备上；第三个图标 则用于删除设备上指定的文件，其只在选中文件的时候才会高亮；第四个图标 用来在设备上创建一个新的文件夹。

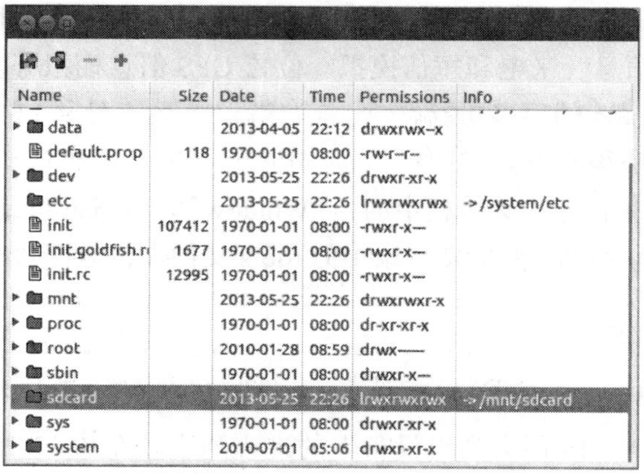

图 13-14　DDMS 中的设备文件管理器

2. 启用操作日志记录功能

在前面 13.1 节中，介绍了使用 startMethodTracing 和 stopMethodTracing 函数来记录操作日志的做法，如果没有待测应用源码，也可以通过 DDMS 来启用它。

3. 模拟来电、短信及 GPS 位置信息

在"Emulator control"页签中，可以模拟来电、短信提醒，如图 13-15 所示，选择要模拟来电还是短信提醒，在输入模拟的对方手机号后，如果选择的是模拟短信，则输入短信的消息，最后单击"Call"按钮进行模拟。

图 13-15　在 DDMS 中模拟来电提醒

在来电、短信提醒的下方，是位置模拟控件组。DDMS 提供了三种方式用于模拟位置：
❑ 手动（Manual），通过手动输入十进制或十六进制的经纬度信息来模拟；
❑ GPX，通过 GPS 信息交换文件格式模拟；
❑ KML，通过 KML 格式模拟。

13.2.2　DDMS 与调试器交互的原理

在 Android 上，每个应用都运行在单独的进程中，而每个进程也都有独立的虚拟机，每个虚拟机都打开了一个端口，以便调试器可以附加（attach）上来。DDMS 在启动后会与 adb 建立连接。之后一有设备连上来，就会在 adb 和 DDMS 之间建立一个监控服务，如果设备

上有应用启动或退出，这个服务就会提醒 DDMS。一旦监视到有新应用启动，DDMS 就会通过 adb 获取新进程的 id，并通过设备上的 adb 与应用内部虚拟机的调试器建立连接。

DDMS 会为设备上每个应用分配一个调试端口，端口号从 8600 开始，即其分配给第一个应用的端口号是 8600，分配给第二个应用的是 8601，依次往复。当有调试器连接到这些端口时，所有的调试命令都会被 DDMS 转发到相应的应用上，这样虽然一个调试器只能打开一个端口，但是 DDMS 却能同时允许多个调试器的连接请求。另外，除了监听应用的调试端口，DDMS 还监听一个转发端口，其默认端口号是 8700，它负责中转调试器和设备上应用的调试信息，如果调试器连接到这个端口上，其可以调试设备上任意一个应用，而当前正在调试的应用可以在 DDMS 中选择。在图 13-16 中，进程"cn.hzbook.android.test.chapter13.alarmservice"的调试端口号是 8604，但其在 DDMS 中被高亮选中，因此调试器通过 8700 端口或 8604 端口都可以调试到这个进程，即 DDMS 会自动将所有发到 8700 端口号的调试消息都转发到 8604 端口。

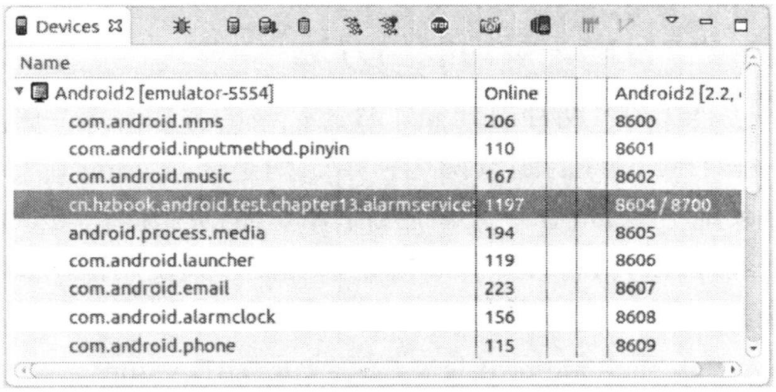

图 13-16　DDMS 中可调试的 Android 应用的端口号

如果开发的 Android 程序包括多个进程，可以借助 DDMS 的这个特性同时调试这些进程。在本书配套资源的示例程序"ddmsdemo"中就演示了这个技巧。"ddmsdemo"由"alarmservice"和"ddmsdemo"两个应用组成，其中"alarmservice"是一个运行在独立进程空间中的服务，而"ddmsdemo"应用在启动后会绑定"alarmservice"服务，并且其界面上有一个按钮，单击这个按钮可以通过一个 RPC 调用从"alarmservice"得到一个字符串，并将调用结果显示在界面上。这个系统涉及两个应用之间的相互调用，因此在调试排错时，最好能够同时调试这两个应用：

1）首先在"ddmsdemo"的源码根目录下利用 maven 命令编译两个应用：

```
$ mvn install
```

2）分别进入"alarmservice"和"ddmsdemo"目录，运行命令：

```
$ mvn android:deploy
```

3）在"ddmsdemo"文件夹中，执行命令在模拟器或开发设备上启动"ddmsdemo"应用：

```
$ mvn android:run -Dandroid.run.debug=true
```

4)"ddmsdemo"应用在启动时会自动启动"alarmservice"服务,这时可以启动 Eclipse 并打开两个应用的源码,设置好断点,例如,分别在"HelloAndroidActivity.java"的第 42 行和"AlarmService.java"的第 99 行设置断点。

5)先调试"ddmsdemo"应用,确保其调用"alarmservice"的 RPC 函数传入的参数是有效的,这时可以在 DDMS 的"Devices"窗口中选择"ddmsdemo"进程,并在 Eclipse 中以端口号 8700 开始远程调试。

6)在调试完"ddmsdemo"应用后,依次单击 eclipse 菜单栏中的"Run">"Disconnect"断开与"ddmsdemo"进程的连接。

7)再在 DDMS 的"Devices"窗口中选择"alarmservice"进程,在 Eclipse 中再次以端口号 8700 开始远程调试,在设备上运行"ddmsdemo"应用,单击"Hello ddmsdemo"按钮,就可以发现"alarmservice"进程中断在"AlarmService.java"中第 99 行设置的断点处。

13.2.3 三种启动操作日志记录功能的方法

在前文中,我们已经看到了两种启动操作日志记录的方法,第一种即直接修改源码,添加对 Debug.startMethodTracing() 的函数调用;第二则是通过 ddms 命令在应用运行后启用。也可以通过 Android 系统中的 am 命令来启用操作日志记录功能。与 ddms 命令类似,am 的 profile 子命令可以在进程运行时打开操作日志记录功能,其使用格式如下:

❑ 启用日志记录,adb shell am profile < 进程或进程 ID>start < 日志路径 >;
❑ 停用日志记录,adb shell am profile < 进程或进程 ID> stop。

例如,前面在使用 ddms 时,要记录活动(Activity)的 onCreate 函数内部的操作可能会困难点,这时可以使用 am 的 profile 命令在没有源码的情况下跟踪 onCreate 的操作日志。要跟踪本章示例程序的操作日志,执行下面两个命令即可(其中 cn.hzbook.android.test.chapter13 是示例应用的进程名):

```
$ adb shell am profile cn.hzbook.android.test.chapter13 start /sdcard/test.trace
$ adb shell am profile cn.hzbook.android.test.chapter13 stop
```

> **注意**
>
> 在运行 am profile 命令时,如果遇到 SecurityException:
>
> java.lang.SecurityException: Process not debuggable: ProcessRecord……
>
> 这通常是因为应用并不是调试版,需要在应用的 AndroidManifest.xml 文件的 application 节中添加 android:debuggable="true" 属性,如:
>
> ```
> <application ..android:debuggable="true">
>    ...
> </application>
> ```

13.3 使用 dmtracedump 分析函数调用树

在 Traceview 的详细日志面板中可以以层次的方式展开每个函数，方便开发人员观察函数之间的调用关系，如当前函数被哪个函数所调用，当前函数直接调用了哪些函数等，如图 13-4 所示。但这种方式还不是很直观，在 Android 中，dmtracedump 命令（在 Android SDK 的 tools/ 文件夹中）可以用来图形化的显示函数之间的层级调用关系，图 13-17 是 Traceviewdemo 3.1 版的分析部分结果截图。

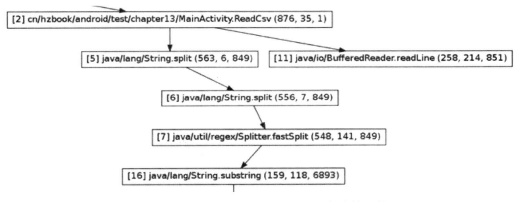

图 13-17　dmtracedump 分析操作日志的部分结果截图

从图 13-17 中可以看出，MainActivity.ReadCsv 函数主要调用了两个函数，分别是 String.split 和 BufferedReader.readLine 函数，而 String.split 在运行过程中有一些递归调用，最后通过 String.substring 函数将分拆的部分以字符串数组的形式返回结果。图 13-17 中每一个节点都以下面的格式显示：

```
<ref> 函数名 (<inc-ms>, <exc-ms>, <numcalls>)
```

其中：
- <ref> 表示调用编号，这个编号不代表调用的顺序，只是在分析结果时作为索引用的。
- <inc-ms> 包含时间，含义参考表 13-1。
- <exc-ms> 独占时间，含义参考表 13-1。
- <numcalls> 调用的次数。

如"[2] cn/hzbook/android/test/chapter13/MainActivity.ReadCsv (876, 35, 1)"表明节点的编号是 2，函数包括子函数调用的时间总耗时 876 毫秒，而不包括子函数的调用则耗时 35 毫秒，总共被调用一次。

dmtracedump 命令依赖开源的 dot 命令生成函数调用图，而 dot 是 graphviz 包的一部分，graphviz 是一个可以从文本形式的描述文件中生成图片的程序，用法可以参考其官网 http://www.graphviz.org/。在使用之前，需要安装 graphviz 包，安装命令如下：

```
$ sudo apt-get install graphviz
```

Dmtracedump 命令的使用格式是："dmtracedump[参数列表] 日志文件"，例如要生成图 13-17 中的图形，可以这样：

```
$ dmtracedump -g traceviewdemo.png tracedemo.trace
```

表 13-2 是 dmtracedump 命令的参数说明表。

表 13-2　dmtracedump 的参数列表

参　　数	说　　明
-d＜日志文件＞	与指定的日志文件做对比
-g＜输出的图像文件＞	以图形方式显示调用树并输出到指定的文件中
-k	保存中间用于生产调用树图像的 dot 文件
-h	以 HTML 格式输出
-o	只是显示日志文件，而不做任何处理
-s＜排序 js 文件＞	当以 HTML 格式输出时，这个参数指定在 HTML 文件中进行排序的 javascript 文件
-t＜百分比＞	要显示的函数调用包含时间（inclusive time）阈值，对于子节点来说，该阈值是其调用包含时间相对于父节点调用包含时间的百分比，默认值是 20%，即只输出调用包含时间是父节点总调用包含时间 20% 的函数到最终的文件中

例如，除了生成调用树图像文件，可以生成一个详细的 HTML 网页发布到 Web 服务器，供开发员在线浏览（由于生成的文件太大，本书不提供截图，请读者自行尝试）：

```
$ dmtracedump -h tracedemo.trace> temp.html
```

在前面介绍 traceview 的用法时，我们是人工对比优化前后的操作日志来确定优化是否成功的，而 dmtracedump 命令则提供了更为精确的自动化的对比方式，下面的命令对比了 perfdemo 3.0 版和 3.1 版的操作日志：

```
$ dmtracedump -d tracedemov3.trace -h tracedemov3.1.trace > test.html
```

 注意

上面的命令告诉 dmtracedump 命令将对比结果输出为一个 html 文件，方便浏览。也可以让 dmtracedump 命令产生文本格式的输出，相应的命令是：

```
$ dmtracedump -d tracedemov3.trace tracedemov3.1.trace > test.txt
```

输出 html 文件的结果如图 13-18 所示。

结果可分为四个表格，第一个表格对比函数调用独占（Exclusive）时间的差异，第二个表格对比函数调用包含（Inclusive）时间的差异。两个表格的列的含义相同，第一列是对比的函数名；第二列和第三列以微秒为单位显示两次操作日志的函数调用的时间；第四列为函数在两次运行过程中的用时差异；第五列为函数两次运行过程中的用时比较（百分比形式，公式为 (Run 2) / (Run 1) * 100.0，可以参见 android 源码：dalvik/tools/dmtracedump/TraceDump.c#createDiff)；第六列和第七列则分别显示函数在两次运行过程中的调用次数。

Table of Contents

- Exclusive
- Inclusive

Run 1: tracedemov3.trace
Run 2: tracedemov3.1.trace

Exclusive

Method	Run 1 (us)	Run 2 (us)	Diff (us)	Diff (%)	1: # calls	2: # calls
java/io/BufferedReader.readLine	203196	214680	11484	105.65	851	851
java/lang/CaseMapper.toLowerCase	122235	127362	5127	104.19	849	849
java/lang/System.arraycopy	25029	28177	3148	112.58	5054	5905
java/lang/String.indexOf	34332	36842	2510	107.31	3396	3396
java/lang/Character.toLowerCase	36934	39440	2506	106.79	5943	5943

图 13-18　使用 dmtracedump 命令对比优化前后的日志结果

第三和第四个表格分别显示两次运行过程中，没有出现的函数调用，即可能的性能改进，图 13-19 是在执行 perfdemo 3 时调用过而执行 perfdemo 3.1 时没有调用的函数列表。

Run 1 methods not found in Run 2

Method	Exclusive	Inclusive	# calls
cn/hzbook/android/test/chapter13/MainActivity.SortPriceFromHighestToLowest	217	1066656	1
cn/hzbook/android/test/chapter13/StockPriceItem.getHigh	76547	782983	11072
java/lang/Long.parseLong	7183	392843	849
java/lang/Long.parseLong	18722	385660	849
java/lang/Long.parse	182179	362169	849
java/lang/Character.digit	64421	153130	8491
java/lang/Character.digit	88709	88709	8491

图 13-19　dmtracedump 命令对比两次日志的函数调用差异

13.4　本章小结

在执行应用的性能调优之前，要先采用工具精确衡量应用各个部分的执行时间，而不应该猜测应用中的性能瓶颈。例如，对于本章的示例应用，可能一开始凭感觉会认为磁盘 IO 的速度一定要比 CPU 速度慢很多，因此断定瓶颈在 IO 上，而我们从优化过程中却发现，一个简单的成员变量访问函数 getHigh 竟然能占用一半左右的执行时间，这是笔者，也可能是读者在一开始没有预想到的。

一般来说，衡量代码执行速度的方法很简单：

1）记录代码执行前的开始时间；

2）执行要衡量的代码；
3）记录代码执行完毕的结束时间；
4）计算两个时间的差值。

而性能优化则是一个衡量、优化、再衡量、比较两次衡量结果确定优化是否成功的循环往复的过程。

在本章中，我们也看到了，Android 虚拟机在执行内存垃圾回收（GC）时会中断主线程的执行，如果系统内垃圾回收过于频繁，也有可能导致应用响应缓慢。在下一章中，我们将探讨 Android 应用内存方面的问题。

第 14 章 分析 Android 内存问题

在上一章使用 traceview 分析 Android 应用的操作日志时，我们发现应用中默认有三个线程："main"主线程、GC 线程和 Heap 线程，而且在 GC 线程运行的过程中，主线程会中断执行。Java 程序与 C/C++ 等原生程序的一个不同点就是，Java 虚拟机在运行 Java 程序的过程中，可以自动回收不再使用的对象实例，从而避免了程序员人工管理内存的繁琐工作。如果设备是单核 CPU 设备，一次只能运行一个线程，因此在 GC 线程运行的时候，必须中断主线程。但如果设备上有多核 CPU，即主线程可以和 GC 线程同时运行，在这种情况下执行 GC，会不会中断主线程呢？答案是会的。虽然有不同的内存垃圾回收实现算法，但有些算法需要中断其他 Java 线程的执行，如果中断的时间过长，给用户的感觉就是应用的响应速度变得越来越慢，甚至有可能出现 ANR（Application Not Responding）错误。

14.1 Android 内存管理原理

一般来说，程序使用内存的方式遵循先向操作系统申请一块内存，使用内存，使用完毕之后释放内存归还给操作系统。然而在传统的 C/C++ 等要求显式释放内存的编程语言中，在合适的时候释放内存是一个很有难度的工作，因此 Java 等编程语言都提供了基于垃圾回收算法的内存管理机制。

14.1.1 垃圾内存回收算法

常见的垃圾回收算法有引用计数法（Reference Counting）、标注并清理（Mark and Sweep）、拷贝（Copying）和逐代回收（Generational）等，其中 Android 系统采用的是标注并清理和拷贝 GC，并不是大多数 JVM 实现中采用的逐代回收算法。这几个算法各有优缺点，所以在很多垃圾回收实现中，常常可以看到将几种算法合并使用的场景，本节将一一讲解这几个算法。

1. 引用计数回收法

引用计数法的原理很简单，即记录每个对象被引用的次数。每当创建一个新的对象，或者将其他指针指向该对象时，引用计数都会累加一次；而每当将指向对象的指针移除时，引用计数都会递减一次，当引用次数降为 0 时，删除对象并回收内存。采用这种算法的较出名的框架有微软的 COM 框架，代码清单 14-1 演示了一个对象引用计数的增减方式。

代码清单 14-1　演示引用计数增减方式的伪码

```
Object *obj1 = new Object(); // obj1 的引用计数为 1
Object *obj2 = obj1;         // obj1 的引用技术为 2
Object *obj3 = new Object();

obj2 = NULL; // obj1 的引用计数递减 1 次为 1
obj1 = obj3; // obj1 的引用计数递减 1 次为 0，可以回收其内存
```

通常对象的引用计数都会与对象放在一起，系统在分配完对象的内存后，返回的对象指针会跳过引用计数部分，如图 14-1 所示。

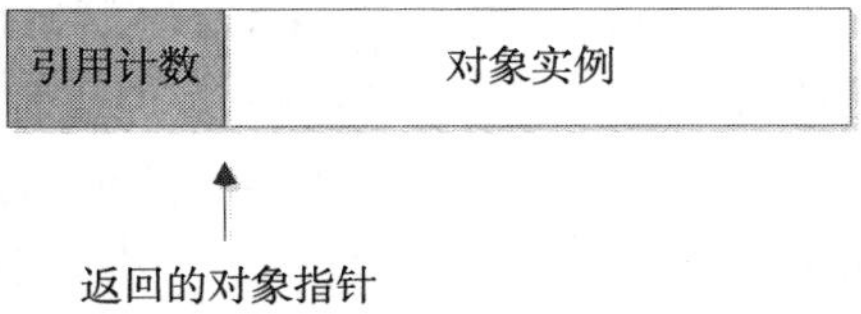

然而引用计数回收算法有一个很大的弱点，就是无法有效处理循环引用的问题，由于 Android 系统没有使用该算法，所以这里不做过多的描述，有兴趣的读者可自行查阅相关文档。

图 14-1　采用引用计数对象的内存布局示例

2. 标注并清理回收法

在这个算法中，程序在运行的过程中不停创建新的对象并消耗内存，直到内存用光，这时再创建新对象，系统暂停其他组件的运行，触发 GC 线程启动垃圾回收过程。内存回收的原理很简单，就是从所谓的"GC Roots"集合开始，将内存整个遍历一次，保留所有可以被 GC Roots 直接或间接引用到的对象，而剩下的对象都当做垃圾对待并回收，如代码清单 14-2 所示。

代码清单 14-2　标注并清理回收算法的伪码

```
void GC()
{
    SuspendAllThreads();

    List<Object>roots = GetRoots();
    foreach ( Object root : roots ) {
        Mark(root);
    }

    Sweep();

    ResumeAllThreads();
}
```

这个算法通常分为两个主要的步骤：

1）标注（Mark）阶段，这个过程的伪码如代码清单 14-3 所示，针对 GC Roots 中的每一个对象，采用递归调用的方式（第 8 行）处理其直接和间接引用到的所有对象：

代码清单 14-3　标注并清理算法的标注阶段伪码

```
1.   void Mark(Object* pObj) {
2.       if ( !pObj->IsMarked() ) {
3.           // 修改对象头的 Marked 标志
4.           pObj->Mark();
5.           // 深度优先遍历对象引用到的所有对象
6.           List<Object *> fields = pObj->GetFields();
7.           foreach ( Object* field : fields ) {
8.               Make(field); // 递归处理引用到的对象
9.           }
10.      }
11.  }
```

如果对象引用的层次过深，递归调用消耗完虚拟机内 GC 线程的栈空间，那么会导致栈空间溢出（StackOverflow）异常，为了避免这种情况的发生，在具体实现时，通常使用一个叫做标注栈（Mark Stack）的数据结构来分解递归调用。一开始，标注栈（Mark Stack）的大小是固定的，但在一些极端情况下，如果标注栈的空间也不够，则会分配一个新的标注栈（Mark Stack），并将新老栈用链表连接起来。

与引用计数法中对象的内存布局类似，对象是否被标注的标志也是保存在对象头中的，如图 14-2 所示。

图 14-3 展示的是垃圾回收前的对象之间的引用关系，而 GC 线程遍历完整个内存堆之后，标识出所有可以被"GC Roots"引用到的对象，即代码清单 14-3 中的第 4 行，结果如图 14-4 中阴影部分所示，对于所有未被引用到（即未被标注）的对象，都将其作为垃圾收集。

图 14-2　标注并清理算法中的对象布局

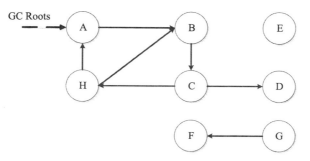

图 14-3　回收内存垃圾之前的对象引用关系

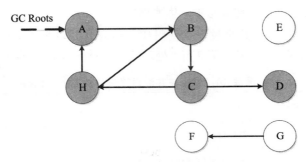

图 14-4　GC 线程标识出所有不能被回收的对象实例

2）清理（SWEEP）阶段，即执行垃圾回收过程，留下有用的对象，如图 14-5 所示。代码清单 14-4 是这个过程的伪码，在这个阶段，GC 线程遍历整个内存，将所有没有标注的对象（即垃圾）全部回收，并将保留下来的对象的标志清除掉，以便在下次 GC 过程中使用。

代码清单 14-4　标注并清理算法中的清理过程伪码

```
1.   void Sweep() {
2.       Object *pIter = GetHeapBegin();
3.       while ( pIter < GetHeapEnd() ) {
4.           if ( !pIter->IsMarked() )
5.               Free(pIter);
6.           else
7.               pIter->UnMark();
8.
9.           pIter = MoveNext(pIter);
10.      }
11.  }
```

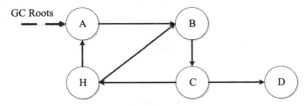

图 14-5　GC 线程执行完垃圾回收过程后的对象图

这个方法的优点是很好地处理了引用计数中的循环引用问题，而且在内存足够的前提下，对程序几乎没有任何额外的性能开支（如不需要维护引用计数的代码等），然而它的一个很大的缺点就是在执行垃圾回收过程中，需要中断进程内其他组件的执行。

3. 标注并整理回收法

这个是前面标注并清理法的一个变种，系统在长时间运行的过程中，反复分配和释放内存很有可能会导致内存堆里的碎片过多，从而影响分配效率，因此有些采用此算法的实现

（Android 系统中并没有采用这个做法），在清理过程中，还会执行内存中移动存活的对象，使其排列的更紧凑。在这种算法中，虚拟机在内存中依次排列和保存对象，可以想象 GC 组件在内部保存了一个虚拟的指针——下个对象分配的起始位置，如图 14-6 所示的示例应用，其 GC 内存堆中已经分配有 3 个对象，因此"下个对象分配的起始位置"指向已分配对象的末尾，新的对象"object 4"（虚线部分）的起始位置将从这里开始。

这个内存分配机制和 C/C++ 的 malloc 分配机制有很大的区别，在 C/C++ 中分配一块内存时，通常 malloc 函数需要遍历一个"可用内存空间"链表，采取"first-first"（即返回第一块大于内存分配请求大小的内存块）或"best-fit"（即返回大于内存分配请求大小的最小内存块），无论是哪种机制，这个遍历过程相对来说都是一个较为耗时的。然而在 Java 语言中，理论上，为一个对象分配内存的速度甚至可能比 C/C++ 更快一些，这是因为其只需要调整指针"下个对象分配的起始位置"即可，据 Sun 的工程师估计，这个过程大概只需要执行 10 个左右的机器指令。

图 14-6　在 GC 中为对象分配内存

由于虚拟机在给对象分配内存时，一直不停地向后递增指针"下个对象分配的起始位置"，潜台词就是将 GC 堆当做一个无限大的内存对待，为了满足这个要求，GC 线程在收集完垃圾内存之后，还需要压缩内存，即移动存活的对象，将它们紧凑地排列在 GC 内存堆中。图 14-7 是 Java 进程内执行 GC 前的内存布局，在执行回收过程时，GC 线程从进程中所有的 Java 线程对象、各线程堆栈中的局部变量、所有的静态变量和 JNI 引用等 GC Roots 开始遍历。

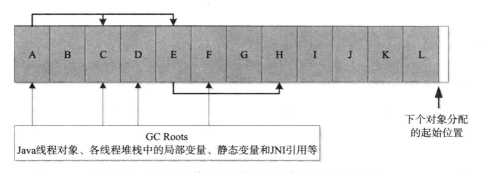

图 14-7　垃圾回收前的 GC 堆上的对象布局及引用关系

在图 14-7 中，可以被 GC Roots 访问到的对象有 A、C、D、E、F、H 六个对象，为了避免内存碎片问题和满足快速分配对象的要求，GC 线程移动这 6 个对象，使内存使用更为紧凑，如图 14-7 所示。由于 GC 线程移动了存活下来对象的内存位置，其必须更新其他线程中对这些对象的引用。如图 14-8 所示，由于 A 引用了 E，在被 GC 线程移动内存位置之后，就必须更新进程中其他对象对其的引用，在更新过程中，必须中断正在使用 A 的线程，防止其访问到错误的内存位置而导致无法预料的错误。

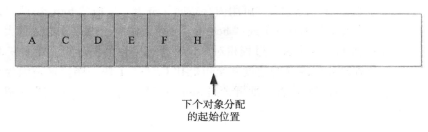

图 14-8　GC 线程移动存活的对象使内存布局更为紧凑

> **注意**
>
> 在现代操作系统中，针对 C/C++ 的内存分配算法已经做了大量的改进，例如在 Windows 中，堆管理器提供了一个叫做"Look Aside List"的缓存针对大部分程序都是频繁分配小块内存的情形做的优化，具体技术细节可以参阅笔者的在线付费技术视频：
> - 调试堆溢出问题（上）：http://product.china-pub.com/3502598
> - 调试堆溢出问题（中）：http://product.china-pub.com/3502599
> - 调试堆溢出问题（下）：http://product.china-pub.com/3502600

4. 拷贝回收法

这也是标注法的一个变种，GC 内存堆实际上分成乒（ping）和乓（pong）两部分。一开始，所有的内存分配请求都有乒（ping）部分满足，其维护"下个对象分配的起始位置"指针，分配内存仅仅就是操作这个指针而已，当乒（ping）的内存块用完时，采用标注（Mark）算法识别出存活的对象，如图 14-9 所示，并将它们复制到乓（pong）部分，后续的内存分配请求都在乓（pong）部分完成，如图 14-10。而乓（pong）部分的内存用完后，再切换回乒（ping）部分，使用内存就跟打乒乓球一样。

回收算法的优点在于内存分配速度快，而且还有可能实现低中断，因为在垃圾回收过程中，从一块内存复制存活对象到另一块内存的同时，还可以满足新的内存分配请求，但其缺点是需要有额外的一个内存空间。不过针对回收算法的缺点，也可以通过操作系统地虚拟内存提供的地址空间申请和提交分布操作的方式实现优化，因此在一些 JVM 实现中，其 Eden 区域内的垃圾回收采用此算法。

5. 逐代回收法

这种算法也是标注并清理算法的一个变种，标注并清理算法最大的问题就是中断的时间过长，此算法的优化基于下面几个发现：

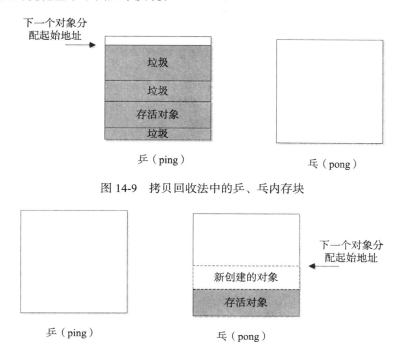

图 14-9　拷贝回收法中的乒、乓内存块

图 14-10　在拷贝回收法中切换乒、乓内存块以满足内存分配请求

- 大部分对象创建完很快就没用了，即变成垃圾；
- 每次 GC 收集的 90% 的对象都是上次 GC 后创建的；
- 如果对象可以活过一个 GC 周期，那么它在后续几次 GC 中变成垃圾的几率很小，因此每次在 GC 过程中反复标注和处理它是浪费时间。

可以将逐代回收算法看成拷贝 GC 算法的一个扩展，一开始所有的对象都分配在 "年轻一代对象池"（在 JVM 中称为 YoungGeneration）中，如图 14-11 所示。

在执行第一次垃圾回收之后，垃圾回收算法一般采用标注并清理算法，存活的对象会移动到 "老一代对象池"（在 JVM 中称为 Tenured）中，如图 14-12 所示，而后面新创建的对象仍然在 "年轻一代对象池" 中创建，这样进程不停地重复前面两个步骤。等到 "老一代对象池" 也快要被填满时，虚拟机此时再在 "老一代对象池" 中执行垃圾回收过程释放内存。在逐代 GC 算法中，由于 "年轻一代对象池" 中的回收过程很快，只有很少的对象会存活，而执行时间较长的 "老一代对象池" 中的垃圾回收过程执行不频繁，实现了很好的平衡，因此大部分虚拟机，如 JVM、.NET 的 CLR 都采用这种算法。

在逐代 GC 中，有一个较棘手的问题需要处理，即如何处理老一代对象引用新一代对象的问题，如图 14-13 所示。由于每次 GC 都是在单独的对象池中执行的，当 GC Root 之一 R3 被释放后，在 "年轻一代对象池" 中执行 GC 过程时，R3 所引用的对象 f、g、h、i 和 j 都会被当做垃圾回收掉，这样就导致 "老一代对象池" 中的对象 c 有一个无效引用。

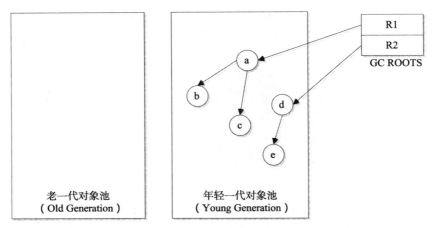

图 14-11　逐代 GC 开始时对象都分配在年轻一代对象池中

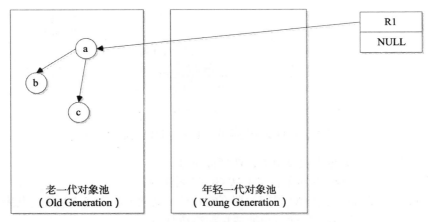

图 14-12　在逐代 GC 中将存活的对象挪到老一代对象池

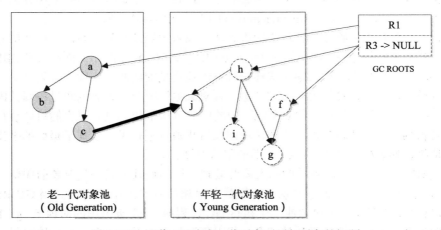

图 14-13　逐代 GC 中老一代对象引用新对象的问题

为了避免这种情况，在"年轻一代对象池"中执行 GC 过程时，也需要将对象 c 当做 GC Roots 之一。一个名为"Card Table"的数据结构就是专门设计用来处理这种情况的，"Card Table"是一个位数组，每一个位都表示"老一代对象池"内存中一块 4KB 的区域（之所以取 4KB，是因为大部分计算机系统中，内存页大小就是 4KB）。当用户代码执行一个引用赋值（reference assignment）时，虚拟机（通常是 JIT 组件）不会直接修改内存，而是先将被赋值的内存地址与"老一代对象池"的地址空间进行一次比较，如果要修改的内存地址是"老一代对象池"中的地址，虚拟机会修改"Card Table"对应的位为 1，表示其对应的内存页已经修改过 – 不干净（dirty）了，如图 14-14 所示。

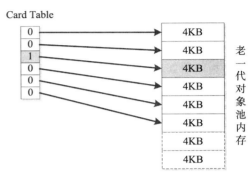

图 14-14　逐代 GC 中 Card Table 数据结构示意图

当需要在"年轻一代对象池中执行 GC 时，GC 线程先查看"Card Table"中的位，找到不干净的内存页，将该内存页中的所有对象都加入 GC Roots。虽然初看起来，有点浪费，但是据统计，通常从老一代的对象引用新一代对象的几率不超过 1%，因此"Card Table"的算法是以一小部分的时间损失换取空间。

14.1.2　GC 发现对象引用的方法

1. 笨方法——保守 GC

GC 以函数库的方式加入现有系统，通常采用保守 GC 法（Conservative GC），因为很难修改现有系统代码。在保守 GC 法中，将 GC 内存中每个字节都当做针对其他对象的引用，因此只要给 GC 函数库提供对象的大小和内存地址的对齐信息（32 位机是 32 位、64 位机是 64 位，这里以 64 位为例）。

当 GC 库得到一个指针 pObj，它会将 pObj 到 (pObj + sizeof(pObj)) 范围内的每一个 64 位（即 8 个字节）当做指向其他对象的指针，并将该"指针"的值与 GC 内存堆的地址范围做比较，如果发现值在地址范围内，那么 GC 库就会确认该"指针"的确指向某个对象的引用。

虽然这个方法看起来有点笨，但事实证明它还是有效的，只不过有时会判断错误，即把一个整型（或长整型）数字当做对象引用处理，但这样也不过就是没有回收到一点垃圾内存而已。

2. 精确 GC

在精确 GC（Precise GC）中，GC 知道一个对象中对其他对象的引用，这就需要虚拟机（通常是 JIT）保留这些信息，本节描述其中一个方法。

每个对象都有一个对象头，对象头内部则包含了指向类型信息的指针，而类型信息中则有一个称为 ReferenceMap 的数据结构保存该类型中的成员信息。因此在执行 GC 时，从对象头中获取类型信息，从而得到其对其他对象的引用信息。

14.1.3　Android 内存管理源码分析

在 Android 中，实现了标注并清理和拷贝 GC，但是具体使用什么算法是在编译期决定的，无法在运行的时候动态更换，至少在目前的版本上（4.2）还是这样。在 Android 的 dalvik 虚拟机源码的 Android.mk 文件（路径是 /dalvik/vm/Dvm.mk）中，有类似代码清单 14-5 的代码，即如果在编译 dalvik 虚拟机的命令中指明了"WITH_COPYING_GC"选项，则编译"/dalvik/vm/alloc/Copying.cpp"源码（这是 Android 中拷贝 GC 算法的实现），否则编译"/dalvik/vm/alloc/HeapSource.cpp"，其实现了标注并清理 GC 算法，也就是本节分析的重点。另外，需要指出的是，在默认情况下 Android 使用的是保守 GC，而且 Android 只在拷贝 GC 算法的实现中用到精确 GC，在 dalvikvm 命令中，有选项"-Xgc:noprecise"和"-Xgc:precise"可以开关精确 GC。

代码清单 14-5　编译器指定使用拷贝 GC 还是标注并清理 GC 算法

```
WITH_COPYING_GC := $(strip $(WITH_COPYING_GC))

ifeq ($(WITH_COPYING_GC),true)
  LOCAL_CFLAGS += -DWITH_COPYING_GC
  LOCAL_SRC_FILES += \
      alloc/Copying.cpp.arm
else
  LOCAL_SRC_FILES += \
      alloc/DlMalloc.cpp \
      alloc/HeapSource.cpp \
      alloc/MarkSweep.cpp.arm
endif
```

> 注意
>
> 本节分析的 Android 源码，可以在 http://androidxref.com/source/xref/ 中在线浏览。

1）在 Java 中，对象是分配在 Java 内存堆之上的，当 Java 程序启动后，JVM 会向操作系统申请保留一大块连续的内存。

在 Android 源码中，这个过程分为下面几步：

- dvmStartup 函数（/dalvik/vm/Init.cpp:1376）解析完传入虚拟机的命令行参数，调用 dvmGcStartup 函数初始化 GC 组件。
- dvmGcStartup 函数（/dalvik/vm/alloc/Alloc.cpp:30）负责初始化几个 GC 线程同步原语，再调用 dvmHeapStartup 函数初始化 GC 内存堆（即 Java 内存堆）。
- dvmHeapStartup 函数（/dalvik/vm/alloc/Heap.cpp:75）则根据 GC 参数设置调用 dvm-HeapSourceStartup 函数向操作系统申请一大块连续的内存空间，这个内存空间会自动增长，在默认设置中（/dalvik/vm/Init.cpp:1237），该内存堆的初始大小是 2MB，由

gDvm.heapStartingSize 指定，内存堆最大不超过 16MB（Java 程序用完这 16MB 内存就会导致 OOM 异常），由 gDvm.heapGrowthLimit 指定，如果 gDvm.heapGrowthLimit 的值为 0（即表示可以无限增长），则将最大值限定为 gDvm.heapMaximumSize 的值。申请完内存空间之后，初始化一个名为 clearedReferences 的队列（/dalvik/vm/alloc/Heap.cpp:98），这个队列将用在保存 finalizable 对象，以在另一个线程中执行它们的 finalize 函数。最后，dvmHeapStartup 函数还要初始化数据结构 Card Table（/dalvik/vm/alloc/Heap.cpp:100），如代码清单 14-6 所示。

代码清单 14-6　dvmHeapStartup 初始化 GC 内存堆

```
75  bool dvmHeapStartup()
76  {
77      GcHeap *gcHeap;
78
79      if (gDvm.heapGrowthLimit == 0) {
80          gDvm.heapGrowthLimit = gDvm.heapMaximumSize;
81      }
82
83      gcHeap = dvmHeapSourceStartup(gDvm.heapStartingSize,
84                                    gDvm.heapMaximumSize,
85                                    gDvm.heapGrowthLimit);
86      if (gcHeap == NULL) {
87          return false;
88      }
89      gcHeap->ddmHpifWhen = 0;
90      gcHeap->ddmHpsgWhen = 0;
91      gcHeap->ddmHpsgWhat = 0;
92      gcHeap->ddmNhsgWhen = 0;
93      gcHeap->ddmNhsgWhat = 0;
94      gDvm.gcHeap = gcHeap;
95
96      /* Set up the lists we'll use for cleared reference objects.
97       */
98      gcHeap->clearedReferences = NULL;
99
100     if (!dvmCardTableStartup(gDvm.heapMaximumSize, gDvm.heapGrowthLimit)) {
101         LOGE_HEAP("card table startup failed.");
102         return false;
103     }
104
105     return true;
106 }
```

❑ dvmHeapSourceStartup 函数（/dalvik/vm/alloc/HeapSource.cpp:541）通过 dvmAllocRegion 函数向操作系统申请保留一大块连续的内存地址空间，其大小是内存堆最大可能的大小（/dalvik/vm/alloc/HeapSource.cpp:563），成功后，再根据内存堆的初始大小申请内存。例如，在默认情况下，Java 内存堆的初始大小是 2MB，而最大能增长到 16MB，那么一开始 dvmHeapSourceStartup 会申请 16MB 大小的地址空间，但一开始只分配 2MB 的内存备用。在底层内存实现上，Android 系统使用的是 dlmalloc 实现，又叫 msspace，这是一个轻量级的 malloc 实现。

除了创建和初始化用于存储普通 Java 对象的内存堆，Android 还创建三个额外的内存堆：存放堆上内存被占用情况的位图索引"livebits"、在进行 GC 时标注存活对象的位图索引"markbits"，以及在 GC 中遍历存活对象引用的标注栈"mark stack"。

dvmHeapSourceStartup 函数运行完成后，HeapSource、Heap、livebits、markbits 以及 mark stack 等数据结构的关系如图 14-15 所示。

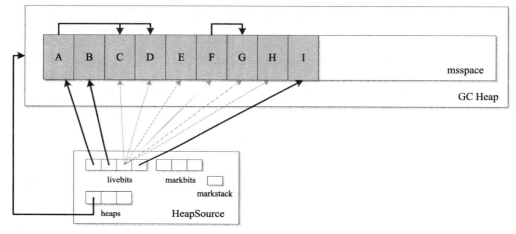

图 14-15　GC 内存堆上 HeapSource、Heap 等数据结构的关系

其中虚拟机通过一个名为 gHs 的全局 HeapSource 变量来操控 GC 内存堆，而 HeapSource 里通过 heaps 数组可以管理多个堆（Heap），以满足动态调整 GC 内存堆大小的要求。另外 HeapSource 中还维护一个名为"livebits"的位图索引，以跟踪各个堆（Heap）的内存使用情况。剩下两个数据结构"markstack"和"markbits"都用在垃圾回收阶段，后面会讲解。

❏ dvmAllocRegion 函数（/dalvik/vm/Misc.cpp:612）则通过 ashmem 和 mmap 两个系统调用分配内存地址空间，其中 ashmem 是 Android 系统对 Linux 的一个扩展，而 mmap 则是 Linux 系统提供的系统调用，读者可自行搜索参阅相关文档了解其用法。

完成这些步骤之后，一个 Android 应用的内存情况如图 14-16 所示，虚线是应用实际申请的地址空间范围，而实线部分则是已经分配的内存。

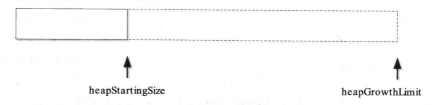

图 14-16　GC 向操作系统申请地址空间和内存

2）当需要应用需要分配内存，即通过"new"关键字创建一个实例时，在 Android 源码中的过程大致如下：
- 首先虚拟机在执行 Java class 文件时，遇到"new"或"newarray"指令（所有的 Java 字节指令码可参考维基百科：http://en.wikipedia.org/wiki/Java_bytecode_instruction_listings），表示要创建一个对象或者数组的实例。这里为了简单起见，我们只看新建一个对象实例的情形。
- 虚拟机的 JIT 编译器执行"new"指令。对于不同的 CPU 架构，"new"指令都有相应的机器码与其对应，如 ARM 架构，JIT 执行 /dalvik/vm/mterp/armv5te/OP_NEW_INSTANCE.S 中的机器码；而 x86 架构，则执行 /dalvik/vm/mterp/x86/OP_NEW_INSTANCE.S 中的机器码。"OP_NEW_INSTANCE"函数的工作就是加载"new"指令的对象类型参数，获取对象需要占用的内存大小信息，然后调用"dvmAllocObject"分配必要的内存（/dalvik/vm/mterp/armv5te/OP_NEW_INSTANCE.S:29），当然还会处理必要的异常。
- dvmAllocObject 函数（/dalvik/vm/alloc/Alloc.cpp:181）调用 dvmMalloc 根据对象大小分配内存空间，成功后，调用对象的构造函数初始化实例（/dalvik/vm/alloc/Alloc.cpp:191）。

3）程序在运行的过程中不停创建新的对象并消耗内存，直到 GC 内存用光，这时再创建新对象，就会触发 GC 线程启动垃圾回收过程，在 Android 源码中的过程如下：
- dvmMalloc 函数（/dalvik/vm/alloc/Heap.cpp:333）直接将分配内存的工作委托给函数 tryMalloc。
- tryMalloc 函数（/dalvik/vm/alloc/Heap.cpp:178）首先尝试利用 dvmHeapSourceAlloc 函数分配内存，如果失败，唤醒或创建 GC 线程执行垃圾回收过程，并等待其完成后重试 dvmHeapSourceAlloc（/dalvik/vm/alloc/Heap.cpp:201）；如果 dvmHeapSourceAlloc 再次失败，说明当前 GC 堆中大部分对象都是存活的，那么调用 dvmHeapSourceAllocAndGrow（/dalvik/vm/alloc/Heap.cpp:222）尝试扩大 GC 内存堆。前面说过，一开始 GC 堆会根据初始大小向操作系统申请保留一块内存，如果这块内存用完了，GC 堆就会再次向操作系统申请一块内存，直到用完限额。
- dvmMalloc 函数根据内存分配是否成功来执行相应的操作，如内存分配失败时，抛出 OOM（Out Of Memory）异常（/dalvik/vm/alloc/Heap.cpp:383）。

4）Android 源码中的垃圾回收过程大致如下：
- dvmCollectGarbageInternal 函数（/dalvik/vm/alloc/Heap.cpp:440）开始垃圾回收过程，首先调用 dvmSuspendAllThreads（/dalvik/vm/Thread.cpp:2539）暂停系统中除与调试器沟通的其他所有线程（/dalvik/vm/alloc/Heap.cpp:462）；
- 如果没有启用并行 GC，虚拟机会提高 GC 线程的优先级，以防止 GC 线程被其他线程占用 CPU。
- 接下来调用 dvmHeapMarkRootSet 函数（/dalvik/vm/alloc/Heap.cpp:488）来遍历所

有可从 GC Roots 访问到的对象列表，dvmHeapMarkRootSet 函数（/dalvik/vm/alloc/MarkSweep.cpp：181）的注释中也列出了 GC Root 列表。dvmHeapMarkRootSet 调用 dvmVisitRoot 遍历 GC Roots，代码清单 14-7 是 dvmVisitRoot 的源码（/dalvik/vm/alloc/Visit.cpp:212），笔者在其中以注释的方式批注关键代码。完整的 GC Root 列表有兴趣的读者可以参阅链接：http://help.eclipse.org/indigo/index.jsp?topic=%2Forg.eclipse.mat.ui.help%2Fconcepts%2Fgcroots.html。

代码清单 14-7　在虚拟机中通过 dvmVisitRoot 遍历 GC Roots

```
//
// visitor 是一个回调函数，dvmHeapMarkRootSet 传进来的是 rootMarkObjectVisitors
// （位于 /dalvik/vm/alloc/MarkSweep.cpp:145），这个回调函数的作用就是标注（Mark）
// 所有的 GC Roots，并将它们的指针压入标注栈中
//
// 第二个参数 arg 实际上是 GcMarkContext 对象，用于找到 GC Roots 后，回传给回调函数 visitor
// 的参数
//
void dvmVisitRoots(RootVisitor *visitor, void *arg)
{
    assert(visitor != NULL);
    // 所有已加载的类型都是 GC Roots，这也意味着类型中所有的静态变量都是 GC Roots
    visitHashTable(visitor, gDvm.loadedClasses, ROOT_STICKY_CLASS, arg);

    // 基本类型也是 GC Roots，包括
    // void, boolean, byte, short, char, int, long, float, double
    visitPrimitiveTypes(visitor, arg);

    // 调试器对象注册表中的对象（debugger object registry），这些对象
    // 基本上是调试器创建的，因此不能把它们当做垃圾回收了，否则调试器
    // 就无法正常工作了
    if (gDvm.dbgRegistry != NULL) {
        visitHashTable(visitor, gDvm.dbgRegistry, ROOT_DEBUGGER, arg);
    }

    // 所有 interned 的字符串，interned string 是虚拟机中保证的只有唯一一份副本的字符串
    if (gDvm.literalStrings != NULL) {
        visitHashTable(visitor, gDvm.literalStrings, ROOT_INTERNED_STRING, arg);
    }

    // 所有的 JNI 全局引用对象（JNI global references），JNI 全局引用对象是
    // JNI 代码中通过 NewGlobalRef 函数创建的对象
    dvmLockMutex(&gDvm.jniGlobalRefLock);
    visitIndirectRefTable(visitor, &gDvm.jniGlobalRefTable,, ROOT_JNI_GLOBAL, arg);
    dvmUnlockMutex(&gDvm.jniGlobalRefLock);

    // 所有的 JNI 局部引用对象（JNI local references）
    // 关于 JNI 局部和全部变量的使用，可以参考下面的网页链接：
    // http://journals.ecs.soton.ac.uk/java/tutorial/native1.1/implementing/refs.html
    dvmLockMutex(&gDvm.jniPinRefLock);
```

```
    visitReferenceTable(visitor, &gDvm.jniPinRefTable,, ROOT_VM_INTERNAL, arg);
    dvmUnlockMutex(&gDvm.jniPinRefLock);

    // 所有线程堆栈上的局部变量和其他对象,如线程本地存储里的对象等等
    visitThreads(visitor, arg);

    // 特殊的异常对象,如OOM异常对象需要在内存不够的时候创建,为了防止内存不够而无法创建
    // OOM对象,因此虚拟机会在启动时事先创建这些对象
    (*visitor)(&gDvm.outOfMemoryObj,, ROOT_VM_INTERNAL, arg);
    (*visitor)(&gDvm.internalErrorObj,, ROOT_VM_INTERNAL, arg);
    (*visitor)(&gDvm.noClassDefFoundErrorObj,, ROOT_VM_INTERNAL, arg);
}
```

dvmHeapMarkRootSet 是执行标注过程的主要代码,在前文说过,通常的实现会在对象实例前面放置一个对象头,其中存放是否标注过的标志,而在 Android 系统中,采取的是分离式策略,将标注用的标志位放到 HeapSource 的"markbits"这个位图索引结构中,笔者猜测这么做的目的是为了节省内存。图 14-17 是 dvmHeapMarkRootSet 函数快要标注完存活对象时(正在标注最后一个对象 H),GC 内存堆的数据结构。

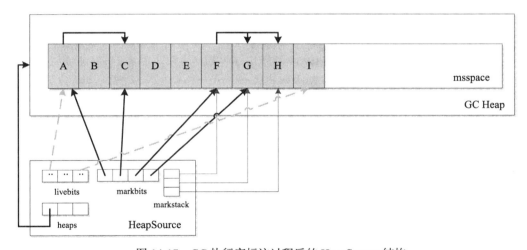

图 14-17 GC 执行完标注过程后的 HeapSource 结构

其中"livebits"位图索引还是维护堆上已用的内存信息;而"markbits"这个位图索引则指向存活的对象,在图 14-17 中,A、C、F、G、H 对象需要保留,因此"markbits"分别指向他们(最后的 H 对象尚在标注过程中,因此没有指针指向它);而"markstack"就是在标注过程中跟踪当前需要处理的对象要用到的标志栈了,此时其保存了正在处理的对象 F、G 和 H。

❑ 在标注过程中,调用 dvmHeapScanMarkedObjects 和 dvmHeapProcessReferences 函数(/dalvik/vm/alloc/MarkSweep.cpp:776)将实现了 finalizer 的对象添加到 finalizer 对象队列中,以便在下次 GC 过程中执行这些对象的 finalize 函数。

❑ 标识出所有的垃圾内存之后，调用 dvmHeapSweepSystemWeaks 和 dvmHeapSweep-UnmarkedObjects（/dalvik/vm/alloc/MarkSweep.cpp:902）等函数清理内存，但并不压缩内存，这是因为 Android 的 GC 是基于 dlmalloc 之上实现的，GC 将所有的内存分配和释放的操作都转交给 dlmalloc 来处理。在这个过程中，Android 系统不做压缩内存处理，据说是为了节省执行的 CPU 指令，从而达到延长电池寿命的目的，因此 dvmCollectGarbageInternal 设计了一个小技巧，调用 dvmHeapSourceSwapBitmaps 函数（/dalvik/vm/alloc/Heap.cpp:575）将"livebits"和"markbits"的指针互换，这样就不需要在清理完垃圾对象后再次维护"livebits"位图索引了，如图 14-18 所示。

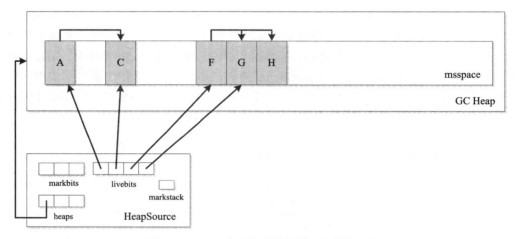

图 14-18　GC 清理完内存后堆上的数据结构

❑ 执行完上面的操作之后，GC 线程再通过 dvmResumeAllThreads 函数唤醒所有的线程（/dalvik/vm/alloc/Heap.cpp:624）。

5）虽然 GC 可以自动回收不再使用的内存，但有很多资源是虚拟机也无法管理的，如进程打开的数据库连接、网络端口及文件等。针对这些资源，GC 线程可以在垃圾回收过程中标示出其是垃圾，需要释放，但是却不清楚如何释放它们，因此 Java 对象提供了一个名为 finalize 的函数，以便对象实现自定义的清除资源的逻辑。

代码清单 14-8 是一个实现 finalize 函数的对象，在 Java 中，finalize 对象定义在 System.Object 类中，这意味着所有对象都有这个函数，如果子类重载了这个函数，即向虚拟机表明自己需要与其他类型区别对待。

代码清单 14-8　实现 finalize 函数的简单对象

```
1    class DemoClass {
2        public int X;
3
4        public void testMethod() {
5            System.out.println("X: " + new Integer(X).toString());
```

```
6        }
7
8        @Override
9        protected void finalize () throws Throwable {
10           System.out.println("finalize 函数被调用了!");
11           // 实现自定义的资源清除逻辑!
12           super.finalize();
13       }
14   }
```

一些有 C++ 编程经验的读者可能很容易将 finalize 函数与析构函数对应起来，实际上两者是完全不同的东西，在 C++ 中，调用了析构函数之后，对象就被释放了，然而在 Java 中，如果一个类型实现了 finalize 函数，其会带来一些不利影响，首先对象的存活周期会更长，至少需要两次垃圾回收才能销毁对象；第二对象同时会延长其所引用到的对象存活周期。在代码清单 14-9 中（示例代码位于本书配套资源的 javagc-simple 文件夹中），第 3 行创建并使用了 DemoClass 以在内存中生成一些垃圾，并执行三次 GC。

代码清单 14-9　实现 finalize 函数的简单对象

```
1    public class gcdemo {
2        public static void main(String[] args) throws Exception {
3            generateGarbage();
4            System.gc();
5            Thread.sleep(1000);
6
7            System.gc();
8            Thread.sleep(1000);
9
10           System.gc();
11           Thread.sleep(1000);
12       }
13
14       public static void generateGarbage() {
15           DemoClass g = new DemoClass();
16           g.X =123;
17           g.testMethod();
18       }
19   }
```

连接好设备，打开 logcat 日志并执行示例代码根目录中的 run.sh，得到的输出类似图 14-19，每一行输出对应代码清单 14-9 中的一次 System.gc 调用，可以看到在第一次执行 GC 的过程中释放了 223 个对象，如果运行示例程序 javagc，会发现第一次执行 GC 之后 DemoClass 的 finalize 函数就被调用（为了避免 System.out.println 中的字符串对象影响 GC 的输出）。在第二次执行 GC 过程中又释放了 34 个对象，其中就有 DemoClass 的实例，以及其所引用到的其他对象。这时所有垃圾对象都被回收了，因此在第三次执行 GC 时没有回收到任何内存。

```
D/dalvikvm(  397): GC_EXPLICIT freed 223 objects / 12976 bytes in 9ms
D/dalvikvm(  397): GC_EXPLICIT freed 34 objects / 1768 bytes in 5ms
D/dalvikvm(  397): GC_EXPLICIT freed 0 objects / 0 bytes in 16ms
```

图 14-19　使用了实现 finalize 函数对象之后实施三次 GC 的结果

前文讲到在 Android 源码中通过 dvmHeapScanMarkedObjects 函数在 GC 堆上扫描垃圾对象，并将 finalizable 对象添加到 finalize 队列中，其具体过程如下：

❑ dvmHeapScanMarkedObjects 函数（/dalvik/vm/alloc/MarkSweep.cpp:595）将所有识别出来的可以被 GC Roots 引用的对象放到名为"mark stack"的堆栈中，再调用 processMarkStack 函数处理需要特殊处理的对象。

❑ processMarkStack 函数（/dalvik/vm/alloc/MarkSweep.cpp:471）调用 scanObject 函数处理"mark stack"中的每个对象。

❑ scanObject 函数（/dalvik/vm/alloc/MarkSweep.cpp:454）首先判断对象是保存 Java 类型信息的类型对象、数组对象，还是普通的 Java 对象，针对这三种对象进行不同的处理。由于 finalize 对象是普通的 Java 对象，因此这里我们只看相应的 scanDataObject 函数。

❑ scanDataObject 函数（/dalvik/vm/alloc/MarkSweep.cpp:438）先扫描对象的各个成员，并标记其所有引用到的对象，最后调用 delayReferenceReferent 函数根据对象的类型，将其放入相应的待释放队列中，如对象是 fianlizeable 对象，则放入 finalizerReferences 队列中（/dalvik/vm/alloc/MarkSweep.cpp:426）；如对象是 WeakReference 对象，则将其放入 weakReferences 队列中（/dalvik/vm/alloc/MarkSweep.cpp:424）。

❑ dvmHeapProcessReferences 函数（/dalvik/vm/alloc/MarkSweep.cpp#776）在垃圾对象收集完毕后，负责将 finalize 队列从虚拟机的 native 端传递到 Java 端。其调用 enqueueFinalizerReferences 函数通过 JNI 方式将 finalize 对象的引用传递到 Java 端的一个 java.lang.ref.ReferenceQueue 当中，详细的调用方式参见 enqueueFinalizer-References 函数（/dalvik/vm/alloc/MarkSweep.cpp:729）和 enqueueReference 函数（/dalvik/vm/alloc/MarkSweep.cpp:653）。

❑ 而在 JVM 虚拟机启动时，dvmStartup 函数（/dalvik/vm/Init.cpp:1557）会在准备好 Java 程序运行所需的所有环境之后，调用 dvmGcStartupClasses 函数（/dalvik/vm/alloca/Alloc.cpp:71）启动几个与 GC 相关的后台 Java 线程，这些线程在 java.lang.Daemons 中定义（/libcore/luni/src/main/java/java/lang/Daemons.java），其中一个线程就是执行 java 对象 finalize 函数的 HeapWorker 线程，之所以要将收集到的 java finalize 对象引用从虚拟机（native）一端传递到 Java 端，是因为 finalize 函数是由 Java 语言编写的，函数中可能会用到很多 Java 对象。这也是为什么如果对象实现了 finalize 函数，不仅会使其生命周期至少延长一个 GC 过程，而且也会延长其所引用到的对象的生命周期，从而给内存造成了不必要的压力。

14.1.4　Logcat 中的 GC 信息

在前文讲解 Android 的内存管理时，从图 14-20 中看到 Logcat 中 GC 输出的信息，消息格式如下：

[GC 的原因] [回收的内存总量], [GC 堆内存的统计信息], [外部内存的统计信息], [中断时间]

其中消息的第一部分 GC 的原因可分为：
- GC_FOR_MALLOC，表示内存垃圾回收过程是因为在分配内存空间（如创建对象）时，内存不够而引发的；
- GC_EXPLICIT，表明 GC 是被显式请求触发的，如通过 System.gc 调用、一个 Java 线程被杀死或 Binder 通信中断等引起的；
- GC_CONCURRENT，表明 GC 是在内存使用率达到一定的警戒线时，自动触发的（相关源码参见 /dalvik/vm/alloc/HeapSource.cpp:472 和 HeapSource.cpp:893)；
- GC_BEFORE_OOM，表明在虚拟机抛出内存不够异常（OOM）之前，执行最后一次回收内存垃圾。

消息的第二部分是回收的内存总量，在图 14-19 中，第一行表明回收了 223 个对象，总共回收了 12976 个字节。而对于图 14-20 中的消息，第一行表明总共释放了 7KB 的内存。另外，从图 14-20 可以看到，第一行 GC 是在内存使用率达到一定的警戒线时自动触发的；另一行内存垃圾回收过程是因为在分配内存空间（如创建对象）时内存不够而引发的。

```
D/dalvikvm(  823): GC_CONCURRENT freed 7K, 15% free 21564K/25287K, paused 38ms+335ms
D/dalvikvm(  823): GC_FOR_ALLOC freed 2732K, 26% free 18834K/25287K, paused 1302ms
```

图 14-20　Logcat 中 GC_CONCURRENT 和 GC_FOR_ALLOC 消息

消息的第三部分是回收后 GC 内存堆的统计信息，图 14-20 中的第一行的 "15% free" 表明回收后还有 15% 的可用空间，而 "21564K" 则表示回收后还有 21564K 字节的内存被占用了，而 "25287K" 是 GC 内存堆的总大小。在前文我们讲过，运行时，GC 内存堆在达到其峰值之前，会一直向操作系统申请新的内存块，因此在实际的跟踪调试过程中会发现 GC 内存堆的总大小一直会变，如图 14-21 所示，甚至可能会观察到 GC 内存堆缩小的情形。

消息的第四部分 "外部内存的统计信息" 部分是原生（C/C++）内存堆的试用情况，对于 Android 3.0 以前的版本，Android 应用中所有的位图都是分配在 C/C++ 内存堆上的，在 Java 的 GC 内存堆上只有一小块内存用于描述其信息，如图 14-21 所示，这种内存分配方法使得位图导致的内存泄漏很难被发现和跟踪，因此在 3.0 及其之后的版本上，位图也分配在 Java 的 GC 内存堆之上了。另外，java.nio.ByteBuffers 的内存也是分配在原生内存堆之上的。

消息的第五部分也就是最后一部分，是 GC 造成的应用其他线程中断的时间，对于并行 GC，即 GC_CONCURRENT，会有两次中断，第一次是在垃圾回收的 Mark 之前，第二次是在 Sweep 过程中，图 14-20 中的第一行中的"38ms+335ms"。而对于串行 GC，则只有一次中断，一般来说过程都比较长。

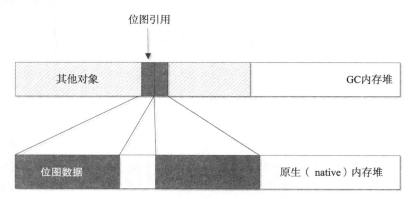

图 14-21　位图在 Android 3.0 版本之前的内存分配方式

14.2　调查内存泄露工具

14.2.1　Shallow size 和 Retained size

在使用很多调查内存泄漏的工具时，常常会碰到表面大小（shallow size）和留存大小（retained size）这两个名词。

- Shallow size：是指对象本身占用的内存空间大小，而不考虑被其引用到的内存总量。一个普通对象的 Shallow size 取决于这个对象的实例变量（field）的类型和个数；一个数组对象的 Shallow size 则取决于数组的长度和元素的类型；而集合对象的 Shallow size 则是集合内所有对象 Shallow size 之和。
- Retained size：是指对象的 Shallow size 加上从其开始所能访问到的所有对象的 Shallow size 之和。因此 Retained size 表明将这个对象释放之后，垃圾回收器所能回收的内存总量。

让我们用图 14-22 和图 14-23 两个图片来理解 Retained size 这个概念，两个图片中都突出标示出来了只能从对象 B 直接和间接访问到的对象。但在图 14-22 中，对象 E 没有被突出显示出来，这是因为除了 B 之外，E 还能从对象 A 处访问；而在图 14-23 中，因为 A 和 E 之间没有引用关系，因此 E 被突出显示出来，表明其只能从 B 处访问，而 F 在两张图里都没有突出显示，因为其一直都被 A 和 B 同时引用。

- 在图 14-22 中，对象 B 的 retained size 是 B、C、D 三个对象的 shallow size 之和，对象 C 的 retained size 是 C 和 D 的 shallow size 之和；
- 在图 14-23 中，对象 B 的 retained size 是 B、C、D、E 四个对象的 shallow size 之和，对象 C 的 retained size 是 C、D 和 E 的 shallow size 之和。

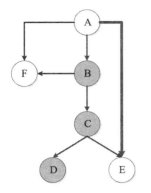 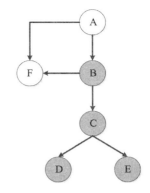

图 14-22　Retained Size 演示 I　　　　图 14-23　Retained Size 演示 II

14.2.2　支配树

如果在对象图谱中，从任意一个对象到对象 Y 的路径都必须经过对象 X，那么对象 X 处于对象 Y 的支配（dominate）地位。为了便于发现引起内存泄漏的隐藏引用，通过分析内存并创建"支配树（dominator tree）"来识别保留住内存最多的那些对象。对象支配数的示意图如图 14-24 所示。

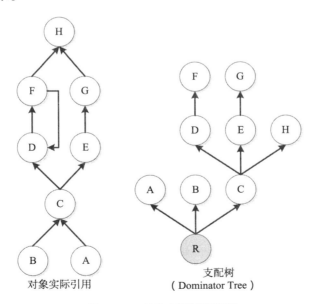

图 14-24　对象支配树示意图

在图 14-24 中，左边的是对象之间的实际引用，而右边则是对象之间支配关系（其中灰色的"R"节点代表支配树的虚拟根节点）。其中的"C"节点很有意思，首先，其不受任何对象支配，因为从"A"和"B"节点都可以访问到它，只有这两个节点的引用都释放后才能回收"C"节点。而"C"节点是"H"节点的支配对象，虽然"H"对象在左边的引用关系图中同时被"F"和"G"引用，但是要从 GC Roots 访问"H"对象，都必须要经过"C"对象。

而立即支配对象（Immediate dominator）是离对象 Y 最近的支配对象 X。在图 14-24 中，C、E 都是对象 G 的支配对象，而 E 是 G 的立即支配对象。

14.3　分析 Android 内存泄露实例

首先我们来看因为隐藏的强引用导致对象无法当作内存回收的情形，本节演示的程序对 Android 3.0 SDK 中的示例程序 HoneycombGallery 做了点改动（源码路径：chapter14\memleak\ HoneycombGallery\）。示例程序是一个相册程序，其从资源中加载图像文件，并根据事先设定的规则分组显示，而且应用会根据手机的方向自动调整界面以适应变化。示例程序还演示了调用摄像头等其他功能，但这些功能不在内存泄漏的讲解范畴之内，这里不做过多说明。

> 注意
>
> 在 2011 年 Google I/O 大会的一个名为"Memory management for Android Apps"的演讲中，Android 工程师分享了一个调试 Android 内存泄漏的实例，本章的示例程序改自其示例程序，原始示例应用在 4.0 版本之上的 Android 设备上重现的不明显，笔者修改代码以使内存泄漏行为更为明显些。

示例程序的启动代码如代码清单 14-10 所示。

代码清单 14-10　内存泄漏示例程序 HoneycombGallery 的启动代码

```
1   public void onCreate(Bundle savedInstanceState) {
2       super.onCreate(savedInstanceState);
3
4       if(savedInstanceState != null && savedInstanceState.getInt("theme", -1) != -1) {
5           mThemeId = savedInstanceState.getInt("theme");
6           this.setTheme(mThemeId);
7       }
8
9       setContentView(R.layout.main);
10
11      Directory.initializeDirectory(new OnDirectoryChanged());
12
13      ActionBar bar = getActionBar();
14
15      int i;
16      for (i =0; i < Directory.getCategoryCount(); i++) {
17          bar.addTab(bar.newTab().setText(Directory.getCategory(i).getName())
18                  .setTabListener(this));
```

```
19        }
20
21        mActionBarView = getLayoutInflater().inflate(
22                R.layout.action_bar_custom, null);
23
24        bar.setCustomView(mActionBarView);
25        bar.setDisplayOptions(ActionBar.DISPLAY_SHOW_CUSTOM |
          ActionBar.DISPLAY_USE_LOGO);
26        bar.setNavigationMode(ActionBar.NAVIGATION_MODE_TABS);
27        bar.setDisplayShowHomeEnabled(true);
28
29        // If category is not saved to the savedInstanceState,
30        //0 is returned by default.
31        if(savedInstanceState != null) {
32            int category = savedInstanceState.getInt("category");
33            bar.selectTab(bar.getTabAt(category));
34        }
35    }
```

在用户启动应用之后，应用依次执行如下操作

1）在 MainActivity.onCreate 函数中设置应用的配色主题和主界面的布局，第 4 ～ 9 行；

2）接着在第 11 行初始化一个预定义的图片分组，并从资源文件中读取相应的图像文件。

3）在第 13 ～ 27 行则根据前面创建的图片分组，生成标签控件并添加到主界面上。

4）代码清单 14-10 的第 11 行创建图片分组，此时要求 MainActivity 传入一个回调接口对象，以便在图片分组发生变化时主界面 MainActivity 能收到通知并相应地更新界面上的控件情况。这个接口对象 OnDirectoryChanged 比较简单，代码清单 14-11 是其源码实现，因为这个类型中的操作（如第 5、6 行的操作主界面上页签控件的代码）跟 MainActivity 耦合得很紧密，所以按通常的做法将其定义为 MainActivity 的内嵌类。

代码清单 14-11　内存泄漏示例 HoneycombGallery 中回调接口对象的实现

```
1   public class MainActivity extends Activity implements ActionBar.TabListener {
2       class OnDirectoryChanged implements INotifyDirectoryChanged {
3           @Override
4           public void addingNew(DirectoryCategory category) {
5               ActionBar bar = getActionBar();
6               bar.addTab(bar.newTab().setText(category.getName())
7                       .setTabListener(getActivity()));
8           }
9       }
10
11      @Override
12      public void onCreate(Bundle savedInstanceState) {
13          // 省略无关代码 ...
14
15          Directory.initializeDirectory(new OnDirectoryChanged());
16
```

```
17                  // 省略无关代码 ...
18              }
19
20          // 省略无关代码 ...
21
22          private MainActivity getActivity() { return this; }
23      }
```

5）在 Directory 中，公开了一个名为 createNewCategory 的函数，方便应用其他部分添加新的分组，如代码清单 14-12 所示。这里简单起见，笔者只是在菜单栏上加了一个"添加新分组"按钮，单击一次就创建一个固定的分组，如代码清单 14-13 所示。

代码清单 14-12　内存泄漏示例应用 HoneycombGallery 中创建新分组并通知应用其他部分的源码

```
1   public class Directory {
2       private static List<DirectoryCategory> mCategories;
3       // 省略无关代码 ...
4
5       public static void createNewCategory(String categoryName,
6           DirectoryEntry... entries) {
7           DirectoryCategory category =
8              new DirectoryCategory(categoryName, entries);
9           mCategories.add(category);
10
11          for (INotifyDirectoryChanged listener : mListeners) {
12              listener.addingNew(category);
13          }
14      }
15  }
```

代码清单 14-13　内存泄漏示例应用 HoneycombGallery 中创建新分组的源码

```
1   @Override
2   public boolean onOptionsItemSelected(MenuItem item) {
3       switch (item.getItemId()) {
4       // 省略无关代码 ...
5       case R.id.addNewCategory:
6           Directory.createNewCategory("新条目",
7                   new DirectoryEntry("红色气球", R.drawable.red_balloon),
8                   new DirectoryEntry("绿色气球", R.drawable.green_balloon));
9           return true;
10      // 省略无关代码 ...
11      }
12  }
```

14.3.1　在 DDMS 中检查示例问题程序的内存情况

将应用部署到 Android 设备上，反复调整设备的纵横方向，在模拟器上可以通过 CTRL + F12 来调整方向，并通过 logcat 来观察应用进程内的垃圾回收情况，这里我们只想看到进程

HoneycombGallery 中的 GC 消息，可以用下面的命令来过滤输出（其中进程的 pid 可以用 ps 命令得到）：

```
adb logcat | grep "<pid>): GC"
```

在笔者的 Android 4.0 模拟器中，多次调整设备方向得到的 GC 信息如图 14-25 所示，从图中可以注意到，应用的响应速度已经很慢了，如第二行的输出中竟然有将近 1 秒半的暂停时间；第三行的输出中，虚拟机暂停了 172 毫秒，仅回收了不到 1KB 的内存；最后更严重的问题是，尽管执行了多次 GC，但 GC 的内存堆大小却一直是在增长的（从 25287K 增长到 30791K），而且其内存使用率也是一直增长的（从 21564K 增长到 27256K），一般来说，看到这些现象，基本可以断定应用中存在内存泄漏问题。

```
D/dalvikvm(  823): GC_CONCURRENT freed 7K, 15% free 21564K/25287K, paused 38ms+335ms
D/dalvikvm(  823): GC_FOR_ALLOC freed 2732K, 26% free 18834K/25287K, paused 1302ms
D/dalvikvm(  823): GC_CONCURRENT freed <1K, 15% free 21566K/25287K, paused 66ms+106ms
D/dalvikvm(  823): GC_FOR_ALLOC freed 2732K, 26% free 18835K/25287K, paused 932ms
D/dalvikvm(  823): GC_CONCURRENT freed <1K, 15% free 21566K/25287K, paused 36ms+429ms
D/dalvikvm(  823): GC_FOR_ALLOC freed 4282K, 26% free 18863K/25287K, paused 185ms
D/dalvikvm(  823): GC_FOR_ALLOC freed 1544K, 26% free 18860K/25287K, paused 115ms
D/dalvikvm(  823): GC_CONCURRENT freed 1K, 15% free 21591K/25287K, paused 10ms+37ms
D/dalvikvm(  823): GC_FOR_ALLOC freed 1548K, 15% free 21686K/25287K, paused 115ms
D/dalvikvm(  823): GC_FOR_ALLOC freed 1544K, 15% free 21679K/25287K, paused 132ms
D/dalvikvm(  823): GC_CONCURRENT freed <1K, 13% free 24410K/28039K, paused 8ms+37ms
D/dalvikvm(  823): GC_FOR_ALLOC freed 1557K, 13% free 24539K/28039K, paused 183ms
D/dalvikvm(  823): GC_FOR_ALLOC freed 1551K, 13% free 24524K/28039K, paused 118ms
D/dalvikvm(  823): GC_CONCURRENT freed <1K, 12% free 27256K/30791K, paused 12ms+29ms
```

图 14-25 内存泄漏示例应用 HoneycombGallery 的 GC 消息输出

既然已经判断有内存泄漏问题，接下来要做的事情就是将应用的 GC 内存堆整个保存下来，以便离线分析，可以在 DDMS 中完成此操作，在 Eclipse 中切换到 DDMS 视图（或直接输入 ddms 命令单独运行它），选中要保存 GC 内存的进程（本例中是 Id 为 823 的进程），最后单击按钮将 GC 内存保存到开发机上，如图 14-26 所示。

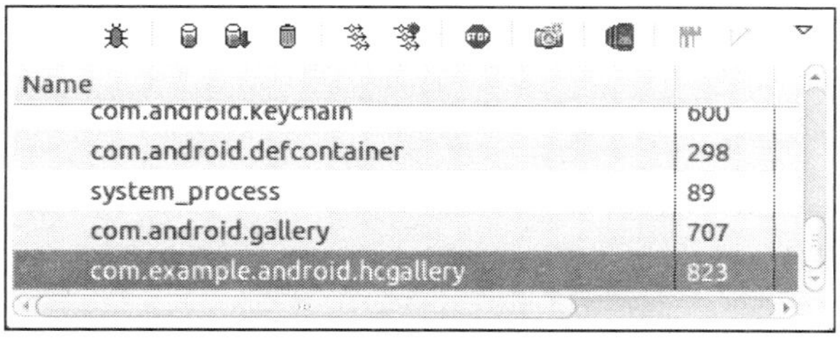

图 14-26 保存应用 GC 内存堆的内存到本地文件

这时如果观察 logcat 输出（不要使用前面的仅过滤 GC 的命令），将会看到类似的图 14-27 中的消息，从中可以看到，其保存的文件大小是 27769KB，对比图 14-25 中已占用的内存大小（27256KB），基本上 DDMS 将 GC 堆里面所有被占用的内存都保存下来了。

有几个工具可以用于分析 DDMS 输出的 HPROF 文件，如本章要介绍的 Eclipse MAT（Memory Analysis Toolkit，内存分析工具）和 jHat（Java Heap Analysis Toolkit，Java 堆分析工具），先用 Eclipse MAT 来分析刚刚保存的 GC 内存堆文件。

```
student@student:~/eclipse$ adb logcat | grep 823
I/Process (   89): Sending signal. PID: 823 SIG: 3
I/dalvikvm(  823): threadid=3: reacting to signal 3
I/dalvikvm(  823): hprof: dumping heap strings to "[DDMS]".
I/dalvikvm(  823): hprof: heap dump completed (27769KB)
```

图 14-27　将 HoneycombGallery 进程中 GC 堆的内存保存到文件后的 logcat 输出

14.3.2　使用 MAT 分析内存泄露

MAT 是 Eclipse 团队开发的专门用来分析 Java 程序内存问题的工具，既可以作为一个 Eclipse 的插件安装，也可以单独下载运行，最新的版本可以在下面的链接中获取并解压：

http://www.eclipse.org/mat/downloads.php

MAT 只能分析符合标准 JVM 规范的 HPROF 文件，不清楚是什么原因（或许是授权限制），Android 系统生成的 HPROF 文件格式与普通 JVM 生成的 HPROF 格式是不一样的，为此，Android SDK 专门提供了一个工具"hprof-conv"将 Android HPROF 文件转换成 MAT 可分析的格式。MAT 用法很简单，第一个参数是 Android 系统生成的 HPROF 文件，即输入文件，第二个参数是输出文件的路径。例如，下面的命令将上一节获取的内存文件转换成可用的格式：

$ hprof-conv com.example.android.hcgallery.hprof com.example.android.hcgallery.conv.hprof

接下来，运行 MAT 并打开文件"com.example.android.hcgallery.conv.hprof"，MAT 分析完 HPROF 文件后会弹出如图 14-28 所示的向导对话框。这里我们需要调查的是内存泄漏，因此自然选择第一个选项"Leak Suspects Report"并单击"Finish"按钮开始分析。

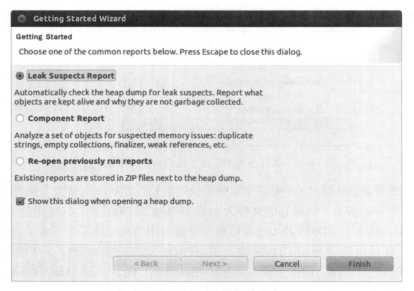

图 14-28　使用 MAT 打开 HPROF 文件

MAT 遍历完整个 HPROF 文件中的 GC 内存堆，分析每一个对象的引用情况后，会生成一个 HTML 报告，以 zip 包的格式存放在 HPROF 文件的同一目录下，在本例中，文件名是：com.example.android.hcgallery.hprof_Leak_Suspects.zip。将文件解压，并打开里面的 index.html，网页的第一部分是一个饼图，其中摘要报告了可疑内存泄漏占用内存的总比例。第二部分就是 MAT 发现的可疑内存泄漏逐条报告，如图 14-29。

注意

MAT 在分析完内存泄漏后会自动打开分析报告，如果没有打开，则可以按照上面的说明操作。

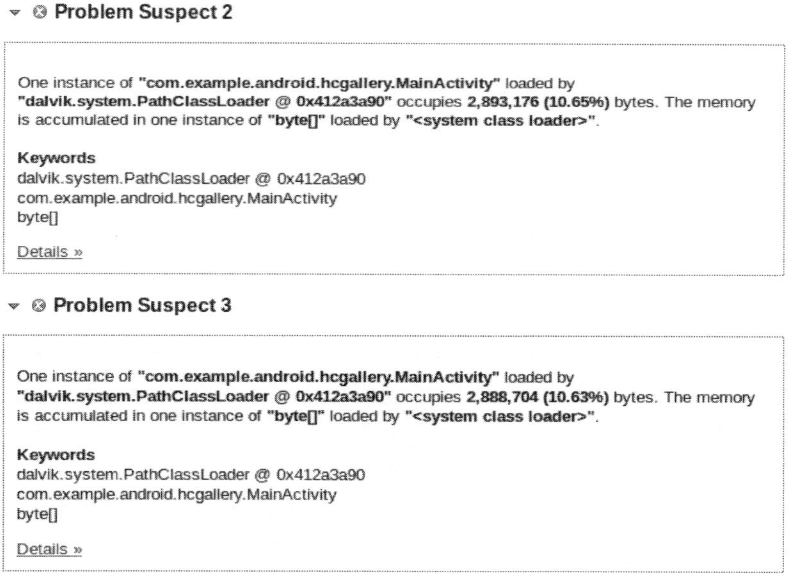

Problem Suspect 2

One instance of **"com.example.android.hcgallery.MainActivity"** loaded by **"dalvik.system.PathClassLoader @ 0x412a3a90"** occupies **2,893,176 (10.65%)** bytes. The memory is accumulated in one instance of **"byte[]"** loaded by **"<system class loader>"**.

Keywords
dalvik.system.PathClassLoader @ 0x412a3a90
com.example.android.hcgallery.MainActivity
byte[]

Details »

Problem Suspect 3

One instance of **"com.example.android.hcgallery.MainActivity"** loaded by **"dalvik.system.PathClassLoader @ 0x412a3a90"** occupies **2,888,704 (10.63%)** bytes. The memory is accumulated in one instance of **"byte[]"** loaded by **"<system class loader>"**.

Keywords
dalvik.system.PathClassLoader @ 0x412a3a90
com.example.android.hcgallery.MainActivity
byte[]

Details »

图 14-29 可疑内存泄漏逐条报告

针对每一条可疑内存泄漏，MAT 都会列出对象的类名，对象类型的类型加载器（ClassLoader），对象占用的字节数以及内存占比，对象引用中最占内存的变量类型。例如，消息“One instance of "com.example.android.hcgallery.MainActivity" loaded by "dalvik.system.PathClassLoader @ 0x412a3a90" occupies 2,893,176 (10.65%) bytes. The memory is accumulated in one instance of "byte[]" loaded by "<system class loader>".”的意思是，由“PathClassLoader”加载的“MainActivity”类型的一个实例占用了 2 893 176 个字节（retained size），在内存中占比 10.65%，而其内存大小主要是由其直接或间接引用的“byte[]”类型的所有对象累积的。而且 MAT 还为每条可疑内存泄漏列出了几个可选的关键字，即“Keywords”那部分，以便开发人员在缺陷（Bug）管理系统中新增 BUG 时，可以先用这些关键字检索现有的缺陷（Bug），以避免报告重复的缺陷。

从图 12-29 中可以看到，一个应里竟然有两个以上的入口活动"MainActivity"实例，很明显是有内存泄漏。这两个"MainActivity"对象可能有某种相似的地方。因此在网页的最下方，MAT 还会根据所有内存泄漏的特征，比如有共同的上层引用节点来将相似的可疑内存泄漏问题归类，如图 14-30 所示。

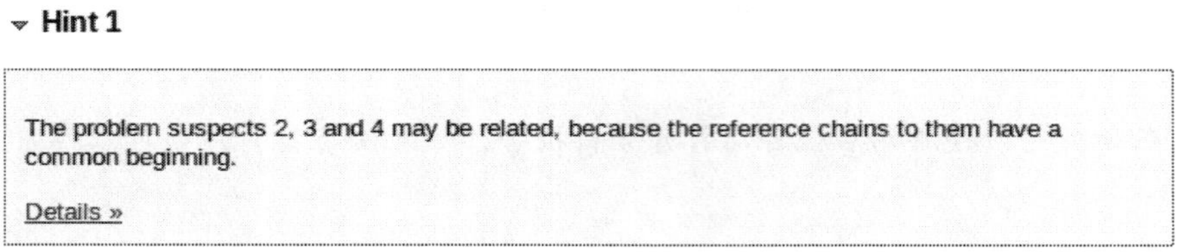

图 14-30　MAT 建议的相关可疑内存泄漏

第一步先根据 MAT 归类的内存泄漏建议来分析，单击图 14-30 中"Hint"部分的"Details"链接，跳转到相似可疑内存泄漏归类详情页面，如图 14-31 所示。

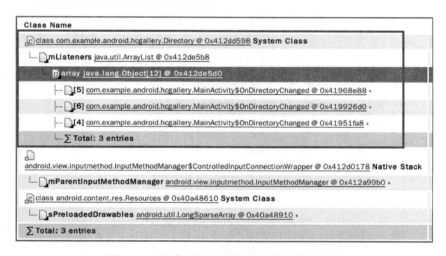

图 14-31　相似可疑内存泄漏相同点详情分析

笔者将最关键的引用在图 14-31 中使用粗线标注出来，图 14-31 列出的三个相关可疑内存泄漏都被"Directory"类引用，"Directory"类通过"mListeners"变量引用了 3 个"OnDirectoryChanged"对象，而这个对象是"MainActivity"的内嵌类。但是一个内嵌类的引用怎么会导致整个"MainActivity"对象都被引用而无法释放呢？回到 index.html 页面，并单击其中一个可疑内存泄漏的"Details"链接，如单击图 14-29 中"Problem suspect 2"的"Details"链接，打开如图 14-32 的内存引用详细信息页面。

原来在 Java 中，Java 编译器为每个内嵌类自动插入了一个变量"$0"，这个变量引用包含类型的实例，通过这种处理，我们才能在内嵌类中访问到包含类型的函数和变量，这也就是 Directory 通过内嵌类的引用竟然造成整个 MainActivity 对象也被引用到的原因。而在 Android 系统中，每当用户更改设备方向时，Android 都会将前一个 Activity 对象销毁，重新创建一个新的 Activity 对象，并根据最新的设备方向对界面上的元素重新布局。因此内存泄漏的过程大致如下：

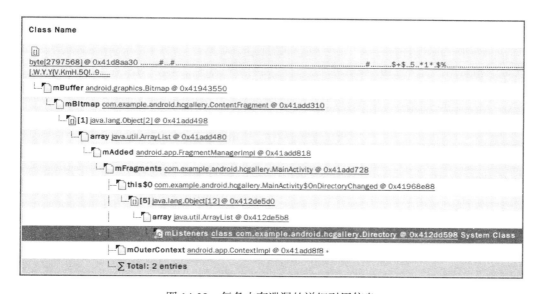

图 14-32　每条内存泄漏的详细引用信息

1）应用启动后，MainActivity 对象向 Directory 注册一个 OnDirectoryChanged 对象，以监听目录变化，从而导致自身被 Directory 类型隐式引用；

2）在设备方向更改后，Android 系统新建一个 MainActivity 对象；

3）当内存不够时，启动 GC 过程，第一步创建的 MainActivity 对象的其他引用都被 Android 系统正确释放了，然而由于 Directory 引用的关系，无法被回收，从而导致一个内存泄漏。

既然已经知道内存泄露的原因，解决方案就很简单了，在 MainActivity 销毁的时候，通知 Directory 类型将自己从 mListener 数组中删除掉，这个过程就留给读者作练习了。这个解决方案看起来不错，然而它的问题是，MainActivity 在启动时向 Directory 类注册一个监听对象，在退出时再告诉 Directory 类删除这个监听对象的过程，这与在 C/C++ 程序中使用 malloc 分配内存，在内存用完之后，又用 free 函数释放内存的过程是一个道理，因此作为编写 Directory 类型的程序员，其面临与 C/C++ 内存管理程序员相同的问题：如果客户端（MainActivity）的编程人员就是忘记删除监听对象，怎么办？与这个问题类似，我们的示例程序是一个图片管理程序，为了减少应用从文件系统中加载位图的次数，可能要实现一个位图缓存（cache），缓存的目的就是图片从文件系统加载后将其保存在内存中，以便后面的访问会更快捷，而当不再需要图片时，就应该从缓存里将其删除，这个过程与内存管理中的垃圾回收道理是一样的，与其重新造轮子，不如复用现成的 GC 实现。

14.3.3 弱引用

Java 里提供了一个称为弱引用（Weak Reference）的概念，简单来说，就是不能将对象强制留在内存中的引用，与我们在 Java 编程中常见的强引用相对。弱引用可以复用 GC 的算法来辨识一个对象是否需要保留。创建一个弱引用的方式很简单，只需要将被引用的对象传入 WeakReference 的构造函数即可，而要访问这个对象时，使用 WeakReference.get() 函数获取对象的引用。然而 get() 函数并不总是返回对象的引用，如果对象在 GC 时被回收，其会返回 null。因此在使用弱引用对象之前，都需要先判断下对象是否已经被释放了，如果没有释放，再执行后续操作，如代码清单 14-14 所示。

代码清单 14-14 使用弱引用

```java
public class Directory {
    // 创建一个弱引用对象数组，表明监听分类变化的对象随时都有可能被释放
    private static List<WeakReference<INotifyDirectoryChanged>> mListeners;

    public static void initializeDirectory(INotifyDirectoryChanged listener) {
        // 忽略无关代码 ...

        if (mListeners == null) {
            mListeners = new ArrayList<WeakReference<INotifyDirectoryChanged>>();
        }
        // 创建弱引用只需要将对象传给 WeakReference 的构造函数即可
        mListeners.add(new WeakReference(listener));
    }

    // 忽略无关代码 ...

    public static void createNewCategory(String categoryName,
            DirectoryEntry... entries) {
        // 忽略无关代码 ...

        for (WeakReference<INotifyDirectoryChanged> listener : mListeners) {
            // 通过 WeakReference.get() 函数获取弱引用对象
            INotifyDirectoryChanged obj = listener.get();
            // 如果 obj 不为 null，说明其没有被回收，还是可以使用的
            // 否则就是在 GC 过程中被当做垃圾回收了
            if ( obj != null ) {
                obj.addingNew(category);
            }
        }
    }
}
```

在使用弱引用处理 Directory 类中的 mListeners 数组后，再次运行应用，并不停地切换设备的方向，会发现内存泄露消失了，如图 14-33 所示。

```
D/dalvikvm(  558): GC_FOR_ALLOC freed 1536K, 34% free 10962K/16583K, paused 84ms
D/dalvikvm(  558): GC_CONCURRENT freed <1K, 25% free 12498K/16583K, paused 7ms+1
8ms
D/dalvikvm(  558): GC_FOR_ALLOC freed 1539K, 34% free 11006K/16583K, paused 71ms
D/dalvikvm(  558): GC_CONCURRENT freed 1655K, 35% free 10887K/16583K, paused 8ms
+17ms
```

图 14-33　使用弱引用改进了内存使用效率

14.3.4　MAT 的其他界面使用方法

MAT 还提供了其他选项来辅助我们分析内存泄漏问题，例如，在打开内存文件后，首页显示的是一个类似图 14-34 的饼图报告。

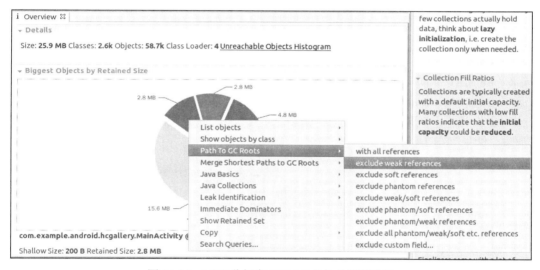

图 14-34　MAT 分析完 HPROF 文件的摘要结果

在饼图上单击其中一个扇区，即一个内存占比较大的对象，弹出的菜单中有很多命令可选，例如，为了判断对象是否是潜在的泄漏，选择"Path To GC Roots"找出所有对该对象的引用，一般来说，都会选择"exclude weak references"来查看导致对象驻留内存的强引用。

1. 对比多个内存快照以发现潜在内存泄漏

有的时候，内存泄露问题可能不如示例 HoneycombGallery 那样明显，单凭一个内存文件无法或者说很难定位泄漏的元凶，这个时候可以用 MAT 对比多个内存快照文件，以分析泄露原因。这里再次以 HoneycombGallery 为例讲解这种分析的方法。

1）因为前面我们已经发现在不断更换设备方向时，在 logcat 中会频繁出现 GC 消息。首先启动应用 HoneycombGallery，等其启动完毕后，在 DDMS 中捕捉内存快照，并将快照文件转换格式后命名为："com.example.android.hcgallery-before-change-orientation.conv.

hprof"。

2）再变换设备方向，等应用界面稳定后，再次在 DDMS 中捕捉内存快照，并将转换格式后的快照文件命名为："com.example.android.hcgallery-after-change-orientation.conv.hprof"。

3）在 MAT 中分别打开两个快照文件，并单击 按钮分别从两个快照文件中创建直方图报表，如图 14-35 所示就是"com.example.android.hcgallery-before-change-orientation.conv.hprof"的直方图报表。

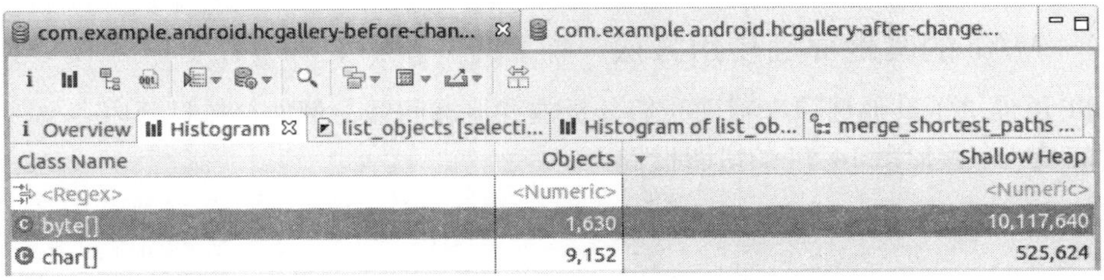

Class Name	Objects	Shallow Heap
`<Regex>`	`<Numeric>`	`<Numeric>`
byte[]	1,630	10,117,640
char[]	9,152	525,624

图 14-35　从内存快照文件中创建的直方图报表

4）在 MAT 中切换到"com.example.android.hcgallery-after-change-orientation.conv.hprof"页签，并单击 按钮将其与"com.example.android.hcgallery-before-change-orientation.conv.hprof"做对比。一般来说都是将后面创建的快照文件与前面的快照文件做对比，才容易发现泄漏，结果如图 14-36 所示。

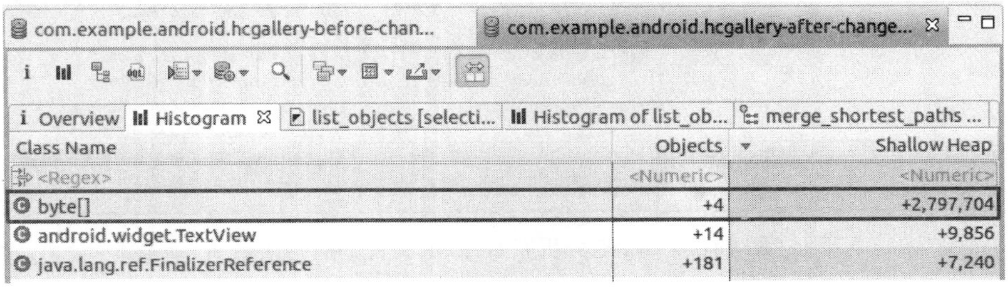

Class Name	Objects	Shallow Heap
`<Regex>`	`<Numeric>`	`<Numeric>`
byte[]	+4	+2,797,704
android.widget.TextView	+14	+9,856
java.lang.ref.FinalizerReference	+181	+7,240

图 14-36　两个快照文件的对比结果

5）结果表明，后面的快照文件多出了 4 个 byte[] 类型的实例，其自身占用的内存总量就有 2.7MB 之多，而如果查看两个快照文件的大小差异时，如图 14-37 所示，也可以看到相差 2.7MB 左右，表明其很有可能是造成内存泄漏的元凶。

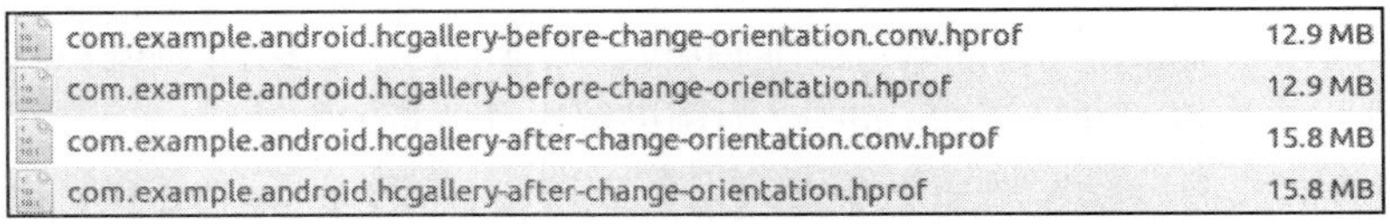

com.example.android.hcgallery-before-change-orientation.conv.hprof	12.9 MB
com.example.android.hcgallery-before-change-orientation.hprof	12.9 MB
com.example.android.hcgallery-after-change-orientation.conv.hprof	15.8 MB
com.example.android.hcgallery-after-change-orientation.hprof	15.8 MB

图 14-37　两个快照文件的大小对比

6）不知道是笔者没有找到还是 MAT 就没有提供这个功能，无法直接从对比的结果中查看这多出的 4 个 byte[] 实例的详细信息，因此只能人工对比两次快照直方图中 byte[] 类型的差异。在两个快照的直方图上，右键单击"byte[]"这一行，依次选择"List objects"、"with incoming references"来列出快照中所有"byte[]"类型的实例，如图 14-38 所示。

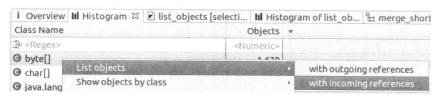

图 14-38　在内存快照直方图报表中查看类型实例详情

7）两个文件的快照分别如图 14-39 和图 14-40 所示，对比两个结果，可以发现第二个快照中多了一个很大的 byte[] 实例，而且第二行中的 byte[2797568] @ 0x41468cf8 对象在两个快照中都出现了，即没有被 GC 回收，而且大小跟我们前面对比的内存大小差异相同，基本上可以判断这个对象应该是泄漏了。

Class Name	Shallow Heap	Retained Heap
\<Regex\>	\<Numeric\>	\<Numeric\>
byte[2797568] @ 0x41468cf8 ……"1……!……!…#…#………..&	2,797,584	2,797,584
byte[96] @ 0x41464af1	112	112
byte[9216] @ 0x41461940	9,232	9,232
byte[48] @ 0x412d9d01	64	64
byte[288] @ 0x412d8529	304	304
byte[20] @ 0x412d8130	32	32
byte[84] @ 0x412d7d68	96	96
byte[22500] @ 0x412d2528	22,512	22,512
byte[84] @ 0x412d21e8	96	96
byte[22500] @ 0x412cc9a8	22,512	22,512
byte[84] @ 0x412cc660	96	96
byte[22500] @ 0x412c6e20	22,512	22,512
byte[84] @ 0x412c2df0	96	96
byte[324] @ 0x412c1be0 .z..z..z..z..z..z..z..z..z..z..z	336	336
byte[20736] @ 0x412b3730	20,752	20,752
byte[25764] @ 0x412ac880	25,776	25,776
Σ Total: 16 of 1,630 entries; 1,614 more		

图 14-39　"com.example.android.hcgallery-before-change-orientation.conv.hprof"中的 byte[] 实例列表

8）用右键单击泄漏的对象，依次选择"Path to GC Roots"、"exclude weak references"，如图 14-41 所示，来看看到底是哪些引用导致其无法被回收，其结果如图 14-42 所示。

这个判定的结果与前面使用 MAT 的可疑内存泄漏（Leak Suspect Report）报告是一致的。

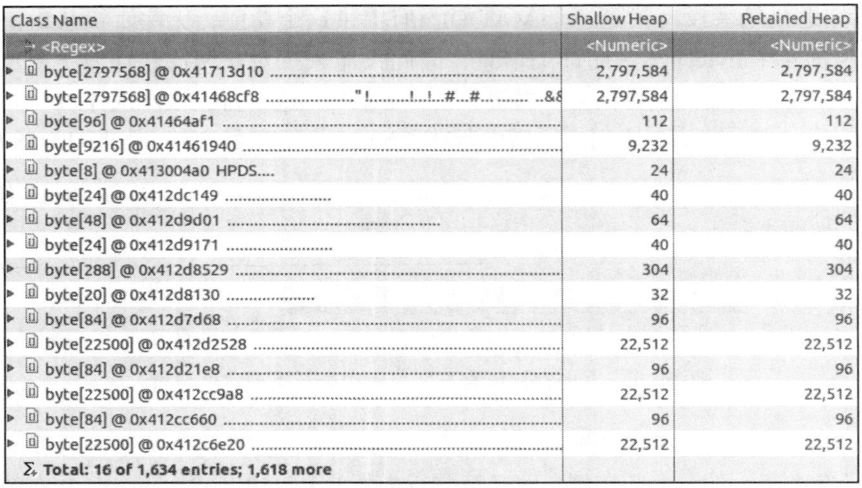

Class Name	Shallow Heap	Retained Heap
<Regex>	<Numeric>	<Numeric>
byte[2797568] @ 0x41713d10	2,797,584	2,797,584
byte[2797568] @ 0x41468cf8 ...."!.......!..!..#..#.......&&	2,797,584	2,797,584
byte[96] @ 0x41464af1	112	112
byte[9216] @ 0x41461940	9,232	9,232
byte[8] @ 0x413004a0 HPDS....	24	24
byte[24] @ 0x412dc149	40	40
byte[48] @ 0x412d9d01	64	64
byte[24] @ 0x412d9171	40	40
byte[288] @ 0x412d8529	304	304
byte[20] @ 0x412d8130	32	32
byte[84] @ 0x412d7d68	96	96
byte[22500] @ 0x412d2528	22,512	22,512
byte[84] @ 0x412d21e8	96	96
byte[22500] @ 0x412cc9a8	22,512	22,512
byte[84] @ 0x412cc660	96	96
byte[22500] @ 0x412c6e20	22,512	22,512
Σ Total: 16 of 1,634 entries; 1,618 more		

图 14-40 "com.example.android.hcgallery-after-change-orientation.conv.hprof" 中的 byte[] 实例列表

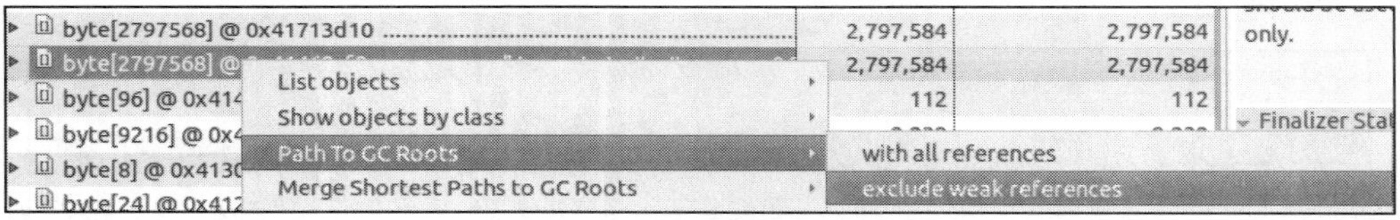

图 14-41 查看泄露对象的 GC Roots

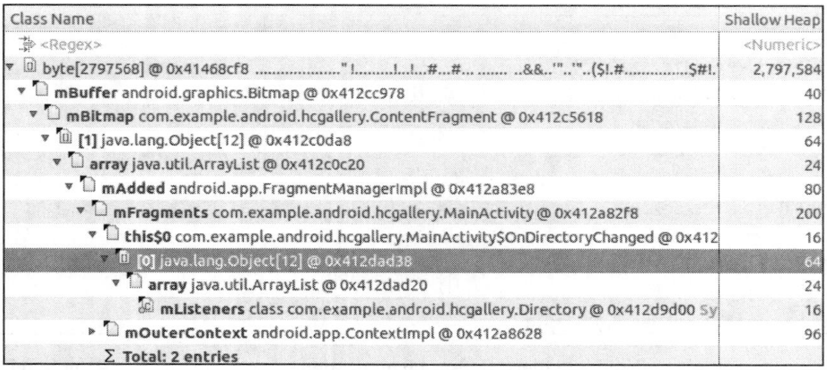

图 14-42 泄露对象的 GC 引用列表

14.3.5 对象查询语言 OQL（Object Query Language）

在分析 Java 程序的内存文件时，可以用一个语法与 SQL 语句类似的查询语句 OQL 来做更详尽的分析。在 OQL 中，整个内存文件就相当于一个数据库，其中每个 Java 类型都可以看成是一个数据表（table），每一个 Java 对象就是对应 Java 类型数据表中的记录（row），而各个成员则是记录中的列（columns）。OQL 语法一般是如下格式：

```
select <JavaScript 语法格式的投影子句>
  [from [instanceof] <类名><变量名>
  [where <JavaScript 语法格式的布尔过滤表达式>]]
```

在 MAT 中，打开一个内存文件之后，单击 ![] 按钮就可以打开 OQL 查询编辑窗口了，单击 ![] 按钮就可以执行 OQL 查询，如图 14-43 所示。

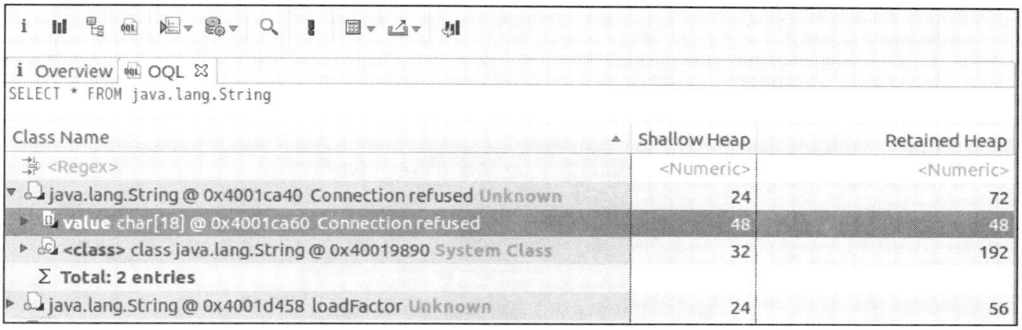

图 14-43　OQL 查询编辑器窗口

1. 投影子句的用法

在 SELECT 子句中，可以输入一个 JavaScript 表达式来指定要查询的信息，跟 SQL 类似，"*"字符会显示符合条件的 Java 对象所有属性和被其引用的对象，图 14-43 就是下面语句的执行结果，注意查询中必须要输入完整的类名。

```
SELECT * FROM java.lang.String
```

也可以指定需要显示的对象的属性列表，如在下面的语句中，为类型"java.lang.String"取了一个别名"s"，除了查询其"count"和"value"两个成员变量之外，还调用了"toString"这个内置函数将字符串打印出来：

```
SELECT toString(s), s.count, s.value FROM java.lang.String s
```

与 SQL 类似，也可以在投影子句中使用"AS"关键字重命名结果列：

```
SELECT toString(s) AS Value, s.count AS 长度 FROM java.lang.String s
```

在 OQL 中使用"AS RETAINED SET"关键字来获取结果对象引用的所有对象，如在下面的查询语句将内存文件中所有字符串及被字符串引用到的对象采用列表的形式一目了然地展开：

```
SELECT AS RETAINED SET * FROM java.lang.String
```

也可以使用"OBJECTS"关键字强制将查询结果用对象的方式显示出来，下面 OQL 的结果如图 14-44 所示，其中"dominators"是 OQL 内置的函数，用来显示从指定对象开始的支配树（dominator tree）节点列表。

```
SELECT OBJECTS dominators(s) FROM java.lang.String s
```

Class Name	Shallow Heap	Retained Heap
<Regex>	<Numeric>	<Numeric>
char[9] @ 0x4053a6a0 ImageView	32	32
char[15] @ 0x4053a268 animated-rotate	48	48
char[18] @ 0x4053a158 linearInterpolator	48	48

图 14-44　在 OQL 中使用"OBJECTS"关键字强制将结果以对象的形式显示

而图 14-45 则是没有采用"OBJECTS"关键字的查询结果：

```
SELECT dominators(s) FROM java.lang.String s
```

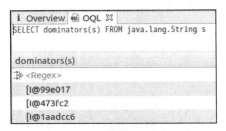

图 14-45　没有使用"OBJECTS"关键字限定的 OQL 查询结果

最后在投影子句中也可以采用"DISTINCT"关键字排除掉重复的结果：

```
SELECT DISTINCT * FROM java.lang.String
```

2. FROM 子句

除了前面已经看到的在 FROM 子句中指定要操作的 Java 类型之外（如 java.lang.String），还可以在 FROM 子句中使用一个正则表达式来在匹配的 Java 类型中执行查询，如下面的查询语句就是在 android.support.v4.view 包中的所有类型里执行查询，其中必须要将正则表达式用括号括起来，而由于点号是正则表达式里的特殊符号，需要转义：

```
SELECT * FROM "android\.support\.v4\.view\..+"
```

与 SQL 类似，OQL 也允许将一个查询结果当做临时表来二次查询，如：

```
SELECT * FROM ( SELECT * FROM java.lang.Class c )
```

还可以在 FROM 子句中使用"INSTANCEOF"和"OBJECTS"关键字，其中"INSTANCEOF"关键字会在指定类型和其子类中进行查询，如下面的查询语句就会列出内存文件中所有 java.lang.ref.Refrence 对象及其子类对象，结果如图 14-46 所示。

```
SELECT * FROM INSTANCEOF java.lang.ref.Reference
```

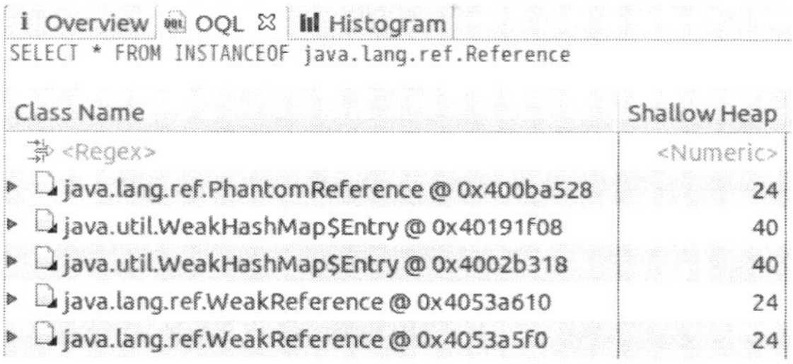

图 14-46　在 FROM 子句中使用 INSTANCEOF 关键字的效果

而"OBJECTS"关键字与 SELECT 子句中的用法类似，例如，知道对象地址，也可以根据一个或多个地址查询在 FROM 子句中指定对象地址即可：

```
SELECT * FROM OBJECTS 0x2b7468c8
```

和

```
SELECT * FROM OBJECTS 0x2b7468c8,0x2b74aee0
```

就可以查询指定地址的对象信息，如果不指定"OBJECTS"关键字，则查询结果是空的。如果"FROM OBJECTS"后面跟的是一个类名，则查询结果会显示类型对象的详细信息，如：

```
SELECT * FROM OBJECTS java.lang.String
```

的结果是"String"这个类型对象的信息，如图 14-47 所示，而不是所有字符串对象的列表。

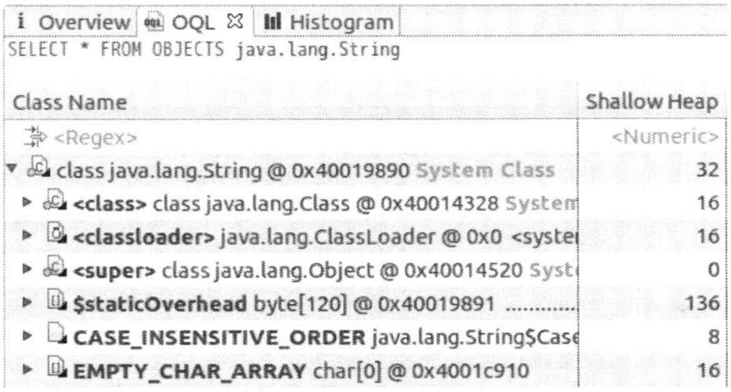

图 14-47　FROM OBJECT <java 类名> 的结果

3. WHERE 子句

在 WHERE 子句中，支持">="、"<="、">"、"<"、"[NOT] LIKE"、"[NOT] IN"、"!="、"="、"AND"和"OR"等关系型操作符，而且在表达式中可以使用一些函数，如：

```
SELECT * FROM java.lang.String s WHERE s.count >= 100
```

```
SELECT * FROM java.lang.String s WHERE toString(s) LIKE ".*day"
SELECT * FROM java.lang.String s WHERE s.value NOT IN dominators(s)
SELECT * FROM java.lang.String s WHERE toString(s) = "monday"
SELECT * FROM java.lang.String s WHERE s.count > 100 AND s.@retainedHeapSize >
s.@usedHeapSize
SELECT * FROM java.lang.String s WHERE s.count > 1000 OR s.value.@length > 1000
```

4．对象的成员访问语法

前面我们已经看到 OQL 允许在子句中访问每个对象成员变量，而其语法也类似 Java/JavaScript，使用点号即可，而且可以逐层访问间接被引用到的对象：

```
[<alias>.]<field>.<field>.<field>
```

其中别名（alias）可以在 FROM 子句中定义，其是可选的。除了 Java 对象自身的成员变量之外，OQL 还给每个对象预置了些系统变量，这些变量由"@"符号标识，如：

```
[<alias>.]@<attribute>
```

其中别名（alias）可以在 FROM 子句中定义，其是可选的。除了 Java 对象自身的成员变量之外，OQL 还为每个对象预置了些 OQL 变量，这些变量由"@"符号标识，表 14-1 就是预置的 OQL 变量说明。

表 14-1　OQL 变量说明

对象类型	OQL 变量	说　　明
任何 Java 对象	objectId	MAT 给对象分配的 id
	objectAddress	对象的地址
	class	对象的 Java 类型，这个类型显示的是 MAT 内部的类型
	clazz	对象的 Java 类型，与 classof(object) 的作用等同
	usedHeapSize	表面内存大小（shallow heap size）
	retainedHeapSize	留存内存大小（retained heap size）
	displayName	显示名称
Java 类型对象	classLoaderId	加载该类型的 class loader 的 id，这个 id 也是 MAT 赋予的，可以在 FROM 子句中指定这个 id 来查看 class loader 的细节： SELECT * FROM OBJECTS <id>
数组对象	length	数组的长度
原始类型数组（Primitive array）	valueArray	数组的原始类型元素列表
引用类型数组（Reference array）	referenceArray	数组的引用类型元素列表

"@"符号也可以用来针对 Java 对象调用 MAT 提供的函数，表 14-2 是这些函数的说明，其调用语法如下：

```
[ <alias>. ] @<method>( [ <expression>, <expression> ] ) ...
```

表 14-2　MAT 函数说明

对象类型	函　　数	说　　明
${snapshot}	getClasses()	内存文件里所有的类型列表
	getClassesByName(String name, boolean includeSubClasses)	根据类名来查找类型列表，第二个参数用来指明是否包含子类
Java 类型对象	hasSuperClass()	如果有基类，则返回 true
	isArrayType()	如果是数组类型，则返回 true
任何对象	getObjectAddress()	返回对象的地址
原始类型数组（Primitive array）	getValueAt(int index)	返回数组中指定位置的元素
数组和 List	get(int index)	返回数组或 list 中指定位置的元素

例如，下面的语句返回所有至少有 3 个元素的原始类型数组的**最后一个元素**：

SELECT s.getValueAt(2) FROM int[] s WHERE (s.@length > 2)

而下面这个语句的效果与上面类似，返回至少有 3 个元素的引用类型数组的**最后一个元素**，使用 "OBJECTS" 关键字是必需的，否则 OQL 只会返回元素的地址：

SELECT OBJECTS s.@referenceArray.get(2) FROM java.lang.Object[] s WHERE (s.@length > 2)

表 14-3 是 OQL 内置的其他函数说明。

表 14-3　OQL 内置函数列表

函　　数	说　　明
toHex(number)	打印数组的十六进制格式
toString(object)	类型对象的 toString 函数调用
dominators(object)	被参数 object 对象立即支配的对象列表
outbounds(object)	被对象所直接引用到的对象
inbounds(object)	所有引用到对象的对象
classof(object)	对象的类型
dominatorof(object)	对象的支配对象，如果没有的话，返回 -1

14.3.6　使用 jHat 分析内存文件

如果机器上没有 MAT，JDK 也自带了一个 HPROF 文件分析工具——jHat，它解析完 HPROF 文件后，可以创建一个 Web 服务器 – 默认端口号是 7000，开发人员可以通过浏览器直接访问和分析 HPROF 文件，其命令格式很简单，只需要输入要分析的 HPROF 文件地址即可，如：

```
$ jhat cn.hzbook.android.test.chapter14.sillygallery.conv.hprof
Reading from cn.hzbook.android.test.chapter14.sillygallery.conv.hprof...
Dump file created Sat Jul 06 19:19:29 CST 2013
Snapshot read, resolving...
Resolving 53352 objects...
```

```
WARNING: Failed to resolve object id 0x4051d658 for field referent (signature L)
Chasing references, expect 10 dots...
Eliminating duplicate references...
Snapshot resolved.
Started HTTP server on port 7000
Server is ready.
```

接下来只要用浏览器访问 7000 端口就可以了，而且也可以用 OQL 进行查询分析。

14.4 显示图片

从前面（图 14-21）了解到，在 Android 3.0 之前，位图对象的具体像素数据是保存在原生内存上的，而 GC 堆上只保存位图的少量元数据信息，这种做法会带来潜在的内存溢出风险，即 GC 堆上还有足够的内存，而位图数据过大耗尽原生内存堆的内存导致应用崩溃。代码清单 14-15 是一个很简单的相册应用，主界面继承自 FragmentActivity 类以支持用户滑动浏览所有在 SD 卡上 "sillygallery" 文件夹中存储的照片。

代码清单 14-15　会导致 Android 2.2 应用崩溃的相册应用

```
1   public class MainActivity extends FragmentActivity {
2       public static String[] imageFiles;
3       public final static String SILLYGALLERYPATH =
4           Environment.getExternalStorageDirectory().getPath() + "/sillygallery/";
5
6       private ImagePagerAdapter mAdapter;
7       private ViewPager mPager;
8
9       @Override
10      protected void onCreate(Bundle savedInstanceState) {
11          super.onCreate(savedInstanceState);
12          setContentView(R.layout.activity_main);
13
14          if ( imageFiles == null ) {
15              findImages();
16          }
17
18          mAdapter = new ImagePagerAdapter(getSupportFragmentManager(),
                    imageFiles.length);
19          mPager = (ViewPager) findViewById(R.id.pager);
20          mPager.setAdapter(mAdapter);
21      }
22
23      private void findImages() {
24          File folder = new File(SILLYGALLERYPATH);
25          imageFiles = folder.list();
26      }
27
28      public static class ImagePagerAdapter extends FragmentStatePagerAdapter {
```

```
29      private final int mSize;
30
31      public ImagePagerAdapter(FragmentManager fm, int size) {
32          super(fm);
33          mSize = size;
34      }
35
36      @Override
37      public int getCount() {
38          return mSize;
39      }
40
41      @Override
42      public Fragment getItem(int position) {
43          System.gc();
44          return ImageDetailFragment.newInstance(imageFiles[position]);
45      }
46  }
47 }
```

从 FragmentActivity 类继承下来的界面要求应用提供一个 FragmentStatePagerAdapter 以便在用户前后翻页可以根据当前页显示的照片获取前后的照片，其实现如代码清单 14-15 中的第 28-47 行。而在第 44 行，每次用户翻页浏览新照片时，ImagePagerAdapter 都会创建一个 ImageDetailFragment 的实例，这个实例用来从 SD 卡中读取照片内容并显示在界面上。代码清单 14-16 是 ImageDetailFragment 的代码实现。

代码清单 14-16　可能会消耗光原生内存堆内存的位图加载实现

```
1   public class ImageDetailFragment extends Fragment {
2       public static final String IMAGE_DATA_EXTRA = "image";
3       private String mImageFile;
4       private ImageView mImageView;
5
6       static ImageDetailFragment newInstance(String image) {
7           final ImageDetailFragment f = new ImageDetailFragment();
8           final Bundle args = new Bundle();
9           args.putString(IMAGE_DATA_EXTRA, image);
10          f.setArguments(args);
11          return f;
12      }
13
14      // Empty constructor, required as per Fragment docs
15      public ImageDetailFragment() {}
16
17      @Override
18      public void onCreate(Bundle savedInstanceState) {
19          super.onCreate(savedInstanceState);
20          mImageFile = getArguments() != null ?
                          getArguments().getString(IMAGE_DATA_EXTRA) : "";
```

```
 21         }
 22
 23         private Bitmap mBitmap;
 24
 25         @Override
 26         public View onCreateView(LayoutInflater inflater, ViewGroup container,
 27                 Bundle savedInstanceState) {
 28             final View v = inflater.inflate(R.layout.image_detail_fragment, container,
                                                 false);
 29             mImageView = (ImageView) v.findViewById(R.id.imageView);
 30             return v;
 31         }
 32
 33         @Override
 34         public void onActivityCreated(Bundle savedInstanceState) {
 35             super.onActivityCreated(savedInstanceState);
 36             if ( mImageFile != null ) {
 37                 mBitmap = loadBitmap();
 38                 mImageView.setImageBitmap(mBitmap);
 39             }
 40         }
 41
 42         private Bitmap loadBitmap() {
 43             BitmapFactory.Options option = new BitmapFactory.Options();
 44             option.inScaled = false;
 45             return BitmapFactory.decodeFile (MainActivity.SILLYGALLERYPATH +
                                                 mImageFile, option);
 46         }
 47     }
```

每当应用加载 ImageDetailFragment 的实例并要求其绘制界面内容时，ImageDetailFragment 读取位图信息并显示其内容，如代码清单 14-16 中的第 34 ~ 40 行，但是在第 44、45 行解码位图数据时，其没有将位图缩放以节省内存，即 inScaled 属性值被设置为 false。当 SD 卡上有一些很大的图片时，如将本书配套资源中的第 14 章示例源码中的 images 上传，在 2.3 及其之下的 Android 设备上，运行一阵子之后应用就有可能会因异常而崩溃，如代码清单 14-17 所示的堆栈输出，在代码清单 14-16 中的第 45 行 decodeFile 时抛出了 OutOfMemoryError 异常。

> 说明
>
> images 文件夹中的美女照片均由 @ 语希范授权使用。

代码清单 14-17　原生内存堆耗尽导致应用崩溃的堆栈输出

```
W/dalvikvm( 4016): threadid=1: thread exiting with uncaught exception (group=0x40020578)
E/AndroidRuntime( 4016): FATAL EXCEPTION: main
E/AndroidRuntime( 4016): java.lang.OutOfMemoryError: bitmap size exceeds VM budget
E/AndroidRuntime( 4016):     at android.graphics.BitmapFactory.nativeDecodeStream
```

```
(Native Method)
E/AndroidRuntime( 4016):    at
android.graphics.BitmapFactory.decodeStream(BitmapFactory.java:573)
E/AndroidRuntime( 4016):    at
android.graphics.BitmapFactory.decodeFile(BitmapFactory.java:384)
E/AndroidRuntime( 4016):    at
cn.hzbook.android.test.chapter14.sillygallery.ImageDetailFragment.loadBitmap
(ImageDetailFragment.java:67)
E/AndroidRuntime( 4016):    at
cn.hzbook.android.test.chapter14.sillygallery.ImageDetailFragment.onActivityCre
ated(ImageDetailFragment.java:59)
E/AndroidRuntime( 4016):    at
android.support.v4.app.Fragment.performActivityCreated(Fragment.java:1468)
E/AndroidRuntime( 4016):    at
android.support.v4.app.FragmentManagerImpl.moveToState(FragmentManager.
java:931)
//
// ** 省略过长的堆栈输出信息 **
//
E/AndroidRuntime( 4016):    at dalvik.system.NativeStart.main(Native Method)
W/ActivityManager(  174): Force finishing activity
cn.hzbook.android.test.chapter14.sillygallery/.MainActivity
E/         (  174): Dumpstate > /data/log/dumpstate_app_error
```

如果我们遵循前面 14.3.2 使用 MAT 分析内存泄露小节中讲解的内存泄漏调试方法，会看到类似图 14-48 的分析报告。你会惊奇的发现，整个 HPROF 文件中的内存消耗总额只有 2MB 左右，最大的对象也就是 200 多 KB，而且还是 retained size，不是 shallow size。

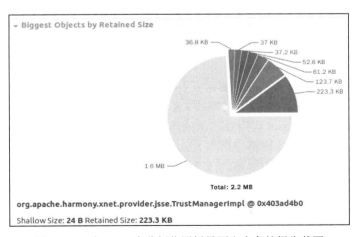

图 14-48　在 MAT 中分析位图耗尽原生内存的报告截图

但是通过在第 12 章 12.3.3 中讲解的查看 Android 系统及进程内存使用情况的 dumpsys 命令分析，却又是另外一番景象，dumpsys 的 meminfo 子命令接受一个参数，即要查看分析内存使用情况的进程名。例如，在命令行中执行下面的命令，将会得到类似图 14-49 的结果。

```
$ adb -d shell dumpsys meminfo cn.hzbook.android.test.chapter14.sillygallery
```

```
student@student:~/mat$ adb -d shell dumpsys meminfo cn.hzbook.android.test.chapter14.sillygallery
Applications Memory Usage (kB):
Uptime: 13412269 Realtime: 509206300

** MEMINFO in pid 4083 [cn.hzbook.android.test.chapter14.sillygallery] **
                 native   dalvik    other    total
          size:   56740     5379      N/A    62119
     allocated:   55051     2984      N/A    58035
          free:      68     2395      N/A     2463
         (Pss):     698      786    53676    55160
 (shared dirty):   1308     1956     6192     9456
   (priv dirty):    660       92    53304    54056

 Objects
         Views:       0             ViewRoots:       0
   AppContexts:       0            Activities:       0
        Assets:       4         AssetManagers:       4
  Local Binders:      6         Proxy Binders:      10
Death Recipients:    0
OpenSSL Sockets:     0

 SQL
          heap:       0           MEMORY_USED:       0
PAGECACHE_OVERFLOW:  0           MALLOC_SIZE:       0
```

图 14-49 使用 dumpsys 命令分析进程内存的结果

在图 14-49 中，最重要的是 ** MEMINFO in pid XXXX ** 这一段，其第一列"native"就是进程原生内存堆的使用详情，第二列"dalvik"则是进程 GC 内存堆的使用详情。从"native"列可以看到，进程原生内存堆总共就 56MB（"size"这一行），而已经使用了 55MB 左右（"allocated"行），只有 68KB 空余（"free"行），因此在浏览下一张图片时，因内存远远无法满足需要而失败。而反观 GC 内存堆，只使用了 60%（2984KB / 5379KB）左右的内存。

14.4.1　Android 应用加载大图片的最佳实践

谷歌在 Android 官网上有几篇文章专门提到了位图处理的最佳实践，笔者选取与内存使用相关的内容进行介绍，英文功底好的读者可以在网址 http://developer.android.com/training/displaying-bitmaps/index.html 上查看完整的文章。

在大部分情况下，Android 应用要显示的图片分辨率要比设备的屏幕分辨率大很多，例如很多设备的相机分辨率就比屏幕分辨率大，高分辨率图片要占用更多的内存，加之为了在屏幕上显示需要缩放图片以适应屏幕的计算工作，因此没必要在低分辨率的屏幕上显示高分辨率的图片。较好的做法是在显示图片之前读取图片的尺寸等信息，然后在屏幕上显示缩放后的图片。

BitmapFactory 类提供了好几个解码方法（如 decodeByteArray、decodeFile、decode-Resource 等），以便我们根据图片的数据来源选择最合适的解码函数。但这些函数在解码前会为图片分配内存，从而很容易造成 OutOfMemory 异常。可以采用 BitmapFactory.Options 类中的解码参数来修改解码行为，如将 inJustDecodeBounds 属性赋值为 true 可以只读取图片的尺寸和类型（通过返回 outWidth、outHeight 和 outMimeType 等参数值），而不读取图片内容以避免内存分配，如代码清单 14-18 所示。

代码清单 14-18　只读取图片的尺寸和类型

```
BitmapFactory.Options options = new BitmapFactory.Options();
options.inJustDecodeBounds = true;
BitmapFactory.decodeResource(getResources(), R.id.myimage, options);
int imageHeight = options.outHeight;
int imageWidth = options.outWidth;
String imageType = options.outMimeType;
```

接下来可以从图片的尺寸信息来判断是将整个图片加载进内存还是只加载一个样图，一般来说考虑下面几个因子：

1）评估加载整个图片所需的内存；
2）根据应用的实际情况来考虑可以分配给图片的内存量；
3）显示图片的 ImageView 或其他 UI 控件的尺寸；
4）设备的屏幕大小和像素密度。

如，在一个 ImageView 中就没有必要完全加载一个 1024×768 像素的图片，因为 ImageView 最终只显示一个 128×96 像素的缩略图。

只要设置好 BitmapFactory.Options 的 inSampleSize 属性，就可以告诉解码器解码一个小点的样图。例如，inSampleSize 的值为 4，会为一个分辨率是 2048×1536 的图片生成四分之一大小即 512×384 的样图，这样只需要消耗 0.75MB 的内存，而不是完整图片所需的 12MB。如代码清单 14-19 就是根据图片显示目标尺寸来计算 inSampleSize 的函数：

代码清单 14-19　计算图片样图大小的方法

```
public static int calculateInSampleSize(
            BitmapFactory.Options options, int reqWidth, int reqHeight) {
    // 图片的原始宽度和高度
    final int height = options.outHeight;
    final int width = options.outWidth;
    int inSampleSize = 1;

    if (height > reqHeight || width > reqWidth) {

        // 计算请求显示的宽度、高度与原始宽度和高度之比
        final int heightRatio = Math.round((float) height / (float) reqHeight);
        final int widthRatio = Math.round((float) width / (float) reqWidth);

        // 选择一个最小的比例作为 inSampleSize 的值，这样才能保证最后生成的图片可以显示在
        // 界面上
        inSampleSize = heightRatio < widthRatio ? heightRatio : widthRatio;
    }

    return inSampleSize;
}
```

> **注意**
> 将 inSampleSize 的值设置为 2 的倍数时，解码速度会快一些，不过如果要把图片缓存在应用内存里，那根据情况设置 inSampleSize 会更实际些。

在使用代码清单 14-19 中的函数时，先将 inJustDecodeBounds 属性赋值 true 传给解码器以获取图片的实际尺寸后，计算出 inSampleSize 并将 inJustDecodeBounds 的值改为 false 再次传给解码器解码，如代码清单 14-20 所示。

代码清单 14-20　根据图片尺寸和显示尺寸解码样图的函数

```java
public static Bitmap decodeSampledBitmapFromResource(Resources res, int resId,
        int reqWidth, int reqHeight) {

    // 首先使用 inJustDecodeBounds=true 解码图片以便判断大小
    final BitmapFactory.Options options = new BitmapFactory.Options();
    options.inJustDecodeBounds = true;
    BitmapFactory.decodeResource(res, resId, options);

    // 计算 inSampleSize
    options.inSampleSize = calculateInSampleSize(options, reqWidth, reqHeight);

    // 使用计算出来的 inSampleSize 来解码图片
    options.inJustDecodeBounds = false;
    return BitmapFactory.decodeResource(res, resId, options);
}
```

如下代码就是通过代码清单 14-20 的函数将任意尺寸的图片解码成 100×100 的缩略图并在 ImageView 中显示：

```java
mImageView.setImageBitmap(
    decodeSampledBitmapFromResource(getResources(), R.id.myimage, 100, 100));
```

14.4.2　跟踪对象创建

DDMS 的"Allocation"页签提供了跟踪对象创建（也就是分配内存）时的堆栈信息，方便在调试时跟踪内存泄露的对象是在什么地方创建的，从而定位泄露的根本原因。其使用也很简单，在 DDMS 左边的"Devices"列表中选择要调查内存泄露的进程，然后在右边"Allocation"页签中单击"Start Tracking"按钮，这时就启动了分配内存跟踪过程。接下来在应用上执行一些会导致内存泄露的操作，执行完毕后，单击"Get Allocations"按钮获取所有的内存分配信息，结果如图 14-50，是示例应用 SillyGallery 在浏览照片时的所捕捉到的内存分配信息，可以看到，每一次照片翻页时，都会创建两个 16400 字节大小的字节数组（如编号第 425 和 426 的内存分配条目），首先在 BitmapFactory.decodeStream 函数中会创建一个，然后在创建 BufferedInputStream 实例时又会创建一个。阅读 Android 的源码，也会发现的确存在类似这样的双份数组的问题，即 BufferedInputStream 要从文件或网络上读取数据，必须要有一个临时数组（我们叫它缓存数组）来缓存读到的内容，如代码清单 14-21 中的第 7 行；而 decodeStream 函数必须将 BufferedInputStream 读到的内容复制到自己的数组（叫它计算数组）才能处理，如代码清单 14-22 中的第 13 行。

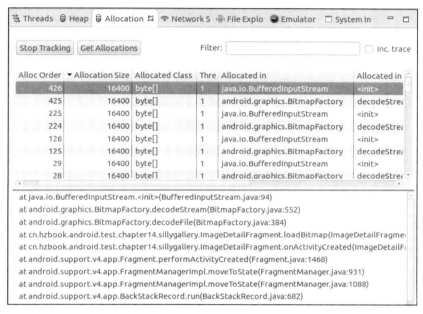

图 14-50　DDMS 中获取内存分配信息

代码清单 14-21　BufferedInpuStream.<init> 函数的源码

```
1    public BufferedInputStream(InputStream in, int size) {
2        super(in);
3        if (size <= 0) {
4            throw new IllegalArgumentException("size <= 0");
5        }
6        buf = new byte[size];
7    }
```

代码清单 14-22　BitmapFactory.decodeStream 的源码摘要

```
1 public static Bitmap decodeStream(InputStream is, Rect outPadding, Options opts) {
2     // 省略参数处理代码和初始化等代码
3
4     if (is instanceof AssetManager.AssetInputStream) {
5         // 省略无关代码
6     } else {
7         // pass some temp storage down to the native code. 1024 is made up,
8         // but should be large enough to avoid too many small calls back
9         // into is.read(...) This number is not related to the value passed
```

```
10              // to mark(...) above.
11              byte [] tempStorage = null;
12              if (opts != null) tempStorage = opts.inTempStorage;
13              if (tempStorage == null) tempStorage = new byte[16 * 1024];
14
15              if (opts == null || (opts.inScaled && opts.inBitmap == null)) {
16                  float scale = 1.0f;
17                  int targetDensity = 0;
18                  if (opts != null) {
19                      final int density = opts.inDensity;
20                      targetDensity = opts.inTargetDensity;
21                      if (density != 0 && targetDensity != 0) {
22                          scale = targetDensity / (float) density;
23                      }
24                  }
25
26                  bm = nativeDecodeStream(is, tempStorage, outPadding, opts, true,
                       scale);
27                  if (bm != null && targetDensity != 0) bm.setDensity(targetDensity);
28
29                  finish = false;
30              } else {
31                  bm = nativeDecodeStream(is, tempStorage, outPadding, opts);
32              }
33          }
34
35          if (bm == null && opts != null && opts.inBitmap != null) {
36              throw new IllegalArgumentException("Problem decoding into existing bitmap");
37          }
38
39          return finish ? finishDecode(bm, outPadding, opts) : bm;
40      }
```

正是因为存在这种使用双份内存才能读取和解码图片的问题,所以在必要时,也可以考虑将图片压缩存储或者只在网络上传递压缩过的图片。

14.5 频繁创建小对象的问题

由于 Android 的 GC 不支持逐代分配算法,其直接的后果就是对大量临时对象处理得不好,如代码清单 14-23 所示。

代码清单 14-23 创建大量的临时对象的问题

TooManySmallObjects.java

```
1   import java.util.ArrayList;
2
3   public class TooManySmallObjects {
```

```
4        private static int NANOSECONDS =1000000000;
5        public static void main(String[] args) throws Exception {
6            if ( args.length !=1 ) {
7                System.out.println("使用方法: java TooManySmallObjects <对象个数>");
8                return;
9            }
10
11           int count = Integer.parseInt(args[0]);
12           ArrayList<MyVector>matrix = new ArrayList<MyVector>();
13           for ( int i =0; i < count; ++i ) {
14               matrix.add(new MyVector(new MyPoint(i, i),
15                           new MyPoint(i +1, i +2)));
16           }
17
18           // 显式做一次 GC，避免影响测试结果
19           System.gc();
20           System.out.println("准备运行！");
21           long startTime = System.nanoTime();
22           MyVector sum = new MyVector(new MyPoint(0,0), new MyPoint(0,0));
23           for ( MyVector vector : matrix ) {
24               sum = sum.add(vector);
25
26           }
27           long endTime = System.nanoTime();
28           // 再做一次 GC，以便在 LOGCAT 中观察 GC 的次数
29           System.gc();
30
31           System.out.println(
32               String.format("共耗时:%f",
33                   (double)(endTime-startTime) / NANOSECONDS));
34           System.out.println(
35               String.format("避免编译器优化：(%1$d,%2$d) -> (%3$d,%4$d)",
36                   sum.Start.X, sum.Start.Y,
37                   sum.End.X, sum.End.Y));
38           System.out.println("运行完毕！");
39       }
40   }
```

MyVector.java

```
1    public class MyVector {
2        public MyPoint Start;
3        public MyPoint End;
4
5        public MyVector(MyPoint start, MyPoint end) {
6            Start = start;
7            End = end;
8        }
9
10       public MyVector add(MyVector another) {
11           return new MyVector(new MyPoint(Start.X + another.Start.X,
```

```
12                                      Start.Y + another.Start.Y),
13                          new MyPoint(End.X + another.End.X,
14                                      End.Y + another.End.Y));
15      }
16  }
```

MyPoint.java
```
1   public class MyPoint {
2       public MyPoint(int x, int y) {
3           X = x;
4           Y = y;
5       }
6
7       public int X;
8       public int Y;
9   }
```

在 TooManySmallObjects.java 的第 23 行中，通过调用 MyVector 的 add 函数将向量数组中的所有向量累加，而在 MyVector.java 的第 11 行，add 函数是将两个向量累加后，创建一个临时向量对象返回，图 14-51 是针对一个包含 10 万个向量对象的数组操作的结果，即 add 函数会创建 10 万个临时对象。

```
student@student:~/workspace/smallobjects$ adb shell dalvikvm -classpath /sdcard/demo.jar TooManySmallObjects 100000
准备运行！
共耗时:1.689700
避免编译器优化：(704982704,704982704) -> (705082704,705182704)
运行完毕！
```

图 14-51　在 Android 上创建过多小对象的问题

而如果将代码清单 14-23 中 add 函数的功能直接放在 TooManySmallObjects.java 第 23 行的循环中避免创建临时对象，如代码清单 14-24 所示，再次运行。结果如图 14-52 所示，会发现其速度要比创建临时对象的速度快 10 倍左右。

代码清单 14-24　将 MyVector.add 的代码直接放在循环中以避免创建临时对象

```
for ( MyVector vector : matrix ) {
    sum.Start.X += vector.Start.X;
    sum.Start.Y += vector.Start.Y;
    sum.End.X += vector.End.X;
    sum.End.Y += vector.End.Y;
}
```

```
student@student:~/workspace/smallobjects$ adb shell dalvikvm -classpath /sdcard/demo.jar TooManySmallObjects 100000
准备运行！
共耗时:0.135417
避免编译器优化：(704982704,704982704) -> (705082704,705182704)
运行完毕！
```

图 14-52　避免创建临时对象的运行结果

大量临时对象要求 Android 系统执行多次 GC，虽然在最新版本（3.0 之后），Android 开始支持并行 GC，即允许 GC 线程与其他线程同时在多个处理器上运行，但即使这样，也还要求短暂停顿其他线程，例如在确定 GC Roots 时，需要中断线程以获取其堆栈上的变量信息，如果设备没有多处理器，那么 GC 线程在执行时，无论是并行模式还是串行模式，都必须要占用本来应该运行其他线程的处理器。

14.6　Finalizer 的问题

Finalizer 不仅会使对象的生命延长一个 GC 周期，而且还会影响其创建时的速度，如在代码清单 14-25 中，程序分别创建了 10 万个普通的 Java 对象和 10 万个实现了 finalize 函数的对象，其创建速度对比如图 14-53 所示，在笔者的模拟器上速度竟然相差 4、5 倍！而在实际的 Android 2.3 设备上，创建实现 finalize 对象的速度也要比普通对象大概慢 1.5 倍左右。

代码清单 14-25　创建普通对象和 Finalizable 对象之比

```java
public class FinalizerHurts {
    private static final int OBJECT_COUNTS = 100000;
    public static void main(String[] args) {
        System.out.println(
            String.format("创建 %d 个 Object 对象：", OBJECT_COUNTS));
        long startTime = System.nanoTime();
        Object[] array1 = new Object[OBJECT_COUNTS];
        for ( int i = 0; i < OBJECT_COUNTS; ++i ) {
            array1[i] = new Object();
        }
        System.out.println(
            String.format("共耗时: %d", System.nanoTime()-startTime));

        System.out.println(
            String.format("创建 %d 个 HasFinalizer 对象：", OBJECT_COUNTS));
        startTime = System.nanoTime();
        HasFinalizer[] array2 = new HasFinalizer[OBJECT_COUNTS];
        for ( int i = 0; i < OBJECT_COUNTS; ++i ) {
            array2[i] = new HasFinalizer();
        }
        System.out.println(
            String.format("共耗时: %d", System.nanoTime()-startTime));
    }
}

class HasFinalizer {
    @Override
    protected void finalize () throws Throwable {
        super.finalize();
    }
}
```

```
student@student:~/workspace/finalizer/FinalizerHurts$ ./run.sh
19 KB/s (1276 bytes in 0.063s)
创建100000个Object对象：
共耗时：1703262300
创建100000个HasFinalizer对象：
共耗时：10656489834
```

图 14-53　在模拟器上创建普通对象和 finalizable 对象的速度之比

14.7　本章小结

一般根据下面两个线索判断应用是否存在内存泄露问题：

1）应用运行一段时间后，因为内部抛出 java.lang.OutOfMemoryError 异常而崩溃；

2）在 logcat 中看到频繁的 GC 消息。

而分析内存泄露问题的步骤一般是：

1）使用 DDMS 创建应用的内存快照。

2）通过 hprof-conv 将 Android 系统保存的内存快照文件转换成普通 Java 程序的内存快照格式。

3）在 Eclipse Memory Analyzer（MAT）中打开转换格式后的快照文件。

4）如果 MAT 的自动分析泄露报告无法识别泄露问题根源话，则在应用上多操作几次会引起内存泄漏的步骤，并保存另一个快照文件。在 MAT 中对比两次内存快照文件的直方图报表，确定泄露根源。

5）在快照比对直方图报表中，对比每个类型的实例数量和大小，如果有类型的实例数量和大小（特别是 retained size）在后面的快照文件有无法解释的增长，那么基本上就表明其引起了内存泄漏。

在执行应用的性能调优过程中，需要注意以下几点：

1）通常应用依赖于很多第三方的函数库和其他人的代码，如果不进行精确衡量，永远也不要随意猜测性能瓶颈的位置所在。

2）一般来说，不建议在程序中调用 System.gc 来显式触发垃圾回收过程，一方面 GC 或多或少降低应用的响应速度，另一方面，显式触发 GC 主要就是因为内存不够用，而此时通常都意味着进程内有内存泄漏，能回收大量内存的情况很少。

3）对于非内存的紧缺资源，在 finalize 之外提供如 dispose/close 的其他函数以便及早关闭资源。

第 15 章
调试多线程和 HTML 5 应用

随着 Android 设备的进化,越来越多的 Android 设备上开始有多核 CPU,而在多核 CPU 之上的多线程编程和在单核上的有不少的差别,本章只介绍基本的多线程编程调试技巧,而不涉及多核之间并行多线程的调试。

15.1 调试应用无响应问题

对于用户来说,除了应用崩溃之外,最坏的体验莫过于应用无响应(Application Not Responding, ANR)了。当应用在一段时间内无法响应用户的输入,系统就会显示一个"应用无响应"对话框:

❑ 用户操作在 5 秒内都没有任何响应;

❑ 一个广播接收器(BroadcastReceiver)在 10 秒内都没有结束运行。

由于 Android 应用都是在 UI 线程处理用户操作,更新界面上的元素。如果在 UI 线程上执行一些 IO 操作(如网络和硬盘读取),或者执行一个过长时间的运算,一般就会导致 ANR 问题。如代码清单 15-1 所示,第 13 行执行了一个长时间(10 秒)的操作,在运行代码时,随意单击界面上的控件,几秒钟后,Android 系统就会弹出类似图 15-1 的对话框。

代码清单 15-1　触发 ANR 的应用代码

```
 1 public class MainActivity extends Activity {
 2     @Override
 3     protected void onCreate(Bundle savedInstanceState) {
 4         super.onCreate(savedInstanceState);
 5         setContentView(R.layout.activity_main);
 6
 7         Button button = (Button)findViewById(R.id.button1);
 8         button.setOnClickListener(new OnClickListener() {
 9             @Override
10             public void onClick(View v) {
```

```
11                        // 模拟一个长时间的操作
12                        try {
13                            Thread.sleep(10 * 1000);
14                        } catch (InterruptedException e) {
15                            e.printStackTrace();
16                        }
17
18                        Toast toast = Toast.makeText(
19                            getApplicationContext(), "点击完成!", Toast.LENGTH_LONG);
20                        toast.show();
21                    }
22                });
23
24                button = (Button)findViewById(R.id.button2);
25                button.setOnClickListener(new OnClickListener() {
26                    @Override
27                    public void onClick(View v) {
28                        Toast toast = Toast.makeText(
29                            getApplicationContext(), "单击button2!", Toast.
                            LENGTH_LONG);
30                        toast.show();
31                    }
32                });
33        }
34 }
```

图 15-1 ANR 对话框

通常来说,最佳编程实践都建议避免在 UI 线程即主线程上执行时间过长的操作,而 Android 系统则走得更远,在 3.0 以上的版本,如果应用在主线程调用了网络相关的 API,则直接会导致一个 NetworkOnMainThreadException 的异常,如代码清单 15-2 所示,在第 6～10 行使用 HttpClient 相关的 API 试图从网上下载一些网页,这个代码在 3.0 以下的 Android 系统中执行并没有任何问题,但在 3.0 之上运行时,会触发如图 15-2 所示的异常信息。

代码清单 15-2 在主线程中调用网络相关的 API

```
1    button = (Button) findViewById(R.id.http_button);
2    button.setOnClickListener(new OnClickListener() {
3        @Override
4        public void onClick(View v) {
5            String httpUrl = "http://www.baidu.com/";
```

```
6              HttpGet request = new HttpGet(httpUrl);
7              HttpClient httpClient = new DefaultHttpClient();
8              HttpResponse response = null;
9              try {
10                 response = httpClient.execute(request);
11             } catch (ClientProtocolException e) {
12             } catch (IOException e) {
13             }
14             if (response != null &&
15                 response.getStatusLine().getStatusCode() == HttpStatus.SC_OK) {
16                 Toast.makeText(getApplicationContext(), "成功执行HTTP请求！",
17                         Toast.LENGTH_LONG).show();
18             } else {
19                 Toast.makeText(getApplicationContext(), "HTTP请求执行失败！",
20                         Toast.LENGTH_LONG).show();
21             }
22         }
23     });
```

```
W/dalvikvm(22909): threadid=1: thread exiting with uncaught exception (group=0x418ad300)
E/AndroidRuntime(22909): FATAL EXCEPTION: main
E/AndroidRuntime(22909): android.os.NetworkOnMainThreadException
E/AndroidRuntime(22909):        at android.os.StrictMode$AndroidBlockGuardPolicy.onNetwork(Stri
E/AndroidRuntime(22909):        at java.net.InetAddress.lookupHostByName(InetAddress.java:385)
E/AndroidRuntime(22909):        at java.net.InetAddress.getAllByNameImpl(InetAddress.java:236)
E/AndroidRuntime(22909):        at java.net.InetAddress.getAllByName(InetAddress.java:214)
E/AndroidRuntime(22909):        at org.apache.http.impl.conn.DefaultClientConnectionOperator.op
:137)
E/AndroidRuntime(22909):        at org.apache.http.impl.conn.AbstractPoolEntry.open(AbstractPoo
E/AndroidRuntime(22909):        at org.apache.http.impl.conn.AbstractPooledConnAdapter.open(Abs
E/AndroidRuntime(22909):        at org.apache.http.impl.client.DefaultRequestDirector.execute(D
E/AndroidRuntime(22909):        at org.apache.http.impl.client.AbstractHttpClient.execute(Abstr
E/AndroidRuntime(22909):        at org.apache.http.impl.client.AbstractHttpClient.execute(Abstr
E/AndroidRuntime(22909):        at org.apache.http.impl.client.AbstractHttpClient.execute(Abstr
E/AndroidRuntime(22909):        at cn.hzbook.android.test.chapter15.anr.MainActivity$3.onClick(
```

图 15-2　在主线程中调用网络 API 的应用在 Android 3.0 上的运行效果

基本上，在 3.0 之后的版本，在主线程中执行下面这些操作是不允许的：

- 使用 new Socket() 视图打开一个套接字链接；
- 使用 HttpClient 和 HttpUrlConnection 发送一个 Http 请求；
- 尝试连接一个远程的 MySQL 数据库；
- 使用 Downloader.downloadFile 下载一个文件。

既然在主线程不允许做这些耗时操作，那就只能放到其他线程里执行了。

15.2　Android 中的多线程

一般来说都会将长时间操作放到后台（或叫做工作）线程上执行。代码清单 15-3 是使用多线程处理单击按钮后在 ImageView 上显示从网络上下载图片的概念演示代码。

代码清单 15-3　多线程处理长时间操作的概念演示代码

```
1    button.setOnClickListener(new OnClickListener() {
2        @Override
3        public void onClick(View v) {
4            new Thread(new Runnable() {
5                public void run() {
6                    loadImageFromNetwork();
7                    button.setText("图片下载完成！");
8                }
9            }).start();
10       }
11   });
```

粗略看起来这段代码没有什么问题，而实际上它违背第 2 章图 2-19 演示的 Android 的单线程模型，即 Android 的 UI 控件都不是多线程安全的，只能在 UI 线程中操作它们。而在代码清单 15-3 中，工作线程在第 7 行尝试直接操作 UI 控件 ImageView，这种做法会导致第 2 章中提到的 UI 控件显示错乱的问题，而且调试和修复这样的问题非常困难和耗时，因此为了避免这种情况，Android 实际上会抛出一个 "android.view.ViewRoot$CalledFromWrongThreadException" 异常，如图 15-3 所示。

```
FATAL EXCEPTION: Thread-10
android.view.ViewRoot$CalledFromWrongThreadException: Only the original thread that created a view hierarchy can touch its views.
    at android.view.ViewRoot.checkThread(ViewRoot.java:3020)
    at android.view.ViewRoot.requestLayout(ViewRoot.java:634)
    at android.view.View.requestLayout(View.java:8267)
    at android.view.View.requestLayout(View.java:8267)
    at android.view.View.requestLayout(View.java:8267)
    at android.widget.RelativeLayout.requestLayout(RelativeLayout.java:257)
    at android.view.View.requestLayout(View.java:8267)
    at android.widget.TextView.checkForRelayout(TextView.java:5631)
    at android.widget.TextView.setText(TextView.java:2779)
    at android.widget.TextView.setText(TextView.java:2640)
    at android.widget.TextView.setText(TextView.java:2615)
    at cn.hzbook.android.test.chapter15.baduithreadoperation.MainActivity$1$1.run(MainActivity.java:25)
    at java.lang.Thread.run(Thread.java:1019)
:ate > /data/log/dumpstate_app_error
    Force finishing activity cn.hzbook.android.test.chapter15.baduithreadoperation/.MainActivity
```

图 15-3　在工作线程中操作 UI 控件导致的异常

Android 提供了好几种方法让其他线程操作 UI 控件，如：

❏ Activity.runOnUiThread(Runnable)
❏ View.post(Runnable)
❏ Handler

代码清单 15-4 就是采用 View.post 方法在工作线程和 UI 主线程之间通信的正确代码。

代码清单 15-4　工作线程和主线程之间通信

```
1    button.setOnClickListener(new OnClickListener() {
2        @Override
3        public void onClick(View v) {
4            new Thread(new Runnable() {
5                public void run() {
```

```
6                         loadImageFromNetwork();
7                         button.post(new Runnable() {
8                             public void run() {
9                                 button.setText("图片下载完成！");
10                            }
11                        });
12                    }
13                }).start();
14            }
15        });
```

首先在第 4 行创建一个工作线程，其工作就是在第 6 行执行从网络上下载图片的耗时操作，执行完之后，在第 7 行向 UI 线程发送一个工作任务，该任务通过实现了 Runnable 接口的对象来表示，而任务内容就是显示下载的图片。然而代码清单 15-4 中的问题是代码比较复杂，而且可阅读性也比较差，因此 Android 又提供了一个名为 AsyncTask 的辅助类型来简化多线程代码。代码清单 15-5 就是用 AsyncTask 来重写代码清单 15-4 中多线程操作的代码。

代码清单 15-5　使用 AsyncTask 来处理多线程操作

```
1    button.setOnClickListener(new OnClickListener() {
2        @SuppressWarnings("unchecked")
3        @Override
4        public void onClick(View v) {
5            new DownloadImageTask(button).execute("http://www.baidu.com/beauty.jpg");
6        }
7    });
8
9    @SuppressWarnings("rawtypes")
10   class DownloadImageTask extends AsyncTask {
11       private Button _button = null;
12
13       public DownloadImageTask(Button button) {
14           _button = button;
15       }
16
17       @Override
18       protected Object doInBackground(Object... args) {
19           return loadImageFromNetwork();
20       }
21
22       @Override
23       protected void onPostExecute(Object result) {
24           _button.setText("图片下载完成！");
25       }
26   }
```

使用 AsyncTask 版本的代码可阅读性就好多了，首先需要制作一个 AsyncTask 的子类，如第 10 行的 DownloadImageTask 类型；并且实现必须重载的函数以实现具体的任务，如第 17～20 行的 doInBackground 函数，完成任务所需要的（不定）参数 "args" 由触发任务的调用端填充，如第 5 行中 execute 函数传递的参数；最后在任务完成后所需执行的操作 onPostExecute 是应用可选实现的，如第 24 行就是更新 UI 控件上的内容。这里，虽然 doInBackground 和 onPostExecute 都是 DownloadImageTask 的函数，但是在执行过程中，两个函数是运行在不同的线程上的，其中 doInBackground 函数运行在工作（后台）线程上，而 onPostExecute 函数则运行在 UI 主线程上，AsyncTask 的各函数与线程之间的关系如图 15-4 所示。

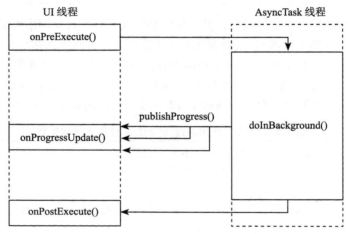

图 15-4 AsyncTask 后台线程与 UI 线程的交互

15.3 调试线程死锁

15.3.1 资源争用问题

资源争用是多个线程同时访问一个共享资源所导致的问题，比如一个线程尝试写入共享资源，而另外一个线程也在同时写入这个共享资源，后续操作只能看到最后写入共享资源的线程的值。代码清单 15-6 是一个典型的会产生多线程资源争用问题的代码。

代码清单 15-6　产生资源竞争的多线程

```
1    public class RaceCondition {
2        private static int _sharedCounter = 0;
3
4        private static void dekker1() {
5            _sharedCounter++;
6        }
7
8        private static void dekker2() {
9            _sharedCounter++;
```

```
10          }
11
12          public static void main(String[] args) throws Exception {
13              if ( args.length != 1 ) {
14                  System.out.println("使用方法：java RaceCondition <循环次数>");
15                  return;
16              }
17
18              final int loopCount = Integer.parseInt(args[0]);
19              Thread thread1 = new Thread(new Runnable() {
20                  public void run() {
21                      for ( int i = 0; i < loopCount; ++i ) {
22                          dekker1();
23                      }
24                  }
25              });
26              Thread thread2 = new Thread(new Runnable() {
27                  public void run() {
28                      for ( int i = 0; i < loopCount; ++i ) {
29                          dekker2();
30                      }
31                  }
32              });
33              thread1.start();
34              thread2.start();
35
36              thread1.join();
37              thread2.join();
38
39              int expected_sum = 2 * loopCount;
40              if ( _sharedCounter != expected_sum ) {
41                  System.out.println(
42                      String.format("资源竞争问题：实际结果 $1%d 不等于期望结果 $2%d",
43                                    _sharedCounter, expected_sum));
44              }
45          }
46      }
```

代码清单 15-6 的运行结果如图 15-5 所示。

```
D:\>java RaceCondition 1000000

D:\>java RaceCondition 1000000
资源竞争问题：实际结果 $11992917 不等于期望结果 $22000000
```

图 15-5　资源竞争问题

结果显示了在程序运行时，多次发生后面一个线程覆盖前一个线程写入的结果。要理解问题的原因，我们来看看线程 dekker1（第 4 ～ 6 行）和 dekker2（第 8 ～ 10 行）的代码，这两个线程的操作都很简单，就是累加一个全局变量 _sharedCounter。虽然在 Java 代码中

_sharedCounter++ 只是一行代码，但实际上，其操作要分解成三步：

1）从内存加载 _sharedCounter 的值到 CPU 的寄存器——CPU 只能操作寄存器中的数据。

2）CPU 在寄存器中将 _sharedCounter 的值累加；

3）CPU 再将更新后的 _sharedCounter 的值保存到内存中。

由于 CPU（特别是单核 CPU）会在多个线程之间切换运行，如 CPU 执行 dekker1 线程到上面的步骤 1）时，切换到 dekker2 线程执行完 1）、2）、3）这 3 个步，再次切换回 dekker1 线程执行剩下的 2）、3）两步操作时（操作系统在 CPU 切换要执行的线程时，会保存上一个线程的寄存器数据，并加载要执行的线程的寄存器数据），就会发生资源竞争问题。而且图 15-5 的结果也显示了，资源竞争问题常常是随机的，并不是每次都会发生，这是因为不管操作系统将线程调度到哪一个 CPU 核上，线程执行的时间都是随机的，这也是资源竞争的问题很难调试的原因。

这里笔者介绍一种采用内存日志来调试多线程资源竞争问题的方法，这种方法能够尽量规避日志代码拖延线程运行速度影响调试的过程。其方法是在内存中预先划分一个数组，用来保存程序在运行过程中的日志。代码清单 15-7 是笔者的一个实现，读者可以依据自己的实际情况选用其他现成的日志库，因为调试的步骤和原理都是一样的。

代码清单 15-7　内存日志的简单实现

```
1    package cn.hzbook.android.test.chapter15.memorylog;
2
3    public class MemoryLog {
4        private LogEntry[] _entries = null;
5        private int _index = -1;
6        private Object _lock = new Object();
7
8        public void init() {
9            _entries = new LogEntry[1024];
10       }
11
12       public void add(String msg, Object data) {
13           int index = 0;
14           synchronized (_lock) {
15               index = ++_index % 1024;
16           }
17
18           LogEntry entry = new LogEntry();
19           entry.Data = data;
20           entry.Message = msg;
21           Thread thread = Thread.currentThread();
22           entry.ThreadId = thread.getId();
23
24           _entries[index] = entry;
25       }
26
27       public void printLog() {
```

```
28                  int idx = _index % 1024;
29                  System.out.println("TID\tMsg\tData");
30                  for (int i = 0; i < idx; ++i) {
31                      LogEntry entry = _entries[i];
32                      System.out.println(String.format(
33                              "%1$d\t%2$s\t%3$s", entry.ThreadId,
34                              entry.Message,
35                              entry.Data.toString()));
36                  }
37              }
38
39      static class LogEntry {
40              public long ThreadId;
41              public String Message;
42              public Object Data;
43      }
44  }
```

在这个内存日志实现中,第 8 ~ 9 行预先创建了一个 1024 个元素的日志数组,这样在程序执行过程中,这些条目是循环使用的,参见第 15 行。内存日志暴露了一个 add 函数,便于其他线程调用,其中第 14 行为了避免多个线程之间竞争内存日志这个共享资源,用了 synchronized 关键字在多线程中同步对共享资源的访问,随后在第 18 ~ 24 行将日志消息记录在内存中。而在第 27 行定义的 printLog 函数不会在应用的源码中调用,一般留给调试器调用。代码清单 15-8 是启用了内存日志的 RaceCondition 实现。

代码清单 15-8　启用内存日志的 RaceCondition 实现

```
1   package cn.hzbook.android.test.chapter15.memorylog;
2
3   import android.os.Bundle;
4   import android.app.Activity;
5   import android.util.Log;
6
7   public class MainActivity extends Activity {
8       private int _sharedCounter = 0;
9       private MemoryLog _log = new MemoryLog();
10
11      private void dekker1() {
12          _sharedCounter++;
13          _log.add("[dekker1] _sharedCounter ++ 之后为 ", _sharedCounter);
14      }
15
16      private void dekker2() {
17          _sharedCounter++;
18          _log.add("[dekker2] _sharedCounter ++ 之后为 ", _sharedCounter);
19      }
20
21      @Override
```

```
22      protected void onCreate(Bundle savedInstanceState) {
23          super.onCreate(savedInstanceState);
24          setContentView(R.layout.activity_main);
25
26          _log.init();
27          final int loopCount = 100000;
28          Thread thread1 = new Thread(new Runnable() {
29              public void run() {
30                  for ( int i = 0; i < loopCount; ++i ) {
31                      dekker1();
32                  }
33              }
34          });
35          Thread thread2 = new Thread(new Runnable() {
36              public void run() {
37                  for ( int i = 0; i < loopCount; ++i ) {
38                      dekker2();
39                  }
40              }
41          });
42          thread1.start();
43          thread2.start();
44
45          try {
46              thread1.join();
47          } catch (InterruptedException e1) {
48          }
49          try {
50              thread2.join();
51          } catch (InterruptedException e) {
52          }
53
54          int expected_sum = 2 * loopCount;
55          if ( _sharedCounter != expected_sum ) {
56              Log.e("memorylog",
57                  String.format("资源竞争问题： 实际结果 $1%d  不等于期望结果 $2%d", _sharedCounter, expected_sum));
58          }
59      }
60  }
```

上面代码分别在第 13 行和第 18 行添加了日志相关的代码，而在第 26 行则实现了在两个工作线程开始工作之前初始化日志内存，以避免浪费宝贵的内存空间。在调试的时候，像平常一样启动应用，并在感兴趣的位置设置断点，在本例中，我们在代码清单 15-8 的第 56 行设置断点，在代码错误重现后，中断程序的运行。程序中断后，在调试器中调用 MemoryLog 的 printLog 函数，如在 Eclipse 中，则是在"Expression"窗口中输入"_log.printLog()"来在 logcat 中打印内存日志，如图 15-6 所示。在打印出内存日志之后，就可以使用一些日志分析工具来过滤和分析问题的原因。

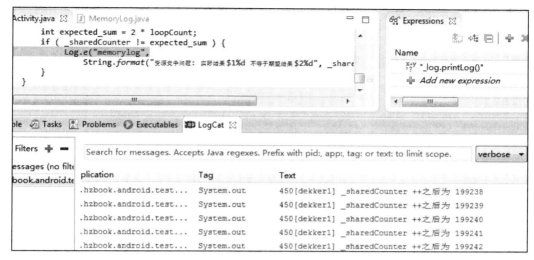

图 15-6　在调试器中调用 printLog 函数打印内存日志

15.3.2　线程同步机制

为了解决上文提到的多线程间共享资源竞争访问的问题，操作系统和 Java 环境都提供了同步机制来解决这个问题。线程同步的作用其实就是在多个线程之间建立排队机制，如图 15-7 所示。

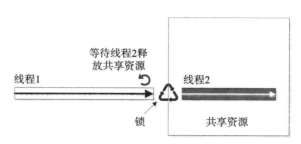

图 15-7　线程同步示意图

Java 提供了多种锁，本章只介绍其中的一种——synchronized 关键字，其他类型的锁可参阅相关的多线程编程书籍。"synchronized"关键字既可以针对一个函数进行同步，也可以对函数内几条语句进行同步，代码清单 15-9 就是使用 synchronized 关键字修复代码清单 15-6 中碰到的资源竞争问题。

代码清单 15-9　使用 synchronized 关键字在线程间建立排队机制

```
1    public class RaceConditionFix {
2        private static int _sharedCounter = 0;
3
4        private synchronized static void dekker1() {
```

```
 5              _sharedCounter++;
 6          }
 7
 8      private synchronized static void dekker2() {
 9              _sharedCounter++;
10          }
11
12      public static void main(String[] args) throws Exception {
13          //
14          // 代码与相同，故此省略
15          //
16          }
17      }
```

代码与代码清单 15-6 几乎完全相同，只是在第 4 行和第 8 行上分别为 dekker1 和 dekker2 两个函数加上了 synchronized 关键字，即函数级别的同步。这样 JVM 会自动确保多个线程只能依次排队调用同一个类型的标有 synchronized 关键字的函数，即要么是一个线程调用完毕 dekker1 函数之后，另外一个线程才能调用 dekker2 函数，要么就是反过来，JVM 确保不会发生一个线程正在执行 dekker1 函数到一半时，另一个线程又去执行 dekker2 函数。

15.3.3 解决线程死锁问题

虽然锁可以解决多线程竞争共享资源的问题，但是编程不慎，又会带来线程死锁的问题，当两个线程需要同时访问两个共享资源时，就常常会发生这种问题。死锁问题发生的根本原因是两个线程互相等待对方释放其锁住的共享资源，代码清单 15-10 就是一个典型的死锁问题。

代码清单 15-10　典型的死锁问题

```
 1  public class DeadLockDemo {
 2      public static void main(String[] args) {
 3          final Object lock1 = new Object();
 4          final Object lock2 = new Object();
 5
 6          Thread thread1 = new Thread(new Runnable() {
 7              @Override public void run() {
 8                  synchronized (lock1) {
 9                      System.out.println(" 线程 1 获取 lock1");
10                      try {
11                          Thread.sleep(50);
12                      } catch (InterruptedException e) {}
13                      synchronized (lock2) {
14                          System.out.println(" 线程 1 获取 lock2");
15                      }
16                  }
17              }
18
```

```
19              });
20              thread1.start();
21
22              Thread thread2 = new Thread(new Runnable() {
23                  @Override public void run() {
24                      synchronized (lock2) {
25                          System.out.println("线程 2 获取 lock2");
26                          try {
27                              Thread.sleep(50);
28                          } catch (InterruptedException e) {}
29                          synchronized (lock1) {
30                              System.out.println("线程 2 获取 lock1");
31                          }
32                      }
33                  }
34              });
35              thread2.start();
36
37              try {
38                  thread1.join();
39                  thread2.join();
40              } catch (InterruptedException e) {}
41
42              System.out.println("程序执行完毕,基本上不会发生!");
43          }
44      }
```

在代码清单 15-10 中,线程 thread1 在第 8 行锁住了一个共享资源 lock1,并在第 13 行排队访问共享资源 lock2;然而不巧的是,线程 thread2 在第 24 行锁住了共享资源 lock2,并在第 29 行排队访问共享资源 lock1。两个线程只能永远等下去,因此第 42 行代码是不会被执行到的,这时进程不会做任何后续动作直到被杀死。

在桌面端编写 Java 程序时,JDK 提供了 jstack 这个工具用来发现进程中的死锁问题,而在 root 过的 android 系统中,则可以用"kill -3 <pid>"这个命令来检查应用中死锁的线程,代码清单 15-11 是将代码清单 15-10 里的代码改造成 Android 应用的结果。

代码清单 15-11 包含死锁线程的 Android 应用

```
1   public class MainActivity extends Activity {
2       final Object lock1 = new Object();
3       final Object lock2 = new Object();
4
5       Thread thread1 = new Thread(new Runnable() {
6           @Override public void run() {
7               synchronized (lock1) {
8                   System.out.println("线程 1 获取 lock1");
9                   try {
10                      Thread.sleep(50);
11                  } catch (InterruptedException e) {}
```

```
12                  synchronized (lock2) {
13                      System.out.println("线程1 获取lock2");
14                  }
15              }
16          }
17      });
18
19      Thread thread2 = new Thread(new Runnable() {
20          @Override public void run() {
21              synchronized (lock2) {
22                  System.out.println("线程2 获取lock2");
23                  try {
24                      Thread.sleep(50);
25                  } catch (InterruptedException e) {}
26                  synchronized (lock1) {
27                      System.out.println("线程2 获取lock1");
28                  }
29              }
30          }
31      });
32
33      @Override
34      protected void onCreate(Bundle savedInstanceState) {
35          super.onCreate(savedInstanceState);
36          setContentView(R.layout.activity_main);
37
38          Button button = (Button)findViewById(R.id.button1);
39          button.setOnClickListener(new OnClickListener() {
40              @Override
41              public void onClick(View v) {
42                  thread1.start();
43                  thread2.start();
44                  v.setEnabled(false);
45              }
46          });
47      }
48  }
```

当应用启动之后，单击按钮创建两个线程（即代码中第38-45行做的事情），这个时候，应用还能正常响应其他 UI 操作－因为其主线程并没有被阻塞，这时需要通过 adb 进入 Android 后台的 shell 才能检测到死锁的线程，具体操作如下（笔者将各步骤使用批注的方式说明）：

```
; 进入Android后台的shell
d:\temp>adb shell
;
; 查看当前Android系统中正在运行的进程列表
; 注意：命令的提示符是 '#'，而不是 '$'，说明当前正在用root用户权限操作shell
; 因此本例中的步骤只能在root过的android手机上实验
```

15.3 调试线程死锁

```
;
# ps
ps
USER     PID   PPID  VSIZE    RSS     WCHAN    PC          NAME
root     1     0     376      232     c0129d8c 000086ec S  /init
;
; 省略多个无关进程
;
app_94   2594  93    140468   18656   ffffffff afd0c52c S
cn.hzbook.android.test.chapter15.deadlockdemo
;
; 向我们的目标进程发送一个SIGQUIT信号, dalvikvm 收到这个信号之后,
; 会尝试正常关闭应用, 然后由于进程中有两个死锁的线程, 导致应用无法正常退出。
; 因此 dalvikvm 会自动打印指定进程中各线程的堆栈信息和锁信息
;
# kill -3 2594
kill -3 2594
;
; 进程的堆栈信息会追加保存到 /data/anr/traces.txt 文件中, 这个文件中保存了
; 所有导致 ANR 对话框的进程的各个线程的堆栈信息
;
# cd /data/anr
cd /data/anr
# ls
ls
traces.txt
# exit
exit
;
; 将手机上的 traces.txt 下载到本地并打开
;
d:\temp>adb pull /data/anr/traces.txt .
```

打开下载的 traces.txt,内容大致如代码清单 15-12 所示。

代码清单 15-12 死锁的 Android 线程堆栈信息

```
1     ----- pid 2594 at 2013-08-04 14:15:05 -----
2     Cmd line: cn.hzbook.android.test.chapter15.deadlockdemo
3
4     DALVIK THREADS:
5     (mutexes: tll=0 tsl=0 tscl=0 ghl=0 hwl=0 hwll=0)
6     "main" prio=5 tid=1 NATIVE
7       | group="main" sCount=1 dsCount=0 obj=0x4002a1a8 self=0xcec8
8       | sysTid=2594 nice=0 sched=0/0 cgrp=default handle=-1345006496
9       at android.os.MessageQueue.nativePollOnce(Native Method)
10      at android.os.MessageQueue.next(MessageQueue.java:119)
11      at android.os.Looper.loop(Looper.java:117)
12      at android.app.ActivityThread.main(ActivityThread.java:3687)
13      at java.lang.reflect.Method.invokeNative(Native Method)
14      at java.lang.reflect.Method.invoke(Method.java:507)
```

```
15         at com.android.internal.os.ZygoteInit$MethodAndArgsCaller.run(ZygoteInit.
           java:867)
16         at com.android.internal.os.ZygoteInit.main(ZygoteInit.java:625)
17         at dalvik.system.NativeStart.main(Native Method)
18
19     "Thread-11" prio=5 tid=10 MONITOR
20       | group="main" sCount=1 dsCount=0 obj=0x40523720 self=0x1c6fc0
21       | sysTid=2604 nice=0 sched=0/0 cgrp=default handle=1897600
22       at cn.hzbook.android.test.chapter15.deadlockdemo.MainActivity$2.
         run(MainActivity.java:~35)
23       -waiting to lock <0x40523218> (a java.lang.Object) held by threadid=9
         (Thread-10)
24       at java.lang.Thread.run(Thread.java:1019)
25
26     "Thread-10" prio=5 tid=9 MONITOR
27       | group="main" sCount=1 dsCount=0 obj=0x40523290 self=0x1c6e88
28       | sysTid=2603 nice=0 sched=0/0 cgrp=default handle=1897856
29       at cn.hzbook.android.test.chapter15.deadlockdemo.MainActivity$1.
         run(MainActivity.java:~21)
30       -waiting to lock <0x40523228> (a java.lang.Object) held by threadid=10
         (Thread-11)
31       at java.lang.Thread.run(Thread.java:1019)
32
33     "Binder Thread #2" prio=5 tid=8 NATIVE
;;;
;;; 此处省略了其他无关线程的堆栈信息
;;;
68     ----- end 2594 -----
```

在上面堆栈输出中，需要注意第22、23、29和30行，这几行输出显示了线程在等待访问哪一个被锁资源，而这个被锁的资源又被哪个线程拥有。如第23行表明线程"Thread-11"正在等待访问锁"0x40523218"，而这个锁正被线程"Thread-10"所持有；而第30行表明线程"Thread-10"却又在等待线程"Thread-11"释放其所持有的锁"0x40523228"，这样一来，一个非常明显的死锁就发现了，而第22行和第29行则分别显示了两个线程当前停在的代码位置。

15.4 StrictMode

为了帮助程序员避免在主线程上执行耗时操作，从2.3版本开始，Android系统提供了一个新的API-StrictMode，它可以让程序员在指定的线程（通常是主线程）上设置规则，即线程不允许执行哪些操作，以及如果线程违反了这个规则，所接收的惩罚措施。在StrictMode中，可以检测线程的如下操作：

- 磁盘的读和写操作；
- 访问网络；
- 运行速度较慢的代码，这个规则允许程序员注意到线程在执行速度较慢的代码，如下载数据或解析大量的数据。

除了检测单个线程是否执行了某些操作，还可以针对整个应用设置检测规则：

- 有界面（Activities）对象泄露；
- 有 SQLite 对象泄露；
- 有任何需要显式关闭的对象泄露，即实现了 Closeable 接口的对象，在 finalizer 被调用之前，其 close 函数尚未被调用。

如果线程违反了设置的规则，那么可以通过如下几个惩罚措施来通知到开发人员：

- 在 logcat 中打印详细的消息通知；
- 直接让应用崩溃退出；
- 将详细的堆栈信息和时间发送到 DropBox 云存储服务上，这个功能在国内的网络环境上基本无法使用；
- 不停的闪烁屏幕吸引注意；
- 在应用上弹出一个对话框提示开发者。

另外，在 StrictMode 中设置的限制，对于通过 Binder 这样的 IPC 机制也是有效的，当线程通过 Binder 调用其他服务（Service）或内容供应商（Content Provider）时，如果远程调用违反了 StrictMode 中的限制，多个进程中的线程堆栈会糅合在一起展现出来。如代码清单 15-13 所示，应用 Activity.onCreate 函数中的代码，试图通过远程调用读取保存在 SQLite（内容供应商）中的设置，由于违反了限制磁盘读取的规则而遭受惩罚——进程关闭。

代码清单 15-13　远程调用违反 StrictMode 的限制同样可以被发现

```
StrictMode policy violation; ~ duration=344 ms:
android.os.StrictMode$StrictModeDiskReadViolation: policy=343 violation=2
    at android.os.StrictMode$AndroidBlockGuardPolicy.onReadFromDisk(StrictMode.java:745)
    at android.database.sqlite.SQLiteDatabase.rawQueryWithFactory(SQLiteDatabase.java:1345)
    at android.database.sqlite.SQLiteQueryBuilder.query(SQLiteQueryBuilder.java:330)
    at android.database.sqlite.SQLiteQueryBuilder.query(SQLiteQueryBuilder.java:280)
    at com.google.android.gsf.settings.GoogleSettingsProvider.query(GoogleSettingsProvider.java:142)
    at android.content.ContentProvider$Transport.bulkQuery(ContentProvider.java:174)
    at android.content.ContentProviderNative.onTransact(ContentProviderNative.java:111)
    at android.os.Binder.execTransact(Binder.java:320)
    at dalvik.system.NativeStart.run(Native Method)
# via Binder call with stack:
android.os.StrictMode$LogStackTrace
    at android.os.StrictMode.readAndHandleBinderCallViolations(StrictMode.java:1059)
    at android.os.Parcel.readExceptionCode(Parcel.java:1304)
    at android.database.DatabaseUtils.readExceptionFromParcel(DatabaseUtils.java:111)
```

```
        at android.content.ContentProviderProxy.bulkQueryInternal(ContentProviderNative.
    java:330)
        at android.content.ContentProviderProxy.query(ContentProviderNative.
    java:366)
        at android.content.ContentResolver.query(ContentResolver.java:262)
        at android_maps_conflict_avoidance.com.google.common.android.AndroidConfig.
    getSetting(AndroidConfig.java:216)
        at android_maps_conflict_avoidance.com.google.common.android.AndroidConfig.ge
    tDistributionChannelInternal(AndroidConfig.java:195)
        at android_maps_conflict_avoidance.com.google.common.Config.init(Config.
    java:273)
        at android_maps_conflict_avoidance.com.google.common.android.AndroidConfig.<init>(Andr
    oidConfig.java:100)
        at android_maps_conflict_avoidance.com.google.common.android.AndroidConfig.<init>(Andr
    oidConfig.java:87)
        at com.google.android.maps.MapActivity.onCreate(MapActivity.java:419)
        at com.company.project.UI.TestActivity.onCreate(TestActivity.java:15)
        at android.app.Instrumentation.callActivityOnCreate(Instrumentation.
    java:1047)
        at android.app.ActivityThread.performLaunchActivity(ActivityThread.
    java:1611)
        at android.app.ActivityThread.startActivityNow(ActivityThread.java:1487)
        at android.app.LocalActivityManager.moveToState(LocalActivityManager.
    java:127)
        at android.app.LocalActivityManager.startActivity(LocalActivityManager.
    java:339)
        at android.widget.TabHost$IntentContentStrategy.getContentView(TabHost.
    java:654)
        at android.widget.TabHost.setCurrentTab(TabHost.java:326)
        at android.widget.TabHost$2.onTabSelectionChanged(TabHost.java:132)
        at android.widget.TabWidget$TabClickListener.onClick(TabWidget.java:456)
        at android.view.View.performClick(View.java:2485)
        at android.view.View$PerformClick.run(View.java:9080)
        at android.os.Handler.handleCallback(Handler.java:587)
        at android.os.Handler.dispatchMessage(Handler.java:92)
        at android.os.Looper.loop(Looper.java:130)
        at android.app.ActivityThread.main(ActivityThread.java:3683)
        at java.lang.reflect.Method.invokeNative(Native Method)
        at java.lang.reflect.Method.invoke(Method.java:507)
        at com.android.internal.os.ZygoteInit$MethodAndArgsCaller.run(ZygoteInit.
    java:839)
        at com.android.internal.os.ZygoteInit.main(ZygoteInit.java:597)
        at dalvik.system.NativeStart.main(Native Method)StrictMode policy violation
    with POLICY_DEATH; shutting down.
```

15.4.1 在应用中启用 StrictMode

在应用中调用 StrictMode 类型的 setThreadPolicy 或者 setVmPolicy 就可以在应用中启用 StrictMode 了。一般来说,在应用中启用 StrictMode 越早越好,即要么在 Activity 的 onCreate 函数中,要么在线程的入口函数中启用它。代码清单 15-14 就是在主线程中监测任何读取或写入磁盘操作,一旦主线程违反了该规则,则在 LogCat 中打印消息,并弹出一个对话框提示开发人员。

代码清单 15-14 在应用中启用线程级别的 StrictMode

```
1    public class MainActivity extends Activity {
2        private boolean mInDevelopingMode = true;
3
4        @SuppressLint("NewApi")
5        @Override
6        protected void onCreate(Bundle savedInstanceState) {
7            super.onCreate(savedInstanceState);
8            setContentView(R.layout.activity_main);
9
10           if ( mInDevelopingMode ) {
11               StrictMode.setThreadPolicy(new StrictMode.ThreadPolicy.Builder()
12                   .detectDiskReads()
13                   .detectDiskWrites()
14                   .detectNetwork()
15                   .penaltyLog().penaltyDialog().build());
16           }
17
18           File file = new File("test.txt");
19           if ( !file.exists() ) {
20               try {
21                   file.createNewFile();
22               } catch ( IOException e ) {
23               }
24           }
25
26           try {
27               BufferedWriter bw = new BufferedWriter(new FileWriter(file));
28               bw.write(" 一段简短的消息 ");
29               bw.close();
30           } catch ( Exception any ) {
31           }
32       }
33   }
```

StrictMode 通常都用在应用开发阶段,因此在第 10 行我们通过一个标志位判断当前的版本是否是开发版来决定是否启用 StrictMode。在第 12、13 和 14 行中,分别启用监测磁盘读、磁盘写入和访问网络等操作,而第 15 行则指明了提醒方式——在 LogCat 中打印消息并弹出对话框通知开发人员。而在第 18~32 行出于演示的目的，在主线程中执行了一段磁盘读写的操作。在启动应用后，得到的结果如图 15-8 所示，而 LogCat 中的输出则如下（在第 27 行应用就因为违反了磁盘读取的规则而受到"惩罚"了）。

```
StrictMode policy violation; ~duration=11 ms:
android.os.StrictMode$StrictModeDiskReadViolation: policy=55 violation=2
        at android.os.StrictMode$AndroidBlockGuardPolicy.
onReadFromDisk(StrictMode.java:1107)
        at libcore.io.BlockGuardOs.open(BlockGuardOs.java:106)
        at libcore.io.IoBridge.open(IoBridge.java:400)
        at java.io.FileOutputStream.<init>(FileOutputStream.java:88)
        at java.io.FileOutputStream.<init>(FileOutputStream.java:73)
        at java.io.FileWriter.<init>(FileWriter.java:42)
        at cn.hzbook.android.test.chapter15.strictmode.MainActivity.
onCreate(MainActivity.java:39)
        at android.app.Activity.performCreate(Activity.java:5143)
        at android.app.Instrumentation.callActivityOnCreate(Instrumentation.
java:1079)
        at android.app.ActivityThread.performLaunchActivity(ActivityThread.
java:2074)
        at android.app.ActivityThread.handleLaunchActivity(ActivityThread.
java:2135)
        at android.app.ActivityThread.access$700(ActivityThread.java:131)
        at android.app.ActivityThread$H.handleMessage(ActivityThread.java:1228)
        at android.os.Handler.dispatchMessage(Handler.java:99)
        at android.os.Looper.loop(Looper.java:137)
        at android.app.ActivityThread.main(ActivityThread.java:4866)
        at java.lang.reflect.Method.invokeNative(Native Method)
        at java.lang.reflect.Method.invoke(Method.java:511)
        at com.android.internal.os.ZygoteInit$MethodAndArgsCaller.run(ZygoteInit.
java:786)
        at com.android.internal.os.ZygoteInit.main(ZygoteInit.java:553)
        at dalvik.system.NativeStart.main(Native Method)
```

图 15-8　应用违反 StrictMode 中的规则时弹出的对话框

注意

在 Android 的官方文档中特意指出了，虽然目前很多 Android 设备的磁盘是由闪存组成的，但是大部分基于闪存的文件系统都没有提供并发操作功能，因此即使很多时候应用访问磁盘的速度非常快，有时也会由于其他进程正在访问磁盘，导致应用的磁盘访问由于排队而变得很慢；另外，大部分闪存上运行的文件系统在闪存快满的时候，访问速度会变得比较慢，感兴趣的读者可以参阅链接：http://lwn.net/Articles/353411/。因此目前来说，将磁盘操作看成一个慢速操作还是必要的。

前面的例子是针对线程的规则，也可以通过 setVmPolicy 来启用应用级别的规则，这些规则对于检测应用内部的资源泄露很有用，代码清单 15-15 就是针对第 14 章中示例应用 HoneycombGallery 设立的监测界面（Activities）对象泄露规则的代码。

代码清单 15-15　设置应用级别的 StrictMode 规则

```
1    public void onCreate(Bundle savedInstanceState) {
2        StrictMode.setVmPolicy(new StrictMode.VmPolicy.Builder()
3            .detectActivityLeaks()
4            .penaltyLog().build());
5
6        super.onCreate(savedInstanceState);
```

在第 3 行中调用 detectActivityLeaks() 函数来监测界面对象的泄露，启动应用并根据第 14 章中介绍的方式来重现泄露，观察 LogCat 中的输出，就会得到下面的日志，其中第 1 行表明泄露的 MainActivity 对象已经被检测到了，即上限是一个对象，而实际上却有两个对象，检测到内存泄露之后，开发人员就可以根据第 14 章中介绍的方法来调查泄露的根本原因了。

```
E/StrictMode(14051): class com.example.android.hcgallery.MainActivity;
instances=2; limit=1
E/StrictMode(14051): android.os.StrictMode$InstanceCountViolation: class
com.example.android.hcgallery.MainActivity; instances=2; limit=1
E/StrictMode(14051):          at
android.os.StrictMode.setClassInstanceLimit(StrictMode.java:1)
```

15.4.2　暂时禁用 StrictMode

有时需要在主线程中暂时执行一些不允许的操作，如在初始化应用时，需要读取一些用户设置，而且开发人员已经知道这些磁盘读取通常都很快，这时可以在相关的代码前面暂时禁用 StrictMode，执行完这些代码后再启用 StrictMode。

```
1    StrictMode.ThreadPolicy old = StrictMode.getThreadPolicy();
2    StrictMode.setThreadPolicy(new StrictMode.ThreadPolicy.Builder(old)
3        .permitDiskWrites()
4        .build());
5    // 执行一些磁盘写入操作
6    StrictMode.setThreadPolicy(old);
```

在第 1 行中，先将当前的线程规则缓存在局部变量 old 中，之后再在第 2～4 行启用一个允许磁盘写入的规则，第 5 行笔者用注释来表明一段磁盘写入的代码，最后在第 6 行等磁盘写入代码执行完毕之后，再恢复原来的线程规则。

15.5 调试 Android 上的浏览器应用

Android 设备有多种浏览器，本节只介绍在 Android 系统自带的浏览器和 Chrome 浏览器中的调试方案，至于 WebView 应用，由于其主体还是一个普通的 Android 应用，一般来说还是采取普通的 Android 应用调试方法更好一些。

另外，虽然 Android 系统自带的浏览器和 Chrome 浏览器都基于 webkit 内核开发，而且是同一个公司开发的产品，但其调试方式还是有不同的，不能混淆。

15.5.1 在 Android 系统自带的浏览器上调试

Android 官网上的文档介绍了通过 console.log、console.info、console.warn、console.error 等 JavaScript API 来调试浏览器应用的方法，但这种方法调试起来有些麻烦。不过，系统自带浏览器自带了一些隐藏的调试功能（估计是因为很多功能是系统开发人员自身调试浏览器用的，所以故意隐藏了）。下面是打开的方法，以及其中一些调试功能的说明。

（1）打开浏览器，在地址栏中输入"about:debug"，如图 15-9 所示。注意，在输入完毕之后，浏览器没有任何反应，如弹出一个对话框提示成功等信息。

（2）单击设备上的"菜单"按钮，打开浏览器的设置菜单，如图 15-10 所示，接着将屏幕拉到"设置"菜单的最底部，会发现多了一个"开发者选项"子菜单，如图 15-11 所示。

图 15-9　启用系统自带浏览器的调试功能

图 15-10　打开浏览器设置菜单

图 15-11　浏览器"设置"菜单

磁盘的速度非常快，有时也会由于其他进程正在访问磁盘，导致应用的磁盘访问由于排队而变得很慢；另外，大部分闪存上运行的文件系统在闪存快满的时候，访问速度会变得比较慢，感兴趣的读者可以参阅链接：http://lwn.net/Articles/353411/。因此目前来说，将磁盘操作看成一个慢速操作还是必要的。

前面的例子是针对线程的规则，也可以通过 setVmPolicy 来启用应用级别的规则，这些规则对于检测应用内部的资源泄露很有用，代码清单 15-15 就是针对第 14 章中示例应用 HoneycombGallery 设立的监测界面（Activities）对象泄露规则的代码。

代码清单 15-15 设置应用级别的 StrictMode 规则

```
1    public void onCreate(Bundle savedInstanceState) {
2        StrictMode.setVmPolicy(new StrictMode.VmPolicy.Builder()
3            .detectActivityLeaks()
4            .penaltyLog().build());
5
6        super.onCreate(savedInstanceState);
```

在第 3 行中调用 detectActivityLeaks() 函数来监测界面对象的泄露，启动应用并根据第 14 章中介绍的方式来重现泄露，观察 LogCat 中的输出，就会得到下面的日志，其中第 1 行表明泄露的 MainActivity 对象已经被检测到了，即上限是一个对象，而实际上却有两个对象，检测到内存泄露之后，开发人员就可以根据第 14 章中介绍的方法来调查泄露的根本原因了。

```
E/StrictMode(14051): class com.example.android.hcgallery.MainActivity;
instances=2; limit=1
E/StrictMode(14051): android.os.StrictMode$InstanceCountViolation: class
com.example.android.hcgallery.MainActivity; instances=2; limit=1
E/StrictMode(14051):                    at
android.os.StrictMode.setClassInstanceLimit(StrictMode.java:1)
```

15.4.2 暂时禁用 StrictMode

有时需要在主线程中暂时执行一些不允许的操作，如在初始化应用时，需要读取一些用户设置，而且开发人员已经知道这些磁盘读取通常都很快，这时可以在相关的代码前面暂时禁用 StrictMode，执行完这些代码后再启用 StrictMode。

```
1    StrictMode.ThreadPolicy old = StrictMode.getThreadPolicy();
2    StrictMode.setThreadPolicy(new StrictMode.ThreadPolicy.Builder(old)
3        .permitDiskWrites()
4        .build());
5    // 执行一些磁盘写入操作
6    StrictMode.setThreadPolicy(old);
```

在第 1 行中，先将当前的线程规则缓存在局部变量 old 中，之后再在第 2～4 行启用一个允许磁盘写入的规则，第 5 行笔者用注释来表明一段磁盘写入的代码，最后在第 6 行等磁盘写入代码执行完毕之后，再恢复原来的线程规则。

15.5 调试 Android 上的浏览器应用

Android 设备有多种浏览器，本节只介绍在 Android 系统自带的浏览器和 Chrome 浏览器中的调试方案，至于 WebView 应用，由于其主体还是一个普通的 Android 应用，一般来说还是采取普通的 Android 应用调试方法更好一些。

另外，虽然 Android 系统自带的浏览器和 Chrome 浏览器都基于 webkit 内核开发，而且是同一个公司开发的产品，但其调试方式还是有不同的，不能混淆。

15.5.1 在 Android 系统自带的浏览器上调试

Android 官网上的文档介绍了通过 console.log、console.info、console.warn、console.error 等 JavaScript API 来调试浏览器应用的方法，但这种方法调试起来有些麻烦。不过，系统自带浏览器自带了一些隐藏的调试功能（估计是因为很多功能是系统开发人员自身调试浏览器用的，所以故意隐藏了）。下面是打开的方法，以及其中一些调试功能的说明。

（1）打开浏览器，在地址栏中输入"about:debug"，如图 15-9 所示。注意，在输入完毕之后，浏览器没有任何反应，如弹出一个对话框提示成功等信息。

（2）单击设备上的"菜单"按钮，打开浏览器的设置菜单，如图 15-10 所示，接着将屏幕拉到"设置"菜单的最底部，会发现多了一个"开发者选项"子菜单，如图 15-11 所示。

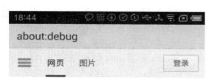

图 15-9　启用系统自带浏览器的调试功能

图 15-10　打开浏览器设置菜单

图 15-11　浏览器"设置"菜单

"开发者选项"菜单中有不少的选项，本节只介绍其中部分选项的用法。

1. 改变浏览器识别码

这个选项可以改变浏览器发给服务器的识别码 User Agent 字符串，很多网站都会根据这个字符串来显示针对不同浏览器优化过的网页。因此可以通过它来伪装多种浏览器，以测试浏览器应用的兼容性，一般来说，这个设置有三到四个可能的选项：

❑ Android，Android 系统上的浏览器；
❑ Desktop，桌面 PC 上的 Chrome 浏览器；
❑ iPhone，iPhone 自带的浏览器。

2. 打开 JavaScript 调试功能

打开这个功能之后，当访问的网页有 JavaScript 脚本错误时，就会在浏览器之上显示"Show JavaScript console"提示栏，图 15-12 就是访问一个具有脚本错误的网页"http://jsbin.com/owecey"的示例。

图 15-12　当网页里有脚本错误时会显示"Show JavaScript console"提示栏

单击"Show JavaScript console"提示栏，就可以显示"JavaScript Console"，从中看到具体的脚本出错的位置和原因，而最下面的文本框（字体是灰色的）可以输入并执行任意的 JavaScript 代码，如图 15-13，其执行结果如图 15-14 所示。

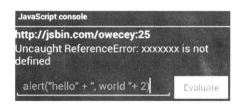 

图 15-13　在"JavaScript console"中　　　图 15-14　"JavaScript console"中
　　　　　执行任意代码　　　　　　　　　　　　　　　脚本的执行结果

调试完 JavaScript 代码后，单击"JavaScript Console"标题栏就可以隐藏"JavaScript console"了。

3. Use wide viewport

本书第 7 章解释了 Android 浏览器中视口的概念，Android 浏览器默认是缩小网页以便显示整个页面，即该设置默认是勾选中的，在将这个选项去掉之后，Android 浏览器就会以 1∶1 的比例显示网页。

4. Single column rendering

该选项控制浏览器的一个特殊的布局算法，启用后，浏览器会忽略页面中 div 元素自身的布局设置，即通过 CSS 等控制的布局，而将 div 元素依次从上往下一列排列。默认其是没有启用的，这个选项的效果在去掉前面讲解的"Use wide viewport"选项后显示得更明显。如图 15-15 和图 15-16 就是去掉"Use wide viewport"功能后，启用和禁用"Single column rendering"的显示效果对比。

图 15-15　禁用"Single column rendering"选项的显示效果

图 15-16　启用"Single column rendering"选项的显示效果

15.5.2　在 Chrome 浏览器上调试

Chrome 的移动版支持桌面版 Chrome 远程调试其上的网页，允许开发人员检查、调试和分析网页在 Android 设备上的行为。通过远程调试，开发人员可以使用 Chrome 提供的大部分调试功能。在 Chrome 上启用远程调试的方式很简单，执行下面几个步骤即可：

1）确保安装了 Android 版和桌面版 Chrome 的最新版本；

2）在桌面 Chrome 上安装"ADB Chrome 扩展"，可以在 Chrome 应用商店里搜索"ADB"关键字，或者在 Chrome 浏览器中输入下面的 URL，最后单击"ADD TO CHROME"按钮安装，结果如图 15-17 所示。

https://chrome.google.com/webstore/detail/adb/dpngiggdglpdnjdoaefidgiigpemgage

3）启用 Android 设备上的"USB 调试"功能，将 Android 设备连接到电脑；

图 15-17　安装 chrome adb 调试扩展

4）在移动版的 Chrome 上，依次单击"设置"–>"高级"->"开发工具"，如图 15-18 所示，并打开"启用 USB Web 调试"选项，如图 15-19 所示。

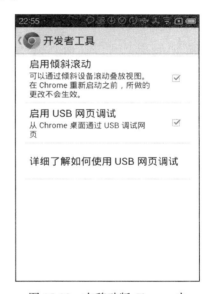

图 15-18　打开 Chrome 的　　　　　图 15-19　在移动版 Chrome 中
　　　"开发者工具"菜单　　　　　　　　　启用 USB 网页调试

5）设置成功后，在桌面版的 Chrome 上将会看到 Android 机器人的插件图标，以及在右下角会有一个数字代表当前有多少个移动版 Chrome 实例正在连接，单击这个图标，并选择菜单中的 "View Inspection Targets"，如图 15-20 所示。从图中也可以看到，ADB Chrome 插件也支持启动和停止 ADB 服务器。

图 15-20　在桌面版 Chrome 上开始远程调试移动 Chrome 上的网页

6）接下来在桌面版 Chrome 上访问"chrome://inspect"地址，打开所有其可以调试的网页列表，包括移动端和桌面端的网页，如图 15-21 所示，在列表中选择自己要调试的网页，单击"Inspect"连接就可以开始调试了。

图 15-21　可以被调试 Chrome 网页的列表

一般来说，网页在 Android 设备上的渲染速度要比桌面 PC 慢，可以用 Chrome 开发工具中的时间线面板来分析如何优化渲染和更有效的利用 CPU。由于 Chrome 的远程调试是通过 USB 完成的，所以不会影响在真实的网络环境下调试网页在设备上的表现。

有的时候，移动端要访问的网站是部署在开发人员的桌面 PC 上的，而桌面 PC 可能位于受限的局域网之内，Android 设备无法通过 3G 等公用网络访问到开发机，因此 Chrome 的远程调试还提供了端口反向映射的功能，以便在这种环境下进行调试工作。其工作原理是将移动端 Chrome 对设备本地指定的端口的所有访问请求都通过 USB 调试转发到桌面版的 Chrome，由其代理完成访问请求。开启所需的设置如下：

1）在桌面 Chrome 的地址栏中输入"chrome://flags/"，打开"启用开发者工具实验"并重启 Chrome，如图 15-22 所示。

图 15-22　打开 Chrome 的开发工具实验功能

2）在桌面 Chrome 重启后，输入"chrome://inspect"并选择列表中任意的移动端网页，单击"Inspect"连接，打开开发者工具，选择"Settings"面板，如图 15-23 所示。

3）在"Settings"面板的"Experiments"页签中，勾选"Enable reverse port forwarding"复选框，启用反向端口映射功能，如图 15-24 所示。

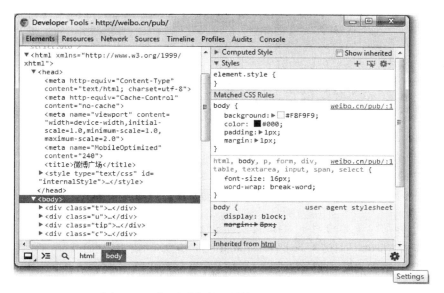

图 15-23　打开开发者工具的"Settings"面板

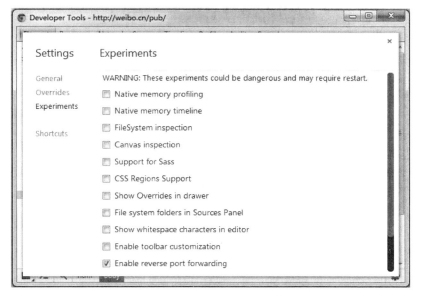

图 15-24　启用反向端口映射功能

4）关闭开发者工具窗口，再次单击"chrome://inspect"页面中任意的移动端网页旁边的"Inspect"链接，重启开发者工具，再次打开"Settings"面板，这时会多出一个"Port forwarding"页签，在其中就可以指定端口映射规则了，如图 15-25 所示。

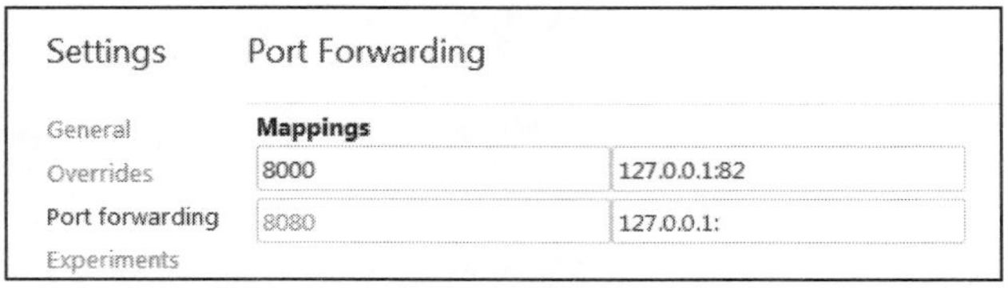

图 15-25　设置反向端口映射规则

注意

在图 15-25 中，映射规则的第一个文本框中要显示填写端口，而在第二个文本框中的地址必须要填端口号，制定完毕一条规则之后，按回车使其生效。

5）上面将移动设备上的 8080 端口转发到桌面 Chrome，访问开发机的 82 端口。设置完毕之后，在移动 Chrome 上访问 http://localhost:8000 地址，就能请求到映射后的网页了，如图 15-26 所示。

图 15-26　在移动 Chrome 上通过反向端口映射访问开发机上的网页

15.6　本章小结

随着设备的计算能力越来越强，多线程编程，特别是并行编程正在受到越来越多的关注，本章的内容只讲解了入门级的调试技术，更深的调试手段需要读者对多核 CPU 架构、Java 和 Android 内存模型有深刻的了解之后，才能更有效地运用。

HTML 5 经过这么多年的争议和应用，也有逐渐普及的趋势，为了帮助开发人员开发出具有良好交互效果的 HTML 网站，各浏览器厂商提供了很多调试功能，从功能、网络访问、性能等各个方面帮助开发人员定位网页渲染和 JavaScript 脚本的问题。由于时间和能力所限，本章只是在最后为各位读者开了一个头，更多隐藏在浏览器中强大的调试功能还有待读者自己挖掘。

第 16 章
调试 NDK 程序

16.1 使用 Eclipse 调试 Android NDK 程序

要在 Eclipse 中调试 NDK 程序，按照下面的步骤设置：

1）首先按照第 9 章讲解的方法设置 NDK 程序的开发环境；

2）启动 Eclipse，并依次单击菜单项中的"Window"、"Preferences"，打开"Preferences"窗口，在窗口左边的配置项目树形列表中展开"Android"、"NDK"，设置好 NDK 在本机的路径，即根目录的绝对路径，Eclipse 会调用其中的 ndk-build.cmd 命令编译 NDK 程序，如图 16-1 所示。

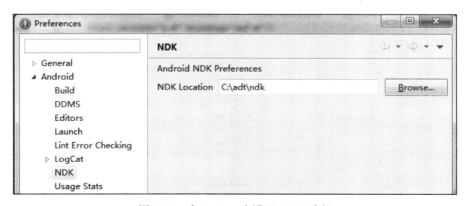

图 16-1　在 Eclipse 中设置 NDK 路径

3）在 Eclipse 中右键单击一个采用 SDK API 14 以上的 Android 工程，接着依次单击右键菜单中的"Android Tools"、"Add Native Support..."子菜单，指示 Eclipse 该 Android 工程中具备原生 C/C++ 代码，需要添加对 NDK 代码的调试支持，如图 16-2 所示。

4）由于 NDK 编译脚本默认只编译发布版本，需要修改编译设置使其编译调试版本，在 Eclipse 中用右键单击 NDK 工程，并在右键菜单中选择 "Properties" 子菜单，打开工程的配置对话框，如图 16-3 所示。

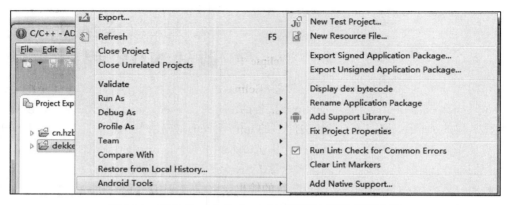

图 16-2　在 Eclipse 中为 Android 工程添加原生代码支持

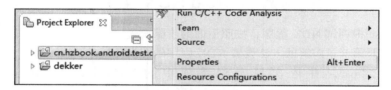

图 16-3　打开 NDK 工程的设置对话框

5）在工程的 "Properties" 对话框中，单击左边配置树中的 "C/C++ Build" 项，接着勾掉右边设置中的 Use default build command" 项，并在下面的 "Build command" 文本框中加上 "NDK_EBUG=1" 宏定义，如图 16-4 所示。

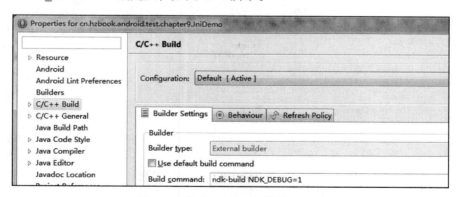

图 16-4　修改 NDK 工程的编译设置

6）最后，在 NDK 程序 C/C++ 源码中设置好断点，右键单击工程，依次选择右键菜单中的 "Debug As"、"Android Native Application" 开始调试过程，如图 16-5 所示。

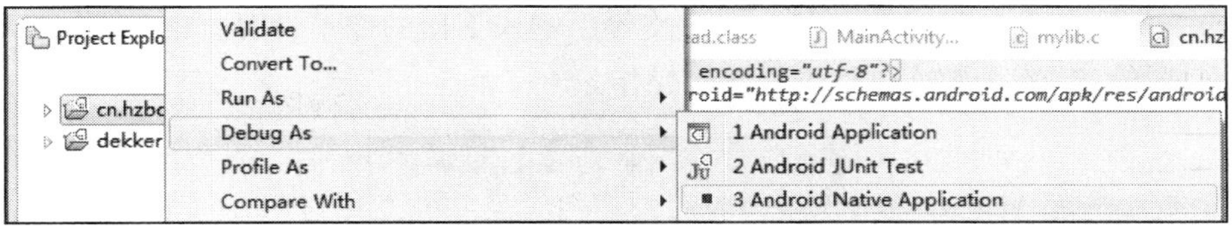

图 16-5　在 Eclipse 中调试 NDK 程序

当 NDK 工程使用的 SDK 版本过低时，Eclipse 编译时会报告错误，图 16-6 是编译一个 minSdkVersion 支持 API 8 工程时 Eclipse 报告的编译错误截图。发生这种错误时，读者可以先查看工程的 AndroidManifest.xml 文件中的 minSdkVersion 值是不是小于 14。对于其他编译错误，如果在 Eclipse 中不好查看，可以去工程的根目录，并在命令行中执行 ndk-build.cmd，通过逐个修复编译错误和警告来去除 Eclipse 中的错误提示，图 16-7 就是在一个使用 SDK API 8 工程下执行 ndk-build.cmd 命令的输出。

图 16-6　在 Eclipse 中编译 SDK 版本低于 API 14 时报告的错误

图 16-7　在 NDK 工程中执行 ndk-build 命令

有的时候将 AndroidManifest.xml 中的 minSdkVersion 值设为 14 会导致我们无法将应用部署到老的 Andriod 设备（如 Android 2.3 以下的设备）上，这时我们可以修改 make 文件的编译设置，告诉 ndk-build 程序我们希望使用老版本 ndk 函数库进行编译，按照以下步骤进行设置。

1）首先确保在 NDK 安装目录中，platforms 文件夹中有期望的 NDK 函数库版本，如图 16-8 所示，在笔者的 NDK 中，可以支持 android-8（即 Android 2.2 以上）版本。

2）在 NDK 工程的源码的 jni 文件夹中，创建编译设置文件 Application.mk，这个文件是用来设置应用相关的编译配置的，在此文件中输入下面的变量设置，以告诉 ndk-build 使用 android-8 的 NDK 函数库进行编译链接操作。

图 16-8　确认 NDK 函数库的版本

```
APP_PLATFORM := android-8
```

3）在命令行中进入 NDK 工程的根目录，执行 ndk-build 命令编译应用，如图 16-9 所示。图 16-9 与图 16-7 不同的是，第一行的编译警告没有了。细心的读者可能会注意到，图 16-9 中的编译命令多了一个参数"-B"，这个参数的作用是告诉 ndk-build 每次都重新编译 jni 文件夹中的代码，而不是增量编译。

```
C:\Users\shiyimin\workspace\cn.hzbook.android.test.chapter9.JniDemo>ndk-build NDK_DEBUG=1 -B
Gdbserver      : [arm-linux-androideabi-4.6] libs/armeabi/gdbserver
Gdbsetup       : libs/armeabi/gdb.setup
"Compile thumb : mylib <= mylib.c
SharedLibrary  : libmylib.so
Install        : libmylib.so => libs/armeabi/libmylib.so
```

图 16-9　使用 ndk-build 命令编译 NDK 工程

注意

NDK 自带了详细文档，解释 Android.mk 和 Application.mk 文件中各个设置的含义，有兴趣的读者请参考 NDK 根目录下 docs 文件夹的 ANDROID-MK.html 和 APPLICATION-MK.html，而文档 NDK-BUILD.html 中则详细介绍了 ndk-build 命令的各个参数。

16.2　在命令行中调试 NDK 程序

除了可以在 Eclipse 中调试 NDK 程序以外，还可以利用 NDK 提供的工具 ndk-gdb-py 在命令行中调试应用，这个命令行工具是基于 gdb 开发的，因此对于熟悉 gdb 的读者，使用这个工具可能比使用 Eclipse 调试更方便些。要使用 ndk-gdb-py 工具调试 NDK 程序，需要满足以下所有条件：

- 在工程的根目录下使用 ndk-build 命令编译 jni 文件中的源码,需要打开编译调试版本的开关,即加上 NDK_DEBUG=1;
- 在 AndroidManifest.xml 文件中设置"android:debuggable"属性为"true",重新编译工程生成调试版应用;
- 应用运行在 Android 2.2 以上的设备上;
- adb 程序在开发机的 PATH 路径中。

利用 ndk-gdb-py 工具可以直接启动被调试程序,也可以将程序附加到一个正在运行的应用上进行调试。如要直接启动被调试程序,首先将应用部署到 Android 设备上,然后只需要在命令行中进入工程的根目录,运行命令:

```
c:\adt\ndk\ndk-gdb-py --start
```

ndk-gdb-py 命令会自动分析工程的 AndroidManifest.xml 文件,找到应用的启动活动界面(Activity),并通过 adb 命令启动应用,代码清单 16-1 是调试第 9 章中的示例应用 JniDemo 的输出(应用的源码在本书配套资源的本章示例代码中也可以找到,另外,笔者采用加粗注释的方式批注关键输出):

代码清单 16-1 ndk-gdb-py 的命令输出

```
C:\Users\shiyimin\workspace\JniDemo>c:\adt\ndk\ndk-gdb-py --start -verbose

#
# 利用 ndk-gdb-py 命令查询必要的环境设置,如 NDK 的安装路径,adb 的版本号
#
Android NDK installation path: c:\adt\ndk
ADB version found: Android Debug Bridge version 1.0.31
Using ADB flags:
Using auto-detected project path: .
#
# 利用 ndk-gdb-py 列出应用的基本信息,如包名、目标 CPU 等信息
#
Found package name: cn.hzbook.android.test.chapter9.jnidemo
ABIs targetted by application: armeabi
Device API Level: 10
Device CPU ABIs: armeabi
Compatible device ABI: armeabi
Using gdb setup init: ./libs/armeabi/gdb.setup
Using toolchain prefix: c:/adt/ndk/toolchains/arm-linux-androideabi-4.6/prebuilt/windows-x86_64/bin/arm-linux-androideabi-
Using app out directory: ./obj/local/armeabi
#
# 确认目标应用是可以被调试的:
# 首先,其在编译时打开了支持调试的开关;
# 之后,ndk-build 命令将 gdbserver 复制到应用的 lib 目录
#
Found debuggable flag: true
```

```
    Found device gdbserver: /data/data/cn.hzbook.android.test.chapter9.jnidemo/lib/
gdbserver
    Found data directory: '/data/data/cn.hzbook.android.test.chapter9.jnidemo'
    #
    # 启动应用
    #
    Launching activity:
cn.hzbook.android.test.chapter9.jnidemo/cn.hzbook.android.test.chapter9.
jnidemo.MainActivity
    ## COMMAND: adb_cmd shell am start -D -n
cn.hzbook.android.test.chapter9.jnidemo/cn.hzbook.android.test.chapter9.
jnidemo.MainActivity
    ## COMMAND: adb_cmd shell sleep 2.000000
    Found running PID: 30911
    #
    # 以应用的身份在设备上启动gdbserver，gdbserver将作为应用和调试器之间的桥梁，
    # 用于在调试器和应用之间通信调试信息
    #
    ## COMMAND: adb_cmd shell run-as cn.hzbook.android.test.chapter9.jnidemo lib/
gdbserver +debug-socket --attach 30911 [BACKGROUND]
    Launched gdbserver succesfully.
    Setup network redirection
    #
    # 将应用的调试通道转发到主机的5039 tcp 端口
    #
    ## COMMAND: adb_cmd forward tcp:5039
localfilesystem:/data/data/cn.hzbook.android.test.chapter9.jnidemo/debug-socket
    #
    # 将设备上的app_process程序下载到主机，主机上的gdb程序将使用这个程序来获取调试信息
    #
    ## COMMAND: adb_cmd pull /system/bin/app_process ./obj/local/armeabi/app_
process
    Attached; pid = 30911
    Listening on Unix socket debug-socket
    307 KB/s (5664 bytes in 0.018s)
    Pulled app_process from device/emulator.
    #
    # 主机上的gdb会用到设备上的linker和libc.so等文件来进行调试
    #
    ## COMMAND: adb_cmd pull /system/bin/linker ./obj/local/armeabi/linker
    855 KB/s (39404 bytes in 0.045s)
    Pulled linker from device/emulator.
    ## COMMAND: adb_cmd pull /system/lib/libc.so ./obj/local/armeabi/libc.so
    1795 KB/s (273900 bytes in 0.149s)
    Pulled libc.so from device/emulator.
    #
    # 设置jdb远程调试
    #
    Set up JDB connection, using jdb command: C:\Program Files\Java\jdk1.7.0_25\
bin\jdb.exe
```

```
## COMMAND: adb_cmd forward tcp:65534 jdwp:30911
GNU gdb (GDB) 7.3.1-gg2
Copyright (C) 2011 Free Software Foundation, Inc.
License GPLv3+: GNU GPL version 3 or later <http://gnu.org/licenses/gpl.html>
This is free software: you are free to change and redistribute it.
There is NO WARRANTY, to the extent permitted by law.  Type "show copying"
and "show warranty" for details.
This GDB was configured as "--host=x86_64-pc-mingw32msvc --target=arm-linux-
android".
For bug reporting instructions, please see:
<http://source.android.com/source/report-bugs.html>.
Remote debugging from host 0.0.0.0
JDB :: 设置未捕获的 java.lang.Throwable
JDB :: 设置延迟的未捕获的 java.lang.Throwable
JDB :: 正在初始化 jdb...
BFD: C:/Users/shiyimin/workspace/JniDemo/obj/local/armeabi/linker: warning: sh_
link not set for section `.ARM.exidx'
warning: Could not load shared library symbols for 65 libraries, e.g. libstdc++.so.
Use the "info sharedlibrary" command to see the complete listing.
Do you need "set solib-search-path" or "set sysroot"?
warning: Breakpoint address adjusted from 0xb000582d to 0xb000582c.
0xafd0c748 in __futex_syscall3 () from
C:/Users/shiyimin/workspace/JniDemo/obj/local/armeabi/libc.so
```

注意

如果执行 c:\adt\ndk\ndk-gdb-py --start 无法成功调试应用,那么先尝试加上 --verbose 参数再次执行命令,--verbose 参数会打印出详细的命令执行信息便于开发人员排错;

或者采用 --launch 参数启动应用,--launch 参数接收应用的启动界面(Activity)的类型全名。如果在上例中果使用 --launch 命令启动,命令如下:

```
C:\Users\shiyimin\workspace\JniDemo>c:\adt\ndk\ndk-gdb-py --launch
cn.hzbook.android.test.chapter9.jnidemo.MainActivity
```

命令成功启动并连接到被调试应用之后,就会显示熟悉的 gdb 调试界面,在其中,可以用 gdb 命令进行调试操作,如代码清单 16-2(其中操作命令和注释一样使用加粗字体显示)所示。

代码清单 16-2　使用 gdb 调试远程 Android JNI 代码

```
warning: Breakpoint address adjusted from 0xb000582d to 0xb000582c.
0xafd0c748 in __futex_syscall3 () from
C:/Users/shiyimin/workspace/JniDemo/obj/local/armeabi/libc.so
#
# 如果以启动模式运行,应用会在活动界面(Activity)的入口部分暂停执行,以便开发人员进行
# 设置断点等调试准备工作。
# 下面的命令是在 mylib.c 的第 6 行设置断点
#
```

```
(gdb) b mylib.c:6
No symbol table is loaded.  Use the "file" command.
Breakpoint 1 (mylib.c:6) pending.
#
# 设置完断点之后，继续程序的运行
#
(gdb) c
Continuing.

#
# 应用在运行过程中，触发了断点并中断执行，gdb 找到源码，并显示相关的代码
#
Breakpoint 1, Java_cn_hzbook_android_test_chapter9_jnidemo_MainActivity_getMyData
    (pEnv=0xac68, pThis=0x40522db0) at jni/mylib.c:6
6           return (*pEnv)->NewStringUTF(pEnv, "C/C++");

#
# 调试完毕，退出 gdb
#
(gdb) quit
Exited gdb, returncode 0
终止批处理操作吗 (Y/N)？ Y
```

ndk-gdb-py 命令接受多个参数，表 16-1 是这些参数的说明。

表 16-1　ndk-gdb-py 命令的参数说明

参 数 名	说　　明
--verbose	打印准备调试环境时的详细信息，一般用在无法准备好调试环境时排错
--force	当被调试的设备上已经有调试器连接时，这个参数可以将现有的调试连接断开，以连接当前新的调试器，但这个参数不会杀死被调试的应用
--start	使用 ndk-gdb 命令默认连接到一个正在运行的应用上进行调试，使用 --start 参数告诉命令显式启动被调试的应用。如果被调试应用的 AndroidManifest.xml 文件中定义多个可启动的 Activity，该参数会使用第一个
--launch=<name>	与 --start 参数类似，只有在被调试应用的 AndroidManifest.xml 文件中定义有多个可启动的 Activity 时才有用，可以用这个参数指定要启动的 Activity
--launch-list	列出应用中可启动的活动界面（Activity）列表
--project=<path>	指明应用工程的根目录，如果不在应用工程根目录下执行 ndk-gdb-py 命令，就需要指定这个参数
--port=<port>	ndk-gdb 命令默认会打开 TCP 端口 5039，以便于被调试程序进行通信，如果开发机上连有多个 Android 设备，就可以通过此参数向其他应用分配端口号
--adb=<file>	指明 adb 命令的绝对路径
-d, -e, -s <serial>	这些参数的用法与 adb 命令类似，以便指明是调试在模拟器还是设备上的应用
--exec=<file>	该参数允许开发者指定一个调试脚本，用于在 gdb 调试器连接到被调试应用之后执行，方便开发人员执行一些重复命令，如设置断点等。 其缩写方式是 –x <file>（注意 x 前面只有一个横线）

(续)

参 数 名	说　　　明
--nowait	禁用在 GDB 连接到被调试应用之前，中断 java 代码的功能。启用这个功能可能会导致调试器错过一些应用运行早期的断点
--tui	启用 GDB 的文本用户界面
--stdcxx-py-pr={auto|none|gnustdcxx[-GCCVER]|stlport}	如果被调试应用中使用了 C++ 的标准库 STL，ndk-gdb-py 命令会尽量根据编译器对 C++ 类名的名字修饰（name mangling）行为打印源码中的类名

程序在开发过程中必然会反复执行多次想似的调试过程，这个时候 --exec 参数就显得特别有用，以下代码清是一个简单的 gdb 脚本 gdb.cmd，其作用就是在 mylib.c 的第 6 行设置一个断点。

```
b mylib.c:6
```

而代码清单 16-3 是执行命令的效果。

代码清单 16-3　ndk-gdb-py 附加到应用之后执行调试命令的示例

```
C:\Users\shiyimin\workspace\JniDemo>ndk-gdb-py --
launch=cn.hzbook.android.test.chapter9.jnidemo.MainActivity -
x=C:\Users\shiyimin\workspace\gdb.cmd
#
# 省略中间的输出文本部分
#
No symbol table is loaded.  Use the "file" command.
Breakpoint 1 (mylib.c:6) pending.
(gdb) c
Continuing.

Breakpoint 1, Java_cn_hzbook_android_test_chapter9_jnidemo_MainActivity_getMyData
 (pEnv=0xac68, pThis=0x405237c8) at jni/mylib.c:6
6            return (*pEnv)->NewStringUTF(pEnv, "C/C++");
(gdb) c
Continuing.
```

16.3　Android 的 C/C++ 调试器的工作原理

Android 的 NDK 调试是基于 gdb 的远程调试工作的，首先需要将 gdbserver 运行在 Android 设备上，并将 gdbserver 附加（attach）到被调试应用的进程上，然后 gdbserver 作为一个远程调试服务器，接受来自 gdb 的调试指令来完成调试过程，如图 16-10 所示。

前面小节中介绍的 ndk-gdb-py 命令要执行下面这些步骤才能开启调试过程：

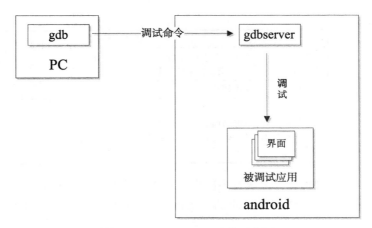

图 16-10 ndk-gdb-py 工作示意图

1）在被调试应用启动之后，使用类似下面的命令启动 gdbserver 附加到应用进程，并打开一个 tcp 端口，以便接受来自 gdb 的调试指令，并把操作结果返回给 gdb，其中 5039 是其打开的 Tcp 端口，而 123 则是应用的进程 ID。

```
gdbserver :5039 --attach 123
```

2）因为 gdbserver 监听的是 android 设备上的 5039 端口，而开发机一般是通过 USB 线与 android 设备连接的，所以需要做一次端口映射才能让运行在开发机上的 gdb 找到这个端口：

```
adb forward tcp:5039 tcp:5039
```

3）接下来将设备上的 app_process 复制到 PC 开发机，一般这个文件保存在设备的 /system/bin/app_process 路径中，在代码清单 16-1 中就采用下面的命令将其复制到开发机：

```
adb_cmd pull /system/bin/app_process ./obj/local/armeabi/app_process
```

4）因为 app_process 是 Android 启动应用的入口进程，而 gdb 需要被调试的进程文件来找到符号文件，将进程中的地址空间映射到源码如变量名、函数名等符号，所以 gdb 需要读取 app_process 文件来找到其启动之后，进程内部各个模块在内存空间的位置。一般通过下面的命令启动 gdb：

```
gdbapp_process
```

5）在 gdb 启动之后，在其命令行界面中输入命令连接到 Android 设备上的 5039 这个端口，也就是 gdbserve 监听的端口号。

```
target remote :5039
```

6）在做完前面的设置之后，就可以在 gdb 上远程调试 Android 应用了。

16.3.1 调试符号

为了实现将进程中的内存地址映射到源码中的变量名和函数名，调试器需要符号文件来完成这个映射。符号文件一般是在程序编译时由编译器生成的，而且符号文件一般是直接嵌入在可执行文件中的，这就导致可执行文件的体积会比较大，而且在运行时也会占用更大的内存。因此一般将应用和共享库（.so）文件上传到设备之前，通常都会将符号文件剔除出来，而在开发机上保留未剔除符号文件的版本。

而在调试应用时，gdb 需要找到符合文件才能正常设置断点和显示变量的值，因此需要告诉 gdb 符号文件的路径，可以设置多个路径，多个路径之间使用冒号分隔。

```
set solib-search-path ./obj/local/armeabi
```

在使用 Android 的 ndk-build 命令编译工程时，都会创建带有符号文件的二进制程序，并将它们放在工程的 obj/local/armeabi 文件夹中，然后再将符号文件从最终的 .apk 文件中剔除出来。ndk-gdb 脚本使用 set solib-search-path 命令来指示 gdb 符号文件的位置，而这个命令放在 obj/local/armeabi/gdb.setup 的文件中，由 gdb 在启动的时候读取。

编译器的代码优化会改变一些代码流程，并删除或合并掉一些无用的代码和变量，从而导致符号文件中保存的源码映射与真实的源码有不一致的地方。因此一般来说，在编译调试版本时，都不会启用编译器的代码优化功能，以避免在调试中遇到困难；而在发布版中，才会启用代码优化功能。如果在 AndroidManifest.xml 中设置 android:debuggable="true" 或者在运行 ndk-build 命令时指定 NDK_DEBUG=1 参数，那么 ndk-build 在编译时就不会启用代码优化，否则默认会使用代码优化设置。

16.3.2 源码

在有了符号文件并找到源码与二进制代码之间的映射之后，gdb 需要知道源码在什么位置，以便在调试应用时可以显示实时的代码位置。在 gdb 中，通过 directory 命令来设置源码文件路径，如：

```
directory jni
```

也可以设置多个源码文件路径，之间用空格分隔即可，如 obj/local/armeabi/gdb.setup 文件中就默认设置了工程中的 jni、stl 等源文件的路径：

```
directory C:/adt/ndk/platforms/android-8/arch-arm/usr/include jni C:/adt/ndk/sources/cxx-stl/system
```

16.3.3 多线程调试的问题

在谷歌的官方文档中说明了，对于在 Android 2.2 上使用的 NDK r4b 版本，gdb 只能触发主线程中的断点，如果在其他线程设置断点，那么 gdb 就会崩溃。这是因为每次 libc 创建新的线程时，都会调用 _thread_created_hook() 函数。这个函数是一个空函数，它的目的就是让 gdb 在这个函数上设置断点以便获知新线程被创建的事件，这样 gdb 才能更新内部的线程数据库。然而 gdb 必须要能够访问到 libc.so 文件，以获得 _thread_created_hook 函数的地址才能设置断点。

在 Android NDK r5 之后，ndk-gdb 都会从设备上将 libc.so 复制到开发机上应用源码工程的 obj/local/armeabi 目录中，而且 gdbserver 在编译时也启用了对 libthread_db 的支持，但这两个东西在 Android NDK r4b 的版本上都是没有的，也就是为什么在 Andorid 2.2 上无法调试多线程的原因。

16.4　本章小结

Android 系统是基于 Linux 内核开发的，调试工具也选用的是 Linux 平台下流行的 gdb，只不过调试过程变成了远程调试，在这个调试过程中用到的大部分命令都和 gdb 本机调试使用的命令是相似的，因此读者可以先在 Linux 平台下掌握 gdb 本机调试的方法，再来调试 Android 系统上的 NDK 应用。

Android 系统也支持验尸调试，即在 NDK 应用崩溃时，将导致崩溃的线程堆栈保存下来，再由开发人员采用 Android 系统和 NDK 应用的调试符号文件匹配堆栈上的内存地址，得到应用崩溃时的完整调用路径。然而由于 Android 系统的开发性，很多厂商会对 Android 内核做一些修改，却并不公布相应的调试符号文件，导致这个功能针对很多设备无法使用，因此本章最后没有引入相关的介绍，感兴趣的读者自行查找文档尝试。

推荐阅读

Android应用开发实战

Android开发精要

AIR Android应用开发实战

深入理解Android网络编程：技术详解与最佳实践

Android的设计与实现 卷I

Android安全机制解析与应用实践

Android安全机制解析与应用实践

深入理解Android 卷II

Android和PHP开发最佳实践

推荐阅读